激光冲击强化技术

Laser Shock Peening Technology

邹世坤　等著

国防工业出版社

·北京·

图书在版编目(CIP)数据

激光冲击强化技术/邹世坤等著.—北京:国防工业出版社,2021.1

ISBN 978-7-118-12129-2

Ⅰ.①激… Ⅱ.①邹… Ⅲ.①激光技术 Ⅳ.①TN24

中国版本图书馆 CIP 数据核字(2020)第 228475 号

※

国防工业出版社出版发行

(北京市海淀区紫竹院南路 23 号 邮政编码 100048)

三河市腾飞印务有限公司印刷

新华书店经售

*

开本 710×1000 1/16 **印张** 23 **字数** 350 千字

2021 年 1 月第 1 版第 1 次印刷 **印数** 1—1500 册 **定价** 142.00 元

国防书店:(010)88540777 书店传真:(010)88540776

发行业务:(010)88540717 发行传真:(010)88540762

致　读　者

本书由中央军委装备发展部**国防科技图书出版基金**资助出版。

为了促进国防科技和武器装备发展，加强社会主义物质文明和精神文明建设，培养优秀科技人才，确保国防科技优秀图书的出版，原国防科工委于1988年初决定每年拨出专款，设立国防科技图书出版基金，成立评审委员会，扶持、审定出版国防科技优秀图书。这是一项具有深远意义的创举。

国防科技图书出版基金资助的对象是：

1. 在国防科学技术领域中，学术水平高，内容有创见，在学科上居领先地位的基础科学理论图书；在工程技术理论方面有突破的应用科学专著。

2. 学术思想新颖，内容具体、实用，对国防科技和武器装备发展具有较大推动作用的专著；密切结合国防现代化和武器装备现代化需要的高新技术内容的专著。

3. 有重要发展前景和有重大开拓使用价值，密切结合国防现代化和武器装备现代化需要的新工艺、新材料内容的专著。

4. 填补目前我国科技领域空白并具有军事应用前景的薄弱学科和边缘学科的科技图书。

国防科技图书出版基金评审委员会在中央军委装备发展部的领导下开展工作，负责掌握出版基金的使用方向，评审受理的图书选题，决定资助的图书选题和资助金额，以及决定中断或取消资助等。经评审给予资助的图书，由中央军委装备发展部国防工业出版社出版发行。

国防科技和武器装备发展已经取得了举世瞩目的成就。国防科技图书承担着记载和弘扬这些成就，积累和传播科技知识的使命。开展好评审工作，使有限的基金发挥出巨大的效能，需要不断摸索、认真总结和及时改进，更需要国防科技和武器装备建设战线广大科技工作者、专家、教授、以及社会各界朋友的热情支持。

让我们携起手来，为祖国昌盛、科技腾飞、出版繁荣而共同奋斗！

国防科技图书出版基金

评审委员会

国防科技图书出版基金
第七届评审委员会组成人员

前　言

中国航空工业恰逢前所未有的发展机遇,客机和发动机双双列入国家重大专项,肩负着建设航空制造强国的历史使命。抗疲劳制造技术属于航空工业领域核心竞争力,激光冲击强化不仅对航空发动机、飞机机身结构抗疲劳制造具有重要意义,也可以用于石油、化工、能源、医学等行业关键设备或关键结构长寿命设计。本书的重点在于叙述激光冲击强化技术的原理和应用,讨论激光冲击强化应用于金属结构表面的理论、方法和技术。本书内容以 1064nm 波长的有吸收层的激光冲击强化技术为主,简要介绍激光冲击强化典型材料和结构的数值模拟、强化效果评估和质量控制技术。

本书内容安排旨在解决激光冲击强化领域的相关工程应用技术难点,为读者提供从基础理论、工艺过程到应用技术等多方面的支持,涉及的加工材料包括铝合金、钛合金、高温合金、高强钢和不锈钢等航空领域常用材料等。本书立足于作者在激光冲击强化改善金属零部件疲劳性能等方面的一系列研究成果,其创新之处在于给出了已用于生产实际的激光冲击强化用激光器方案、设备方案和工艺细节,详细介绍了自主研制用于整体叶盘和飞机机身结构激光冲击强化的设备和技术,提出了工艺稳定性控制技术、质量控制技术和测试分析技术等新方法和相关技术。本书的第 3 章~第 8 章的主要内容和第 2 章的部分内容是本书作者的原创。

本书是论述激光冲击强化技术的专著,总结了激光冲击强化技术发展和应用的最新成果,首先描述了激光冲击强化的原理,全书共分为 8 章。第 1 章介绍激光冲击强化技术的概念与内涵、发展历史、发展现状与展望;第 2 章主要介绍用于激光冲击强化的强脉冲激光器及其配套设备;第 3 章和第 4 章总结和分析了激光冲击强化技术的工艺稳定性因素及安全防护、力学效应数值分析;第 5 章和第 6 章主要从工艺层面介绍典型材料和结构的激光冲击强化的强化工艺及效果评估;第 7 章和第 8 章讨论了激光冲击强化过程的质量控制技术和强化后的测试分析技术。

在本书写作过程中,作者曾多次得益于国内外多位学者、同仁和朋友的交流和指导。在激光器技术方面,原俄罗斯瓦维洛夫国家光学研究所的 Serebrycov 教授提供了热心指导;在无吸收层激光冲击强化技术方面,日本东芝公司提供了自己详细的资料;在具体材料和结构激光冲击强化工艺方面,有该领域国际知名专家和友人给予了多次现场指导。

本书作者自1996年开始激光冲击强化技术研究以来，与国内最早开展激光冲击强化研究的吴鸿兴教授及其科研团队保持了很好的合作关系，随后与江苏大学、空军工程大学建立了广泛的交流。本书作者还积极与我国航空发动机设计院所和加工厂、飞机设计院所和加工厂的技术人员进行了沟通和交流，在基础研究中注重解决生产实际问题，形成了本书的特有章节。

本书涉及研究成果来源于作者20多年以来国家科技攻关课题、国家重点研发计划、国家自然科学基金和其他部委科研等多渠道项目资助，在此一并致谢！

本书在巩水利研究员积极组织下，由邹世坤、曹子文、车志刚、吴俊峰等人共同撰写，后期吴俊峰在统稿过程中也引用了其博士论文的部分内容，在撰写过程中参阅了历届激光冲击强化国际会议上的研究报告，以及国内外相关的专著、学术论文、学位论文、网络信息和公司产品信息等，在此向这些研究成果的作者和发布者表示感谢。

自2010年以来，作者所在单位（中国航空制造技术研究院）在国内开展了激光冲击强化技术在发动机整体叶盘、飞机机身结构等方面的应用，积累了一些工程经验。总体来讲，激光冲击强化技术在国内工程应用时间不长，作者等科研人员编制的航空标准、集团公司标准、企业标准还没有在全行业广泛使用，还没有形成完整的理论和生产体系，加之作者水平和学识有限，书中难免存在不当之处，敬请广大读者批评指正。

邹世坤

2020年8月

目　录

Contents

第 1 章　激光冲击强化的特点与发展现状

1.1　激光冲击强化的概念和内涵

当短脉冲(几纳秒到几十纳秒)的高峰值功率密度(>GW/cm^2 量级)的激光辐射金属靶材时,金属表面吸收层吸收激光能量发生爆炸性气化蒸发,产生高温(>10000K)、高压(>1GPa)的等离子体,该等离子体受到约束层的约束时产生高强度压力冲击波,作用于金属表面并向内部传播。当冲击波的峰值压力超过被处理材料动态屈服极限时,材料表层就产生应变硬化,残留很大的压应力。这种新型的表面强化技术就是激光冲击强化(Laser Shock Processing, LSP),由于其强化原理类似喷丸,因此也称为激光喷丸强化(Laser Shock Peening, LSP; Laser Peening, LP)。图 1-1 所示为激光冲击强化和激光喷丸强化原理。

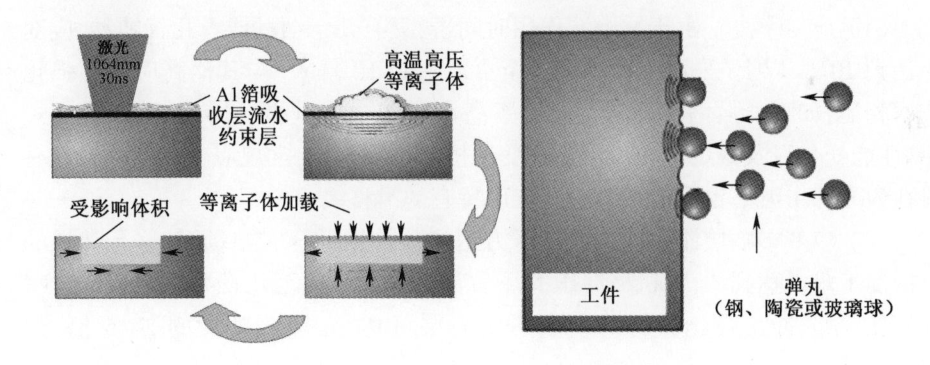

图 1-1　激光冲击强化和激光喷丸强化原理

1.2　激光冲击强化的特点

激光冲击强化技术是利用冲击波使金属材料表层产生塑性变形,是激光加工中峰值功率最高的,产生的等离子体相当于在材料表面产生小爆炸,但由于作用时间极短(ns 量级),热作用仅在吸收层几微米深度,对待强化构件是一种冲击波作用的冷加工,可以获得光滑的微米级凹陷、毫米级残余压应力层。早期激光强化概念主要是利用激光热作用的相变硬化等,这类强化是热加工过程。

激光冲击强化是属于冷加工的范畴,与之类似的强化方法包括喷丸、超声强化、挤压、滚压等,与这些工艺比较的特点如下:

(1) 喷丸。喷丸采用压缩空气驱动丸来撞击材料表面,使表面塑性变形来达到强化目的,喷丸是目前常用的强化方法。与喷丸强化相比,激光冲击强化在强化区域、强度、搭接率上更容易精确控制,但不能消除加工表面刀痕,激光冲击强化材料获得的残余压应力层可达 1mm,为喷丸的 2~5 倍。

(2) 超声强化。超声强化效率较高,但强化后表面粗糙度较大,一般适合于表面要求不高的焊接结构等。激光冲击强化采用合适光斑和搭接率对叶片等表面强化后能够保持 $Ra0.4\mu m$ 表面粗糙度。

(3) 挤压。冷挤压是航空上常用的孔的强化工艺,能够大幅度提高结构件的疲劳寿命。但对直径为 2.5mm 以下的小孔,挤压过程中,小尺寸的芯棒极易折断,一旦断棒,其折断的芯棒极难从飞机结构中取出。另外,芯棒和开缝衬套价格昂贵,每根挤压芯棒 200 多美元,小直径开缝衬套每个 1~2 美元,而且开缝衬套是消耗性工艺衬套,每挤一个孔就要扔掉一个开缝衬套。

(4) 滚压。滚压只能对平整的表面进行,需要很好的支撑。

总之,激光冲击强化的特点如下:

(1) 应变率高。由于冲击波作用时间短,只有几十纳秒或者几百纳秒,应变率达到 10^6/s 以上(采用飞秒激光甚至可以达到 10^7/s)。与其他高应变率强化技术相比,如喷丸强化、爆炸等,应变率高出三四个数量级,材料的组织转变规律、性能变化以及微观金相组织上的变形机制都不一样,常规应变率下的脆性材料在激光冲击波下也可能产生塑性变形特有的滑移线。

(2) 应变影响层深。冲击波的压力达到数吉帕乃至太帕量级,这是常规的机械加工难以达到的,如机械冲压的压力常在几十兆帕至几百兆帕之间。与喷丸相比,激光冲击强化获得的残余压应力层可达 1mm,为喷丸的 2~5 倍,如图 1-2所示。

(3) 对表面粗糙度影响小。由于零件表面涂层的保护作用,激光产生的高温热效应仅仅作用于涂层材料的表层,而零件丝毫没有受到热效应的影响,激光冲击强化实际上是光致力效应下的冷处理。激光冲击强化塑性变形深度大于喷丸,但冲击波压力和塑性变形比较均匀,因此冲击后表面粗糙度变化很小且表面粗糙度小于喷丸,如图 1-3 所示。激光冲击强化没有外物污染,喷丸时要考虑丸的污染(如钛合金不能采用钢丸,以免铁污染)。

(4) 冲击区域和压力可控,易于自动化。激光冲击强化区域限于光斑区域,冲击波的压力取决于激光功率密度,因此冲击区域和压力可以精确控制,可以对

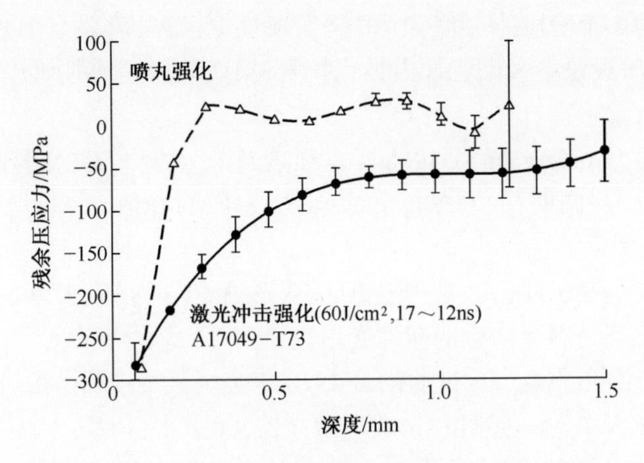

图 1-2　激光冲击强化和喷丸强化处理材料残余压应力对比

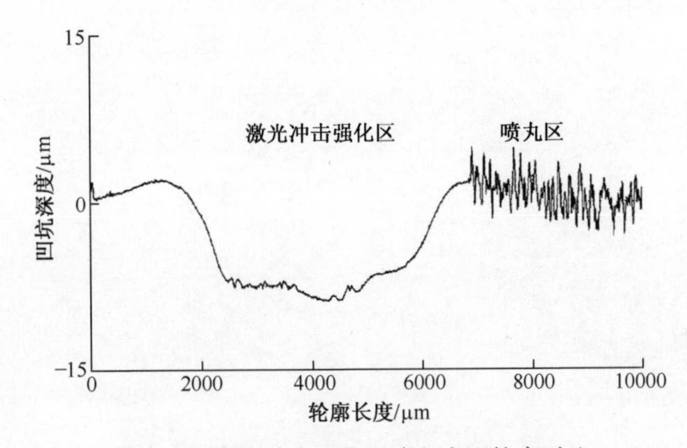

图 1-3　激光冲击强化和喷丸表面轮廓对比

结构进行局部强化处理,光路可达的地方就能进行强化处理,因此适用于自动化工艺。

(5) 激光冲击强化应力释放比较慢。残余应力释放速度与冷作程度成正比,激光冲击只有少量冷作过程,因为只有一次或几次变形循环,其热力导致的应力释放过程接近深滚压,如钛合金可以达到 425℃,In718 可以达到 670℃。

1.3　早期的激光冲击强化试验性研究

1.3.1　激光冲击强化 5 个发展阶段

美国激光冲击强化技术公司(LSP Technologies,Inc.,LSPT)的 Clauer 在第一届激光冲击强化国际会议上总结了激光冲击强化的发展历程,认为激光冲击强化可以分为5个阶段[1]:第一阶段是发现现象;第二阶段是发现该现象的潜在应用;第三阶段是定义激光冲击强化技术;第四阶段是将技术引入应用;第五阶段是进入批量生产。

第一阶段。Anderholm 在1968年发现激光产生的冲击波在等离子体约束条件下有增强效应,同时指出12ns和1.9GW/cm^2的峰值功率密度能产生脉冲3.4GPa的峰值压力。

第二阶段。发现冲击波能产生塑性变形,俄罗斯州立大学的Mirkin发现10ns激光在金属材料上产生的塑性变形。

最早用于激光冲击强化试验的是1970年美国俄亥俄州Battlell's Columbus实验室的CGE VD-640型调*Q*钕玻璃激光器,如图1-4所示,激光器主要工艺参数为可以输出200J激光能量,20~30ns脉宽,每8min一次输出,但该激光器主要用于激光核聚变研究。

图1-4 CGE VD-640型调*Q*钕玻璃激光器

1972年,Battlell's Columbus实验室的Fairand等首次用高功率脉冲激光(高斯能量分布和半高宽32ns)诱导的应力波来改变7075铝合金的显微结构组织及改善7075铝合金的力学性能,如表1-1和图1-5所示。由于具有良好的可控性及可重复性,脉冲激光成为研究固体冲击变形的新工具,从此揭开了用激光冲击强化材料应用研究的序幕。

表1-1 激光冲击强化7075铝合金力学性能参数

热处理条件	0.2%名义屈服强度/psi	抗拉强度/psi	延伸率/%	峰值压力/GPa
固溶水淬	36700	66000	35	
固溶水淬+LSP	43500	66000	31	3.1
T73过时效	50000	74600	18	
T73+LSP	64600	85200	13	4.7

（续）

热处理条件	0.2%名义屈服强度/psi	抗拉强度/psi	延伸率/%	峰值压力/GPa
T6 峰值时效	78000	85000	14	
T6+LSP	75000	82000	14	3.1
注：1psi=6.895kPa				

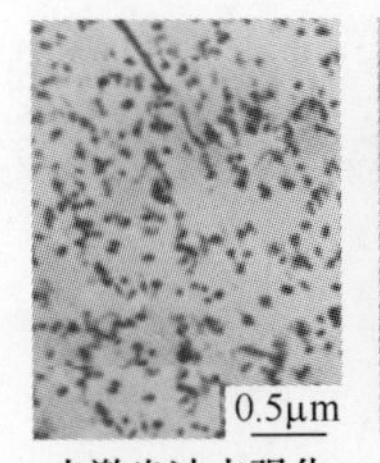

未激光冲击强化

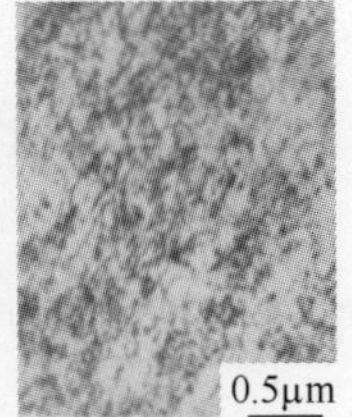

激光冲击强化

T6条件

图 1-5　激光冲击强化 7075 铝合金显微结构

1978 年秋，该实验室的 Ford、Fairand、Clauer 及 Gilliher 与美国空军飞行动力学实验室（U. S. Air Force Flight Dynamics Laboratory）联合，进行激光冲击强化改善紧固件疲劳寿命的研究。试验结果表明，厚度为 6.35mm 的 7075-T6 铝合金试件的疲劳寿命没有改善，厚度为 3.175mm 的 7075-T6 铝合金试件的疲劳寿命获得提高，2024-T3 铝合金试件的疲劳寿命获得大幅提高，如图 1-6 所示。7075 铝合金的残余应力测量表明，激光冲击强化后，试件表面具有极高的残余压应力。

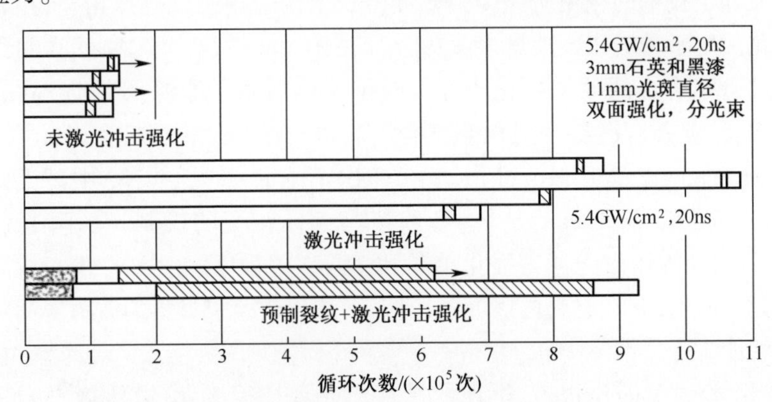

图 1-6　激光冲击强化 2024-T3 铝合金试件疲劳寿命

1979 年,美国国防工业著名的洛克希德-乔治亚公司(Lockheed-Georgia Company)的 Bates Jr. 也开展了激光喷丸处理 7075-T6 和 7475-T73 铝合金的研究,拉伸疲劳试件厚 6. 35mm、宽 38. 1mm、长 241. 3mm,疲劳孔为 ϕ6. 35mm,试件表面涂黑漆。试件经激光冲击强化后,进行常幅拉伸疲劳试验(最大载荷为 6. 895MPa,应力比 $R=0.1$)。试验结果表明,7075-T6 试件的疲劳寿命提高 1. 93 倍,7475-T73 试件的疲劳寿命提高 1. 91 倍。

第三阶段。20 世纪 80 年代早期是定义激光冲击强化技术,最早专用于激光冲击强化的激光器是 Battlell' s Columbus 实验室于 1986—1987 年建立的激光冲击强化原型机,该激光器两路激光束,每束激光能量 50J,脉冲宽度 20ns,如图 1-7所示。

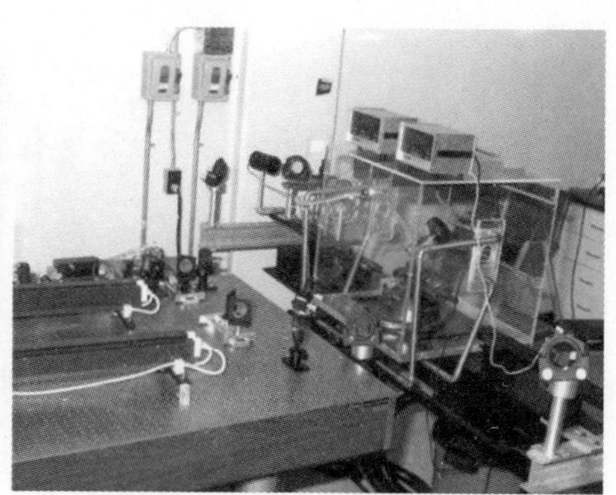

图 1-7 Battlell' s Columbus 实验室激光冲击强化设备

进入 20 世纪 80 年代,法国、德国、以色列、日本、俄罗斯及意大利等国纷纷开展了激光冲击技术的应用研究。激光冲击技术的应用领域迅速拓宽,用于激光冲击强化的材料种类也迅速增多。1987 年法国 Meunier 等用 GW/cm^2 量级的脉冲激光进行铝合金的冲击硬化研究。同年以色列原子能源部资助 Salimann 等对环氧树脂、碳-碳及碳-环氧树脂复合材料进行激光冲击研究。1990 年,法国 Grevey 及 Maiffredy 等用激光冲击诱导 TRIP 合金钢(含 30%Ni)中马氏体相变的研究,对变形层深度进行估算,解释了马氏体相变的机制。法国 Forget、Strude 及 Jeandin 等用激光冲击强化单晶和多晶 Ni 基高强度合金,我们认为激光冲击硬化了材料,并在材料内诱导了压应力,从而改善了材料的疲劳寿命和抗磨损疲劳性能。

1992 年,美国 Vaccri 报道,早期的脉冲激光系统很庞大,虽然输出能量达 500J,但光路系统的长度达 45. 72m,脉冲重复频率低,大约 8min 冲击一次。目前,用于激光喷丸处理的激光设备外形尺寸为 1. 2m×l. 8m(长×宽),能量为 100J

左右,脉冲重复频率达 1Hz。在提高金属材料疲劳寿命方面,激光冲击强化已能取代喷丸处理。激光冲击强化能有效地强化碳钢、合金钢、不锈钢、可锻铸铁、球墨铸铁、铝合金以及镍基高温合金等。美国华格纳激光技术研究所(Wagncr Laser Technilogies,WLT)已证实这种激光冲击自动处理系统具有相当高的可靠性,并建造一些这样的加工车间。

进入 21 世纪,激光冲击强化研究水平有了新突破,应用领域有了新的拓展。在 2000—2002 年,美国劳伦斯·利费莫尔(Lawrence Livermore)国家重点实验室连续报道:①2024-T3 铝合金经过高能激光冲击强化后其疲劳寿命是常规喷丸处理的 50 倍,可用于处理许多关键零部件的服役寿命,如喷气发动机的叶片、F-16 战斗机舱壁桁架上弦与斜端杆接点;②高能激光喷丸能大幅降低焊缝的应力腐蚀和裂纹扩展。美国的核废料存放在用 22 号合金焊接而成的容器内,并将容器埋在 Yucca 山下,这要求容器保存 10000 年不发生泄漏。但是,由于容器的焊缝存在残余拉应力,从而导致裂纹的扩展并加速腐蚀。高能激光喷丸能将这种残余拉应力转变成残余压应力,从而防止了裂纹的扩展。美国劳伦斯·利弗莫尔国家重点实验室在 YMP 研究计划中,做了以下试验:将两块尺寸为 3mm×18mm×75mm 的 304 不锈钢板型试样在温度超过 120℃的 $MgCl_2$ 溶液中进行耐腐蚀试验,未经激光喷丸处理的试样在 24h 内出现裂纹,经过激光喷丸处理的试样在 7 天后尚未出现裂纹或发生腐蚀。对 U 形 304 不锈钢试样进行类似的试验,未处理的 U 形试样在 2h 内发生断裂,经过激光喷丸处理的 U 形试样在 6 天后尚未出现裂纹。对 316 不锈钢进行试验后得到类似的结果。因此,美国劳伦斯·利弗莫尔国家重点实验室得出以下结论:激光冲击强化不仅能用于核废料储存容器焊缝的处理,而且还可用于改善核反应器的安全性与可靠性,延长反应器零件(如内部零部件、壳体、螺栓、销轴等)的工作时间,从而使沸水反应器和压力水反应器具有更长的服役时间和更低的运行成本。

第四阶段。2002 年 5 月,美国 MIC 公司将激光冲击强化用于高价值喷气发动机叶片生产线,以改善疲劳寿命。每月可节约飞机保养费几百万美元,节约零件更换费几百万美元,还可以确保全寿命期间的可靠性。

目前正在进入新型号 F/A-22Raptor 上的 F119-PW-100 发动机生产线。美国预计仅军用战斗机叶片的处理,就能节约成本超过 10 亿美元。2002 年,美国 See 等报道,美国激光冲击强化技术公司和通用电气航空发动机厂(General Electric Aircraft Engines,GEAE)正在进行 3 项“美国空军制造技术工程”的计划,通过将激光器重复频率 0.25Hz 提高 2~3 倍等措施,进一步提高生产效率和降低成本,预期降低 50%~70%的费用。

2004 年,美国激光冲击强化技术公司与美国空军研究实验室开展了 F119

发动机损伤叶片激光冲击强化再制造研究，F119发动机是装备在美国最新战斗机F/A-22上的，叶片的材料为TC4铝合金，叶片预制裂纹长度是1.27mm，疲劳强度也从未损伤的586.1~689.5MPa下降至206.85MPa，已经远远低于叶片使用的设计要求379MPa。损伤叶片经过激光冲击强化处理后，疲劳强度上升到413.7MPa，取得了巨大成功。对叶片楔形根部进行激光冲击强化处理后，其微动疲劳寿命至少提高25倍以上。2005年，Warren[2]认为由于激光冲击波持续时间约40ns，难以测量出整个过程，应该采用大规模的数值模拟方法进行论证与分析。

2006年，Benxin提出了水约束层下的激光冲击自闭环模型。2006年，美国华盛顿国立大学机械与材料工程学院的Cheng等[3]用激光冲击波强化单晶硅脆性材料，提出多尺度位错动力学理论来阐述强化机制。2006年，Sano等[4]研究了零件在没有保护层的情况下激光冲击强化提高314不锈钢的抗应力腐蚀性能，结果表明在没有烧蚀的条件下抗应力腐蚀能力大幅提高。2007年，Hatamleh等[5]用激光冲击7075T7351振动摩擦焊接件，裂纹扩展速度大幅度降低，疲劳寿命大幅度提高。2007年，Breuer认为激光冲击能产生比机械喷丸深4~5倍的残余压应力层，从而能大幅度提高疲劳寿命。

美国AllanClauer定义的激光冲击强化第四阶段是20世纪80年代后期到90年代早期，将激光冲击强化技术引入应用市场，激光冲击强化项目组进行了大量宣传推广活动，并针对用户需求开展了针对性试验，积累了工程应用所需的数据。

第五阶段是进入批量应用阶段。1991年，美国空军对激光冲击强化产生极大兴趣，并将激光冲击强化项目组介绍给美国通用电气(GE)公司航空发动机部，并寻求在B1-B轰炸机的F101发动机风扇叶片上采用，以提高风扇叶片抗异物损伤的性能，激光冲击强化在美国GE公司的发展历程如图1-8所示。

美国是激光冲击强化技术发展最快、应用最成功的国家，但激光冲击强化技术同样也发展成国际化的技术。日本东芝公司于1995年开始激光冲击强化核反应堆的焊缝。法国的Fabbro等研究了激光冲击强化的物理模型。中国在1996年开始激光冲击强化用于航空制造技术的研究。德国在1999年与日本东芝公司合作开展了激光冲击强化技术研究。澳大利亚在1999年研究了激光导致的冲击波加强现象。

1.3.2 激光冲击强化国内研究发展概况

随着先进制造技术的发展，对航空装备关键结构件的服役寿命要求越来越高，减重增效是先进装备制造技术的永恒目标。中国航空制造技术研究院着眼

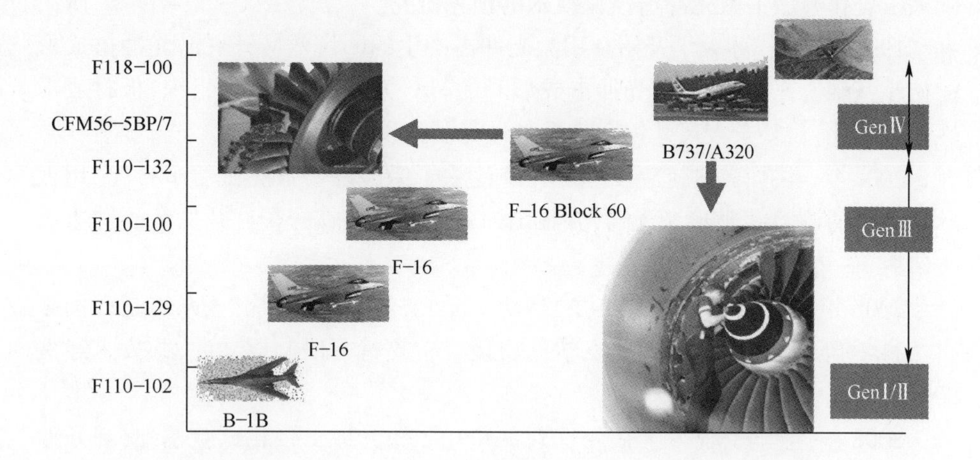

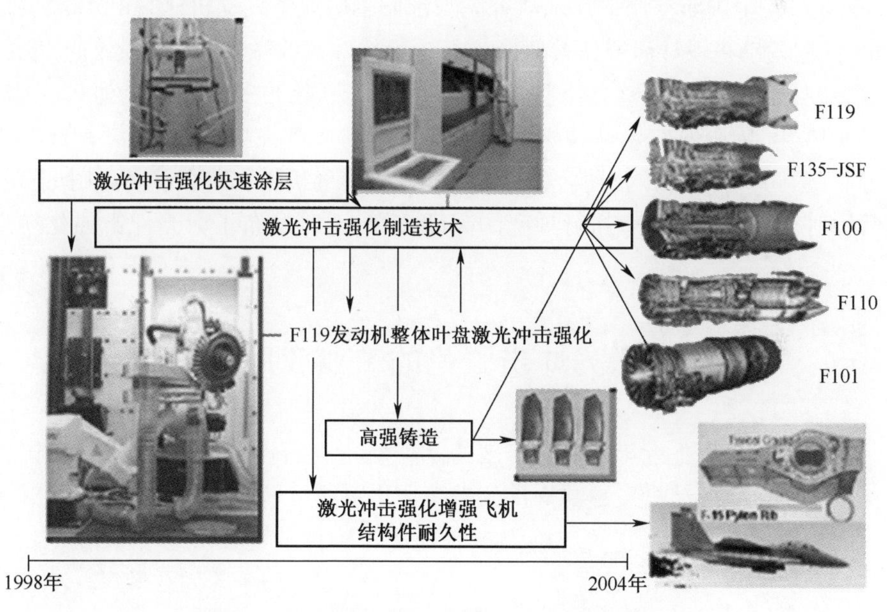

图 1-8　激光冲击强化在美国 GE 公司的发展历程

于行业需求，深入开展激光冲击强化应用于金属材料的焊接结构、机身孔结构、重点疲劳区转接等的抗疲劳制造技术研究，正在更广泛的领域为关键构件的抗疲劳制造做出应有的贡献。激光冲击强化国内研究发展概况如下：

1992 年，中国科学技术大学物理系研制成功我国第一台激光冲击强化装置，该成果获得 1999 年中国科学院科技进步二等奖。

1996 年，中国航空制造技术研究院（原北京航空工艺研究所）与北京航空航天大学合作开展了激光冲击强化技术的预先研究。

1998年起,江苏大学开始利用激光冲击产生的凹坑效应开展激光冲击成形的初步基础研究,探索了激光冲击成形时的材料力学性能、微观组织、板材成形性能的变化,对复杂大尺寸钣金件成形进行了初步的可行性研究。

2004年,中国航空制造技术研究院建立了激光冲击强化试验平台,采用大脉冲能量的调 Q 钕玻璃激光器,并在国内首先开始了钛合金叶片的激光冲击强化研究。

2005年,江苏大学研制成功的高功率激光冲击成形系统,该系统是在国家自然科学基金和江苏大学校重点学科建设经费支持下研制成功的,共投入经费200万元。

2008年,空军工程大学在西安阎良建立了激光冲击强化试验基地,并开始不锈钢叶片的激光冲击强化工艺研究。

2009年,中国航空制造技术研究院与沈阳黎明航空发动机(集团)有限责任公司、沈阳发动机设计研究所等联合进行了整体叶盘的激光冲击强化工艺研究,进而突破了航空发动机钛合金整体叶盘激光冲击强化的多项关键技术。

2013年,中国航空制造技术研究院在早期与成都飞机设计研究所、成都飞机工业(集团)有限责任公司合作的基础上,开始飞机结构件的激光冲击强化,随后针对行业内对新技术执行规范的高度关注,适时发布了激光冲击强化航空行业标准[6]。

1.4 激光冲击强化的工业应用发展

激光冲击强化是近年来发展起来的一项新型表面强化技术,目前在美国已广泛应用于航空发动机关键结构件的表面强化。该技术已成为先进发动机叶片强化的必选技术之一。它的应用大幅度提高了构件的抗疲劳寿命,在航空、航天、石油、核电、汽车等领域有着广泛的应用前景,如应用于紧固孔、铆钉孔、核反应堆容器管道焊缝、搅拌摩擦焊焊缝等,提高材料薄弱部位抗疲劳性能[7]。

1.4.1 航空发动机上的应用

航空发动机叶片在转子高速旋转带动及强气流的冲刷下,承受着拉伸、弯曲和振动等多种载荷,工作条件极其恶劣。在这样工况中的叶片,特别是位于发动机进气端的压气机叶片或前风扇叶片,被随气流进来的异物(如沙石、禽类)撞击后,极易破坏(通常称为异物破坏(Foreign Object Damage,FOD)),使发动机失效以至酿成事故。发动机的 FOD 对发动机前几级钛合金叶片边缘最为敏感,且一旦形成缺口而没有及时发现或者采取措施可能会导致疲劳强度的急剧降低。FOD 或者其他原因导致的开裂会引起严重的二次破坏,进而导致发动机失事,如图 1-9 所示。叶片的异物损伤是发动机意外更换的首要原因,FOD 对发动机的维护成本影响很大。此种破坏的根由是叶片遭受异物撞击后,在叶片的前、后缘局部形成缺口、形变或裂纹,造成应力集中或直接成为破坏源,直接威胁叶片的安全使用寿命。目前抵抗异物撞击采取的主要手段是增加叶片(包括风扇叶片及螺旋桨等)前缘的厚度,但这样在空气动力学方面要付出不小的代价。对较长的前风扇叶片或第一级压气机叶片,也有采用阻尼类结构,虽对抑制叶片振动有效,一旦有异物侵入时也不能很有效地保护叶片[8]。

图 1-9　FOD 导致的发动机事故

美国在 1995 年研究了风扇叶片对 FOD 的敏感性,通过对风扇叶片激光冲击强化、未处理及喷丸 3 种方法对比,结果发现,已破坏的 F101 发动机叶片经激光冲击强化后的疲劳强度接近甚至超过没有破坏也没有经过任何处理的叶片。激光冲击强化过的叶片采用机加工或放电加工制造出 1/4 英寸(1 英寸 = 2.54cm)的槽口。

目前,国外仅美国将激光冲击强化技术应用到了生产和维修领域,取得了巨大的经济效益。1997 年美国 GEAE 公司将激光冲击强化用于 B-1B/F101 发动机叶片生产线,降低维修保养费 9900 万美元。2002 年,美国 MIC 公司将激光冲击强化用于发动机叶片生产线,每月可节约飞机保养费和零件更换费均达几百万美元,之后随即应用于 F-16 战斗机及最先进的 F-22 战斗机,如图 1-10 所示。

2004 年,美国 LSPT 公司与美国空军研究实验室开展了 F/A-22 上 F119 发动机钛合金损伤叶片激光冲击强化修复研究,对具有微裂纹、疲劳强度不够的损伤叶片,经过激光冲击强化后,疲劳强度为 413.7MPa,完全满足叶片使用的设计

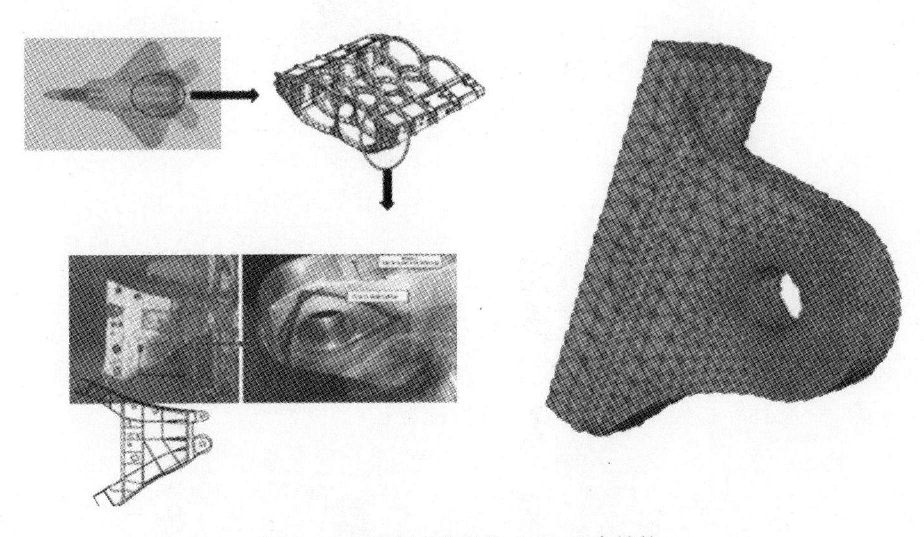

图 1-10　激光冲击强化 F-22 机身结构

要求 379MPa，取得了巨大成功。此外，对叶片楔形根部进行激光冲击强化后，其微动疲劳寿命至少提高 25 倍以上。美国激光冲击强化技术已大量用于 F119-PW-100 发动机整体叶盘等部件的生产。美国冲击强化技术公司还提出了对飞机蒙皮铆接结构强化的专利，应用可移动激光设备在飞机装配现场对铆接后的铆钉及其周围强化，效果明显[9]。

美国仅军用战斗机叶片的处理，就能节约成本超过 10 亿美元。2004 年应用到 B777 民用飞机的叶片处理。

2005 年，美国又将激光冲击强化延寿逐步推广到大型汽轮机、水轮机的叶片处理以及石油管道、汽车关键部件减量化等。但这些应用没有确切的数据，据报道仅石油管道焊缝的处理就达 10 亿美元以上的效益。

目前，仅美国将激光冲击强化工业化应用于 B-1 轰炸机、F-16 战斗机、F-22 战斗机以及 B777 民用飞机的生产线，并制定了激光冲击强化技术标准 AMS2546（目前正在制定新的技术标准）。在美国，激光冲击强化不仅应用于军用飞机，而且应用到了 B777 民用飞机的叶片处理。2005 年又逐步推广到大型汽轮机、水轮机的叶片处理，以及汽车关键零部件的减量化和延寿。例如，能使 200kg 重的汽车大梁疲劳寿命延长 2 倍，这允许减轻重 20kg。这意味着每年处理 800 万个汽车大梁，每年能节省 28500 万 L 汽油。优点有两个，一是减轻重量，二是制造成本更低。节约燃油，使用成本更少。美国金属改性公司（MIC 公司）于 2003 年 2 月被联邦航空管理局（FAA）批准为指定的激光喷丸技术维修服务站，同年 11 月被联合航空管理局（JAA）批准为指定的激光喷丸技术维修服务站。这说明激光冲击强化技术在美国已经成熟,但未见相关工艺细节的论文,说明该技术处于严格的保密状态。除了见到美国报道激光冲击技术工业化应用外,也见到日本将激光冲击应用于核设备焊缝处理以提高抗腐蚀性能的工业化应用报道。虽然,法国、英国、德国、俄罗斯、以色列、澳大利亚等国家也从 20 世纪 80 年代开展激光冲击的研究,但尚未见到这些国家工业化应用的报道。

1.4.2 飞机结构上的应用

结构的疲劳失效(往往从表层萌生)是航空航天器正常破坏的主要形式,为提高航空航天器的目标寿命,常采用喷丸、挤压、撞击强化等方法提高关键部位(如承动载的应力集中部位、受磨损或冲刷作用的接触面)表面疲劳性能。而在飞机蒙皮结构的疲劳破坏中,90%以上源于铆接部位的微动磨损,在其他紧固孔等位置,微动磨损导致的疲劳失效也影响飞机机身结构的目标寿命。因此,强化飞机紧固孔、铆钉孔等结构对飞机的目标寿命有十分重要的意义。图 1-11 所示为激光冲击强化铆钉结构。

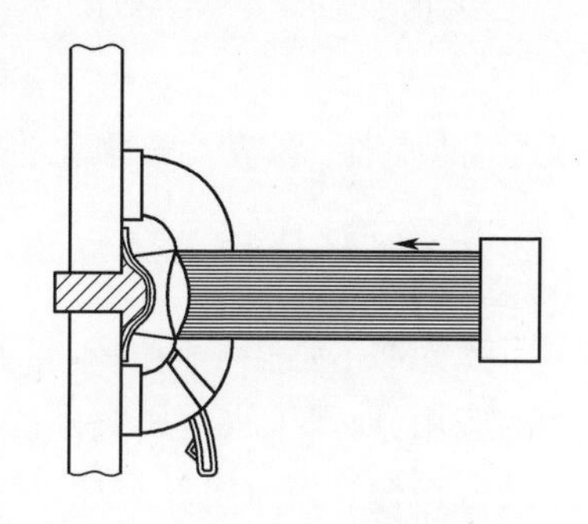

图 1-11　激光冲击强化铆钉结构

紧固孔是飞机上典型的应力集中结构,易在疲劳载荷下产生裂纹,尤其是尺寸较小(在 ϕ6mm 以下)的孔结构或盲孔用喷丸和冷挤压工艺的强化效果不理想或难以实现。激光冲击强化作为新兴的表面强化技术,对小尺寸孔、异形孔、盲孔等强化具有很大优势。将激光束聚焦成环形光斑,冲击处理小孔周围区域,在强化表层及次表层产生残余压应力[10]。

通过对激光光斑能量和形状的调节以满足不同的强化效果,如图 1-12 所示,由内而外的 3 个环形光斑的强化方式获得的残余压应力分布更深、更广,疲劳性能更好。另外,中国航空制造技术研究院的最新研究成果表明,对于 7050 铝合金而言,对其表面先进行激光冲击强化,再进行钻孔,同样可以大幅度提高孔的疲劳性能。激光冲击强化对小孔结构性强化的另一个较大优势就是可以满足现场强化,可达性好。

在未来的飞机机身结构中,铆接结构会逐渐被焊接结构或者整体结构代替,以提高机身的疲劳性能,获得减重效果。但焊接结构同样也是疲劳性能的薄弱环节,特别是飞机结构中广泛采用的钛合金、铝合金等材料对焊接的工艺要求很高,即使采用激光焊接、搅拌摩擦焊焊接等新型工艺,疲劳性能和耐腐蚀性能也

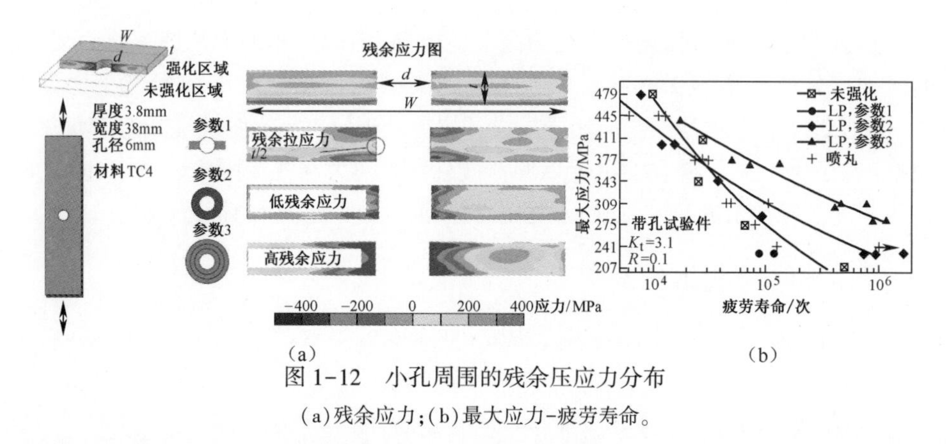

图 1-12 小孔周围的残余压应力分布

(a)残余应力;(b)最大应力-疲劳寿命。

仅是有所降低,激光冲击强化将是很好的焊后处理工艺。

1.4.3 焊缝结构上的应用

激光冲击强化早期的研究主要针对铝合金焊接接头进行,但一直没有实质性的应用,取得工程应用突破的是美国在航空发动机叶片强化上的应用。日本东芝公司在维修核电站反应堆压力容器和管道焊缝中开发了一套独特的设备和工艺。采用小能量和小光斑(光斑 ϕ0.8mm、能量 200mJ、脉宽 8ns)激光对核反应堆压力容器焊缝、管道接头的焊缝进行激光冲击强化,以提高焊缝的抗应力腐蚀裂纹性能。

由于核反应堆中的空间限制,不能像常规的激光冲击强化那样布置吸收层,该公司采用的是无吸收层的激光冲击强化技术,并采用光纤传导激光的方式。为了消除表面激光烧蚀导致的拉应力,该公司采用大于 1000%的高搭接率的激光冲击强化,脉冲密度为 36J/mm^2。图 1-13(a)、(b)所示分别为日本东芝公司能源中心采用的激光冲击强化焊缝示意图及水下冲击试验装置,能对 ϕ9.5mm 的管道内壁进行强化[11]。

此外,核废料的储藏和防止泄漏也非常重要。大量的核废料必须储存在特制的容器中并焊接封存。美国 YMP 项目利用激光冲击强化对核废料储存容器的 22 合金焊缝进行强化,强化区残余压应力层深度超过 5mm,其目标是满足核废料储存容器在 1 万年内不会因应力腐蚀而泄漏。核电是未来我国大力发展的方向,激光冲击强化技术必将在核工业中大力应用。

搅拌摩擦焊焊接由于热影响区小、变形小、接头强度好,所以在铝合金结构上得到日益广泛的应用,但搅拌摩擦焊焊接接头的力学性能和残余应力可能引起脆性断裂、疲劳断裂、应力腐蚀破坏以及降低结构的稳定性。美国国家航空航天局约翰逊航天中心(NASA Johnson Space Center)的研究结果表明,经激光冲击

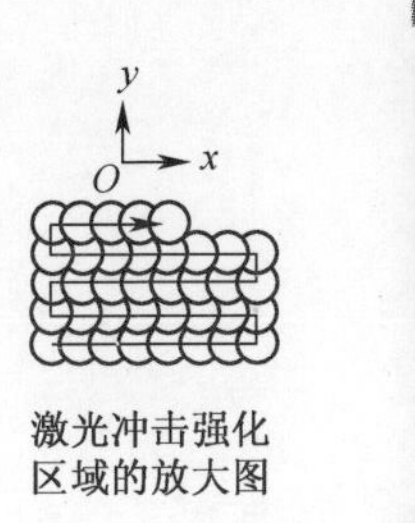

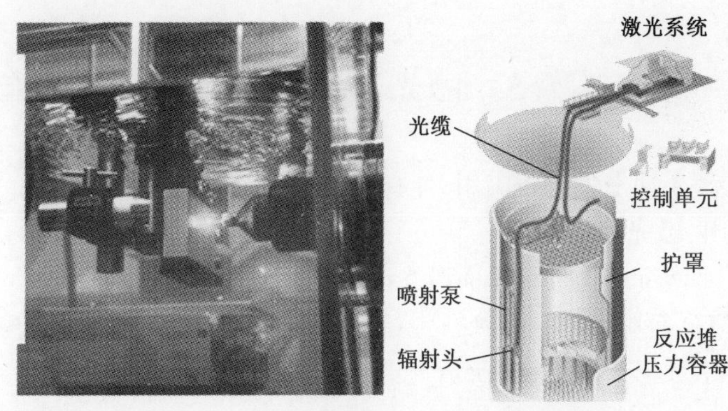

（a）　　　　　　　　　　　　（b）

图 1-13　日本东芝公司能源中心激光冲击强化焊缝示意图及水下冲击试验装置

强化后，铝合金搅拌摩擦焊的焊接接头的屈服强度、抗拉强度显著提高（2195 铝合金搅拌摩擦焊的焊接接头的屈服强度提高 60%，抗拉强度提高 11%，见图 1-14），且冲击区有晶粒细化现象。中国航空制造技术研究院将激光冲击强化应用于激光焊和电子束焊的焊接接头强化，显著地改善了原有的焊接应力分布，激光冲击强化技术有望成为解决高能束焊接接头疲劳性能分散性大的关键技术。

与喷丸强化相比，激光冲击强化应用焊接接头方面具有很大的优势。以铝合金为例，喷丸的冷作硬化程度为 30%～40%，激光冲击强化的冷作硬化程度为 4%～9%[12]。由 Bauschinger 效应可知，在循环载荷下，激光冲击强化产生残余压应力更加稳定，如图 1-14 所示。另外，激光冲击强化可产生与焊接接头非常接近的表面质量，有利于提高抗疲劳性能。

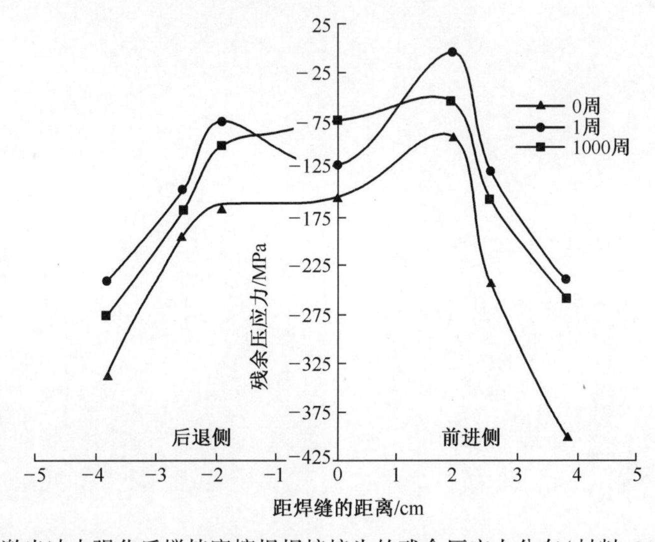

图 1-14　激光冲击强化后搅拌摩擦焊焊接接头的残余压应力分布（材料：2195 铝合金）

1.5 激光冲击强化的新应用方向

激光冲击强化新应用方向如下。

1. 激光冲击成形

对薄壁结构进行单面激光冲击强化时,薄壁结构会向未强化面一侧弯曲变形,两个面均为压应力状态,控制冲击参数即可成形薄壁结构,这种技术称为激光冲击成形。图 1-15 所示为铝合金激光冲击成形。

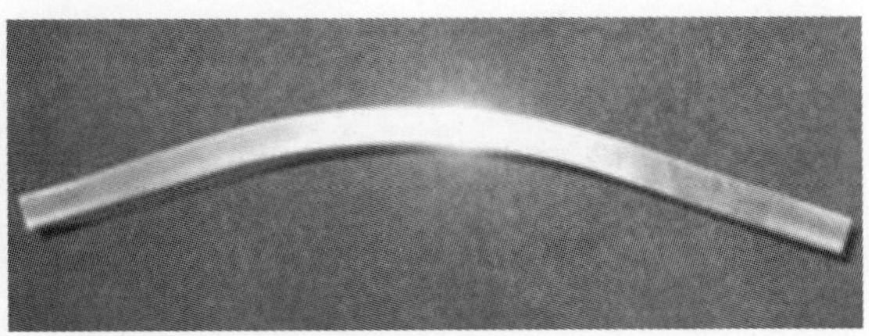

图 1-15 铝合金激光冲击成形

图 1-16 所示为激光冲击成形设备。激光冲击成形有 3 个独特优点。①冲击波强化与成形的复合工艺,采用优化的工艺参数和路径,在结构件的应力集中区形成了高幅值残余压应力,可以显著提高疲劳寿命。例如,3mm 厚的 2024 铝合金冲击成形后表面形成-235~-300MPa 的残余压应力,根据所做的激光冲击强化试验结果,此状态可提高疲劳寿命 4 倍以上。这特别适合于制造有抗疲劳

图 1-16 激光冲击成形设备

性能要求的钣金件,如飞机机翼蒙皮等,可减少常规的强化工艺。②效率高。对长 40m 的机翼外蒙皮仅需一两次处理就能精密成形。③成形精确,成本低,速度快,特别适合于批量少的新品研制。假如仅估算激光冲击凹模仿形,就可节约一半模具,仅此一项,对一个新型号的研究而言节省的经费可达上亿元:

激光冲击成形的应用潜力有以下方面。

1）零件可能实现直接从成形到装配

（1）大厚度上成形更小曲率半径。

（2）精密成形,无须再加工。

（3）更好的表面。

（4）成形面两面残余压应力。

2）可能比喷丸成形有更好的经济性能

（1）精密成形允许预打孔。

（2）精密成形减少装配时间。

（3）预打孔能减少疲劳和微动磨损。

（4）特定区域残余压应力可减少结构重量。

机翼整体壁板结构较大,型面复杂,而且壁板内部存在加强筋,因此机翼壁板成形已经成为我国飞机制造的重大难题。ARJ21 机翼整体壁板采用喷丸成形,但与喷丸成形技术相比,激光冲击成形的曲率更大,产生的残余压应力更深,更容易控制成形参数。因此,激光冲击成形将是喷丸成形的替代技术,而且有巨大的应用前景,例如可用于某飞机伞舱($1m^2$ 左右,2024 铝合金,冲压模具费用高)、油箱口盖($0.5m^2$ 左右,小曲率成形)、机翼壁板($10m^2$ 左右)等。美国 MIC 公司将激光冲击成形用于 B747 飞机的机翼厚壁板成形,该设备采用双光路传输,地下传输光路长达 45m[10],并在 2010 年完成首飞,如图 1-17 所示。随着激光冲击成形技术的发展,该技术必将得到大面积应用。

2. 石油化工

石油和天然气的输送管道是涉及生命的重要设施,而其焊接区是容易受应力腐蚀的薄弱区,一旦发生腐蚀泄漏破坏,不但造成能源的巨大浪费,而且污染环境,还可能造成生态的破坏。激光冲击强化可极其有效地提高管道的抗应力腐蚀疲劳寿命,据估计这项应用将产生数十亿美元的经济效益。

3. 海洋船舶

潜艇长期在海水的作用下,极易发生腐蚀,尤其是管/板焊接件、船体焊缝等,激光冲击强化处理将发挥重要的作用。海上飞机对抗腐蚀性能要求更高,对这些飞机钣金件的激光冲击强化延寿显得尤其有价值。

图 1-17　激光冲击成形用于 B747 飞机机翼

4. 医疗工业

目前用于人体医疗的植入物，如矫形插入物、脊和膝替代物、骨固定器等，采用激光冲击强化能有效地提高其微动疲劳寿命。

5. 核工业

对核容器焊缝进行激光冲击强化延寿，能有效地提高其抗氢蚀性能。少量核废料可以储存在重水中，大量的核废料必须储存在特制的容器中，焊接密封，然后深埋在山洞中，这要求焊缝 1 万年不能发生应力腐蚀泄漏以确保安全。激光冲击强化处理焊缝能达到这种苛刻的要求，确保环境避免核污染。目前美国已开始采用这种处理技术。我国的核电是未来大力发展的方向，这也标志着激光冲击强化抗应力腐蚀有很大的应用空间。

第 2 章　激光冲击强化工业应用系统

2.1　国内外激光器

激光冲击强化对激光输出的峰值功率要求很高，并且要在足够大光斑上有 GW/cm^2 量级的功率密度，最早用于激光冲击强化研究几乎都是调 Q 钕玻璃激光器，大部分是用来探索前沿物理基础问题，如激光诱导的核聚变（激光点火）等，这些激光器输出频率低，运行成本高，不能用于工程的激光冲击强化等生产应用。表 2-1 所列为用于激光冲击强化的激光器主要发展历程，调 Q 钕玻璃激光器很早就能满足激光冲击强化脉冲能量的要求，但只有频率达到 1Hz 以上时才真正具有应用价值。

表 2-1　用于激光冲击强化的激光器

<table>
<tr><th>年份</th><th>激光器类型</th><th>脉冲能量/J</th><th>脉冲宽度/ns</th><th>频率/Hz</th><th>所属单位</th></tr>
<tr><td>1980</td><td>钕玻璃</td><td>40~100</td><td>3~30</td><td>0.001</td><td>美国 LLNL 公司</td></tr>
<tr><td>1989</td><td>钕玻璃</td><td>40</td><td>7~20</td><td>0.01</td><td>美国 LLNL 公司</td></tr>
<tr><td>1990</td><td>钕玻璃</td><td>400</td><td>20</td><td>0.25</td><td>美国 LLNL 公司</td></tr>
<tr><td rowspan="3">1996</td><td rowspan="3">钕玻璃</td><td>100</td><td rowspan="3">20</td><td>10</td><td>美国 LLNL 公司</td></tr>
<tr><td rowspan="2">采用固体热容技术 500J(短时)</td><td>20(短时)</td><td>美国 LLNL 公司</td></tr>
<tr><td>采用新的泵浦方式和增益介质 200(短时)</td><td>美国 LLNL 公司</td></tr>
<tr><td rowspan="2">1997</td><td>CLFA 准分子</td><td>5</td><td>45</td><td>5</td><td>法国激光研究所</td></tr>
<tr><td>YAG</td><td>3</td><td>5~9</td><td>10</td><td>中国 LABest 公司</td></tr>
<tr><td>2004</td><td>钕玻璃</td><td>60</td><td>30</td><td>0.1</td><td>中国航空制造技术研究院</td></tr>
<tr><td rowspan="2">2008</td><td rowspan="2">YAG</td><td>10</td><td>10~15</td><td>5</td><td rowspan="2">中国 LABest 公司</td></tr>
<tr><td>20</td><td>10~15</td><td>1</td></tr>
<tr><td>2010</td><td>YAG</td><td>15</td><td>15</td><td>10</td><td>中国航空制造技术研究院</td></tr>
</table>

美国劳伦斯·利费莫尔国家实验室和 LSPT 公司研制的生产型的用于激光冲击强化的激光器，输出脉冲能量为 50J、脉冲宽度为 20ns、重复频率为 1.25Hz。但该激光器体积大，价格贵，为 55 万~70 万美元，而且目前尚属于禁止向中国出口的高技术产品。

中国航空制造技术研究院和江苏大学 2004 年分别研制成功大脉冲能量的调 Q 钕玻璃激光器，如图 2-1 所示，打破了国外的技术封锁，并开始激光冲击强化工艺和设备研究。

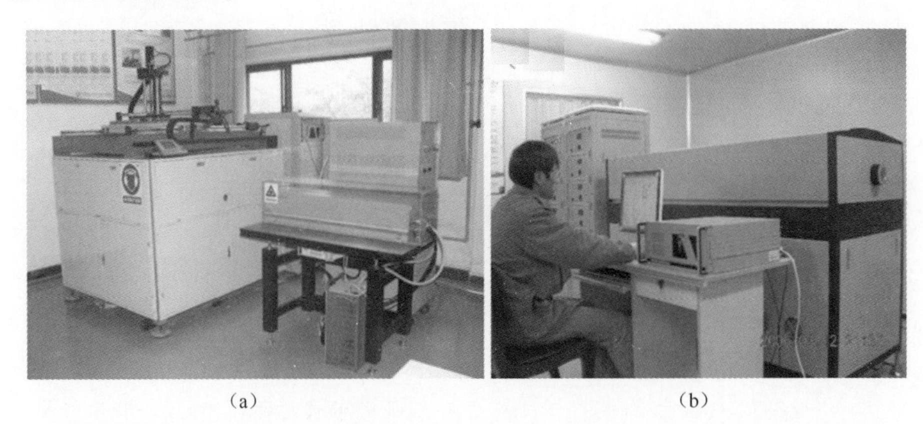

(a) (b)

图 2-1 中国航空制造技术研究院和江苏大学 2004 年研制的调 Q 钕玻璃激光器
(a)中国航空制造技术研究院研制的激光器；(b)江苏大学研制的激光器。

2.1.1 中国科学技术大学和江苏大学合作研制的激光器

通常，激光装置中的激光振荡器的各项指标(如模式、光束发散角、单色性、脉宽、调制性能等)都较好，但输出能量较低(只有 mJ 量级)，因为输出能量与各项指标是矛盾的[13]。既要获得好指标又要高能量，必须加足够多的放大器。这样一来，整个激光装置的体积必然庞大[14]。为了使整个激光装置体积减小，增加激光振荡器的输出能量，就可减少激光放大器的级数，因此采用多横模激光振荡器[15]。因为冲击处理激光装置对各项指标要求不高，特别是不要求基横模，因而不必加小孔选横模，这样激光振荡级的能量就可大些。

图 2-2 所示为把多横模激光振荡器作为激光振荡级的高重复率钕玻璃高功率激光处理装置的总体光路图[16-20]，激光振荡器用 ϕ8mm×200mm 的磷酸盐 N21 型介质，谐振腔为平-平腔，输出镜为 K9 平板玻璃。由于不用小孔选横模，激光棒可较大较长，谐振腔调整好后输出是多横模，能量可达 2J。

图 2-2 中各级激光棒参数分别如下：

(1) 调 Q 激光振荡器(PA_0)中激光介质为 ϕ8mm×200mm 磷酸盐 N21 钕玻

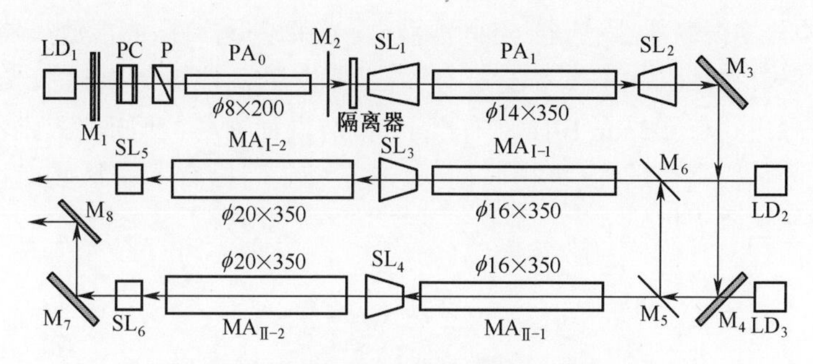

图 2-2　高功率激光装置的总体光路排布

璃棒,用 ϕ12mm×200mm 的脉冲氙灯双灯泵浦,聚光腔为陶瓷漫反射腔,电光调 Q 开关的通光口径为 15mm,内装匹配液。

(2) 激光预放大器(PA_1)中激光介质为 ϕ14mm×350mm 的磷酸盐 N21 钕玻璃棒,用 ϕ22mm×350mm 脉冲氙灯双灯泵浦,聚光腔为双椭圆金属铜镀银腔。

(3) Ⅰ路第 1 级激光主放大器(MA_{I-1})中激光介质为 ϕ16mm×350mm 磷酸盐 N21 钕玻璃棒,用 ϕ22mm×350mm 脉冲氙灯双灯泵浦,聚光腔为双椭圆金属铜镀银腔。

(4) Ⅰ路第 2 级激光主放大器(MA_{I-2})中激光介质为 ϕ20mm(或 ϕ18mm)×350mm 的磷酸盐 N21 钕玻璃棒,用 ϕ22mm×350mm 脉冲氙灯双灯泵浦聚光腔为双椭圆金属铜镀银腔。

(5) Ⅱ路第 1 级激光主放大器(MA_{II-1})与 II 路第 2 级激光主放大器(MA_{II-2})的各种参数一致。

图 2-2 中各级电源充电电压设定值如下:

调 Q 激光振荡器电源充电电压为 1680V,预放大器电源充电电压为 1900V,激光主放大器电源(4 节电源相同)充电电压为 2000V。激光能源(由电容器提供)部分分别为:激光振荡器能源的电容量/灯为 200μF,激光预放大器能源的电容量/灯为 300μF,激光主放大器能源的电容量/灯为 600μF。循环水冷系统开动时,温度为 25℃,温差为 2℃,并在振荡级外加了被动隔离器 Cr+4 YAG(透射率约 70%)。

激光器平均输出激光脉冲能量 $E=42.23$J,以 0.5Hz 重复频率运转时,激光器输出能量下降了 6.2%;由于激光器 0.5Hz 运转时介质的热透镜效应比较严重,因此阻碍了激光器的正常运转。试验证明,采用上述泵浦能量进行运转时,激光器只能正常工作 1min 左右。

2.1.2　THALES 公司 Gaia 高能量等泵浦 YAG 激光器

法国 THALES 公司 Gaia 高能量等泵浦 YAG 激光器外形尺寸如图 2-3 所

示,其结构分为振荡器、隔离器、空间滤波器、光束整形器件、高能放大器、倍频光可选和外形尺寸。Gaia 是市场上最有效、最紧凑的高能量等泵浦激光器之一,脉冲能量可达 6J@ 532nm,10Hz。有以下特性:设计紧凑(比同类激光器体积减小到 1/2 以下)、高稳定性、维护简便,方形光束截面提高了材料处理过程中的覆盖效率。主要优势如下:

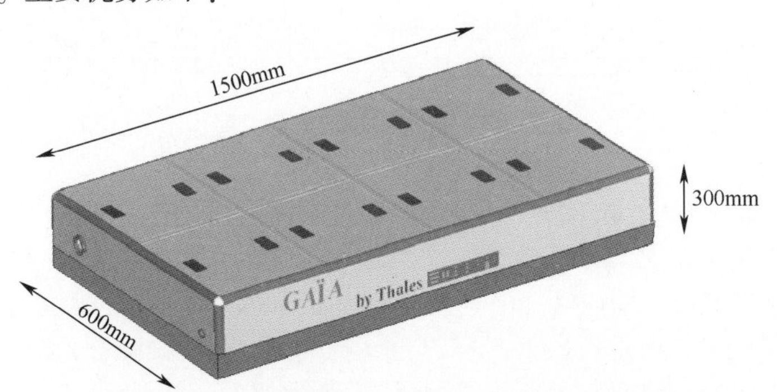

图 2-3　Gaia 高能量等泵浦 YAG 激光器外形尺寸

该款产品输出的脉冲能量高,可以达到 13J 或更高,脉冲短,脉宽小于 15ns,聚焦前能量密度可达 2. 6J/cm^2,能有效产生等离子体冲击波,从而满足激光强化的工艺需求。

重复频率高,可达 10Hz,有效地保证了激光加工处理的速度,最大限度地满足生产加工的量产需求。

该产品创新性地采用了 YAG 陶瓷作为激光晶体,不仅实现了高能量的脉冲输出,而且其优良的耐热性以及抗冲击性保证了激光器的稳定运行。同时,其专利技术的几何形状设计,可以使其输出高能量脉冲时保持良好的模式与平面分布。与此相比,采用 YAG 晶体棒的高能量、高重复频率激光器容易产生“淬灭”现象,系统的稳定性难以保证。而采用磷酸盐激光钕玻璃的激光系统价格比采用 YAG 陶瓷的系统贵很多。

根据激光加工的特点和要求,对激光器内部结构和材料进行了改进设计,使之更适应激光枪的要求。例如,采用了掺钐的石英滤光片,能保证激光器超过 1 亿次的脉冲输出。均匀的钕离子掺杂,减小了低频调制,从而优化激光器输出的光斑特性。完全对称的腔体设计,避免了双折射效应,提高了光束品质。

该产品输出激光脉冲采用了特有的平顶匀化技术,其脉冲能量均匀地分布在整个光斑中,而不是常见的高斯分布,如图 2-4 所示,平顶方形光斑有利于激光强化中产品加工的一致性。

该产品输出的激光脉冲可以选择为方形光斑,加之光束的平顶特性,可以有效提高激光光束的覆盖效率,无须光斑部分重叠照射,有利于提高激光强化冲击的速度,满足工业化生产的需求。该产品采用模块化设计,易于维护,使用种子源加放大级的方式完成,结构简单,便于客户的维护。

该产品的应用:①高能短脉冲激光冲击;②材料处理;③核废料清洗;④科研;⑤多赫兹拍瓦(PW)飞秒激光系统泵浦源。

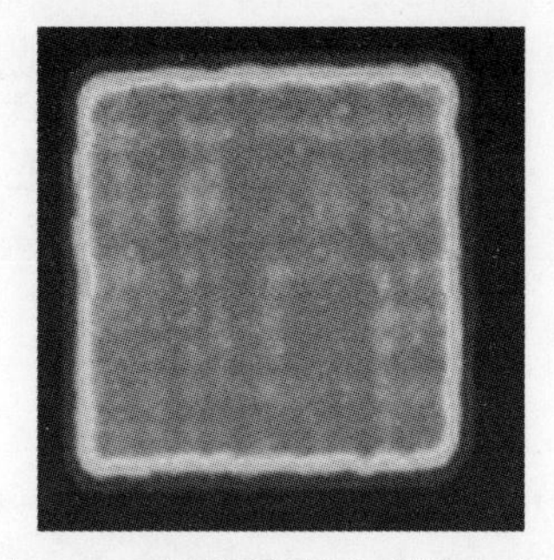

图 2-4　平顶调制的方形输出光斑

法国 THALES 公司可生产灯泵浦激光器(100J@ 0.01Hz 和 30J@ 0.1Hz)和二极管泵浦激光器(170W@ 10kHz),如图 2-5 所示。该公司曾为江苏大学及西安航空发动机(集团)有限公司提供两台激光器(能量分别为 12J 和 22J)。

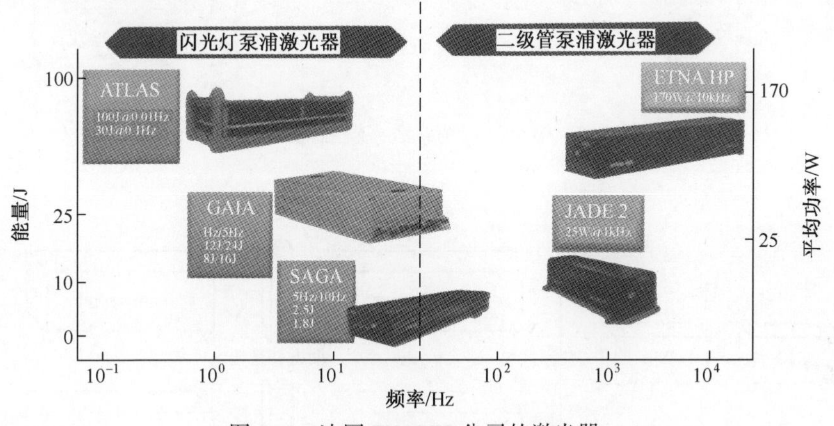

图 2-5　法国 THALES 公司的激光器

法国 Amplitude 公司于 2016 年已能生产出 56J@ 532nm、10Hz 激光器,如图 2-6所示。下一步的目标是生产 P60 型激光器(60J@ 532nm、10Hz),都为高能量激光器,属于禁运产品。

图 2-6　法国 Amplitude 公司下一代 P60 型激光器

2.1.3 镭宝公司两路激光输出的激光器方案

镭宝公司设计的两路激光输出的激光器如图 2-7 所示，该激光器的两路激光输出光路设计如图 2-8 所示。

图 2-7 镭宝公司两路激光输出的激光器外形

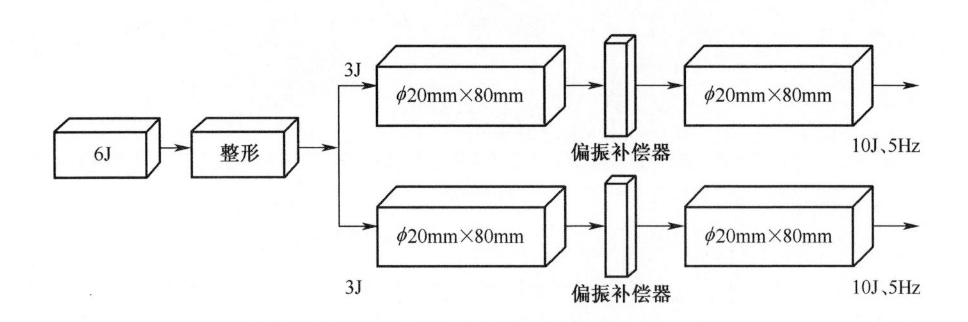

图 2-8 镭宝公司两路激光输出的光路设计

激光器输出参数：波长为 1064nm；重复频率为 1~10Hz；脉冲宽度为 10~20ns；激光模式为 TEM_{00}；采用相互垂直线偏振光耦合；单脉冲能量为 10J@10Hz、20J@1~5Hz；能量稳定性小于 5%。

为了满足工程应用对激光束高能量需求，镭宝公司将两路激光束进行耦合，从而获得高能量激光束，图 2-9 所示为两路光耦合设计，图 2-10 所示为两光路耦合后对脉宽的影响，光路耦合后脉宽时间增大且平顶分布，提高激光冲击强化效果。

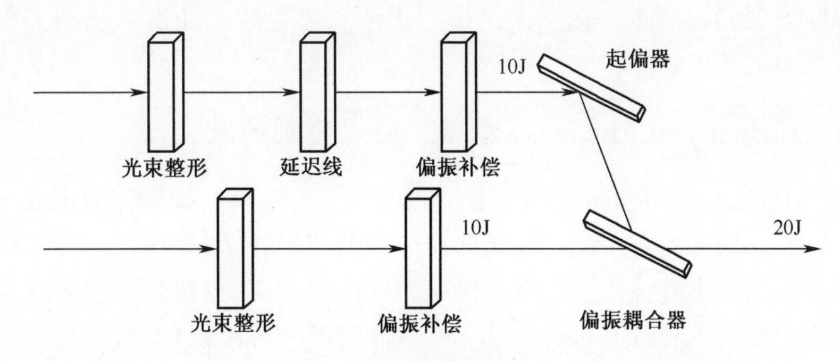

图 2-9　两路光耦合设计

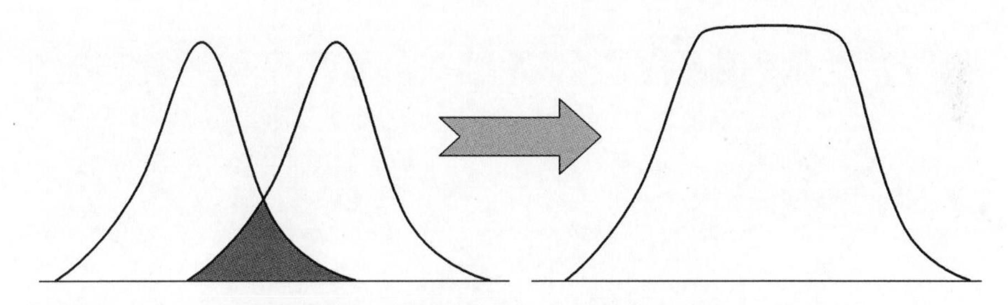

图 2-10　两光路耦合后对脉宽的影响

2.1.4　LSPT 公司研发的激光器

美国 LSPT 公司最近研发的二极管泵浦纳秒脉冲激光器，其脉冲能量为10J，脉冲宽度为 10~25ns 可调，整体设计紧凑，SLM 和 TEM00 本振设计，脉冲能量空间分布为平顶分布（能量波动小于 9.1%），8h 内脉冲宽度变化仅 0.07ns，能量波动度小于 0.28%。广东工业大学引进了该产品，如图 2-11 所示。美国 LSPT 公司在山东潍坊与山东迈特莱斯金属表面科技有限公司（MTLS 公司）达成

图 2-11　广东工业大学引进美国 LSPT 公司激光冲击强化系统

协议,MTLS 公司出资 1.5 亿元人民币用于建立包含激光冲击强化加工单位在内的加工引进该产品。

2.1.5 Hamamatsu Photonics K. K. 公司研制的激光器

日本 Hamamatsu Photonics K. K. 公司正在开发 100J 级激光冲击强化用激光器,如图 2-12 所示,并针对激光脉冲形状的控制技术,说明主脉冲前沿附近的小脉冲有利于提高强化表面残余压应力层深度,其作用机理为在主脉冲与基体材料作用之前,小脉冲(Foot Pulse)产生低密度的等离子体,这样主脉冲的绝大部分能量用于转换为等离子体的内能,而不需要主脉冲上升沿部分脉冲宽度用于形成初期等离子体。

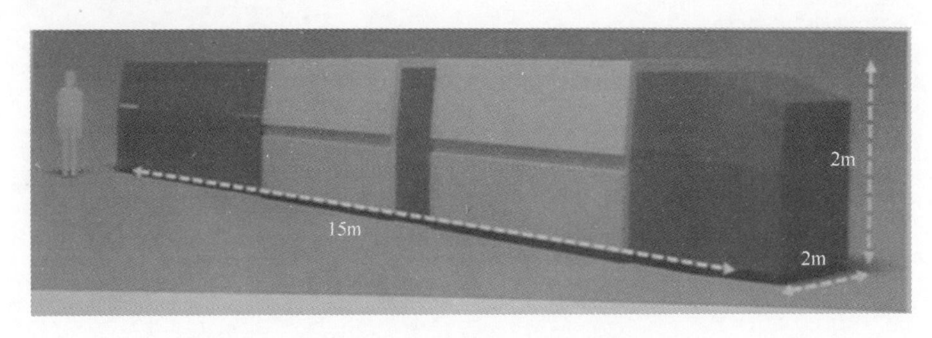

图 2-12　100J 级激光冲击强化用激光器

2.2 中国航空制造技术研究院激光器设计方案

如果要得到能量高、稳定性好、光束质量好的激光,以现有技术手段须经过放大器进行放大。激光放大器的能级结构与本振的信号光相匹配,其物理过程也同激光振荡器一样,使受激辐射的光放大。工作物质在光泵浦作用下,处于粒子数反转状态,当从本振产生的激光脉冲通过时,激发态上的粒子在外来光信号的作用下产生强烈的受激辐射,该辐射叠在信号光上得到放大,因而放大器能够输出信号光强得多的辐射。

为了保证系统的工作稳定性和激光输出的光束质量,本振激光器采用激光二极管泵浦和非稳腔选模,为放大级提供一个优质而稳定的光源。本振输出激光经过分光镜后分成两束,分别经过激光放大器进行放大,激光放大器采用六级双程放大体制。在本振激光与放大级之间、放大级与放大级之间均加入光束耦合器和旋光器等装置,以抑制热透镜效应、自聚焦效应和相位延迟等有害因素。

此外,在系统中还采用了相位共轭镜补偿技术,以减小光学介质的不均匀性和杂质对激光光束质量的影响。

2.2.1 本振激光器的设计方案

采用激光二极管泵浦技术可以有效地提高本振的输出光束质量、稳定性和可靠性。本振激光器光路如图 2-13 所示。棱镜用于“折叠”谐振腔,以减小纵向尺寸和提高光路稳定性。F-P 标准具放在谐振腔内,用来对谐振腔进行频谱选择。调制部分拟采用被动调 Q 开关。光楔对可使光路调整更加方便,同时能提高系统的可靠性。

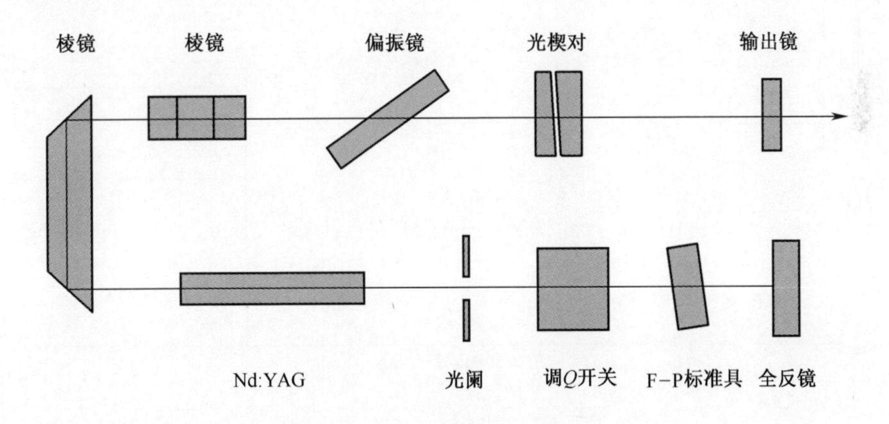

图 2-13 本振激光器示意图

2.2.2 激光放大器设计方案

图 2-14 所示为激光器光路设计。其中,激光工作物质为 Nd:YAG 晶体;泵浦源采用闪光灯泵浦;放大级由四根激光棒串联组成,两根棒直径为 10mm,另两根直径为 15mm;放大级为带相位共轭镜(PCM)的双程放大系统;PCM 基于受激布里渊散射效应;放大级之间由真空滤波器隔离,完成激光棒的口径匹配、像面的传递和部分补偿激光棒的热透镜效应等功能;在两个相同直径的棒之间放置 90°石英旋光器来补偿热致双折射;放大级和 PCM 之间放置法拉第旋光器进行本振(MO)与放大级间的光学隔离;放大级为 PCM 的双程放大系统,前四级为双程放大器,由四根激光棒串联组成,两根棒直径为 10mm,另两根直径为 15mm。后二级为直放式,两根直径为 20mm。

激光放大器的能量分配如图 2-15 所示。

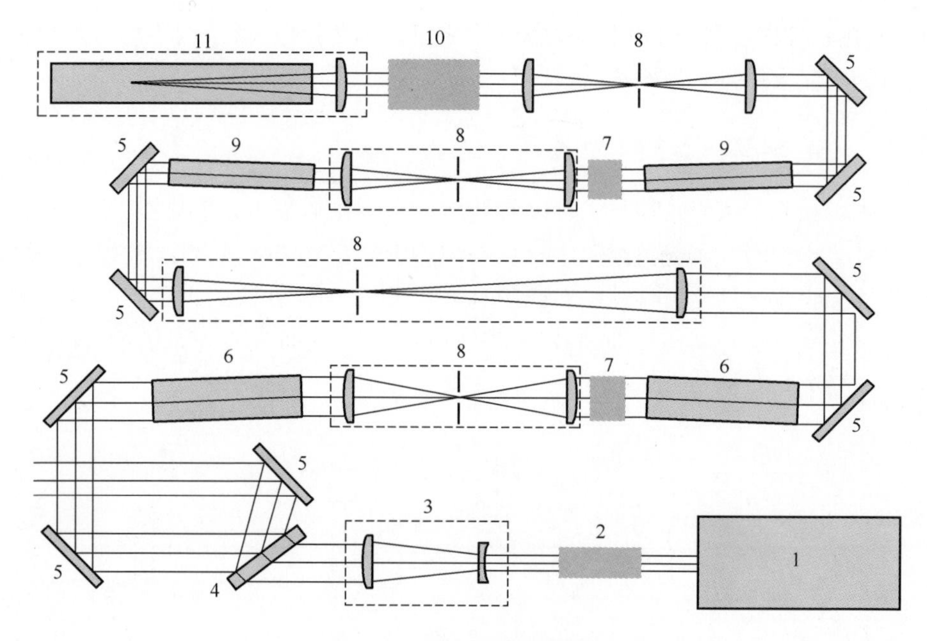

图 2-14　激光器光路设计

1—激光本振；2—法拉第隔离器；3—光束整形系统；4—偏振镜；5—反射镜；6、9—激光棒；7—90°旋光器；8—真空滤波器；10—45°法拉第旋光器；11—光学相位共轭系统。

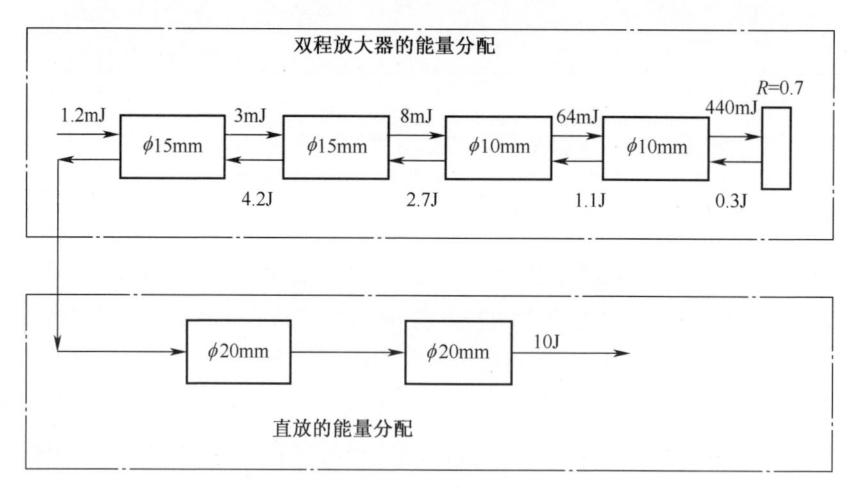

图 2-15　激光放大器的能量分配

2.2.3　方案分析

由于激光器在波长、能量、脉冲宽度、重复频率、束散角、能量稳定性等方面要求较高，所以应在以下几方面加以注意。

1. 激光棒数量和直径的选择

根据计算和先期试验的结果,Nd:YAG 放大器的能量提取效率可以高达75%,因此要使输出能量为 6J 则必须在工作物质中存储约 8J 的能量。单根 Nd:YAG 激光棒储存的能量可以达到 2~2.4J,因为储存的能量越高,放大的自发辐射造成的损耗也越大。这样输出能量为 6J,需要 4 根激光棒。考虑到光学损伤阈值,工作物质净口径至少为 17mm,对应的工作物质直径是 15mm。直接放大 2 级至少每级要提取 2J 能量,并且最终输出不小于 10J 能量,因此选用直径是20mm 的棒。

2. 棒的几何结构

板条结构的激光系统目前非常流行,其畸变和双折射很小,但是对于本系统来说棒状结构更好,原因是板条激光器的设计困难,实现合适的能量分布也很困难。计算和试验显示通过对双折射进行补偿,用传统的棒状结构能够满足技术指标的要求。

为了降低激光棒内温度梯度,需要比较长的激光棒,限制激光棒长度的主要因素就是成本。计算显示,对于前四级放大器合理的激光棒长度应为 120~140mm。后二级激光棒长度大约为 140~160mm。

3. 放大系统的结构

为实现高效的能量提取,以及利用相位共轭镜来补偿畸变,需要双程放大器,包括一串放大级和后反射镜,用光学相位共轭镜(PCM)作为后反射镜。

4. 双程放大器的能量分配

首先对双程放大器的能量分配进行定量分析。根据先期试验和数据模拟计算有关的能量存储数据。

为了很好地补偿热光畸变,放大级之间的热负载应该均匀分布,所以需要尽可能用同样直径的激光棒对(2×ϕ15mm 和 2×ϕ10mm),利用 90°石英旋光器来补偿热致双折射。

5. 聚光腔

聚光腔采用石英漫反射腔,能量吸收率比较高,同时可以获得均匀的泵浦能量分布,图 2-16 所示为聚光腔结构,包括脉冲氙灯、激光工作物质和对灯棒进行冷却的循环水路结构。图 2-17 所示为聚光腔激光棒截面的小信号增益分布。

由于研制生产周期紧、系统稳定性要求高,因此尽量采用现有成熟的技术方案,如图 2-18 所示。

某预研课题设计的灯泵浦四级放大部分中,图 2-19 所示为已应用激光冲击强化的 12J 激光器。

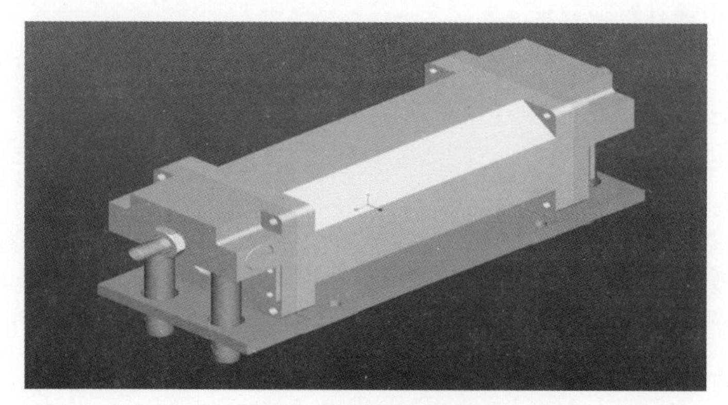

图 2-16　聚光腔结构

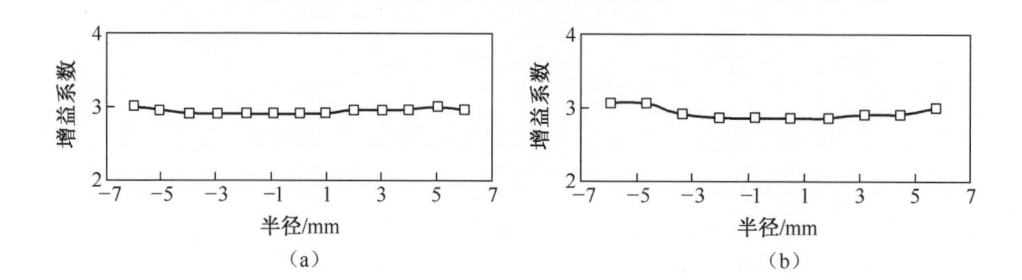

图 2-17　激光棒截面小信号增益分布
(a)垂直于棒灯连线的截面;(b)平行于棒灯连线的截面。

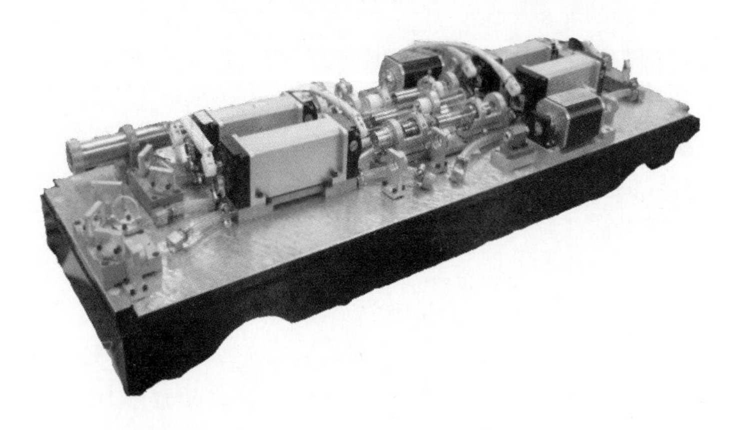

图 2-18　激光器内部结构

中国航空制造技术研究院目前拥有 Nd:Glass 激光器和 Nd:YAG 激光器[21],用于零部件的激光冲击强化疲劳延寿处理。两类激光器的参数如表 2-2 所列。

(a)

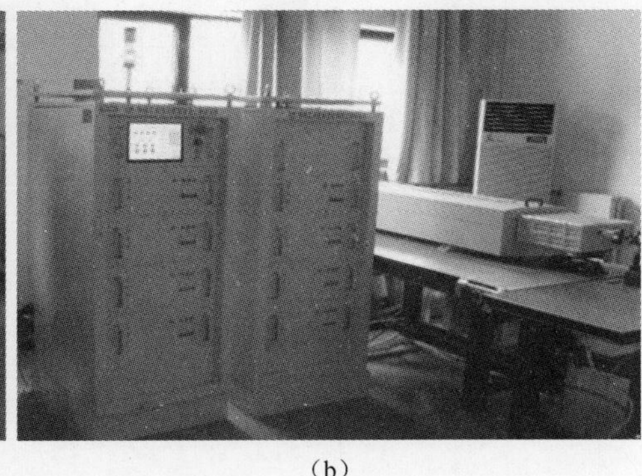

(b)

图 2-19　中国航空制造技术研究院研制的 12J 激光器

(a) Nd:Glass 激光器;(b) Nd:YAG 激光器。

表 2-2　激光器的参数

参数	Nd:Glass 激光器	Nd:YAG 激光器	Nd:YAG 特征
热导率/(W/(m·K))	1.02	14	高重复频率
发射截面/cm^2	3.6×10^{-20}	2.8×10^{-19}	
饱和频率/(J/cm^2)	6	0.62	高提取效率
损伤阈值/(J/cm^2)	磷酸盐/硅酸盐 20/40	7~10	需更大孔径
尺寸/mm	任意	$\leqslant\phi30$	许多细光束

2.2.4　基于 IGBT 逆变技术的电源

1. 激光冲击强化电源构成

为了触发脉冲氙灯并使其弧光放电,激光冲击强化电源必须具有氙灯触发电路、储能电容充电电路以及储能电容放电电路。采用的调 Q 钕玻璃激光器系统包括一路本征级钕玻璃激光振荡器、两路放大级钕玻璃激光主放大器,因此激光冲击强化电源主要由一路本征级氙灯驱动电源、两路放大级氙灯驱动电源以及两路高压脉冲触发电源构成[22],如图 2-20 所示。

在图 2-20 中,本征级、放大级氙灯驱动电源输出 2A 恒定电流,输出电压0~3000V 连续可调。高压脉冲触发电源包括两路:其中一路用于本征级氙灯的触发;另一路可同时触发两路放大级氙灯,触发脉冲宽度为 20~50μs,脉冲电压峰值最高达 30kV。

1) 氙灯驱动电源主电路拓扑

氙灯驱动电源主电路采用 IGBT 全桥逆变主电路拓扑,主要由单相桥式整

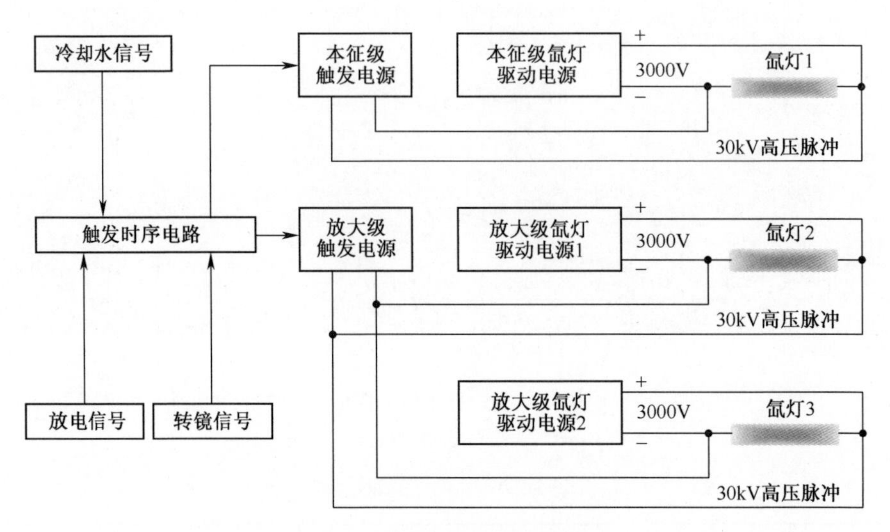

图 2-20　激光冲击强化电源构成

流电路、LC 滤波电路、IGBT 全桥逆变电路、高频变压器、次级全桥整流滤波电路组成,如图 2-21 所示。工作原理:220V/50Hz 交流电经单相整流桥、电感 L_1 和电容 C_1 整流滤波后得到约 310V 的稳定直流电压,然后输入由 IGBT 功率开关管 VT_1、VT_2、VT_3 和 VT_4 组成的全桥逆变电路变换成频率约 20kHz 的交流方波,再经高频变压器 B_1 耦合到次级的全桥整流电路获得脉动直流输出,最后经电感 L_2 对储能电容 C_2 进行充电,充电电压为 0~3000V 连续可调。其中 IGBT 功率开关管 VT_1 和 VT_4、VT_2 和 VT_3 交替导通和关断,完成逆变过程。

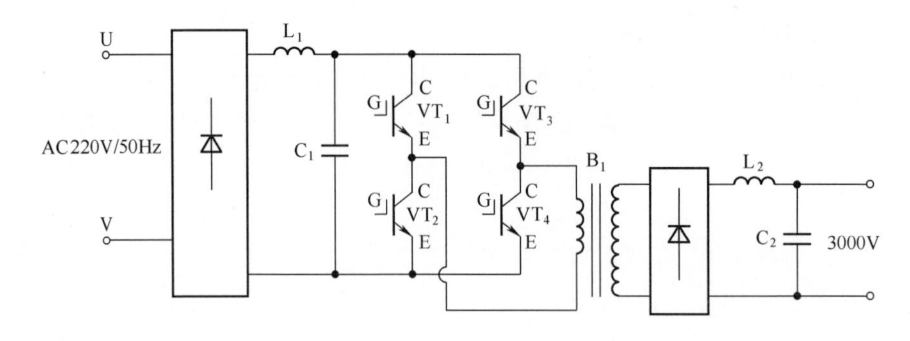

图 2-21　氙灯驱动电源主电路拓扑

2）高压脉冲触发电源拓扑

钕玻璃激光器采用的脉冲氙灯内径为 2cm,极间距为 30cm,击穿电压约 20kV。当高压脉冲触发电源产生的峰值高达 30kV 的高压脉冲击穿氙灯后,储

能电容 C_2 就可以通过电感 L_3(L_3 为空心饱和电感)向氙灯放电。高压脉冲触发电源主要由 1000V 直流充电电源、电容 C_T、高压脉冲变压器、气体放电管 GT_1、GT_2 和放电管触发电路组成,其拓扑如图 2-22 所示。

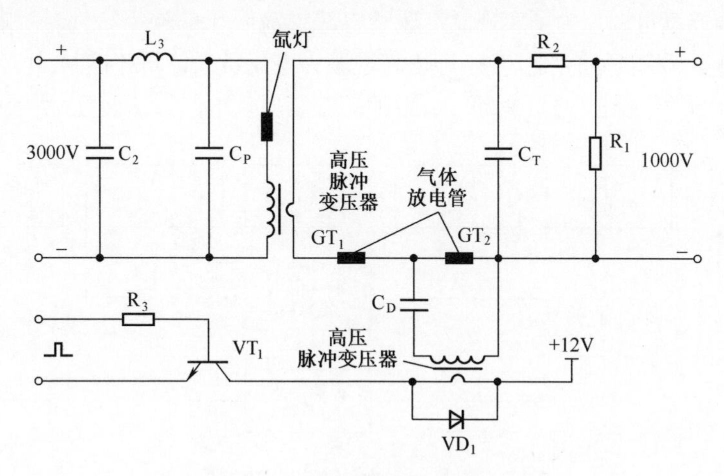

图 2-22　高压脉冲触发电源拓扑

系统上电后,1000V 直流电源通过限流电阻 R_2 向电容 C_T 充电,最高充电电压可达 1000V。气体放电管 GT_1 和 GT_2 的直流击穿电压为 800V,二者串联后通过高压脉冲变压器的原边连接在电容 C_T 的两端,即电容 C_T 的端电压即为加载在气体放电管 GT_1 和 GT_2 两端的电压。

当电容 C_T 充满电时,电容 C_T 的端电压(≤1000V)始终小于气体放电管 GT_1 和 GT_2 的串联击穿电压(约 1600V),因此在没有放电触发信号时气体放电管 GT_1 和 GT_2 处于阻断状态,使高压脉冲变压器的原边回路保持断路。

当系统内部或外部启动放电信号时,触发时序电路根据当前设定的工作模式会产生一个放电触发脉冲,使图 2-22 中的晶体管 VT_1 导通,这样 12V 电源通过低压脉冲变压器的原边放电,在其副边就会产生一个约 1000V 的高压脉冲信号。该高压脉冲信号作用于气体放电管 GT_2,使其瞬时击穿导通,从而使 GT_1 和 GT_2 的串联击穿电压降为 800V 左右。此时,储能电容 C_T 两端的电压就高于放电管 GT_1 和 GT_2 的串联击穿电压,气体放电管 GT_1 随之被击穿,从而使得电容 C_T 可以通过高压脉冲变压器的原边实现脉冲放电。高压脉冲变压器为升压变压器,变比为 1∶30,因此当放电管 GT_1 和 GT_2 被击穿而电容 C_T 瞬间放电时,在高压脉冲变压器的副边就可以产生电压峰值高达 30kV 的高压脉冲触发信号。该高压脉冲触发信号通过高频电容 C_P 耦合至脉冲氙灯两端,从而击穿脉冲氙灯。这样,氙灯驱动电源的储能电容 C_2 就立即对氙灯进行弧光放电。

2. 控制电路设计

1）氙灯驱动电源双闭环控制

氙灯驱动电源为恒流限压输出特性,输出电流恒定为 2A,输出电压在 0~3000V 内连续可调。为了实现氙灯驱动电源恒流限压的输出特性,控制电路采用电流和电压双闭环的控制方法,即内环控制为电流负反馈闭环控制,外环控制为电压负反馈闭环控制。氙灯驱动电源双闭环控制原理框图如图 2-23 所示[22]。

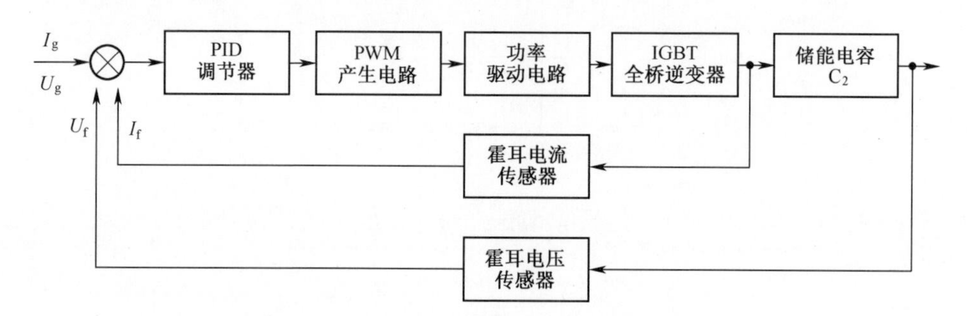

图 2-23　氙灯驱动电源双闭环控制原理框图

在氙灯驱动电源向储能电容 C_2 充电的过程中,当电容 C_2 的电压低于设定的充电电压时,电流负反馈闭环控制电路工作,即氙灯驱动电源将以设定的充电电流对电容进行恒流充电;当电容 C_2 的电压达到设定的充电电压时,氙灯驱动电源自动切换为恒压充电模式,此时电压负反馈闭环控制电路工作,保持电容 C_2 两端的电压为设定的充电电压。

2）触发时序电路

当储能电容 C_2 充满电后,通过冲击强化电源面板上的放电按钮或内部定时器可启动脉冲宽度为 2. 5ms 的放电信号,该信号再通过一系列的触发时序电路后产生高压触发脉冲点燃氙灯。

考虑到泵浦氙灯放电时的强电磁干扰,触发时序电路采用单稳触发器 NE555 为核心的数字电路来实现。触发时序电路由多个 NE555 及其外围电路级联组成,主要包括放电信号产生电路、放电信号与转镜信号同步电路、延迟信号产生电路以及触发信号产生电路等。单级 NE555 及其外围电路见图 2-24。

在图 2-24 中,前级信号的下降沿经电容 C_{46} 输入 NE555 的触发端并在其输出端产生宽度可调的脉冲信号,其脉冲宽度由电阻 R_{57}、可调电位器 VR_4 以及电容 C_{49} 的充电时间决定,调节 VR_4 的阻值就可以改变脉冲信号持续的时间。

3）放电触发信号工作时序

钕玻璃激光器为转镜调 Q 激光器,当泵浦氙灯点燃后,由于棱镜面与腔轴不垂直,谐振腔反射损耗很大,此时腔的 Q 值很低,不能形成激光振荡。在这段

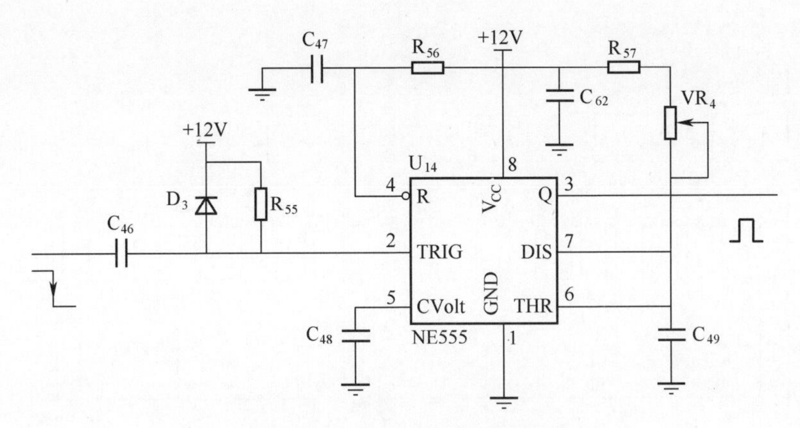

图 2-24 NE555 及其外围电路

时间内，工作物质在氙灯光泵激励下，激光上能级反转粒子数大量积累，同时棱镜面也逐渐转到与腔轴垂直的位置，腔的 Q 值逐渐升高，到一定时刻就形成激光振荡，并输出巨脉冲激光。因此在调 Q 模式下，为了获得稳定的大功率脉冲激光输出，必须准确地控制延迟时间，即要求在氙灯点燃之后，需要经过一定的延迟时间以保证反转粒子数达到极大值，同时该延迟时间恰好等于棱镜转到成腔位置（两反射镜相平行的位置）所需要的时间，使之形成激光振荡，才能获得最大激光功率输出。

调 Q 模式工作时序如图 2-25(a) 所示。首先通过冲击强化电源面板上的放电按钮或内部定时器可启动脉冲宽度为 2.5ms 的放电信号，该放电信号与转镜信号一起输入触发时序电路并进行同步，即当放电信号为高电平且在转镜信号的上升沿时触发延时信号；然后在延时信号的下降沿再产生触发信号（20~50μs）连续可调，该触发信号驱动图 2-22 中的晶体管 VT_1 导通，使高压脉冲触发电源产生高压脉冲击穿氙灯，从而使氙灯驱动电源的储能电容 C_2 对氙灯放电，实现对工作物质的激励。延迟时间在 0~1000μs 内连续可调，具体的延迟时间可通过现场调试来确定。因此，只要延迟时间合适，就可以获得峰值功率很高的巨脉冲激光输出。钕玻璃激光器还可以工作在自由振荡模式，其工作时序如图 2-25(b) 所示。在自由振荡模式下，放电信号不与转镜信号同步，因此激光器输出的功率较小。自由振荡模式常用于激光器的光路调试。

3. 试验结果

1）激光冲击强化电源的输出特性

图 2-26 所示为实测的储能电容 C_2 对脉冲氙灯快速放电的电流波形。测量脉冲氙灯放电电流采用的电流互感器变比为 1∶1000，取样电阻为 0.74Ω，则实测的脉冲氙灯放电电流峰值为 5800A 左右[22]。

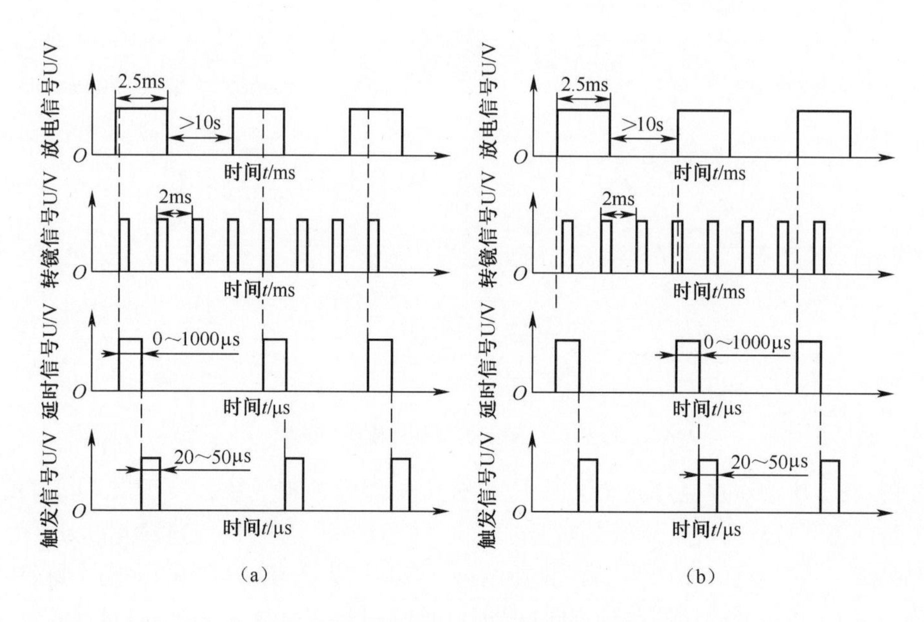

图 2-25　氙灯高压脉冲触发信号工作时序

(a)调 Q 模式;(b)自由振荡模式。

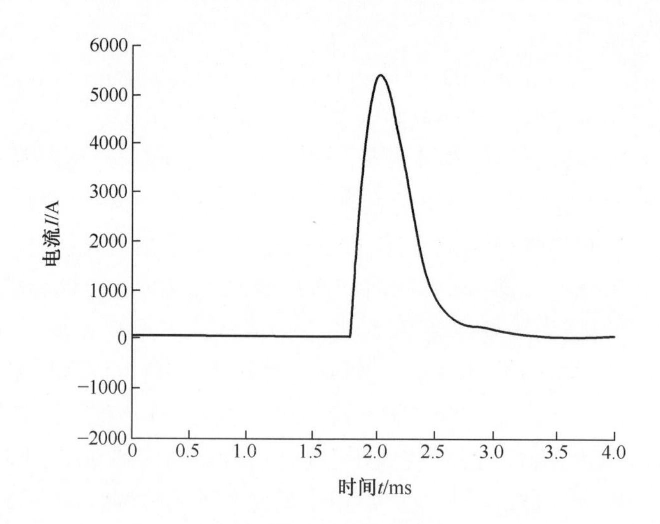

图 2-26　实测的脉冲氙灯放电的电流波形

2）工艺试验

图 2-27 所示为采用该激光电源在铝箔表面冲击形成的激光光斑。利用该激光冲击强化系统开展了 TC4 钛合金 TIG 焊接头的激光冲击强化处理。经过

LSP 处理后，焊缝横截面靠近材料表面的区域针状 α 相数量减少，热影响区靠近材料表面的区域细小等轴晶数量增加，接头的拉伸力学性能较好，其抗拉强度、屈服强度、断后伸长率的平均值分别提高了 5.6%、8.2%和 66%[23]。

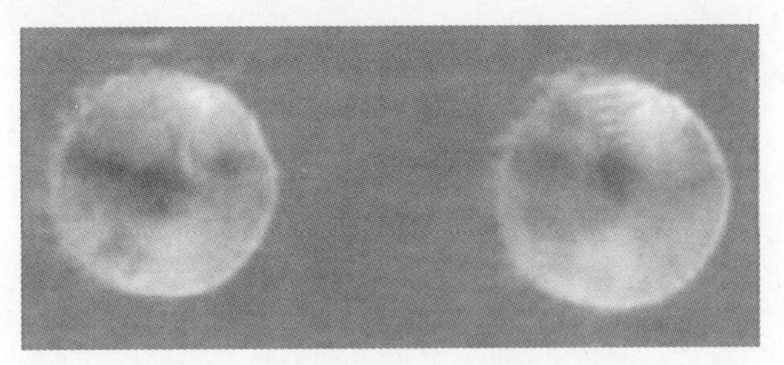

图 2-27　铝箔表面冲击形成的激光光斑

2.3　强化系统的工作台设计

激光冲击强化过程中，工作台要实现强化光斑在工件上的相对运动，可以通过两种方式实现，一是工件运动，二是激光束运动，有时两者都运动。图 2-28 所示为 MIC 公司的工作台，该工作台采用的是工件运动方式，工件运动是通过机械手实现，喷水装置的运动则是另一机械手实现。在工作室中的导光头有时还需要实现开关光功能以及清除光路水雾的喷气等功能。

LSP 技术公司还在工作位置引入自动涂层系统，这时的运动系统更为复杂。

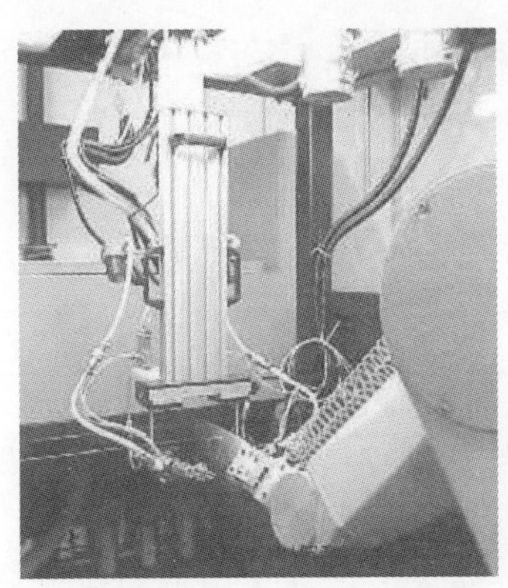

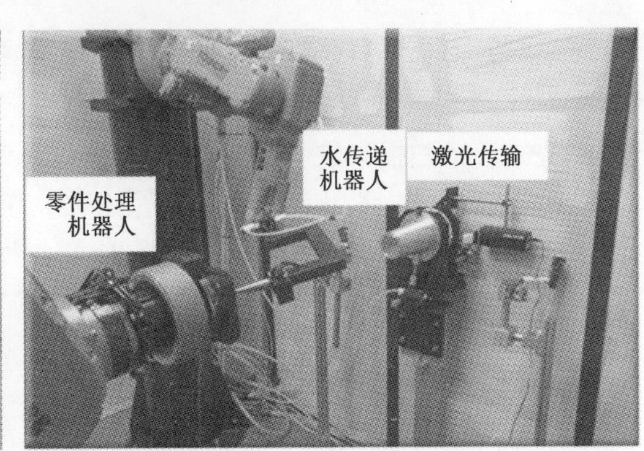

图 2-28　MIC 基于机械手的工作台结构

中国航空制造技术研究院在实用新型专利中提出“一种激光冲击强化工作室，03266470.2”的设计方案[24]，采用四轴数控运动台设计，3 个直线运动轴和一个数控转轴，一个手动转轴均在夹头之上，避免了水对运动导轨的影响，同时采用封闭工作室设计,减少噪声和反射激光对周围人员、设备的影响。工作台的运动精度行程达到800mm×600mm×400mm,转动轴可以360°任意转动,运动精度可以达到0.05mm,但是设计的承重量只有15kg,只能对小型试件或者单个叶片进行激光冲击强化。

要实现大型复杂结构的激光冲击强化,一般采用机械手作为运动系统,图2-29所示为北京航空制造工程研究采用大载荷机械手夹持整体叶盘进行激光冲击强化设备。

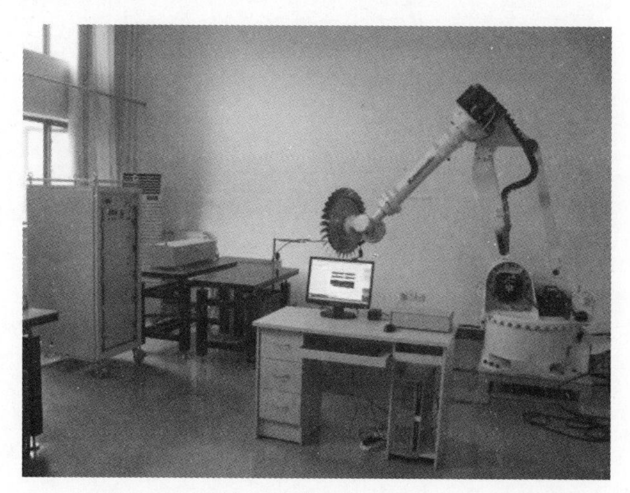

图2-29 中国航空制造技术研究院研制的整体叶盘激光冲击强化设备

2.4 MIC公司研发的光束移动扫描系统

1. 光束移动扫描系统

以往的激光冲击强化一般采用激光束固定、工件移动的强化方式,这种方式的流水约束层的实施相对方便。但是,对于一些难以夹持的大型零件(如管道),以及一些已装配的零件而言,移动零件的强化方式难以实施,必须采用零件固定、光束移动的方式,美国MIC公司研发的光束移动扫描系统可实现激光束的快速定位、转动等,如图2-30所示。

美国MIC公司在2010年4月16日激光冲击强化柔性光束传输系统专利(Patent No. US20110253690A1, FLEXIBLE BEAM DELIVERY SYSTEM FOR HIGH POWER LASER SYSTEMS)在路径实现上[25],利用一个万向节反射镜(图2-31中的2、3、4)的运动改变出射激光的方向,使入射激光按路径进行扫描,另配合一个望远镜聚焦系统调节靶面上的光斑大小,激光的形状还能通过场

图 2-30　MIC 公司研发的光束扫描系统

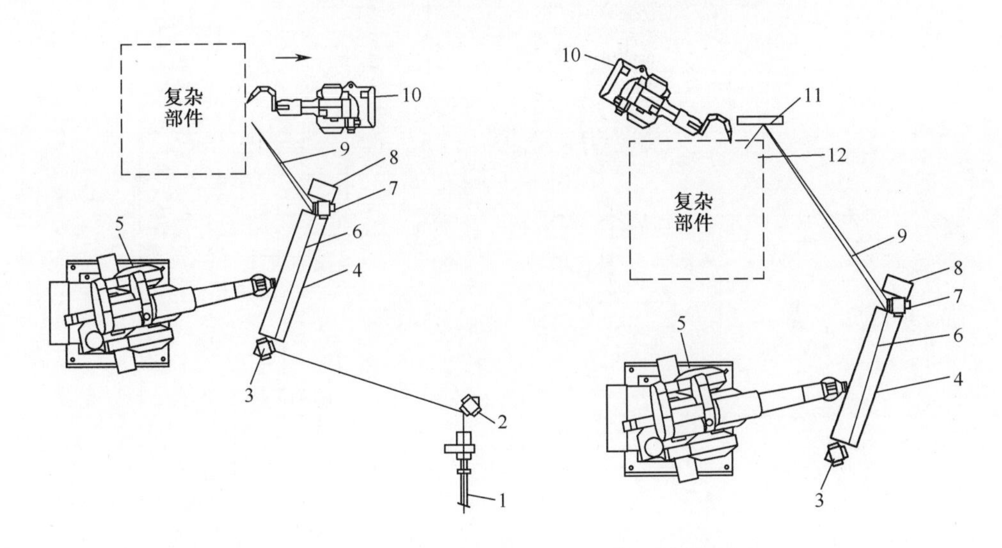

图 2-31　激光冲击强化柔性光束传输示意图

1—激光输入;2—第一万向节反射镜;3—第二万向节反射镜;4—封闭光路;5—光学关节用机械手;6—柔性光路;7—第三万向节反射镜;8—光路控制;9—聚焦后光路;10—工件用机械手;11—复杂工件用反射镜;12—强化部位。

旋转镜和柱面镜组的运动矫正。其优点在于,只需要控制几个较小部件的运动就可以使激光在靶面上进行喷丸扫描,提高了系统的稳定性。其缺点在于:①导光系统中望远镜系统和斯托克斯透镜组相互独立，镜片数量较多，构成不够简单；②万向节反射镜运动机构复杂，保证运动精度较为困难。

2. 飞行光学加工系统

如图 2-32 所示，一种基于激光冲击波效应的板材双面精密成形方法及装置专利[26]采用包含可调反射镜 7、8 的激光冲击头系统 A（图中“6”）和包含自适应压力凸面整形镜 17、自适应压力凹面整形镜 18、全反射镜 16 和凹面反射镜 19 的激光冲击头系统 B（图中“28”）实现入射激光导光系统的运动，包括上下和左右的平移，使入射激光按照预定的路径对竖直板面进行扫描喷丸。飞行光学加工系统优点在于灵活性，应用于二维和三维激光加工中。首先，要使整个导光系统的运动覆盖整个目标靶面，将要占很大的空间，柔性也较差；然后，整个导光系统大范围的运动难以保证运动过程中各点的位置精度，运动中的振动也可能会对导光系统中的部件产生不良影响。

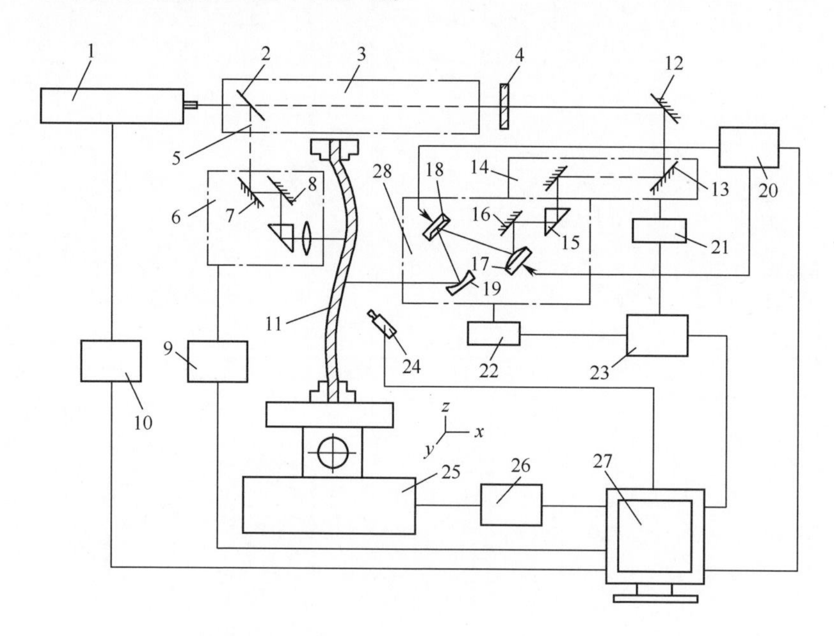

图 2-32　激光冲击强化金属板料双面成形的飞行光学加工系统

1—激光器；2—反射镜；3—光路控制；4—透镜；5—反射激光；6—第一光路；7、8—反射镜；9—第一光路控制；10—激光器控制；11—工件；12、13—反射镜；14—第二光路；15、16—反射镜；17、18—整形镜；19—凹面反射镜；20—第二光路控制；21—反射控制；22—整形控制；23—光路控制；24—探头；25—夹具；26—夹具控制；27—计算机；28—激光冲击头系统 B。

3. 扫描振镜系统

振镜是一种优良的矢量扫描器件，它是一种特殊的摆动机，基本原理为通电线圈在磁场中产生力矩,但与旋转电机不同,其转子上通过机械扭簧或电子的方法加有复位力矩,大小与转子偏离平衡位置的角度成正比。当线圈通以一定的电流而转子发生偏转到一定的角度时,电磁力矩与回复力矩大小相等,不能像普通电机一样旋转,只能偏转,偏转角与电流成正比,与电流计一样。

如图 2-33 所示,一种用于大型工件激光喷丸成形的光路装置及方法专利[27]采用 x 方向扫描振镜 1 和 z 方向扫描振镜 2 绕自身转轴转动,改变激光束出射方向,射到成形工件上的相应坐标,从而实现移动光束激光冲击强化金属板料。该扫描振镜系统优点为光路装置布置简单、运动简单而且运动范围小、精度容易保证,工件靶面上的光斑搭接率和扫描速度都能方便调节;装置所占空间小,运动能量消耗小,柔性较好。

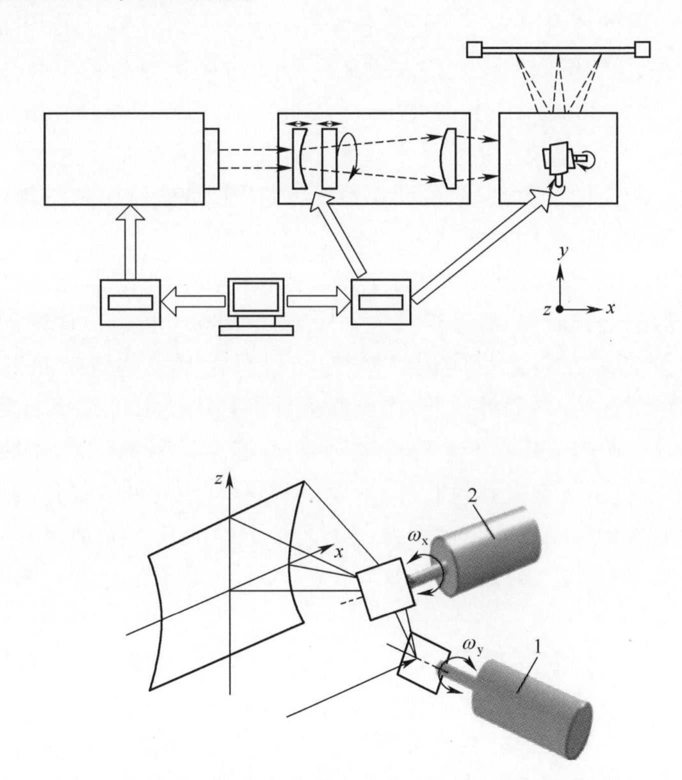

图 2-33　一种用于大型工件激光喷丸成形的光路装置及方法

第 3 章　激光冲击强化工艺稳定性因素及安全防护

3.1　工艺稳定性因素

随着激光器件技术的发展,强脉冲激光的频率可以达到 1Hz 甚至 10Hz 以上,激光冲击强化加工效率得到很大提高。美国 F110 发动机单个叶片的强化时间由最初的每片 30min 缩小到 12min,并可能仅一步缩短到 4min。2001—2002 年,美国空军制造技术协会为 F119 发动机压气机整体叶盘生产线发展了特定的激光冲击强化技术,包括自动快速涂层、工艺参数监控和图像定位技术,每个整体叶盘的强化处理时间缩短为 8h。

美国 LSPT、GE、MIC 公司以及日本东芝公司的激光冲击强化过程控制工艺稳定性一直影响着其应用,并且得到大力研究,取得较大进展。中国的激光冲击强化相关设备发展较慢,工程应用经验较少,过程控制工艺稳定性研究比较薄弱。中国航空制造技术研究院拥有多年激光冲击强化技术研究基础,于 2004 年开始水约束激光冲击强化钛合金叶片的研究,开展高频率 YAG 激光冲击强化试验研究,逐步解决了航空发动机叶片的高频率强脉冲激光冲击强化技术难题,研究了激光冲击强化发动机叶片过程控制工艺稳定性的几大关键因素,并提出了过程控制的解决方案,为激光冲击强化技术的工程化、自动化应用奠定了基础[8,28]。

激光冲击强化约束模式(图 3-1(a))中包含 4 个主体要素,即激光、约束层、吸收层、待冲击处理的靶材,因此工艺的稳定性(图 3-1(b))也可以相应地分为 4 个方面[29]。实际上,工艺的稳定性也只有在激光冲击强化在自动化工艺下以较高频率运行才有意义,另外 4 个因素也是相互影响的,以下仅仅是相对地分 4 个方面进行分析,由于目前强化工艺以水约束模式为主,本章节主要讨论水约束模式下的工艺稳定性。

3.1.1　光斑可调和光路连续

激光是激光冲击强化的能源,因此工艺中首先得保证能源通道的通畅。虽

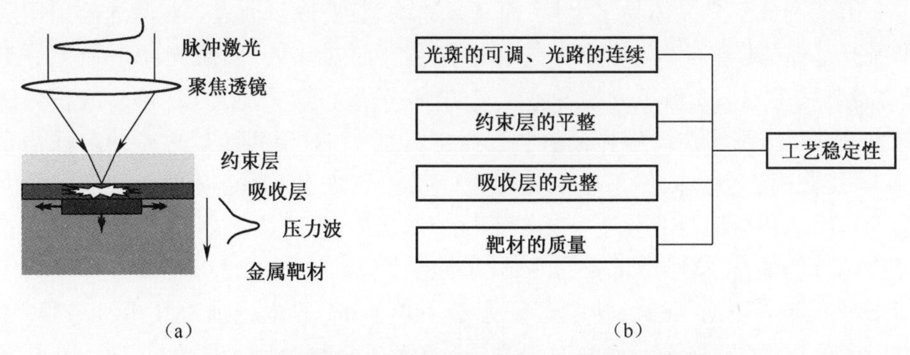

(a) (b)

图 3-1 激光冲击强化约束模式和工艺稳定性的四要素

然激光的光斑尺寸、能量密度是很重要的因素。但在激光冲击强化过程中一般是不作调整的,在工艺稳定性研究中,不需要重点考虑。但在有些情况下光路的控制也特别重要:①关光控制,这种情况在工艺稳定性控制特别是出现异常的反馈控制中十分重要,如吸收层破损可能导致靶材损伤时需要关光控制;②光斑形状控制,靶材强化工艺的需要,如叶片边缘改变光斑形状可以获得理想的搭接形式;③反射光控制,激光冲击强化过程中调光路时,反射光不能破坏外光路或激光器。

美国 GE 公司在 2005 年 7 月 12 日激光冲击强化减少电磁反馈的专利[30]中提出采用法拉第隔离器防止激光反射进入激光器,现在工业用的激光器普遍采用了这项技术。美国 R-R 公司在 2006 年 11 月 21 日激光冲击强化专利[31]中提出在光路中除采用光学开关外,还可以采用掩模方式进出激光光路以改变光斑的形状,从而获得理想的光斑形式,比较常用的光斑形式是方形光斑,方形光斑可以获得比较好的搭接形式,如图 3-2 所示。

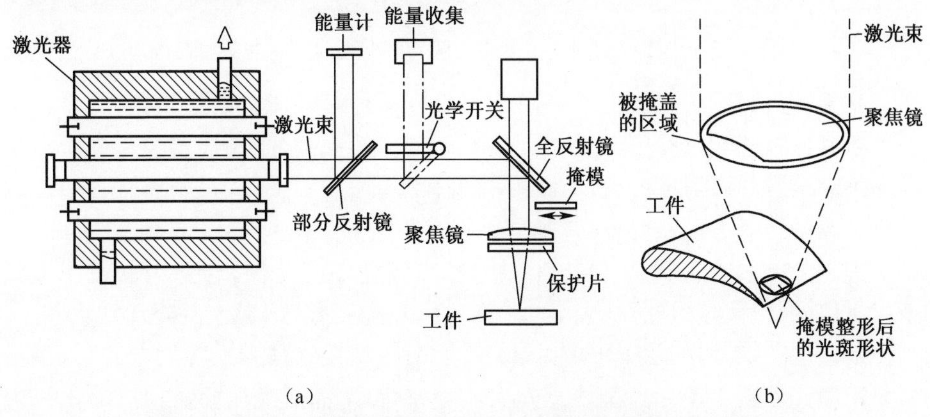

(a) (b)

图 3-2 美国 R-R 公司专利中光学开关控制和光斑形状控制方案

(a)光学开关控制方案;(b)光斑形状控制方案。

由于圆形激光晶体易于生长，而且泵浦均匀，所以目前大多数激光器采用圆形激光晶体，其输出为高斯分布的圆形光斑。而对热处理、激光冲击强化等工艺，需要采用方形光斑来满足各种工艺需求，一般可以采用掩模、特殊的积分镜等方法获得方形光斑。但掩模法会损失部分能量，对于高能量激光冲击强化来说，采用掩模法会降低加工效率且激光能量浪费大，因此掩模法不是很好的办法。特殊的积分镜具有几十个甚至上百个加工面，加工成本高，而且容易被强激光破坏。例如，π 整形镜承受的峰值功率密度仅为 200MW/cm^2，该整形镜无法用于激光冲击强化等峰值功率密度大于 1GW/cm^2 的激光加工技术。另外，该整形镜价格昂贵，ϕ6mm、ϕ12mm、ϕ34mm 整形镜价格分别为 3400 欧元、6000 欧元和 15000 欧元，因此，这种整形镜在使用中存在很大的局限性。

中国航空制造技术研究院在 2008 年 4 月 16 日提出一种不损失激光能量、承受的激光峰值功率密度高于 3GW/cm^2、成本低的激光束整形透镜。它采用光束整形系统(五分透镜或四分透镜)[32]，在几乎零损失能量的情况下，实现了圆形光斑向方形光斑的转换，激光外光路整形取得了巨大突破，如图 3-3 所示。该激光整形透镜成本仅几百元人民币，是 π 整形镜 1%以下。

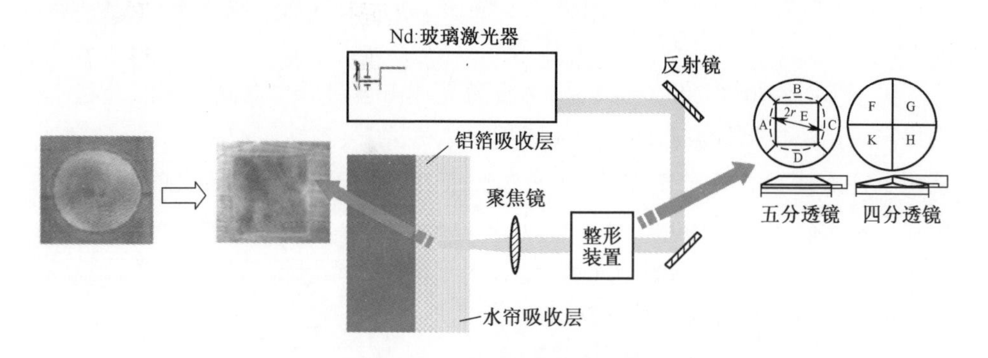

图 3-3　中国航空制造技术研究院研制的光斑转换装置示意图

激光冲击强化工艺稳定性中很重要的技术是保证光路的通畅，特别是在高频率激光冲击强化过程中，光路的连续是非常关键的。激光冲击强化冲击波使得约束介质水的溅射速度很快，溅射的水雾不能沾镜片、不能挡光路，目前国内外对光路的清理方面研究很多，基本以吹气为主。

美国 LSP 技术公司在 2003 年激光冲击强化激光光路清理专利[33]中提到激光光路的清理，通过吹风、隔膜、风扇等形式清理激光光路上的碎片和水雾。

美国 GE 公司在 2004 年 3 月 30 日激光冲击强化减少水雾的专利[34]中提出采用激光器最后镜片与工件之间引入扁平喷嘴(在专利中称气刀)喷出气流来清除激光冲击强化区的水雾等影响激光光路的颗粒物，采用的气体是空气或者氮气。在专利中还对透镜焦距、聚焦角度、喷嘴位置等进行了计算。

中国航空制造技术研究院在发动机叶片强化工艺中,为保证光路的连续,采用了 1m 的长焦距的聚焦透镜,在光路上进行吹风或者抽风设计,及时清理光路的水雾,如图 3-4 所示。在条件许可的情况下,也可以采用激光向下略微倾斜的方法,避免溅射的水污染镜片,同时也可以减少反射光逆回激光器。激光向下略微倾斜的方法虽然对光斑尺寸的影响不大,但如果叶片直线运动方向与激光入射方向不垂直时,需要进行焦点位置的插补,保证光斑位置的稳定。

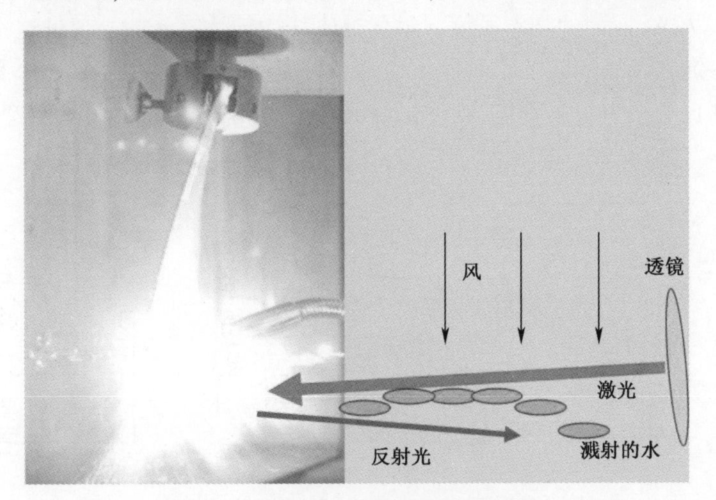

图 3-4 激光冲击强化光路的连续性

3.1.2 约束层的平整

在吸收层表面覆盖的一层对激光透明的材料为约束层,约束层的作用是限制汽化、提高脉冲压力和作用时间。激光冲击强化过程中,约束层是决定约束方式的主要因素,约束层分为固态介质和液态介质[8,35]。

固态介质分为硬介质及软介质,光学玻璃是常用的硬介质,如图 3-5(a)所示。其优点是对激光能量吸收少,产生的冲击波压力高;缺点是只适合对平面表面强化,而且冲击时要产生爆破碎片,难以防护和清理。软介质对非平面表面的冲击处理可以做到很好的贴合,如图 3-5(b)所示,但软介质材料(如有机材料)对红外激光吸收率高于玻璃和水,并容易被击穿,不适合连续强化。

液态介质中水是最经济的约束介质,使用水作为约束介质必须考虑与激光波长的匹配,如使用接近红外波段的长波长激光容易被水吸收,紫外激光容易导致水击穿。常用的钕玻璃激光器,Nd:YAG 激光器输出的 1.06μm,10~50ns 脉冲激光用水是可行的,而倍频 Nd:YAG 激光更佳。水约束分为静水约束和流水约束两种方式。静水在吸收层气化过程中容易受到污染，如图 3-5(c)所示，并且冲击波会使水表面波动，影响下一个冲击工艺；流水在精确处理中要获得平整的界面需要时间，如图 3-5(e)所示，因而激光冲击频率就不可能很高，于是产生了静水和流水的中间形式；图 3-5(d)是将工件置于水中，激光从侧面窗口进入，水箱可以使用流水冲掉处理部位污染的水，以免影响下一个工序。

水和光学玻璃的作用效果有所不同。有研究表明，获得同样表面残余应力极值-350MPa，以水作为约束层需 4GW/cm^2 的功率密度，相当于以玻璃作约束层所需 1.7GW/cm^2 的功率密度。最优冲击压力值为 2.5GPa，超过这一值，表面残余应力饱和及表面波的影响导致应力值降低。若不使用约束层和吸收层，由金属试件自身产生等离子体，则冲击后的热效应比较明显，容易导致产生一个拉应力区。

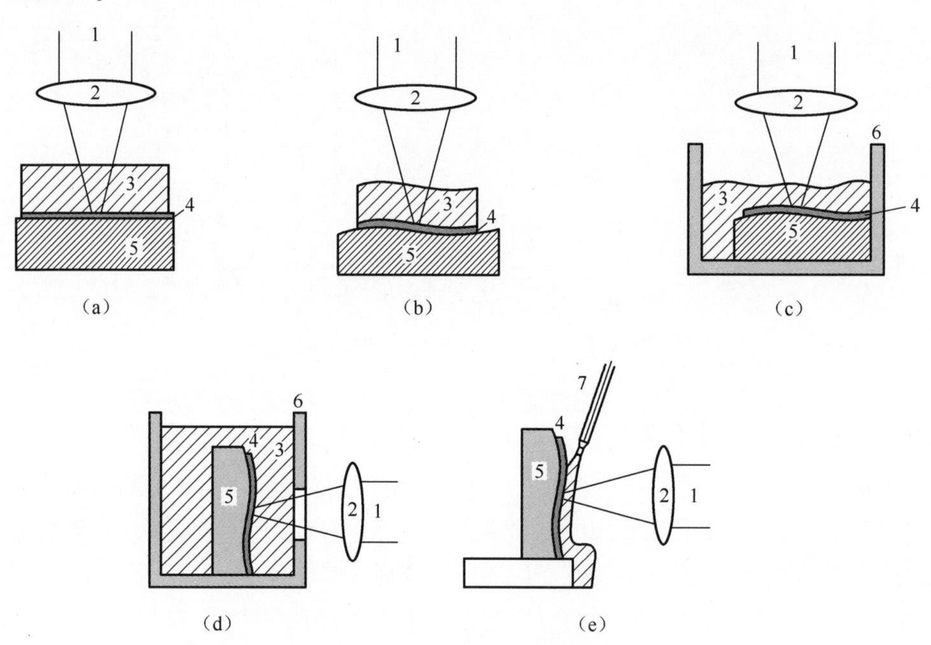

图 3-5　常用激光冲击强化的约束模式

(a)光学玻璃硬介质；(b)软介质；(c)静水；(d)静水和流水中间形式；(e)流水。
1—强脉冲激光；2—聚焦透镜；3—约束层；4—吸收层；5—金属靶材；6—水箱；7—喷头。

激光冲击后产生水流不稳定区，水流恢复平整需要时间，特别是在叶片边缘位置，水流不稳定容易造成水帘的厚度不均，局部点甚至会出现透镜效应，如图 3-6(a)所示，可能会导致局部功率密度过高或者破坏吸收层。为了保证约束层的平稳，可在叶片边缘引入导流层，或者采用铝箔胶带超出叶片边缘的方法进行引流，如图 3-6(b)所示。

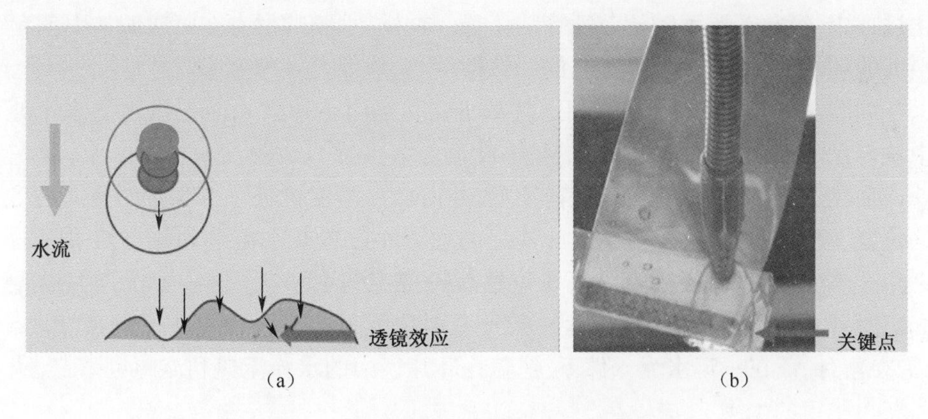

（a）　　　　　　　　　　　　（b）

图 3-6　激光冲击强化靶材表面的约束层
(a)水流不稳定局部透镜效应;(b)铝箔引流平稳约束层。

美国 LSP 技术公司在 2003 年和 2005 年激光冲击强化约束层控制专利[36]中都提到约束层的控制,采用探测激光以一定角度照射在水约束层,通过水膜上下两个表面的反射光程差,计算得到水膜的厚度,以确定约束层的厚度。如果其厚度不满足工艺要求,则可通过调节空气喷射装置的出气压力和时间,以控制水约束层的厚度,直到约束层厚度满足要求后再出光,如图 3-7 所示。

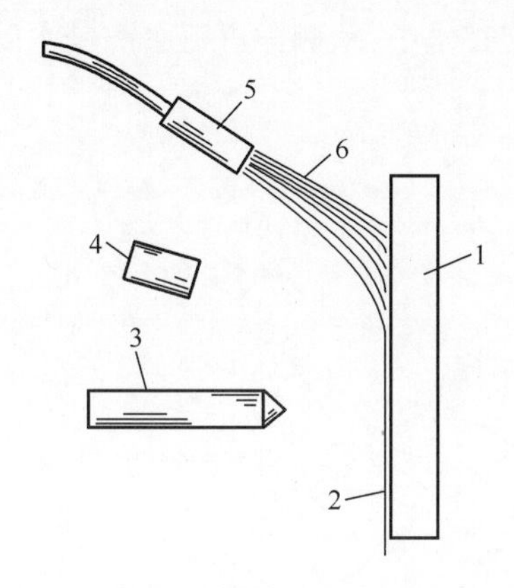

图 3-7　测试水层厚度并采用气嘴的气流调节约束层厚度
1—工件;2—约束层;3—涂层喷射器;4—空气喷射器;5—喷嘴;6—鬃毛。

中国航空制造技术研究院采用倾斜喷射模式在叶片表面喷射水流获得光滑、均匀的水约束层,避免叶片表面出现水流透射效应以及激光和水流的相互作用,尤其在叶片根部的曲率表面。

连续激光冲击强化时,约束层的平整性影响激光冲击强化能否实施或者能否连续。整体叶盘叶片密度大、扭角大,无法拆卸下来单独处理。在激光冲击强化过程中,经常需要手动调节喷嘴的位置。这样,水膜的形态在每次调整中就有很大的随机性,影响了处理工艺的一致性,大大降低了处理效率。

如图 3-8 所示,中国航空制造技术研究院提出一种激光冲击强化整体叶盘中获得稳定水膜的方法[37],它的整体叶盘 2 装夹在六自由度机械手 3 上,激光冲击强化过程中,喷嘴 9 位置保持不变,并由六自由度机械手 3 保证激光光斑 5 的位置、喷嘴 9 喷出的水流 7 在叶片上的触点 6 位置及水流 7 和触点切平面的夹角 8 不变,从而保证激光光斑 5 位置获得稳定的水膜 4。该技术优点为激光光斑避开水流触点附近的紊流区;激光光斑位置处的切平面与水平面成 70°~80°夹角,保证在一定水流条件下,覆盖在叶片表面的水膜流速和流向也一定,从而获得稳定的水膜。

通常采用激光头与水喷头分离的方法,激光与水喷头需要有 40mm 以上的距离,水喷头在工件上喷水后,通过流动作用形成平整的水流作为约束层,如图 3-8 所示。但需要处理的区域空间狭小或者表面不平整,无法采用平整的水流作为约束层时,很难进行激光冲击强化。另外,即使是平整的表面,采用平整的水流作为约束层时,由于水飞溅形成的水雾会阻挡激光的传输。因此,激光冲击强化频率不能很高,一般不能大于 2Hz,水流和激光的匹配成为制约激光冲击强化范围和效率的重要影响因素。也有采用倍频激光水下激光冲击强化方法,但该方法采用整个工件泡在水中,从侧面进行去离子水的补给,这种方法同样具有局限性。

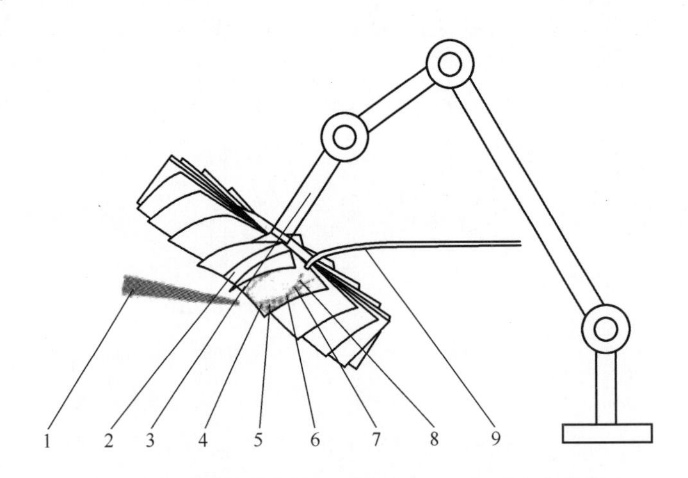

图 3-8 激光冲击强化整体叶盘均匀稳定水约束层

1—激光;2—整体叶盘;3—六自由度机械手;4—水膜;5—激光光斑;6—触点;7—水流;8—切平面的夹角;9—喷嘴。

中国航空制造技术研究院提出一种用于激光加工冲击的水/光同轴装置[38]，它利用一个安装在透镜1上的喷嘴2，在喷嘴2侧面去离子水输入孔3引入去离子水，锥形喷嘴下端敞孔4与透镜1同轴，使激光与稳定水流从喷嘴2同轴输出，实现对空间狭小或者表面不平整工件的激光冲击强化，如图3-9所示。

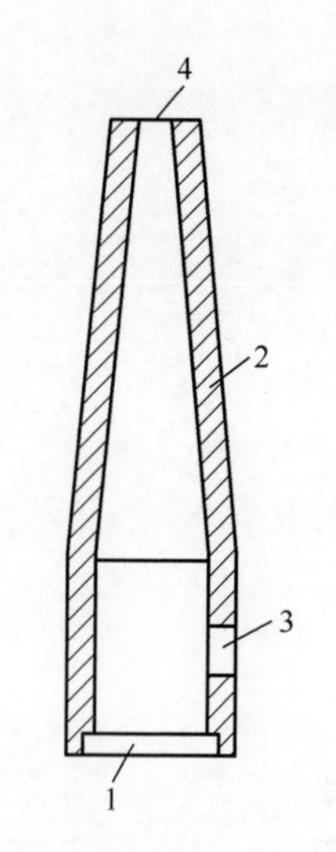

图3-9　激光加工冲击水/光同轴装置结构

3.1.3　吸收层的完整

在进行冲击处理时，金属靶材表面预置吸收层的作用是吸收激光能量产生等离子体，并防止金属表面熔化和气化，因此对吸收层的基本要求是选用低热传导系数和低气化热的材料，增加自身吸热并减小对靶材的热传导，铝箔、铅、锌、黑漆等都是较为有效的表面涂层材料。吸收层的完整直接影响靶材的质量，因此是保证质量的重要环节。但由于在激光冲击强化过程中，吸收层的质量是不可控制的，一旦出现吸收层的破裂或者鼓起，激光冲击强化的进程就需要中断。吸收层破损原因主要有两个：一是前一个激光脉冲产生的表面波导致后一个冲击位置的吸收层局部突起，从而导致在下一个冲击位置吸收层破损；二是光斑搭接处的强化次数过多，吸收层厚度过薄而产生破损。作为激光冲击强化约束模式中靶材的重要防线，吸收层在工艺稳定控制中成为主要的监测目标，一旦出现异常，控制系统就会向激光器或光路发出关光指令。

美国LSP技术公司在2005年1月11日激光冲击强化涂层控制专利[36]中提到吸收层的控制，工序流程是确定工作位置、贴吸收层、测吸收层厚度、实施约束层、测约束层厚度，通过测试来确定涂层厚度是否均匀，厚度的均匀性是否在原定的范围之内。如果不满足要求，就需要揭开涂层重新布置，直到涂层满足要求后再布置约束层，然后出光。

中国航空制造技术研究院进行大量激光冲击强化试验，由于操作不熟练导致叶片表面铝箔吸收层存在气泡和褶皱，如图3-10(a)所示，这些瑕疵不仅影响激光冲击强化效果，而且造成激光冲击强化叶片表面或边缘铝箔破损，如图3-10(b)所示[39]。因此，叶片表面需要光滑的铝箔吸收层，有两种方法可以消除叶片表面瑕疵，即工具滚动铝箔吸收层和反复黏合铝箔，以获得光滑平整的铝箔吸收层，如图3-11所示。

中国航空制造技术研究院已建立激光冲击强化叶片完整的工艺和准则。铝箔的黏合模式直接影响激光冲击强化的效果，采用激光器能量50J、脉宽30ns、

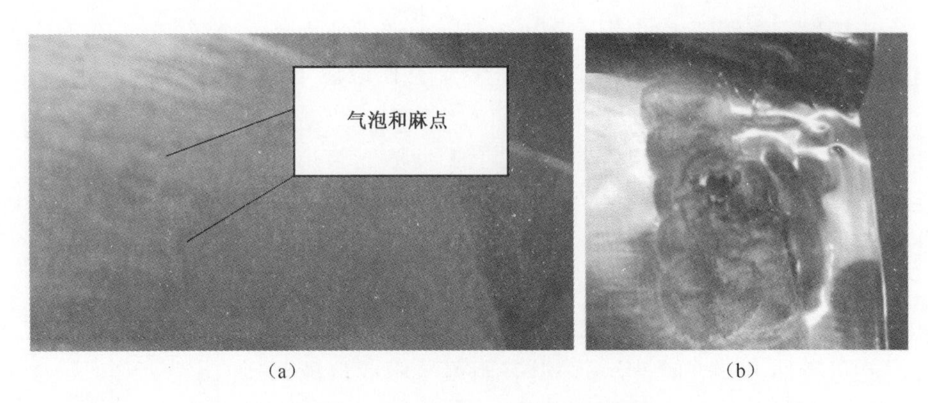

(a)　　(b)

图 3-10　叶片表面涂覆铝箔吸收层

(a)强化前铝箔存在瑕疵;(b)强化后铝箔破损。

波长 1064nm、约束层 1~2mm、铝箔吸收层 0.1~0.2mm、光斑直径 4~5mm 对叶片双面进行激光冲击强化,激光功率密度为 $8GW/cm^2$,采用叶片表面黏合双层铝箔吸收层模式,如图 3-12 所示。然而,叶片表面黏合双层铝箔吸收层存在两个瑕疵:一是保护激光冲击强化叶片侧翼损伤,采用小能量激光冲击强化叶片侧翼,黏合双层铝箔吸收层,降低激光冲击强化叶片侧翼表面效果;二是采用标准能量激光冲击强化叶片侧翼,双层铝箔吸收层破损,致使叶片侧翼表面发生不同程度的损伤,如图 3-13 所示。

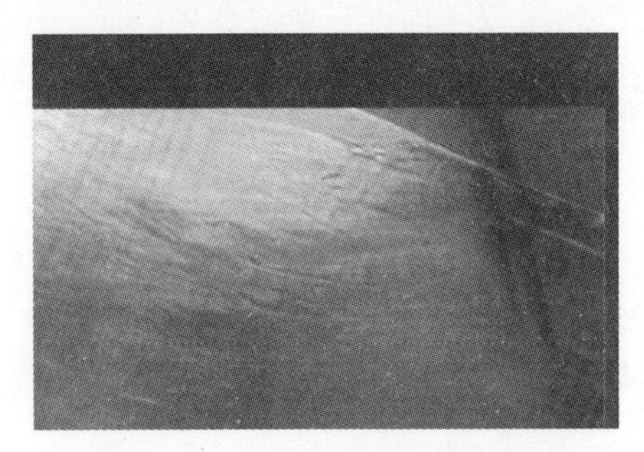

图 3-11　光滑平整铝箔表面形貌

图 3-12　两层铝箔叶片双面激光冲击强化

因为叶片侧翼为裂纹萌生和叶片断裂的关键部位,所以需对叶片侧翼进行特殊保护和激光冲击强化以提高其疲劳强度。基于双层铝箔吸收层模式的缺点,采用叶片表面黏合单层铝箔吸收层模式,提高激光冲击强化效果,如图 3-14 所示。单层铝箔吸收层模式不仅降低铝箔黏合时间和改善效率,而且高能量激光冲击强化叶片侧翼时,单层铝箔吸收层模式可保护叶片侧翼和避免叶片损伤。在单层铝箔吸收层模式下,用同能量激光冲击强化双面叶片,叶片侧翼和叶片表面可获得良好的强化效果。

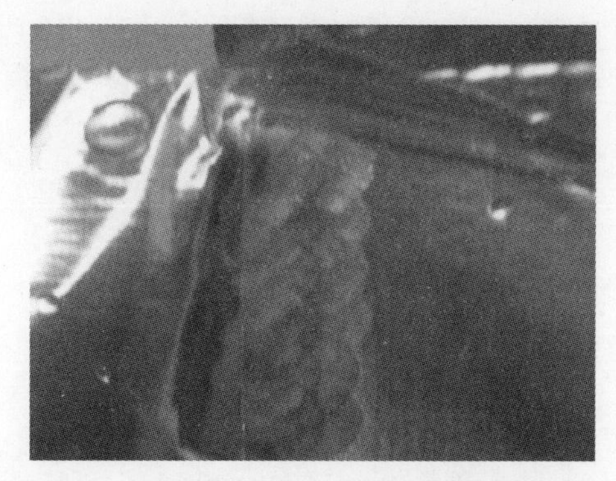

图 3-13　激光冲击强化铝箔破损侧翼受伤叶片

因为选择不同激光工艺参数和铝箔吸收层黏合模式,激光冲击强化叶片后,铝箔吸收层和叶片接合面处出现麻点,如图 3-15 所示,从而影响叶片表面粗糙度。试验分析和观察发现,激光冲击强化叶片表面和铝箔表面麻点产生和麻点大小与激光能量、激光能量分布和铝箔吸收层模式相关。要想消除叶片表面麻

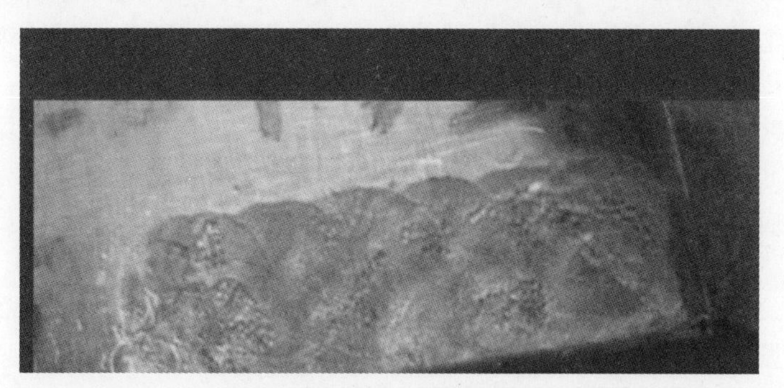

图 3-14　叶片双面黏合单层铝箔激光冲击强化效果

(a)

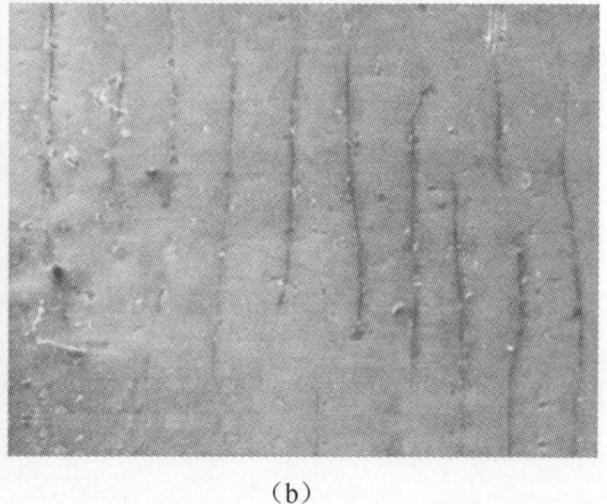

(b)

图 3-15　麻点

(a)铝箔表面;(b)叶片表面。

点对叶片性能的不利影响,需要确定激光能量和强化效果的更低极限值,并且操作过程严格遵守中国航空制造技术研究院关于铝箔吸收层模式的标准。

3.1.4 靶材的质量

靶材的质量是激光冲击强化工艺稳定性控制的核心,但它在激光冲击强化过程中也是不可控制的因素,不能出现烧蚀、裂纹等缺陷。由于叶片是薄壁结构,在冲击处理中主要是进行变形的控制,早期专利中对变形和层裂的控制讨论很多,双面同时强化可以很好地避免变形,但又容易导致层裂。

靶材由于处在约束层和吸收层之后,因此对靶材质量的控制比较困难,早期的基于激光冲击强化凹坑的容量分析的质量保证技术[40]、表面波临界角确定法[41]、超声多级变换可旋转扫描仪器和方法[42]等方法是很难在线实现的,而激光冲击强化质量控制的等离子监测,还有声信号监测、固有频率测试等方法适合在线检测靶材的强化,对工艺稳定性有很好的参考价值,但必须是建立在长期稳定的工艺过程和很好的经验函数基础上的工艺稳定性监测,在线反馈控制存在诸多难度。中国航空制造技术研究院已经建立叶片在线固有频率检测系统,在激光冲击强化叶片的过程中,每个激光冲击都引起叶片固有频率的微小变化,通过叶片固有频率变化间接控制对靶材产生的冲击效果。

中国航空制造技术研究院在对钛合金薄壁结构变形分析试验中,发现叶片只处理边缘8~10mm区域时,叶片存在卷边、扭转等变形,参数控制合理的情况下,即使单面强化其变形量也不会超过0.25mm,如采用双面强化工艺,其变形很容易控制。对厚度大于1.5mm的部分可以采用双面依次强化;对厚度小于1.5mm的部分可以采用双面同时强化。在满足表面残余压应力的条件下,对薄壁结构尽可能采用小强度激光冲击强化,以避免层裂,必要时应考虑在背表面布置吸波层。

3.2 约束层的应用研究

激光喷丸技术可以大大提高材料的疲劳性能,并且已成功应用于航空航天、核工业等领域。目前,国内外研究人员越来越多地关注激光喷丸的基础理论与基础工艺研究。约束层在激光喷丸技术中占有很重要的地位,直接影响激光喷丸的效果,所以约束层理论研究和约束层的选择也成为当前的研究热点。本节介绍激光喷丸中的水约束层的研究和应用情况[43]。

3.2.1 水约束层介绍和应用

1. 水约束层介绍

国内外文献提及的约束层介质有K9光学玻璃、有机玻璃、硅胶、合成树脂和水等[44]。玻璃类约束层优点为明显提升冲击波压力，缺点是仅适用于平面加工且易碎、难以清理。硅胶和合成树脂与靶材结合力小，且难以重复利用。水约束层的优点是廉价、清洁、重复效果好，可加工曲面，而且流动的水约束层可以带走等离子体爆炸后的固体粉尘颗粒，这些优势是其他所有约束介质无法取代的[8]。水约束层的缺点是：刚性差导致约束效果不及玻璃；高功率密度下易产生击穿等离子体；高冲击频率下水层飞溅，光路中的水珠和水雾对激光形成散射。通过理论分析和试验验证，配合行之有效的工艺方法，水约束层的这些缺点都可得以淡化。

2. 水约束层应用

激光冲击喷丸在强化航空发动机叶片方面的应用最为成熟，GE 公司、LLNL 实验室等把流水作为约束层成功应用在叶片的曲面结构，稳定平整的流水层跟强化效果关系很大，一般将叶片等垂直放置，重力作用使流水形成均匀的水膜。在使用流水约束层时，应该实时监控，以避免冲击处有水波纹，水波纹的透镜效应可能会造成局部吸收层的烧蚀。Toshiba 公司的无吸收层激光喷丸技术也选用水为约束层，利用 532nm 波长激光在水中的强穿透性进行水下加工，由于水和工件直接接触，水中溶解氧和电解氧会氧化工件表层。因此，作为约束层的水要经过长时间的循环去氧。中国航空制造技术研究院一直致力于水约束层的研究，大量试验结果表明，以流水为约束层的激光喷丸，可成功强化钛合金、马氏体不锈钢、高温合金等屈服强度较大的材料。

3.2.2 水中激光吸收率及约束层厚度选择

当激光功率密度小于流水约束层的击穿阈值时，仍有很少一部分激光被水吸收，激光波长不同，其在水中的吸收率相差甚远。图 3-16 所示为激光在纯水中的透射谱线，其中吸收长度 Δ 与激光功率密度的关系为

$$I_x = I_0 \cdot \exp\left(-\frac{x}{\Delta}\right) \tag{3-1}$$

式中 I_0——入射激光功率；

I_x——在水中传播至距离 x 处时激光功率密度。

式(3-1)适用于激光吸收率在 10%~20%以下的情况[45]。532nm 和 1064nm 波长的激光在喷丸技术中最为常用。从图 3-16 中可以看到，这两种波长激光的吸收长度 Δ 分别为 30~35m、0.02~0.025m。由表 3-1 可知，当激光能量被水吸收 1%时，532nm 和 1064nm 波长激光在水中的传播距离分别为 300~350mm 和 0.2~0.25mm。由此可见，1064nm 的红外光在水中的吸收率比 532nm 绿光的吸收率大 1000 倍以上。

532nm 绿色激光在水中的穿透能力极强,可进行水下工件的激光冲击喷丸处理;虽然 1064nm 红外激光在水中的穿透能力不及绿光,但是此波长激光器产生的单脉冲能量最大(可达 100J),所以 1064nm 波长激光器多用于有吸收层的激光喷丸[46]。有吸收层的激光喷丸的水约束层厚度一般为 1~2mm,太厚对激光吸收过多,太薄则约束效果不理想。

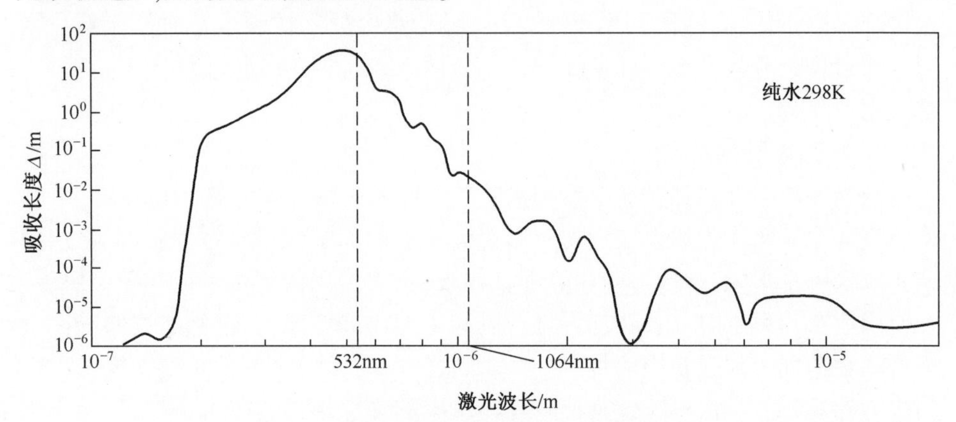

图 3-16　不同波长激光在纯水中的吸收长度

表 3-1　水中的激光传播距离

激光在水中的传播距离	被水吸收的激光比例/%	透过水的激光比例/%
0.0101Δ≈1%Δ	1	99
0.0202Δ≈2%Δ	2	98
0.0513Δ≈5%Δ	5	95
0.105Δ≈10%Δ	10	90
0.223Δ≈20%Δ	20	80
0.693Δ	50	50
Δ	63.2	36.8

3.2.3　水约束层对冲击波的影响

迅速膨胀的等离子体受到水约束层的制约,在激光功率密度不是很高的情况下,冲击波峰值压力是无约束层的 4~10 倍,冲击波脉宽是无约束层的 2~3 倍。约束层、吸收层的界面声阻抗 Z 影响冲击波压力,界面声阻抗的表达式为

$$\frac{2}{Z}=\frac{1}{(Z_1+Z_2)} \tag{3-2}$$

式中　Z_1——靶材声阻抗;

Z_2——约束介质声阻抗[47]。

表 3-2 为 K9 光学玻璃和水的属性对比，其中冲击波脉宽 τ_1 和激光脉宽 τ_2 比值在激光功率密度 0.73GW/cm^2 下测量，界面声阻抗 Z 的计算选用铝箔为吸收层。从表 3-2 所列结果可看出，K9 玻璃声阻抗是水的 7 倍，但冲击波压力与界面声阻抗的平方根成正比，K9 玻璃产生冲击波的效率仅为水的 2 倍。

表 3-2　水与 K9 玻璃约束层的属性对比

约束介质	K9 玻璃	水
声阻抗/($\times10^6$g/(cm^2 · s))	1.14	0.165
τ_1/τ_2	3.7	2.5
Z	1.3	0.3
$\sqrt{Z}$	1.14	0.55

3.2.4　寄生等离子体

1. 寄生等离子体产生机制与预防措施

当功率密度大于水约束层的电击穿阈值时，在吸收层表面的"受限等离子体"上的水约束层内产生另一个等离子体，称为"寄生等离子体"(图 3-17)，寄生等离子体的产生机制主要有两种：一种是雪崩式电离机制(AI)，水约束层内的初始自由电子经过逆韧致吸收引发等离子体密度迅速增大，该过程表示为 $e^- + M + hv \rightarrow 2e^- + M^+$；另一种是多光子离化机制(MPI)，约束层介质粒子吸收多个光子的能量超过 12.6eV，引发以下过程：$M + m \cdot hv = e^- + M^-$。大多数学者认为 MPI 是 AI 中初始自由电子的主要来源，随着激光波长的改变，两种机制的作用效果也发生变化，激光波长越长，AI 越占优势，激光波长越短，MPI 越占优势[48]。Fabbro 等最初的研究认为，水内自由电子密度 10^{20}/cm^3 是寄生等离子体产生的标志；美国学者 Ben Xin Wu 认为，如果激光在水中的传播距离较大，寄生等离子体产生时的自由电子密度远远小于 10^{20}/cm^3，而且在光路方向上的电子密度梯度很大。

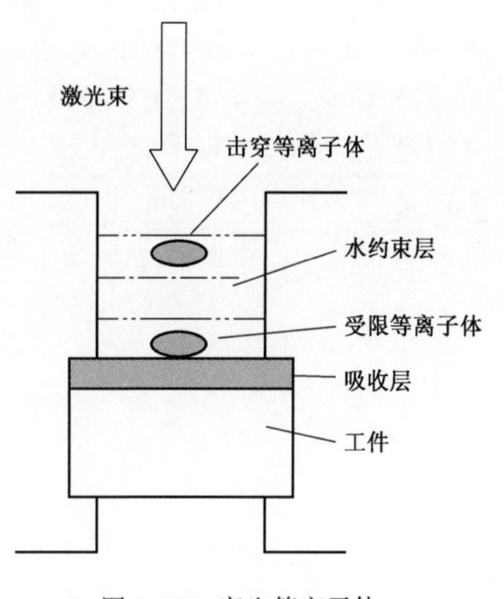

图 3-17　寄生等离子体

寄生等离子体会造成有效试验参数极不稳定,所以在激光喷丸过程中,应尽量避免在电击穿阈值以上工作。此外,使用 STR 脉冲波形的激光可以提高电击穿阈值,而选用介电系数较低的水介质也非常重要,如医用去离子水等。

2. 寄生等离子体对工艺的影响

由于寄生等离子体的存在,大部分甚至全部的激光能量被屏蔽掉,随着功率密度的增加,冲击波峰值压力达到饱和的状态,冲击波的脉宽随之减小。激光波长越小,转化效率 α 越大,产生击穿等离子体的倾向越大,532nm 和 1064nm 波长激光的电击穿阈值 I_{sat} 和饱和冲击波压力 P_{sat} 见表 3-3。

表 3-3　击穿阈值和饱和冲击波压力

波长/nm	I_{sat}/(GW/cm^2)	P_{sat}/GPa	α
1064	10	5.5	0.25
532	6	5.0	0.40

Wu 等[49]利用数值模拟结果和试验数据对比,研究了 1064nm/25ns 激光在产生寄生等离子时的激光透射率和冲击波脉宽的变化情况,寄生等离子体下激光脉宽和冲击波脉宽结果见图 3-18 和图 3-19。由图 3-18 和图 3-19 可知,激光功率密度为 5.5GW/cm^2 时,激光完全透过,冲击波脉宽最大;激光功率密度在 6~8GW/cm^2 时,激光透过率和冲击波脉宽下降速度最快;激光功率密度上升到 10GW/cm^2 以上时,冲击波峰值压力达到饱和,因为此时寄生等离子体的强烈吸收发生在激光脉冲波形的上升沿,冲击波脉宽仍继续减小。

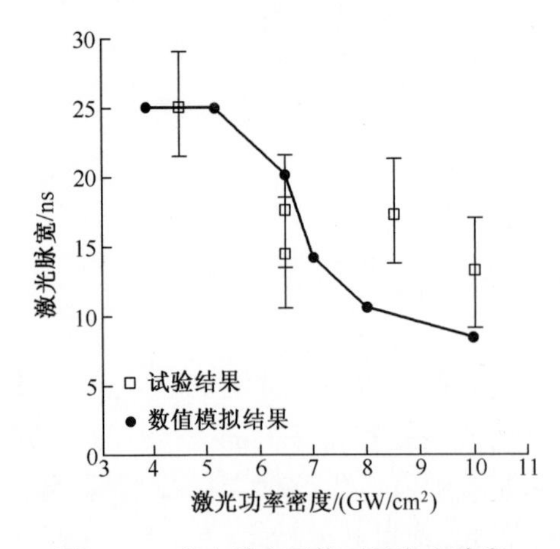

图 3-18　寄生等离子体下的激光脉宽

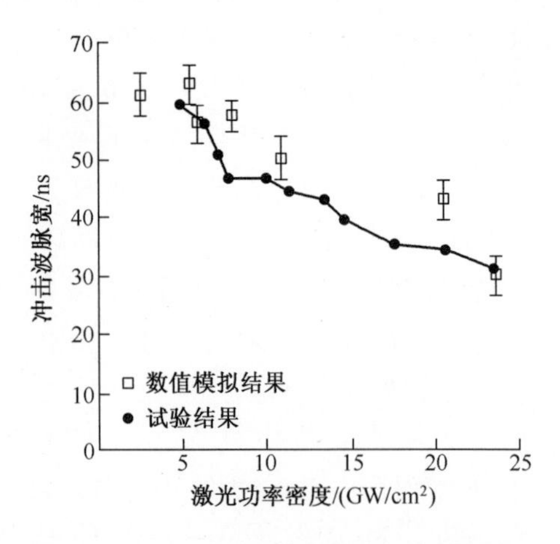

图 3-19　寄生等离子体下的冲击波脉宽

3.2.5 光路净化

激光喷丸过程中,等离子体爆炸引起水约束层向空中飞溅,前一次激光冲击产生的水雾和水蒸气吸收和散射下一次激光束的能量,致使到达吸收层的激光能量锐减。另一个问题是,冲击的频率增加,在光路上产生的水珠和水雾的密度累积增加。在通常情况下,水珠和水蒸气通过重力作用沉淀下来需要的时间约4s[33]。这样,使激光冲击的频率不能高于0.25Hz,使激光器的能力得不到充分利用,更重要的是影响了激光冲击的效率。为了提高冲击频率,就必须消除固体颗粒和水雾对冲击频率造成的影响,美国专利和一些文献提出了相关的解决方案,如图3-20所示。图3-20(a)是在光路两侧安置吹风系统,将光路杂质水汽偏离光路,并最终将水汽收集,如果将图3-20(a)所示的装置继续改造,在现有吹风系统下再安置一个倾斜的吹风系统,用于加速水汽回落速度;图3-20(b)是利用透光的有机薄膜,设置在离水约束层较近的地方,这样水飞溅的空间小,回落容易,移动式有机薄膜能将附在其上水汽带走,实现光路的净化。

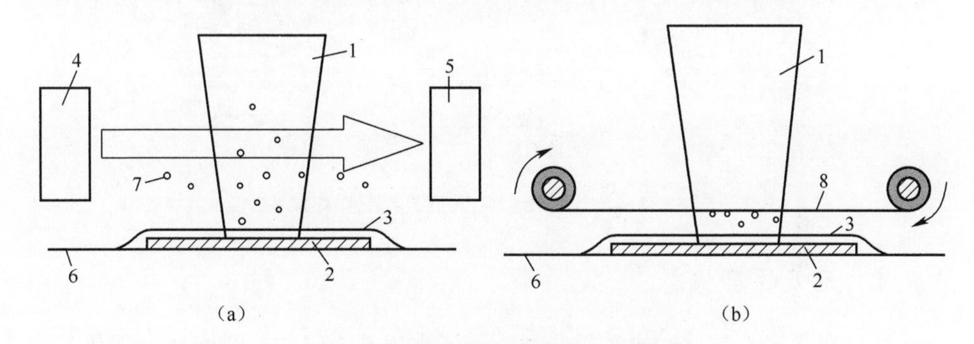

图3-20 激光冲击光路净化示意图

(a)光路两侧安置吹风系统;(b)有机薄膜。

1—激光束;2—吸收层;3—水约束层;4—出气口;5—吸气口;6—工件表面;7—水汽;8—有机薄膜。

3.3 损伤胶带和吸收层状态

脉宽30ns、频率0.1Hz的强脉冲激光器激光冲击强化TC17钛合金。在激光冲击强化时,TC17钛合金表面粘贴铝箔吸收层,铝箔粘贴区域应该大于激光冲击强化区域5mm,并且铝箔应粘贴平整、无气泡、无皱褶和无抓痕。1mm厚均匀去离子水约束层提供在铝箔表面约束等离子体膨胀。激光冲击强化工艺参数:方形光斑边长4mm×4mm,能量为50J,光斑搭接率为8%。激光冲击强化前后铝箔吸收层操作流程如图 3-21 所示[50]:①采用泡在丙酮中的棉花清洗激光冲击强化试样表面,再用酒精清洗试样强化表面,清洗区域应比强化区域大 10mm;②试样强化表面粘贴铝箔;③铝箔吸收层表面提供连续、均匀的水约束层;④方形光斑激光冲击强化试样;⑤去除试样表面强化铝箔吸收层;⑥丙酮和酒精清洗试样强化表面。

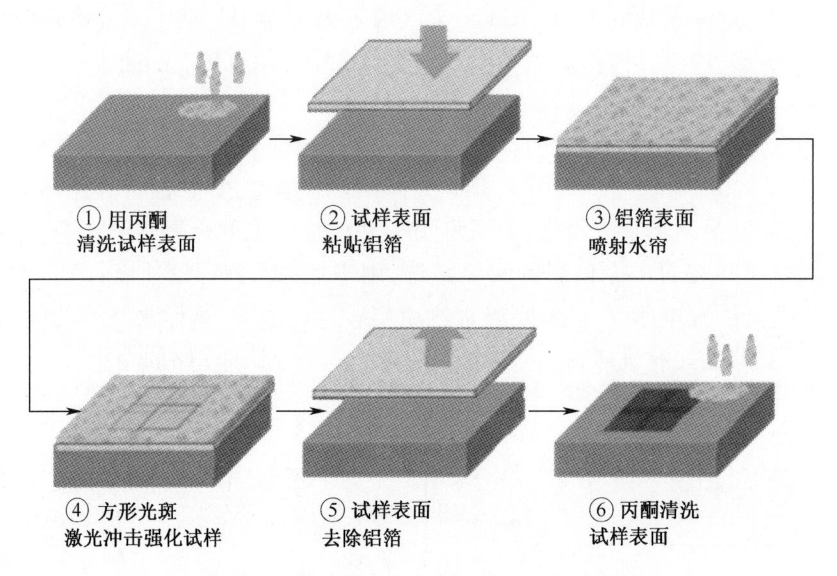

图 3-21　激光冲击强化铝箔吸收层操作流程

3.3.1　无吸收层状态

如果激光冲击强化时铝箔吸收层大面积破损或无吸收层激光冲击强化基体材料表面时,基体材料表面将被高强度激光脉冲烧蚀。图 3-22 为无吸收层时激光冲击强化烧蚀形貌(能量 50J、单次冲击),相同区域获得 SEM 和背散射衍射图像分别为上半图和下半图。烧蚀后试样表面粗糙度降低。烧蚀表面高低不平的形貌可能是由相爆炸和等离子体瞬间膨胀产生的。图 3-22 下半图背散射衍射图像清晰地发现烧蚀表面出现大量微裂纹。光斑中心附近微裂纹少且无方向性,但从光斑中心到烧蚀边缘,微裂纹变得密集和有方向性,这些微裂纹可能由超快冷却引起的热应力导致。另外,烧蚀区域微裂纹密度随着冲击次数增加而增强。

一个强激光脉冲烧蚀材料表面有大量自由电子吸收激光能量,自由电子加热并把热转移到周围晶格,从而产生铸造层。图 3-23 所示为激光直接辐射后材料表面铸造层横截面,虽然烧蚀表面不均匀,但铸造层和基体材料交界处是整

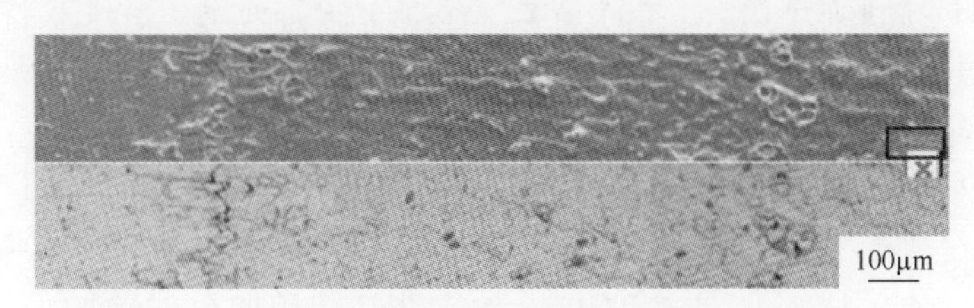

图 3-22　无吸收层激光冲击强化形貌(能量 50J、单次冲击)

齐的,通过微观结构很容易辨别铸造层和基体材料的交界面。铸造层厚度为 1~4μm,因此,铸造表层可以被抛光从而获得完整表面。由于激光冲击强化超快加热和冷却,基体材料和铸造层之间的过渡区域很难产生。大部分微裂纹仅在铸造层中产生,图 3-23(a)产生分叉,图 3-23(b)在基体材料和铸造层界面中止。随着激光冲击强化次数增加,铸造层中微裂纹变宽并导致界面开裂,如图 3-23(c)所示。检测到一个非常有趣和有意义的现象,即多次冲击产生的微裂纹沿着交界处继续扩展。在疲劳载荷下,直接激光辐射材料诱导微裂纹能扩展至基体材料导致疲劳断裂,并且随着微裂纹的扩展,铸造层将从基体材料表面剥落。此外,铸造层中出现一些气孔,气孔不利于零件疲劳寿命。

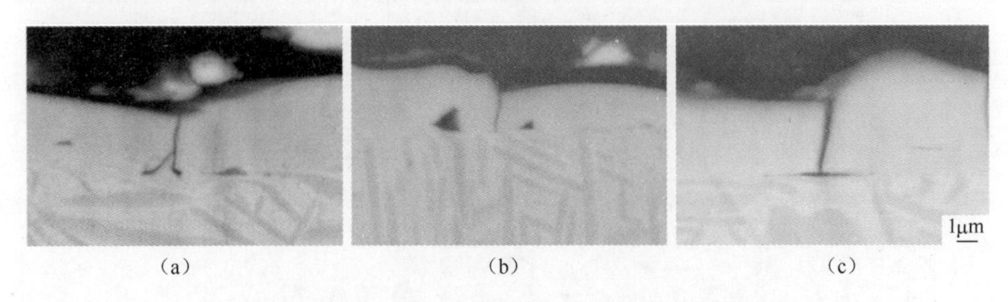

(a)　(b)　(c)

图 3-23　激光直接辐射后材料表面铸造层横截面
(a)微裂纹分叉;(b)微裂纹中止;(c)微裂纹变宽。

3.3.2　轻微破损吸收层

虽然铝箔作为牺牲层保护试样表面,但由于局部铝箔破损尤其激光冲击强化搭接处,试样表面出现烧蚀黑点。铝箔破损原因可能为不稳定激光强度、过度冲击强化或铝箔不规则状态。4 个方形光斑搭接区域出现铝箔破损,如图 3-24(a)所示,破损区域附近铝箔表面还发现了两个抓痕。铝箔 4 次冲击强化和抓痕缺陷导致铝箔破损。图 3-24(b)、(c)所示为靶材表面烧蚀黑点 SEM 图,图中烧蚀黑点不均匀分布,并且出现不同尺寸的熔化隆起物。图 3-25 中烧蚀表面 EDX 分析结果显示了 6 个约 1μm 不同位置处的烧蚀区域主要化学成分。熔化明亮隆起物(光谱 1 和光谱 2)主要成分为铝元素。搭接方形光斑激光冲击强化过程中,前者激光脉冲损伤铝箔完整性,后续激光脉冲使得破损铝箔碎片熔化在基体材料表面。黑暗区域(光谱 3)被确定分布碳元素,碳元素来源于铝箔背面黏合剂。相对平坦区域(光谱 4)可能为基体材料表面,除少量碳元素外,化学成分接近于激光冲击强化前原始材料。依据试样横截面烧蚀黑点微观结构,如图 3-24(d)所示,原始 TC17 合金微观结构延伸至试样表面,并证明激光辐射诱导的烧蚀层是非常薄的。TC17 钛合金基体材料意外地受到熔化铝层保护。直径 1mm 的 X 射线衍射法测量烧蚀黑点(直径约 0.5mm)处残余应力值为-118MPa,该值低于激光冲击强化处理表面标准残余压应力值-500MPa。

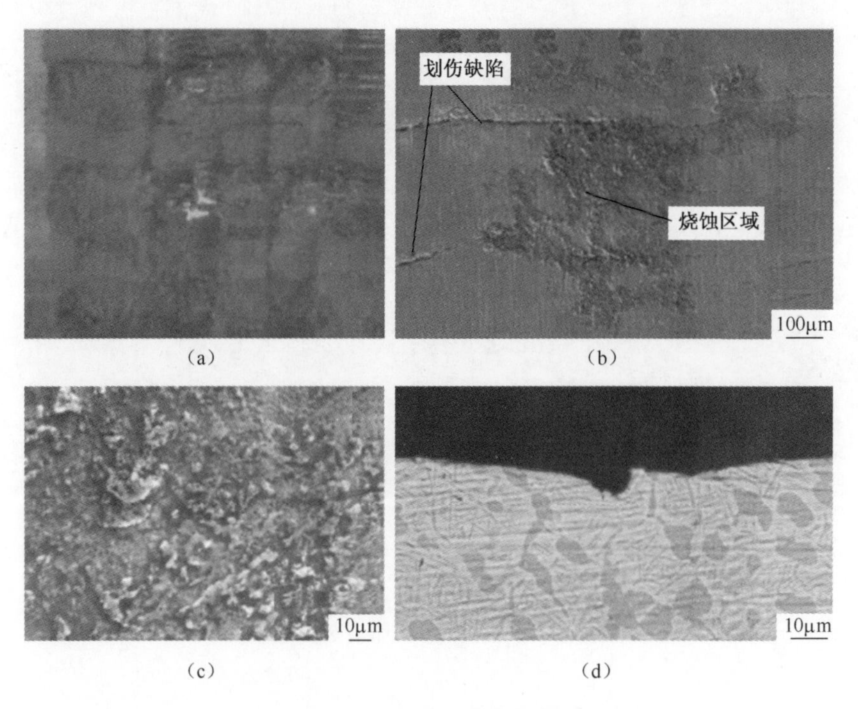

图 3-24 破损铝箔和烧蚀表面

(a)4 个光斑搭接区域铝箔破损;(b)表面烧蚀和划伤缺陷;(c)熔化隆起物;(d)靶材表层微观组织。

3.3.3 无破损吸收层

铝箔吸收层去除后,肉眼发现激光冲击强化试样表面出现微压痕缺陷。采用白光干涉法检测激光冲击强化试样表面典型的刻痕缺陷,如图 3-26 所示。激光冲击强化试样表面出现大量的微凹点和刻痕。凹点缺陷平均尺寸和刻痕缺陷宽度为 100μm 数量级,并且刻痕长度为几微米至毫米数量级。这些缺陷深度

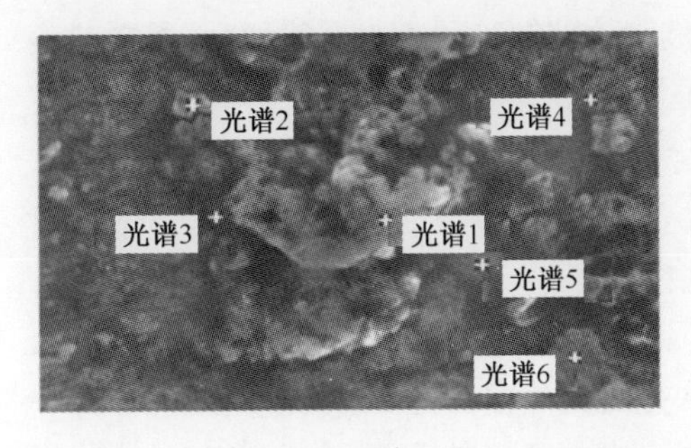

(a)

光谱	质量分数/%			
	Ti	Al	C	O
1	12	81	—	7
2	15	43	19	22
3	17	4	79	—
4	78	9	4	—

(b)

图 3-25　破损铝箔和烧蚀表面 SEM 图以及烧蚀表面 EDX 分析结果

(a)SEM 图;(b)EDX 分析结果。

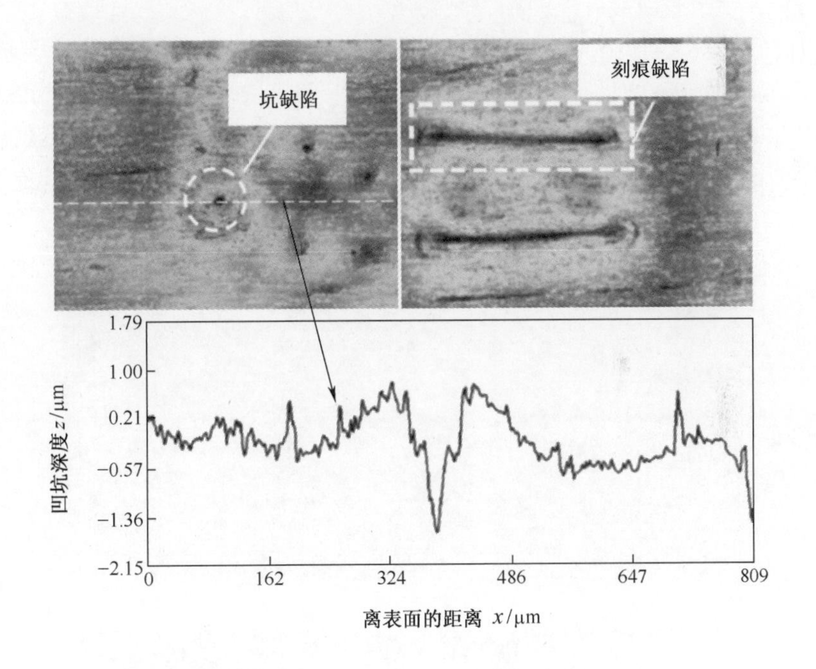

图 3-26　激光冲击强化试样表面凹点和刻痕缺陷

为 1～2μm,并且可明显地发现,由于缺陷形成,缺陷周围材料表面粗糙度被提高了。因此,这些微压痕可能降低激光冲击强化试样表面粗糙度,并且因应力集中效应[52],疲劳裂纹倾向于在缺陷区域萌生。黑胶带或黏合纸作为吸收层时,激光冲击强化试样表面很难发现这类缺陷。通过铝箔吸收层表面观察,铝箔相应位置处发现相似的缺陷图案。铝箔部分缺陷可能由铝箔去除过程中撕裂力产生。铝箔其他缺陷可能由材料表面吸收层激光冲击强化处理产生。这些铝箔缺陷硬度比原始铝箔硬度更高，高速冲击波将这些缺陷压入材料表面，于是材料表面形成了微压痕。为了防止激光冲击强化诱导试样表面压痕缺陷，一个混合熔化层被用于材料表面进行激光冲击强化。混合熔化层底层与试样表面直接接触，激光冲击强化混合熔化层可以避免试样表面出现气泡和空洞。

强脉冲激光束穿过水约束层辐射在铝箔表面，图 3-27(a) 明显出现 4 个搭接方形光斑辐射铝箔表面的烧蚀区域。铝箔表面方形光斑搭接烧蚀区域宽度大于激光光斑搭接宽度。图 3-27(b) 所示为激光冲击强化铝箔表面形貌，激光冲击强化诱导高温等离子体和激光快速地熔化在铝箔表面，因高压等离子体使得熔化流体不能立即气化。因此熔化流体在高热状态沸腾。当脉冲激光关闭时，混合大量气泡和高热微滴的沸腾流体产生相爆炸。相爆炸和等离子体爆炸共同作用，导致铝箔表面形成气蚀和飞溅物质。

任乃飞等[51]研究表明，铝箔迅速气化电离形成等离子体，铝箔气化层厚度约 10μm。随着冲击次数增加，铝箔厚度逐渐减少。图 3-27(c)、(d) 和 (e) 为图 3-27(a) 中标记区域相应的铝箔横截面厚度。铝箔原始厚度为 120μm，单次激光冲击强化后铝箔厚度为 80μm(图 3-27(c))，两次激光冲击强化后铝箔厚度为 55μm(图 3-27(d))，4 次激光冲击强化后铝箔厚度为 25μm(图 3-27(e))。

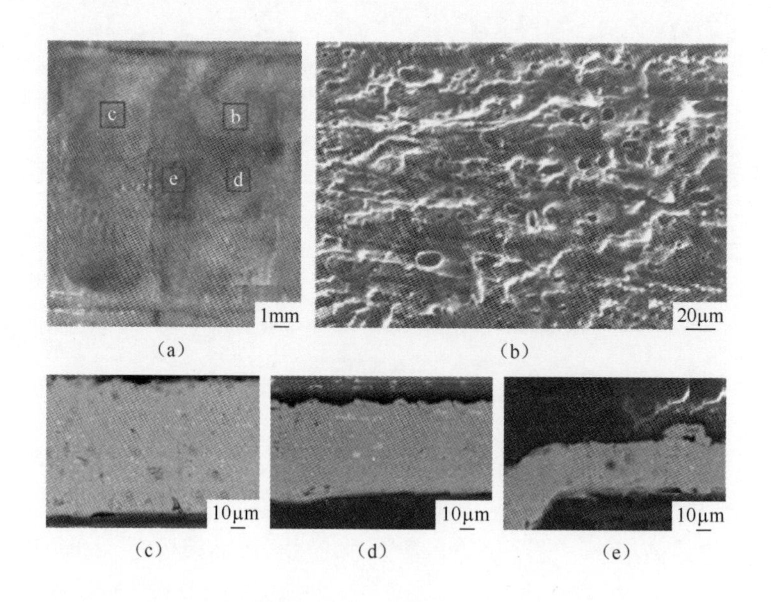

图 3-27 激光冲击强化铝箔表面和厚度形貌

(a)4 个搭接方形光斑辐射铝箔表面的烧蚀区域；(b)~(e)分别为图(a)的局部放大图。

3.4 靶材的作用机理

激光冲击强化原理如图3-28所示,靶材表面打磨抛光后涂覆一层涂层(也称为牺牲层,常规有机涂层或金属箔,如胶带、锌或铝)[53]。激光器发射的高峰值功率(大于 GW/cm^2 级)、短脉冲(ns 级)经聚焦透镜穿过透明约束层(水或玻璃)辐射涂层表面。涂层吸收激光能量,纳米级时间内迅速气化电离形成高温高压等离子体。等离子体受约束层介质限制,爆炸产生超高压冲击波(GPa级),冲击波传入靶材内部[54]。约束层作用:①增加冲击波峰值压力;②延长冲击波持续时间。当适当时间内冲击波峰值压力超过靶材弹性极限(HEL)时,靶材表层具有以下特点:①密集和稳定位错或孪晶;②表面产生应变硬化;③形成残余压应力层。因为冲击波诱导弹性变形能不小于靶材塑性或屈服变形能,所以激光冲击强化诱导靶材塑性变形层,塑性变形层抑制弹性变形能恢复,靶材表层产生残余压应力。残余压应力改变靶材内部残余应力场分布,改善材料表面疲劳性能。因此,激光冲击强化能显著改善材料腐蚀和疲劳性能[55-56]。因靶材表面涂层和激光冲击强化与靶材作用时间短,所以激光冲击强化靶材忽略热影响效应,属于冷加工工艺。

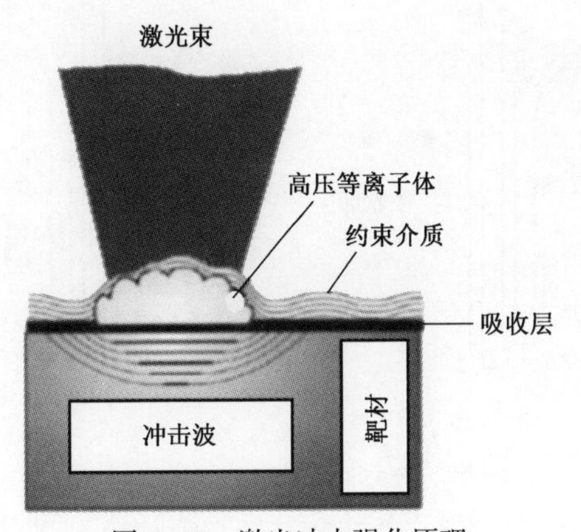

图3-28　激光冲击强化原理

3.5 强化效果改善和安全防护

3.5.1 防层裂技术的应用研究

当激光冲击强化薄壁结构如叶片时,由于冲击波在传播过程中衰减较小;当幅值很大的压力波传播到结构的背面后产生波的反射作用,冲击波由压力波转换成拉力波,使得薄壁结构表层残余压应力分布不均匀和存在较小压应力或拉应力状态;当拉力波强度高于材料的层裂强度时,材料背面就会出现层裂现象。

为了防止背面层裂或降低反射拉力波强度,可以采用背面支撑的方法,但对于叶片等曲面结构,很难有匹配的固定支撑。另外,对冲击波而言,支撑体需与被支撑体紧密贴合才会有效果;也可以采用液体在材料背面吸波的方法,但由于液体的声阻抗与固体材料的声阻抗相差很大,因此冲击波反射系数还是很高。

所以,中国航空制造技术研究院提出一种激光冲击强化的防层裂结构(专利公开号:CN101439440A),它在薄壁结构如叶片背面粘贴与材料声阻抗接近的金属铝箔和流水[57],即材料背面添加吸波层水流和铝箔来吸收冲击波,使冲击波在界面衰减并在吸波层材料中转换成拉力波,从而有效降低靶材应力波反射、减弱反射波与入射波内部耦合强度和表层获得均匀残余压应力场,激光冲击强化叶片吸波层示意图如图 3-29 所示。激光冲击强化叶片吸波层介质(铝箔和水)如图 3-30 所示[58]。

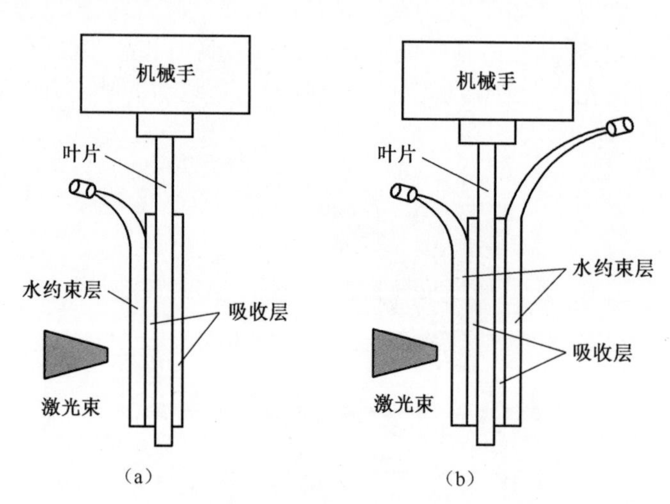

图 3-29 激光冲击强化叶片吸波层示意图

(a)叶片背面仅黏合铝箔;(b)叶片背面有水流和铝箔。

激光冲击强化叶片(叶片背面无吸波层)时,叶片背面出现层裂现象,如图 3-31 所示。激光冲击强化叶片背面仅黏合铝箔吸波层时,吸波层示意图如图 3-29(a)所示,叶片背面铝箔出现层裂现象,如图 3-32 所示,即使进行激光冲击强化工艺参数调整,激光冲击强化叶片背面铝箔仍出现凸起现象,如图 3-33所示[39]。当叶片背面黏合铝箔和水吸波层时,吸波层示意图如图 3-29(b)所示,激光冲击强化叶片背面形貌如图 3-34 所示,叶片背面铝箔平整光滑,冲击波反射效应减弱,透射效应增强,有效地改善了激光冲击强化叶片效果。

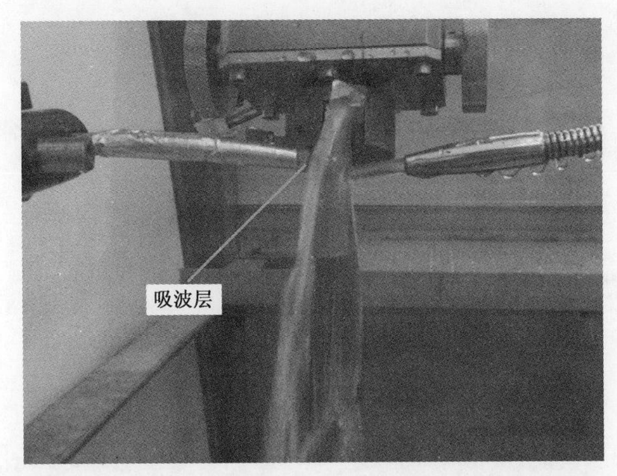

图 3-30　激光冲击强化叶片吸波层介质(铝箔和水)

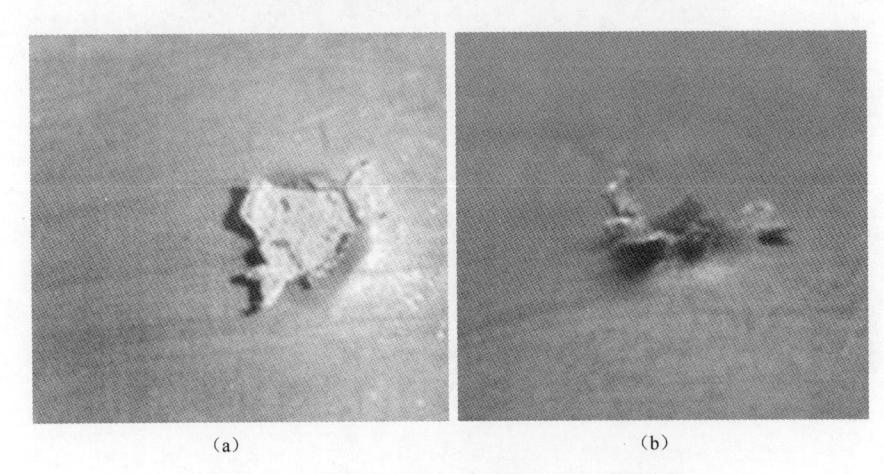

(a)　　(b)

图 3-31　激光冲击强化无吸波层叶片层裂现象

(a)正面;(b)侧面。

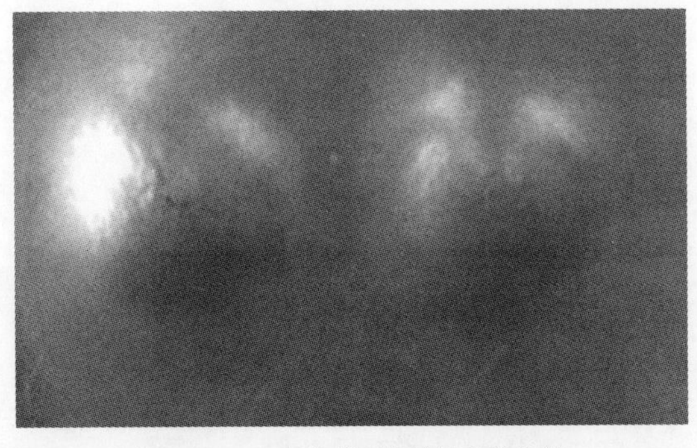

图 3-32　叶片背面铝箔层裂现象

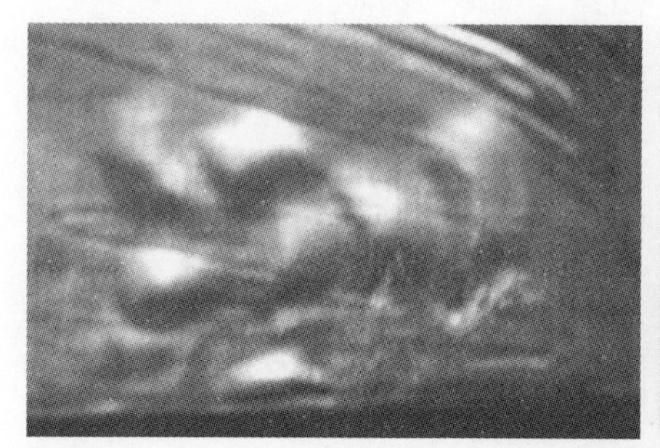
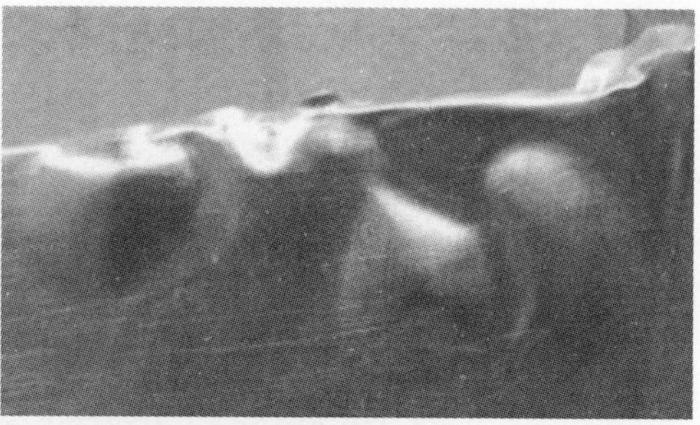

图 3-33　激光冲击强化叶片背面铝箔凸起现象

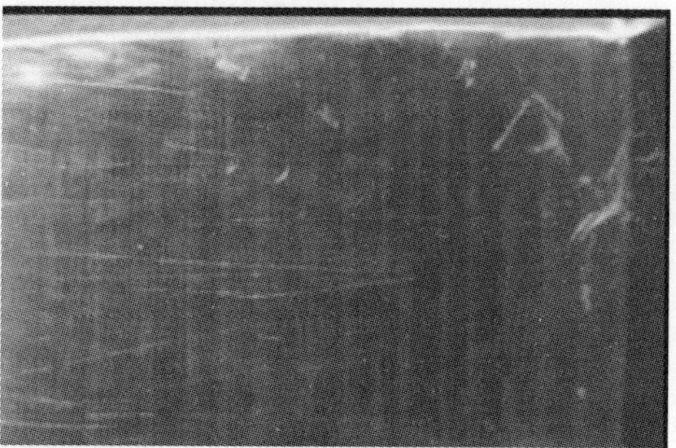

图 3-34　激光冲击强化叶片背面铝箔形貌(铝箔和水)

由冲击波界面力平衡和界面连续性条件可得[59]

$$\sigma_{\mathrm{I}} + \sigma_{\mathrm{R}} = \sigma_{\mathrm{T}} \tag{3-3}$$

$$U_{\mathrm{I}} + U_{\mathrm{R}} = U_{\mathrm{T}} \tag{3-4}$$

由冲击波动量守恒关系,可得

$$F\mathrm{d}t = \mathrm{d}(mU_{\mathrm{P}}) \tag{3-5}$$

$$\sigma A\mathrm{d}t = \rho A\mathrm{d}xU_{\mathrm{P}} \tag{3-6}$$

$$\sigma = \rho \frac{\mathrm{d}x}{\mathrm{d}t}U_{\mathrm{P}} \tag{3-7}$$

$$\sigma = \rho cU_{\mathrm{P}} \tag{3-8}$$

结合式(3-3)~式(3-8),可得

$$\frac{\sigma_{\mathrm{T}}}{\sigma_{\mathrm{I}}} = \frac{2\rho_B c_B}{\rho_A c_A + \rho_B c_B} \tag{3-9}$$

$$\frac{\sigma_{\mathrm{R}}}{\sigma_{\mathrm{I}}} = \frac{\rho_B c_B - \rho_A c_A}{\rho_A c_A + \rho_B c_B} \tag{3-10}$$

声阻抗式为

$$Z = \rho c \tag{3-11}$$

式中　σ_{I} ——入射波引起的靶材应力；

U_{I} ——入射波引起的质点速度；

σ_{R} ——反射波引起的靶材应力；

U_{R} ——反射波引起的质点速度；

σ_{T} ——透射波引起的靶材应力；

U_{T} ——透射波引起的质点速度；

F——冲击波载荷；

m——靶材质量；

U_{P} ——质点速度；

σ ——靶材内部应力；

ρ ——靶材密度；

c——声波波速。

激光诱导冲击波由高阻抗材料(叶片) $\rho_A c_A$ 向低阻抗材料(铝箔) $\rho_B c_B$ 传播时,即 $\rho_B c_B < \rho_A c_A$,反射波符号与入射波符号相反。当向自由面入射时, $\rho_B c_B = 0$, $\frac{\sigma_{\mathrm{T}}}{\sigma_{\mathrm{I}}} = 0$, $\frac{\sigma_{\mathrm{R}}}{\sigma_{\mathrm{I}}} = -1$,当向刚性壁面入射时, $\rho_B c_B = \infty$, $\frac{\sigma_{\mathrm{T}}}{\sigma_{\mathrm{I}}} = 2$, $\frac{\sigma_{\mathrm{R}}}{\sigma_{\mathrm{I}}} = 1$。

激光冲击强化叶片参数:钛合金密度为 4500kg/m^3,声波波速为 4000m/s;铝箔密度为 2784kg/m^3,声波波速为 5370m/s;水的密度为 1000kg/m^3,声波波速为 1461m/s;空气的密度为 1.29kg/m^3,声波波速为 340m/s。当钛合金叶片背面无吸波层时,高压冲击波在钛合金自由表面反射条件为钛合金和空气,计算获得 $\frac{\sigma_{\mathrm{R}}}{\sigma_{\mathrm{I}}} = -1$,高压入射冲击波全部转换为反射拉力波强度,拉力波强度大于钛合金层裂强度,钛合金发生层裂现象,如图 3-31 所示。当钛合金叶片背面仅黏合铝箔吸波层时,冲击波传播和反射如图 3-35(a)所示,冲击波界面反射条件为钛合金和铝箔、铝箔和空气,冲击波在钛合金和铝箔界面处 $\frac{\sigma_{\mathrm{R}}}{\sigma_{\mathrm{I}}} = -0.09$, $\frac{\sigma_{\mathrm{T}}}{\sigma_{\mathrm{I}}} = 0.91$, 91%入射冲击波压力传入铝箔内,钛合金反射波强度较小,避免钛合金发生层裂现象。因为入射冲击波在铝箔和空气界面处 $\frac{\sigma_{\mathrm{R}}}{\sigma_{\mathrm{I}}} = -1$,所以铝箔内反射波强度为入射冲击波强度 91%。当铝箔内强反射拉力波到达钛合金和铝箔界面处时,因拉力波强度大于铝箔与钛合金背面黏合强度,引起铝箔发生气泡现象,如图 3-32和图 3-33 所示。当钛合金叶片背面吸波层为单层铝箔和提供均匀去离子水时,冲击波传播和反射如图 3-35(b)所示。冲击波在界面处反射条件为钛合金和铝箔、铝箔和水,冲击波在钛合金和铝箔界面处,$\frac{\sigma_R}{\sigma_I}=-0.09$,$\frac{\sigma_T}{\sigma_I}=0.91$,91%入射冲击波压力传入铝箔内,钛合金反射波强度较小,避免钛合金发生层裂现象。冲击波在铝箔和水界面处,$\frac{\sigma_R}{\sigma_I}=-0.82$,$\frac{\sigma_T}{\sigma_I}=0.18$,透射波强度被流动的去离子水带走无反射,但铝箔内反射波强度为冲击波强度的 $0.91\times0.82=0.75$,降低或消除了铝箔气泡现象,如图 3-34 所示。

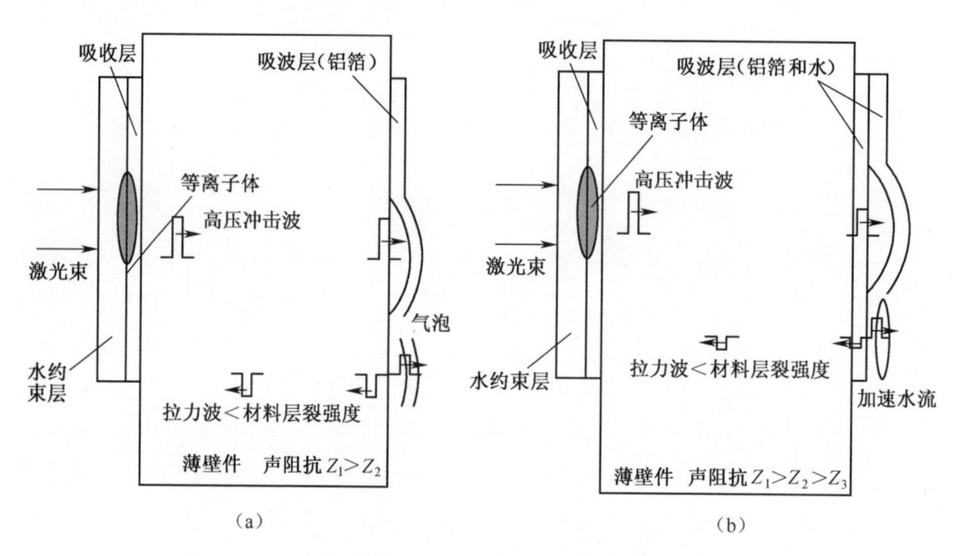

图 3-35 激光冲击强化叶片冲击波传播和反射

(a)叶片背面仅黏合铝箔;(b)叶片黏合铝箔和水。

3.5.2 增强强化效应方法

激光冲击强化处理对金属材料力学性能的改善效果与激光诱导等离子体的作用面积密切相关。通常将水或玻璃作为约束层时,采用提高脉冲激光能量,增强激光诱导等离子体的数量和体积,达到增强其冲击波效应的目的。然而,高能量脉冲激光获得比较困难,并且电光转化效率低,只有 5%左右,而激光导致等离子体转化成机械能的效率为 10%,只有这 0.5%的能量转化成金属材料力学性能改善的能量。此外,国内常用的高脉冲能量激光冲击强化设备工作频率低或者脉冲能量低,很难满足激光冲击强化技术快速发展的需求。

中国航空制造技术研究院提出一种外加强电场的激光冲击强化方法及装置(专利公布号:CN103911505A)[60]它采用电极板 2 在激光冲击强化诱导等离子体团 6 外围加一个与激光冲击方向同轴(或 30°~60°夹角)的强电场 3,如

图 3-36所示。由于脉冲激光诱导出的等离子体处于非稳态,外加强电场后,将使初始能量不同的电子、正离子加速,使其与分子、粒子碰撞概率增加,产生更多能量不同的活性基团,从而增加了激光诱导等离子体的数量、体积,达到增强等离子体的爆炸冲击波效应的目的。外加强电场等效于除约束层材料以外的二次约束。

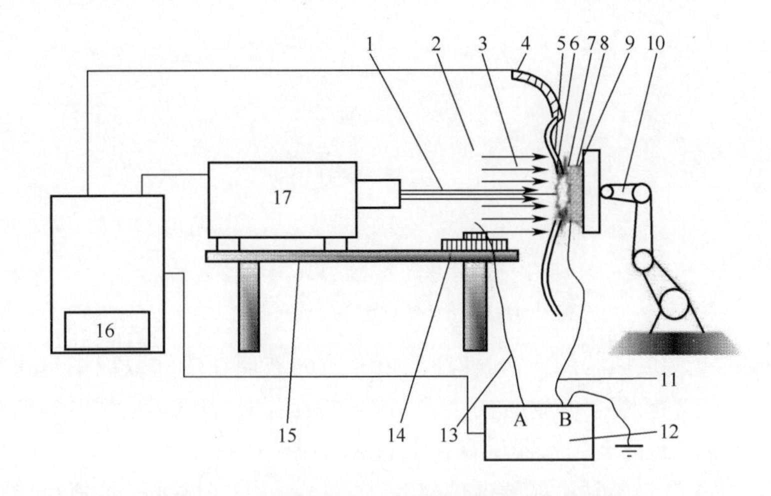

图 3-36　外加强电场激光冲击强化装置结构图

1—激光;2—电极板;3—电场;4—喷水头;5—水层;6—吸收层;7—工件;8—绝缘板;9—夹具;10—机械手;11—阴极;12—高压电源;13—阳极;14—绝缘板;15—光学平台;16—同步控制器;17—激光器。

3.5.3　光反射和爆炸性破碎的安全防护

激光冲击强化利用强脉冲激光作为能源,在约束介质传播中存在光的反射;硬约束层在强冲击波作用下会发生爆炸性破碎,这些均需要进行有效防护[35]。

首先是反射光的烧蚀作用。激光聚焦为功率密度在 GW/cm^2 级以上的光束入射约束层时,会有部分被反射。对于光学玻璃,单面反射率一般为 4%,若双面反射,则反射光的功率密度在 $8\times10^7 W/cm^2$ 以上。假设约束介质的反射面是平面,反射光是聚焦还是发散取决于反射面是处于入射光的离焦位置还是入焦位置。如处于入焦位置,反射光进一步聚焦,功率密度进一步加强;如处于离焦位置,反射光进一步发散,功率密度得以减弱,如图 3-37 所示。由于激光冲击强化,最后聚焦透镜的焦距较大,一般为 lm 左右,激光入射角不大。反射光功率密度的加强或减弱作用不是很明显,但在一定的距离内反射光功率密度仍为 $10^7 W/cm^2$ 量级,对于周围器件,甚至加工现场操作人员构成威胁。所以,在激光冲击强化前应使用 He-Ni 光对光,对准冲击位置后略转动待冲击试件,将反射光调至安全位置。

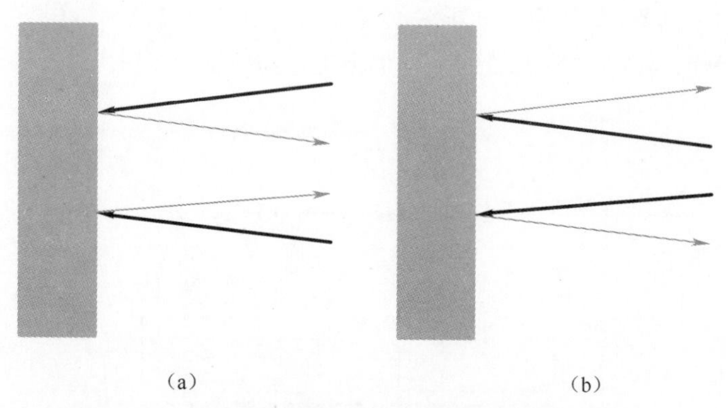

图 3-37　反射光的聚焦与发散情形(黑粗线为入射光)
(a)反射光聚焦;(b)反射光发散。

在反射光构成威胁的同时,作为约束介质的玻璃在爆炸效应中迅速被冲击波击成碎片,四处飞溅,溅射方向主要为靶材表面的法线方向,溅射颗粒的速度较大,对周围的人员及光学器材有一定的威胁或破坏作用。

无论是反射光还是溅射的玻璃碎片,通过在冲击区域加保护罩可避免周围人员或器材受到威胁,而在激光光路位置无法布置保护装置。不使靶材表面的法线方向指向聚焦透镜,也可减小溅射的玻璃碎片对透镜的破坏。但玻璃碎片的非主流方向抛射仍能破坏透镜上的增透膜,使透镜对激光的吸收增加。在透镜与靶材间加保护玻璃,会进一步加剧激光的反射,减小到达靶材的能量。

第4章　激光冲击强化的力学效应数值分析

激光冲击强化包括3个阶段:第一阶段是光波转换,由激光束转换成等离子体冲击波,在这个过程中涉及“激光诱导等离子体/冲击波的动力学过程和能量转化机制”“冲击波点燃传播与熄灭全过程检测”和“激光诱导的非线性强声场”等基本的科学基础问题;第二阶段是波的固液耦合,在激光诱导的等离子体冲击波与固体、液体相互作用与耦合,这一过程涉及“超高应变率动态塑性变形理论”“固体动态变形过程的实时测量”和“超高应变率强应力波微观变形机制与微观力学”的基础科学问题;第三个阶段是性能增长,在激光冲击波的作用下,材料性能得到显著提高,这一过程涉及“超高应变率强化理论”“冲击波重复快速加载下波固液耦合及性能增长的物理机制”和“结构性能优化与可靠性”等基础的科学问题。只有掌握了这些基本理论才能使激光技术真正应用到生产领域,并对安全性、可靠性进行控制。但是,有关这方面的基础理论研究的学术论文相对于技术与工艺研究而言少得可怜,许多理论与物理机制尚未清楚。

例如,在激光诱导冲击波的研究方面,国外对激光/等离子体能量转换机制、激光诱导冲击波的动力学过程进行了研究,得到了激光参数对冲击波的影响。国内的研究以激光驱动冲击波的产生、测量及在材料中的传播特性为主,没有涉及能量转化物理机制的深入讨论。

在激光冲击强化的机理方面,国外从微观结构入手进行了大量的研究,采用位错动力学理论来阐述强化机制,解释了冲击波作用下相变的机制。而国内的研究以试验为主,对强化的机制研究不够透彻。

4.1　物理模型

4.1.1　Fabbro 物理模型

R. Fabbro 在 1993 年对约束模型下 LSP 工艺的冲击波进了理论研究,等离子体膨胀如图 4-1 所示,作以下假设。

(1) 激光能量均匀分布,整个光斑范围内材料表面受热均匀。

(2) 约束层和靶材皆为各向同性的均匀物质,热物理特性为常数。

(3) 把等离子体看作理想气体。

(4) 等离子体只在轴向膨胀。

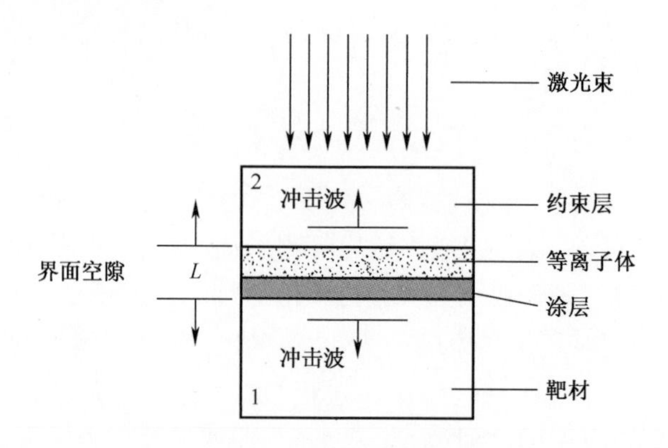

图 4-1　等离子体膨胀

被吸收的激光能量一部分用来增加界面间等离子体的内能,另一部分用来做功。设 $I(t)$ 为 t 时刻被吸收层吸收的入射激光的功率密度,则被吸收的激光能量为

$$W=\int_0^t I(t)\,\mathrm{d}t \tag{4-1}$$

在 $\mathrm{d}t$ 的时间间隔内,等离子体厚度将增加 $\mathrm{d}L$,对外做功为 $W_1=P(t)\mathrm{d}L$,内能增加为 $W_2=d[E_{\mathrm{i}}(t)\cdot L]$ 。根据能量守恒原理,有

$$W=W_1+W_2=\int_0^t I(t)\,\mathrm{d}t=P(t)\mathrm{d}L+d[E_{\mathrm{i}}(t)\cdot L] \tag{4-2}$$

假设等离子体热能 $E_{\mathrm{T}}(t)$ 仅占其内能 $E_{\mathrm{i}}(t)$ 的一部分,设常数 α (常取 0.1 ~0.3),即 $E_{\mathrm{T}}(t)=\alpha E_{\mathrm{i}}(t)$ 。最终可以推导出水约束层下冲击波的压力与激光功率密度的关系以及其他参数的估算。

峰值压力与激光功率的密度关系为

$$P(t)=0.01\left(\frac{\alpha}{2\alpha+3}\right)^{\frac{1}{2}}Z^{\frac{1}{2}}I_0^{\ \frac{1}{2}} \tag{4-3}$$

式中　α——内能转化为热能部分的系数,一般取值为 0.2~0.3;

Z——折合声阻抗,其值有吸收保护层和约束层的声阻抗共同决定(去离子水约束层的声阻抗为 $0.165\times10^6\mathrm{g/(cm^2\cdot s)}$,吸收保护层铝箔胶带的声阻抗为 $1.6\times10^6\mathrm{g/(cm^2\cdot s)}$);

I_0——激光功率密度。

表面塑性应变为

$$\varepsilon_{\mathrm{p}}=\frac{-2\mathrm{HEL}}{3\lambda+2\mu}\left(\frac{P}{\mathrm{HEL}}-1\right) \tag{4-4}$$

式中 μ,λ——拉梅参数;

HEL——弹性极限。

残余压应力层深度为

$$L_{\mathrm{P}}=\left(\frac{C_{\mathrm{e}}C_{\mathrm{p}}\tau}{C_{\mathrm{e}}-C_{\mathrm{p}}}\right)\left(\frac{P-\mathrm{HEL}}{2\mathrm{HEL}}\right) \tag{4-5}$$

式中 C_{e}——弹性波在材料中的传播速度;

C_{p}——塑性波在材料中的传播速度。

表面残余压应力为

$$\sigma_{\mathrm{surf}}=\sigma_0-\left(\mu\varepsilon_{\mathrm{p}}\frac{1+\nu}{1-\nu}+\sigma_0\right)\left[1-\frac{4\sqrt{2}}{\pi}(1+\nu)\frac{L_{\mathrm{p}}}{r\sqrt{2}}\right] \tag{4-6}$$

$$\frac{2}{Z}=\frac{1}{Z_1}+\frac{1}{Z_2}$$

$$I_0=\frac{E}{\pi}r^2\tau$$

式中 E——激光器输出能量;

σ_0——材料初始应力;

ν——泊松比。

Fabbro 模型存在以下缺点:①系数 α 与吸收层的性质以及约束层状态有关,还与激光脉冲性质如脉冲形状、脉冲宽度有关;②处于吉帕量级高压下的等离子体,理想气体将不再是很好的近似,其效果相当于 α 减小,计算的值也将变小;③没有考虑冲击波的衰减;④没有考虑到等离子体的横向膨胀效应。

4.1.2 修正物理模型

激光冲击强化金属材料时材料表面吸收层作用:吸收层气化形成高压等离子体;吸收层保护材料表面烧蚀。激光冲击强化过程中,材料表面吸收层没有完全气化,如图 4-2 所示。因此,采用 Fabbro 模型计算冲击波峰值压力存在很大误差[61]。冲击波总阻抗计算式为[58]

$$\frac{3}{Z}=\frac{1}{Z_1}+\frac{1}{Z_2}+\frac{1}{Z_3} \tag{4-7}$$

式中 Z_1——靶材冲击波阻抗;

Z_2——约束层冲击波阻抗;

Z_3——剩余吸收层冲击波阻抗。

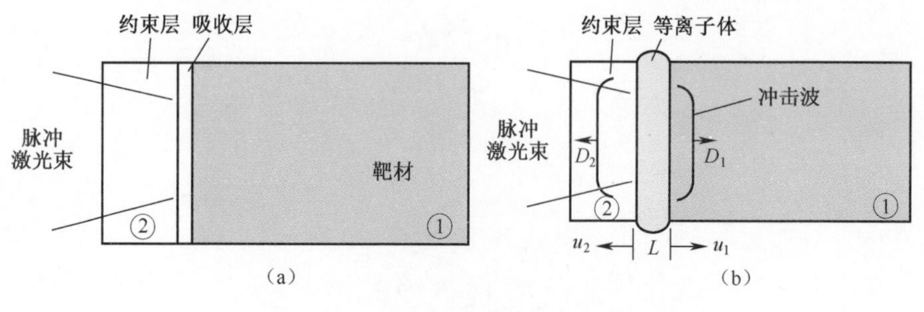

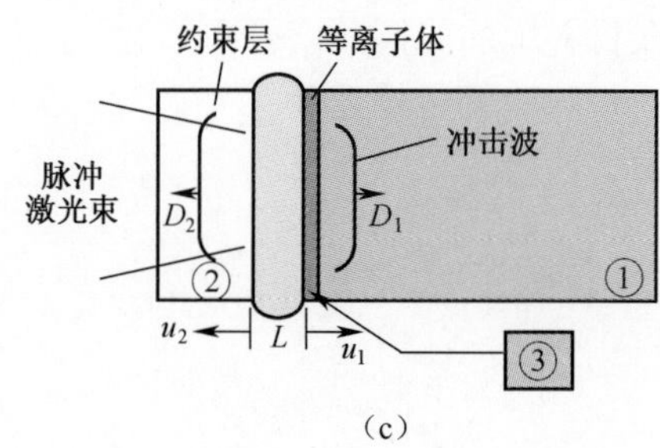

图 4-2　激光冲击强化等离子体形成示意图

(a)脉冲激光束辐射;(b)靶材内形成冲击波;(c)剩余吸收层。

等离子体厚度计算式为

$$L(t)=\int_0^t[u_1(t)+u_2(t)+u_3(t)]\mathrm{d}t \tag{4-8}$$

冲击波压力方程为[62]

$$P=\rho D_i U_i=Z_i u_i, i=1,2,3 \tag{4-9}$$

结合式(4-7)~式(4-9)可得

$$\frac{\mathrm{d}L(t)}{\mathrm{d}t}=\frac{3}{Z}P(t) \tag{4-10}$$

考虑能量方程,即

$$P(t)=\frac{2}{3}\alpha E_{\mathrm{i}}(t) \tag{4-11}$$

$$I(t)=P(t)\frac{\mathrm{d}L(t)}{\mathrm{d}t}+\frac{\mathrm{d}[E_{\mathrm{i}}(t)L(t)]}{\mathrm{d}t} \tag{4-12}$$

再结合式(4-10)~式(4-12)可得

$$\left(\frac{Z}{3}+\frac{Z}{2\alpha}\right)\left(\frac{\mathrm{d}L(t)}{\mathrm{d}t}\right)^2+\frac{Z}{2\alpha}L(t)\frac{\mathrm{d}^2L(t)}{\mathrm{d}t^2}=I(t) \tag{4-13}$$

结合方程式(4-10)~式(4-13)可得

$$P = 0.01\sqrt{\frac{2\alpha}{3(2\alpha + 3)}}\sqrt{ZI_0} \quad (\text{GPa}) \tag{4-14}$$

式中　$I(t)$ ——激光功率密度(方形光斑,均匀能量分布),$I(t) = I_0$。

因此,推导出新的冲击波压力模型,该模型与实际情况一致,比 Fabbro 模型计算精度高。该模型中的 I_0 为方形光斑真实激光功率密度,而 Fabbro 模型中的 I_0 为圆形光斑峰值激光功率密度。

4.2　数值分析步骤

从一个强脉冲到达材料表面,再到这个强脉冲产生的冲击波效应结束,这个过程非常短暂,这给激光冲击强化过程的试验研究带来了极大的困难。高温高压等离子体形成、应力波传播与衰减、受冲击材料的超高应变速率导致塑性变形和强化表层的三维应力演变等过程都与强化后的材料性能息息相关,但这些过程都很难从试验方法上进行分析。因此,近 10 年来,激光冲击强化有限元模拟技术迅速发展。有限元模拟技术不仅能够分析上述动态过程,而且通过分析材料性能、工件几何形状、激光束流品质和激光冲击强化参数等对残余压应力分布进行优化。在实际生产过程中,激光冲击强化有限元模拟技术已经成为设计和优化激光冲击强化过程的重要手段。

大部分学者仅针对冲击波对材料进行加载并产生塑性变形和残余应力场的过程进行模拟计算研究,而对强脉冲激光与材料表面相互作用产生高温高压等离子体/冲击波的过程研究较少。目前,应用于激光冲击强化有限元模拟的软件主要为 ABAQUS、ANASYS 等大型商用有限元软件。近年来,一些学者也开发了针对等离子体/冲击波形成过程模拟的有限元软件,如 LSPSIM 和 HELIOS 软件等。

4.2.1　有限元分析方法

ABAQUS 软件的时间积分算法分为显式方法和隐式方法。对于显式方法和隐式方法两个时间积分过程,平衡是以外力 $\boldsymbol{P}$、单元内力 $\boldsymbol{I}$ 和节点加速度 $\ddot{\boldsymbol{u}}$ 的形式定义的,即

$$\boldsymbol{M}\ddot{\boldsymbol{u}} = \boldsymbol{P} - \boldsymbol{I} \tag{4-15}$$

式中　$\boldsymbol{M}$——质量矩阵。

当确定单元内力时,可使用两种方法求解节点加速度,并且要用相同的单元计算。它们的最大区别在于计算节点加速度的方式。显式方法是时间段结束时

的状态,仅取决于此时间段开始时的位移、速度和加速度;隐式方法基于完全牛顿迭代求解方法,在时间段结束时,寻找满足动力平衡,并且求解一系列的线性方程组计算位移。

由于激光冲击强化的冲击波加载时间非常短暂,因此激光冲击强化过程的有限元分析必须考虑材料内部的应力波传播及其衰减情况,这样材料精确计算应力波传播过程中对材料的应力应变,从而预测残余压应力场。因为激光冲击强化过程属于高度非线性过程,所以通常采用显式方法求解瞬间发生应力应变的高度非线性过程。如果采用隐式方法求解这一个过程则非常费时,并且可能出现不收敛而无法继续计算的情况。对于应力波加载结束后直至产生稳定的残余应力场的振荡过程,使用显式方法和隐式方法求解均可,但一般采用隐式方法。因为与发生应力应变的高度非线性过程相比,产生稳定的残余应力场的振荡过程的时间较长,因此采用显式方法求解也非常费时。

为了更好地理解应用显式方法时应力在有限元模型中的传播,这里考虑应力波沿着一个包含 3 个单元的杆件模型传播的过程,如图 4-3 所示。在第一个时间增量段,节点 2、3 因为没有力作用其上,所以没有移动。在第二个时间增量段,由单元①的应力得到内力,施加到与单元①相连的节点上。这些单元应力随后用于计算节点 1 和节点 2 的动力平衡方程。这个过程继续下去,到第三个时间增量段开始时,单元①、②已存在应力,并且节点 1、2、3 存在力作用力。这个过程继续下去,直到总的分析时间结束。

4.2.2 数值模型参数设置

1. 几何模型

根据试验条件和结果需求的不同,有限元几何模型可建立成二维模型和三维模型。当模型几何形状对称并且激光光斑形状为圆形时,三维的激光冲击强化模型可简化为二维模型。三维模型基本上适用于激光冲击强化的所有情况,如方形激光光斑、搭接光斑、几何非对称零件等。但三维模型比二维模型花费更大的计算量。因此,要根据实际情况合理选取几何模型。

2. 材料模型

激光冲击强化过程中材料表层的应变速率高达 10^6/s 以上,因此材料特性与常规条件下的材料特性差异非常大。为了获得更精确的模拟结果,激光冲击强化有限元模型中必须要考虑材料动态屈服强度、应变硬化、应变速率等[63]。目前,激光冲击强化有限元材料模型定义主要有两种方法:一是将材料的屈服强度定义为动态屈服强度 σ_y^{dyz},该值是超高应变速率(接近 10^6/s)下的屈服强度;二是采用 Johnson-Cook 材料模型[64-65],忽略温度影响因素后,该模型的表达式

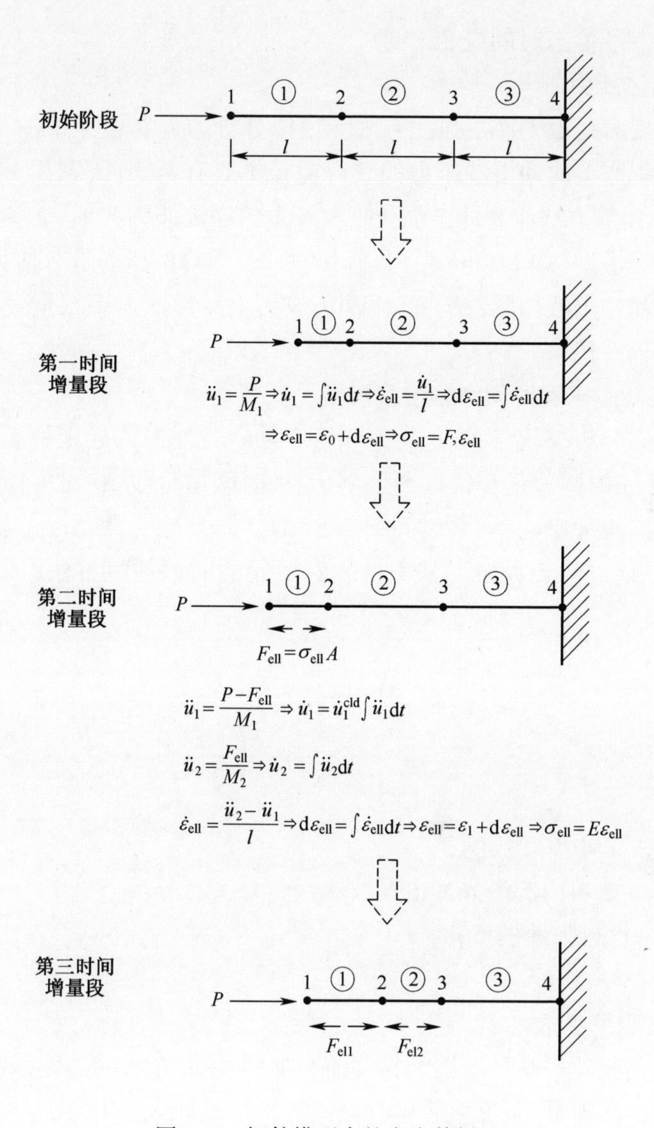

图 4-3　杆件模型中的应力传播

可简化为

$$\sigma = (A + B\varepsilon^n)\left[1 + C\ln\left(\frac{\dot{\varepsilon}}{\dot{\varepsilon}_0}\right)\right] \tag{4-16}$$

式中　A,B,C,n——材料常数；

ε——材料等效塑性应变；

$\dot{\varepsilon}$——应变率；

$\dot{\varepsilon}_0$——准静态时的应变率。

3. 冲击波压力

冲击波压力是激光冲击强化有限元模拟分析的重要边界条件,而目前激光冲击强化过程产生的冲击波压力的获得途径主要有两个:①利用 PVDF 压电传感器或 VISAR 等方法激光冲击强化过程产生的冲击波的波形;②利用现有的冲击波压力估算模型(如 Fabbro 模型)直接对冲击波峰值压力进行估算,并根据约束层情况预测冲击波的脉冲宽度,而冲击波历史波形则需要根据经验获得或者利用三角波形替代。

4. 显式动态求解时间和增量步设置

采用动态分析模块,模拟超高速和短脉冲激光冲击诱导靶材表层弹塑性变形,需要多个小时间增量步得以高效率运算,时间增量步 Δt 对模拟收敛和结果的准确性有着很大影响,如果时间增量步 Δt 大于稳定极限 $\Delta t_{\mathrm{stable}}$,模拟就会出现不稳定,从而导致无界解。基于单元对单元的简单估算方法,计算稳定极限式为[66]

$$\Delta t_{\mathrm{stable}} = \frac{L_{\mathrm{e}}}{C_{\mathrm{d}}} \tag{4-17}$$

$$C_{\mathrm{d}} = \sqrt{\frac{E}{\rho}} \tag{4-18}$$

式中 L_{e}——最小单元长度;

C_{d}——材料内部激光冲击波波速;

E——材料弹性模量;

ρ——材料密度。

5. 设置阻尼参数

激光冲击强化靶材的有限元模拟流程如图 4-4 所示:①模拟激光冲击强化靶材的弹塑性动态分析;②将弹塑性动态分析结果导入 ABAQUS/Standard,进行静态应力应变分析,得到静态平衡残余应力场,其中动态分析时间必须长于激光冲击波脉冲压力持续时间,得到激光冲击强化靶材饱和的塑性变形。多次激光冲击强化靶材残余应力和应变模拟过程为:首先依据图 4-4 进行激光冲击强化靶材残余应力和应变场模拟,然后将前次残余应力和应变场静态分析结果作为下次激光冲击强化靶材动态分析的初始值,最后在 ABAQUS/Viewer 模块中进行模拟结果后处理。

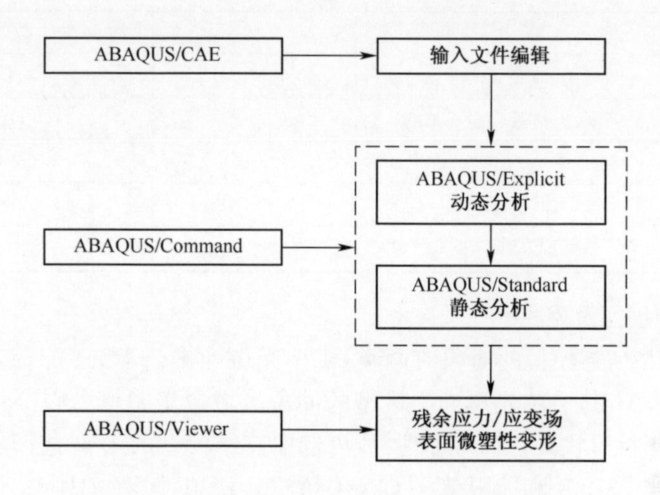

图 4-4 激光冲击强化靶材的有限元模拟流程

4.3 圆形光斑数值分析

4.3.1 有限元模型

采用合理的材料模型是数值模拟能够取得成功的必要条件,激光冲击强化使得金属材料发生应变率超过 10^6/s 的塑性变形,在如此高的应变率下,材料的动态力学性能的本构关系与应变率有着相关性。在选择材料模型时,理应选择与应变率相关的塑性材料模型,但是由于不同应变率下材料性能的相关数据较少,而且材料在动力学响应时一般又总是一个变化的应变率过程,若引入应变率效应则比较困难。鉴于应变率的复杂性以及已有的仿真报道,选择与应变率无关的理想弹塑性材料模型。这里假设激光冲击变形为冲击应力波作用下的一维应变变形,材料服从冯·米塞斯屈服准则。在理想弹塑模型中用到的 TC4 钛合金力学性能参数见表 4-1。TC4 钛合金动态屈服强度 σ_y 可依据一维应变弹性阶段本构关系,即

$$\sigma_y = \text{HEL}\frac{(1 - 2\nu)}{(1 - \nu)} \tag{4-19}$$

式中 HEL——弹性极限;

ν——泊松比。

表 4-1　TC4 钛合金力学性能参数

参　　数	数值
密度 ρ/(kg/m^3)	4500
弹性模量 E/GPa	110
泊松比 ν	0.342
弹性极限 HEL/GPa	2.8
动态屈服强度 σ_y/GPa	1.345

1. 几何模型及网格

本节模型所需模拟的对象有两类:①单光斑冲击(模型 A);②多光斑搭接单面冲击(模型 B)。单光斑冲击模型的冲击区域位于靶材中心,冲击载荷(圆形光斑)及靶材形状具有轴对称性,故可选取三维模型的 1/4,选择三维减缩单元(有限单元 C3D8R 和无限单元 CIN3D8)进行模拟计算。C3D8R 是一种弹塑性、非线性单元,用来模拟激光冲击区域及其应力波影响区的残余应力场分布;CIN3D8 为无限单元,此单元只具有弹性材料行为,应力波在此单元内传播至无穷远处;多光斑搭接单面冲击模型不具备轴对称性,取整个模型的 1/2 进行模拟,仍选用三维有限减缩单元 C3D8R 和无限单元 CIN3D8 进行模拟计算。激光冲击强化模拟有限元模型如图 4-5 所示。

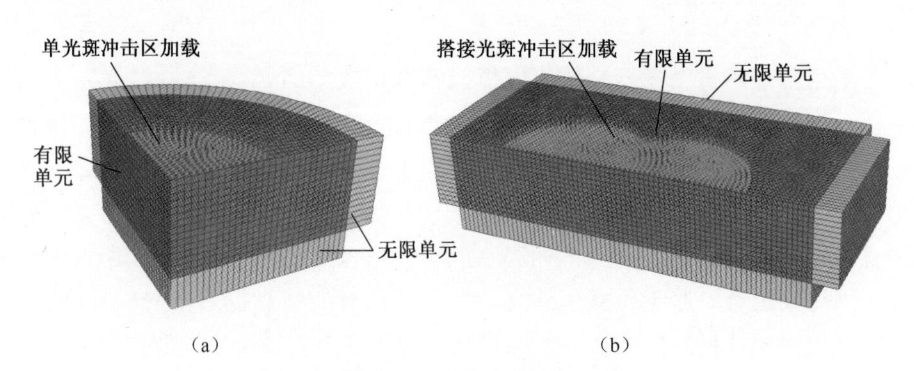

图 4-5　激光冲击强化模拟有限元模型
(a)单光斑冲击;(b)多光斑搭接单面冲击。

在图 4-5 中,所有激光冲击区加载区域的半径均为 r = 3mm,模型厚度为 4mm,其中有限元区域 3mm,冲击区边缘距无限单元均为 3mm,两类模型的网格结构见表 4-2。

2. 激光诱导的冲击波加载

激光冲击波对材料加载是一个高度非线性过程,靶材的应变率高于 10^6/s。

冲击波的峰值压力通过 Fabbro 估算模型获得,估算模型假设等离子体为理想气体且等离子体只在轴向膨胀,忽略横向膨胀,激光诱导冲击波峰压的计算见式(4-14)。

表 4-2　有限元模型网格结构

有限元模型	有限单元类型	无限单元类型	单元总数	单元尺寸/mm
单光斑冲击	C3D8R	CIN3D8	12868	0.2
多光斑搭接单面冲击	C3D8R	CIN3D8	43817	0.2

有限元模拟过程中,假设冲击波的空间分布是均匀的,即冲击区为均布加载。冲击波相对压力幅值随时间的变化曲线简化为图 4-6。在 ABAQUS/Explicit 中,应用 * AMPLITUDE、DEFINITION = TABULAR、TIME = STEP TIME、VALUE = RELATIVE 选项来定义冲击波的压力幅值-时间曲线。

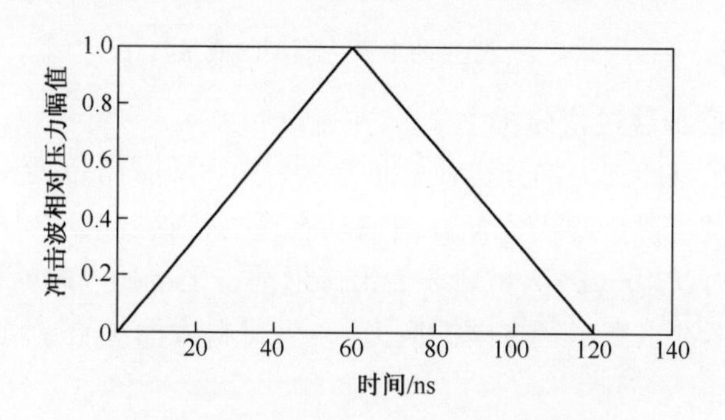

图 4-6　冲击波相对压力幅值-时间曲线

3. 边界条件及其他

冲击波加载后,材料内部的应力波会在侧面或底面的自由表面产生反射,因此有限元模型边缘采用了无限单元,无限单元体的引入可以作为一种“静”边界条件处理,尽量避免反射应力波的影响;有限元模型中同时还考虑了几何非线性因素的影响。

4.3.2　冲击波加载过程的动态应力应变分析

1. 模型能量分配

在激光冲击波加载过程中,作用于靶材的冲击波总能量 W_t 转化为动能 W_k、内能 W_i 和耗散能 W_v。内能 W_i 包含 3 种能量,即弹性储存能 W_e、塑性耗散能 W_p 以及伪应变能 W_a。图 4-7 显示了激光功率密度为 $5GW/cm^2$ 时产生的冲击波加载及应力波传播过程中模型的能量变化(模型 A)。冲击波加载结束即完成对靶材能量注入,外界能量输入约 300mJ,激光冲击加载初期靶材弹性储存能 W_e约为 130mJ,在 4000ns 后其值锐减至 10mJ 以下,而塑性耗散能 W_p则在 200ns 以后显著增长,随后稳定保持在 75mJ,同时在整个分析过程中,伪应变能一直保持在 0 附近,说明模型的网格结果合理。

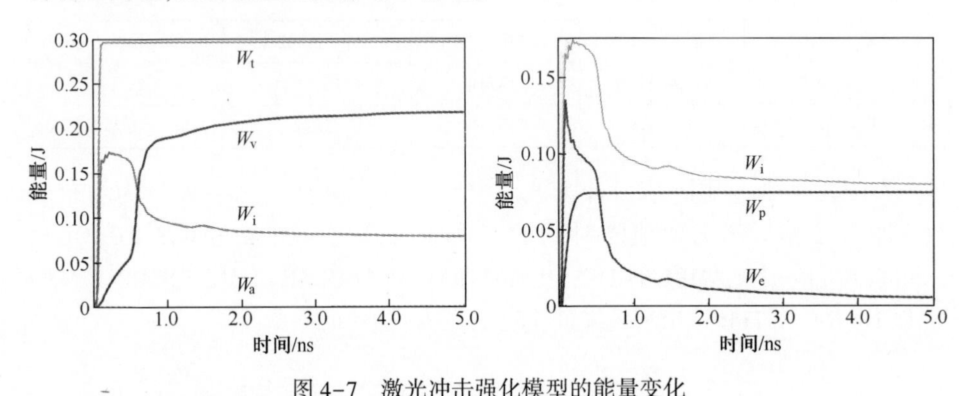

图 4-7　激光冲击强化模型的能量变化

2. 模型动态加载过程分析

这里以单光斑冲击为例分析弹塑性应力波在材料内部的传播和衰减情况。图 4-8 所示为冲击区中心沿深度方向的动态应力传播与衰减,图 4-8(a)、(b)分别为动态应力 σ_z、σ_x(σ_x为材料表面沿圆形冲击区半径方向的应力,σ_y为材料表面垂直于圆形冲击区半径方向的应力,σ_z为材料表面垂直于圆形冲击区半径方向的应力)。

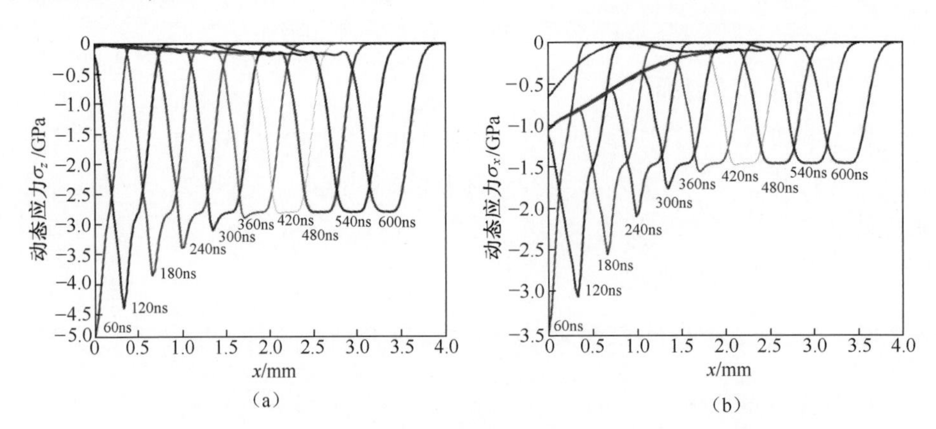

图 4-8　激光冲击区中心深度方向的应力波传播与衰减
(a)动态应力 σ_z;(b)动态应力 σ_x。

由图 4-8 可知,应力波不断衰减阶段为弹塑性加载阶段,可以看到应力波加载初期不断衰减,z 方向应力(纵向应力 σ_z)从 5.0GPa 衰减到 2.8GPa,x(y)

方向应力（侧向应力 σ_x、σ_y）从 3.655GPa 衰减到约 1.455GPa。这一结果满足冯·米塞斯（Von Mises）准测，纵向应力、侧向应力和屈服强度 Y_s 之间关系为

$$\sigma_z = \sigma_y = \sigma_x + Y_s \tag{4-20}$$

纵向应力与塑性应变的关系为

$$\sigma_x = \left(\frac{3}{2}\lambda + \mu\right)\varepsilon_p - Y_s\left(1 + \frac{\lambda}{2\mu}\right) \tag{4-21}$$

当纵向应力幅值衰减到 2.8GPa 时，之后的应力波幅值维持在一定水平，此阶段材料只产生弹性变形。纵向应力和侧向应力之间的关系满足

$$\sigma_x = \sigma_y = \frac{\nu}{1-\nu}\sigma_z \tag{4-22}$$

纵向应力与塑性应变的关系为

$$\sigma_z = \left(K + \frac{4}{3}G\right)\varepsilon \tag{4-23}$$

式中：G 表示剪切模量。

4.3.3 激光冲击区残余应力场及表面塑性变形研究

由式（4-14）可知，激光功率密度的平方根与激光冲击波峰值压力成正比。为了研究不同激光功率密度下 TC4 钛合金冲击区的残余应力场，取冲击波压力为 2.5～8GPa，分析圆形光斑冲击区表层的半径方向和冲击区中心深度方向的残余应力分布，模拟结果如图 4-9 所示。

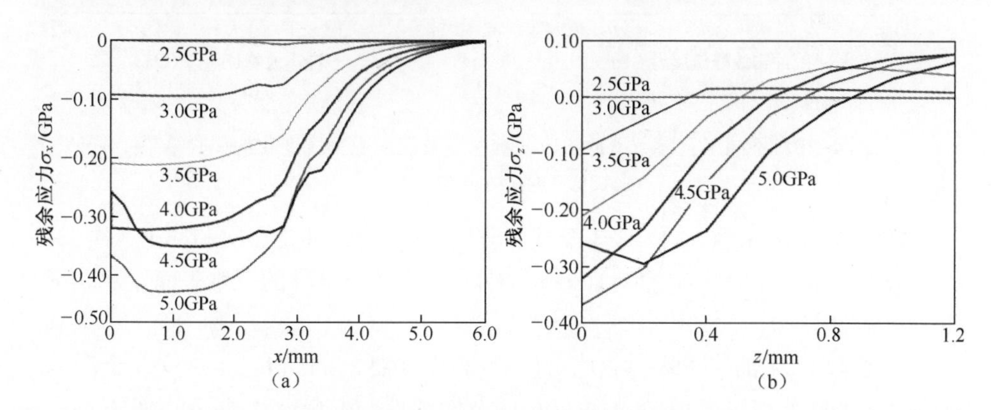

图 4-9　不同冲击波幅值压力下冲击区表面及深度方向残余应力分布情况
（a）表面残余应力分布；（b）深度方向残余应力分布。

由图 4-9（a）可知，冲击波幅值为 2.5～4.5GPa 时，冲击区表面残余应力随冲击波幅值的增大而增大；冲击波幅值超过 4.5GPa 时，冲击区表面残余应力随

冲击波幅值增大而减小,而且在冲击区的中心出现应力空洞现象(即冲击区中心残余应力幅值低于周围区域,靶材表面形成应力空洞)。

这一结果很好地验证了当冲击波幅值压力超过 2 倍的材料弹性极限(2×2.8GPa)时,材料不会再有进一步的塑性应力产生,材料塑性变形达到饱和即 $2HEL/(3\lambda+2\mu)$。

从图 4-9(b)可以看出,随着冲击波幅值不断增加,冲击区残余压应力层加深,冲击波幅值压力超过 2 倍的材料弹性极限时,深度方向的最大残余压应力不断下移,而表层残余应力不断减小。

激光冲击区表面轮廓测试采用光学形貌仪,它是利用垂直扫描干涉测量法,通过两束白光光程差产生的干涉条纹,可准确测量材料表面的高度微差,并通过软件对采集的数据生成测试区的形貌。

随着激光功率密度的升高,所诱导的冲击波的峰值压力也增大。由式(4-4)可知,冲击波压力越大,产生的塑性应变也越大。从图 4-10 中可以看出,随着激光功率密度的升高(3.37~4.07GPa),冲击区的塑性变形凹坑深度随之增大(0.5~3.8μm),而测试区的表面粗糙度也随之增大。

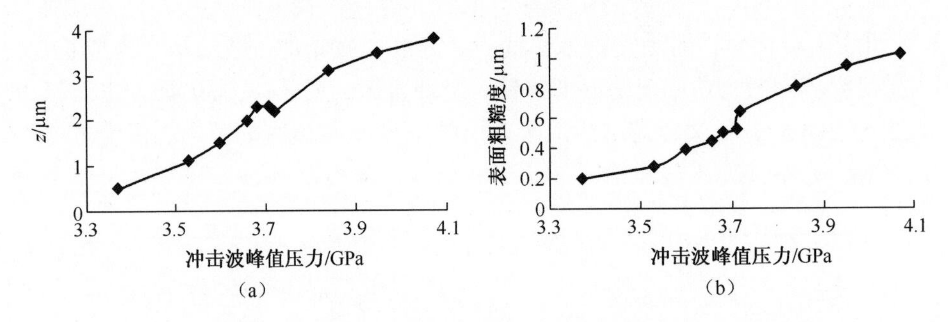

图 4-10 不同工艺参数下冲击区凹坑深度及表面粗糙度变化的试验结果
(a)凹坑深度;(b)表面粗糙度。

TC-14、TC4-6、TC4-12 这 3 个试件分别冲击 1 次、冲击 2 次和冲击 3 次,具体冲击参数见表 4-3。TC-14、TC4-6、TC4-12 这 3 个试件的三维表面轮廓和剖面曲线见图 4-11。

从图 4-11 中的三维表面轮廓可以看出,图 4-11(a)、(b)、(c)这 3 个激光冲击区内的塑性变形不均匀,冲击区中间范围塑性变形程度相差不大,而有冲击区向基体的过渡区域,塑性变形逐渐变小。目前,还无法解释冲击区内局部塑性变形较大的原因,可能是由于水约束层的不稳定或者 Al 吸收层的布置不稳定造成的。随着激光冲击次数的增加,冲击区的塑性变形程度也随之增大,塑性变形程度与冲击次数基本呈线性关系,这说明冲击 3 次还未在 TC4 钛合金表面产生

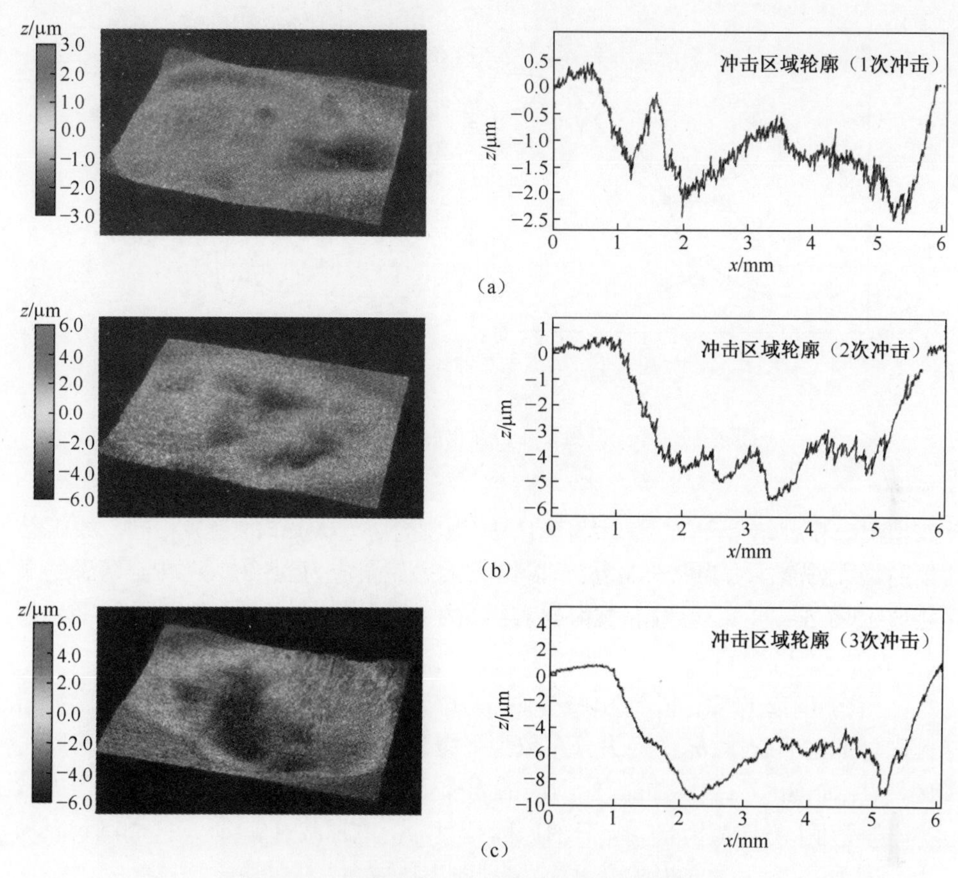

图 4-11　激光冲击区三维表面形貌和剖面曲线

(a)1 次激光冲击;(b)2 次激光冲击;(c)3 次激光冲击。

冷作硬化现象。测试软件对整个测试范围(包括激光冲击区及冲击区外的测试区域)的表面粗糙度的计算结果表明,冲击次数越多,整个测试范围的表面粗糙度越大。

4.3.4　激光冲击区残余应力场验证

激光冲击强化采用水约束层,用以提高冲击波的峰值压力。对于波长为1064nm 的激光而言,由于过高的激光功率密度将在水约束层内产生寄生等离子体,切断后续激光能量输入,所以水约束层模式下产生的冲击波峰值压力最大值为 5GPa 左右。本小节采用的激光功率密度约 7.69GW/cm^2,其冲击波压力幅值约 3.71GPa。图 4-12 所示为单光斑激光冲击强化后冲击区残余应力分布。

由图 4-12(a)可知沿冲击区半径 x 方向至冲击区外 3mm 处的残余应力分

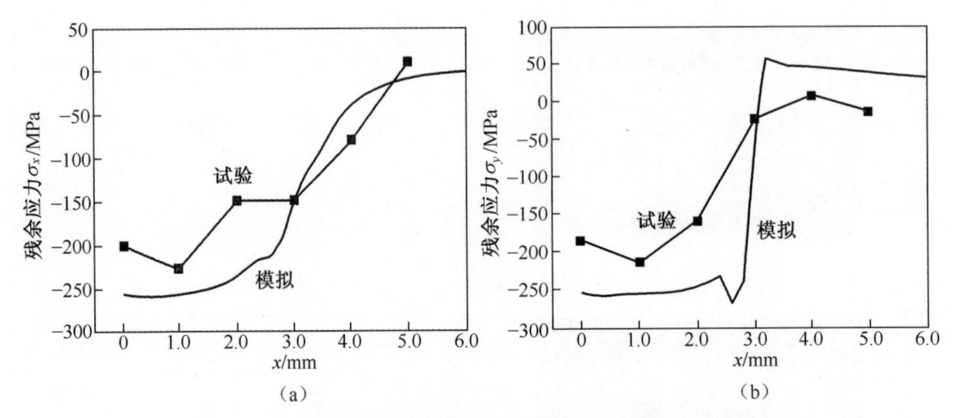

图 4-12　单光斑激光冲击强化后，冲击区残余应力分布
(a) x 方向残余应力；(b) y 方向残余应力。

布情况。模拟结果和 X 射线衍射结果较为吻合，应力分布的趋势相同。模拟结果的最大残余应力为-258MPa，试验结果最大残余应力为-227.3MPa，两者结果相差 12%。所有 X 射线衍射测试点结果的平均值(-140.0MPa)与模拟平均值(-164MPa)相差 14%。

由图 4-12 可知，冲击区内 x、y 两个方向均为压应力状态；冲击区与未冲击区区域的过渡阶段，σ_x的应力分布较为平缓，而σ_y的应力分布梯度较大；在冲击区外，距冲击区边缘 1~2mm 外围内的σ_x仍保持压应力状态，而σ_y为拉应力状态，造成两个方向应力状态差异的原因是当冲击波加载过后，冲击区周围材料向中心回弹，导致 x 方向为压应力，而 y 方向为拉应力。

激光冲击强化技术的优势之一是残余压应力层深，这有利于降低裂纹扩展速率，甚至使裂纹停止扩展，同时大大提高零件的抗异物破坏能力。图4-13为激光冲击区残余应力σ_x 沿表面和深度方向分布，图 4-13(a)残余应力表面方向分布曲线可以看出残余压应力区域半径 3~4mm，看出图 4-13(b)残余应力沿深度方向分布曲线可以看出，表层残余应力最大，残余应力水平沿深度方向不断衰减，直至衰减到零。将从表面至应力为零处的距离定义为残余压应力层的深度，随冲击次数增加，表面残余压应力幅值不断增大，残余压应力层深度不断增大。TC4-20 试样冲击两次的激光功率密度分别为 9.28GW/cm^2 和 8.86GW/cm^2，TC4-12 试样冲击 3 次的激光功率密度分别为 7.88GW/cm^2、8.35GW/cm^2 和 8.09GW/cm^2，但两个试样冲击区的残余压应力层深度基本相同，均为 1.1mm 左右。所以，激光功率密度和冲击次数共同决定冲击区残余压应力层深度。

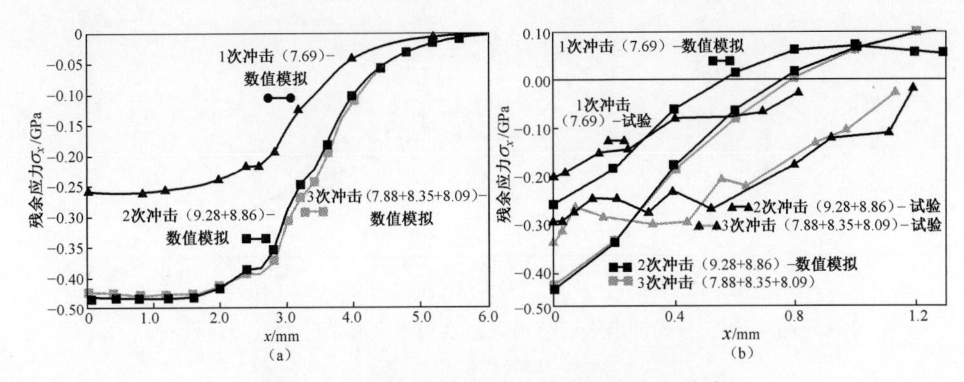

图 4-13 激光冲击区残余应力沿深度方向分布

(a)残余压应力分布(6mm);(b)1.2mm 内残余应力分布对比。

4.3.5 单光斑冲击区表面轮廓与残余应力的关系

表 4-3 中列出了不同激光冲击参数下冲击区凹坑最大深度与中心区域残余应力的测试结果,并在图 4-14 中绘出曲线,可以看出,随着冲击区凹坑最大深度的增大,残余应力值也增大。如果排除残余应力的测试误差影响,从现有测试结果来看,冲击区凹坑深度与残余应力存在线性关系。本次试验的数据有限,而且利用激光功率密度仅为 7~9GW/cm^2,只能粗略判断冲击区凹坑深度与残余压应力之间的关系,但是对激光冲击强化 TC4 钛合金具有非常重要的指导意义。图 4-15 所示为冲击区塑性变形凹坑深度与最大残余应力的模拟结果。

表 4-3 不同激光冲击参数下冲击区凹坑最大深度与中心区域表面残余应力的测试结果

钛合金	TC4-1	TC4-2	TC4-4	TC4-13	TC4-14	TC4-15	TC4-16	TC4-17	TC4-18	TC4-19
最大深度/mm	1.1	2.3	1.5	3.8	2.2	0.5	2.3	2.0	3.1	3.5
残余应力/MPa	-140.4	-202.9	-180.6	-333.9	-227.3	-103.2	-197.7	-194.1	-268.3	-295.5

从图 4-14 和图 4-15 所示的结果可以看出,由于测量塑性变形凹坑所选取基准差异,造成试验结果与模拟结果差异较大,但试验结果和模拟结果的激光峰值压力为 3~4GPa,塑性变形凹坑深度与残余应力水平基本呈正相关。为了保护激光器及水约束层的限制,本试验未能使用超过 4.5GPa 的冲击波对 TC4 钛合金材料进行加载,但在模拟结果给出了 3~5GPa 的凹坑深度与残余应力关系。在图 4-15 中的 3~4.5GPa 区间,塑性变形凹坑深度与残余应力水平呈正相关,

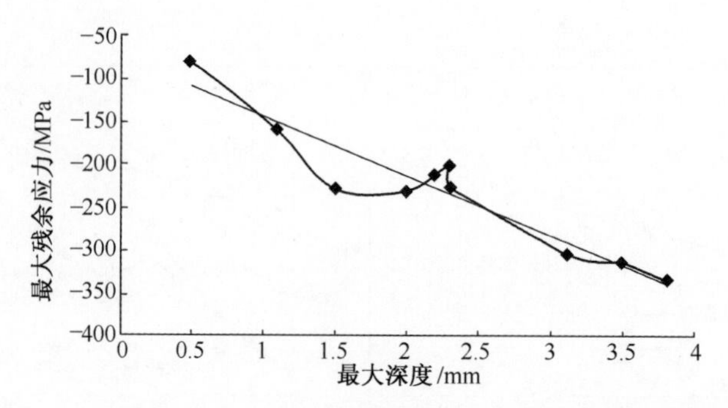

图 4-14　激光冲击区凹坑最大深度与最大残余应力试验结果

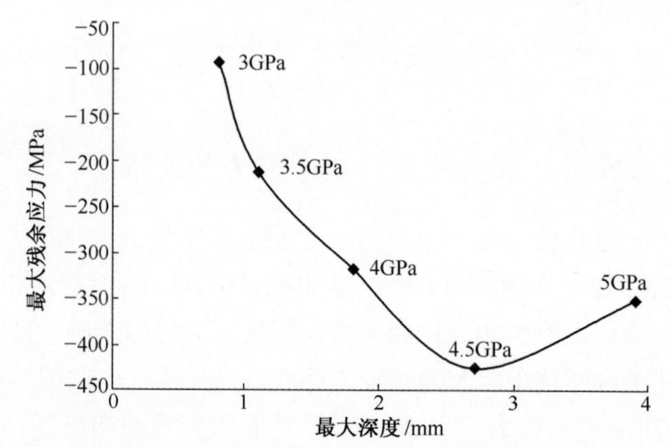

图 4-15　激光冲击区凹坑最大深度与最大残余应力模拟结果

冲击波峰值压力超过 4.5GPa 时残余压应力呈下降趋势。

4.3.6　搭接光斑残余应力场

为了获得大面积的冲击处理表面,必须使单个脉冲激光冲击区有序地搭接在一起,在工件表层形成大面积的残余压应力场。后一个激光冲击必然会对前一个激光冲击区的残余应力产生影响,导致残余压应力场的再分布。如果激光冲击强化的面积较大,不仅存在单个冲击区残余应力场的影响,而且下一排激光冲击区与前一排激光冲击区产生应力再分布的问题。所以,有必要对搭接率及搭接形式进行有限元模拟分析。

本书选取加载冲击波幅值为 4GPa,光斑直径为 6mm,光斑之间的搭接率分别取 33%、50%、67%。搭接率定义为

$$\eta = \frac{(\Phi - d)}{\Phi} \tag{4-24}$$

式中　Φ——激光光斑直径;

d——两个激光光斑圆形距。

图 4-16 所示为不同光斑搭接率产生的 x 方向表面残余压应力场的有限元模拟结果。线 1 为第一个光斑作用的效果,线 2 为第二个光斑作用后的两个光斑叠加效果,线 3 为第三个光斑作用后 3 个光斑的叠加效果。为了逼近多个光斑搭接成为一排后产生的残余压应力场结果,33%和 67%搭接率选择 3 个光斑搭接,由于网格划分原因,50%搭接率选择两个光斑搭接。从模拟结果可以看出,后一个光斑对前一个光斑作用区的残余应力影响很大,直径 6mm 激光的光斑对与之同心的直径 8mm 区域的残余应力影响显著,光斑搭接冲击后的残余压应力效果显著提高,尤其是前后两个光斑重叠的区域。从 3 种搭接率随光斑搭接过程中的残余应力演变结果来看,搭接率越大,后一个光斑对前一个光斑的残余应力场影响越大;反之越小。

在图 4-16(a)中,3 个光搭接效果区(横坐标 4~10mm)的 σ_x 分布均匀,残余压应力幅值为 0.40~0.45GPa;在图 4-16(b)中,根据两个光斑搭接的残余压应力结果可推测搭接率 50%的 2 个光斑搭接区的残余应力幅值为 0.40~0.44GPa;在图 4-16(c)中,3 个光斑搭接效果区(横坐标 3~7mm)的 σ_x 也分布均匀,残余压应力幅值为 0.45~0.50GPa。3 种搭接率都可以在搭接效果区域内

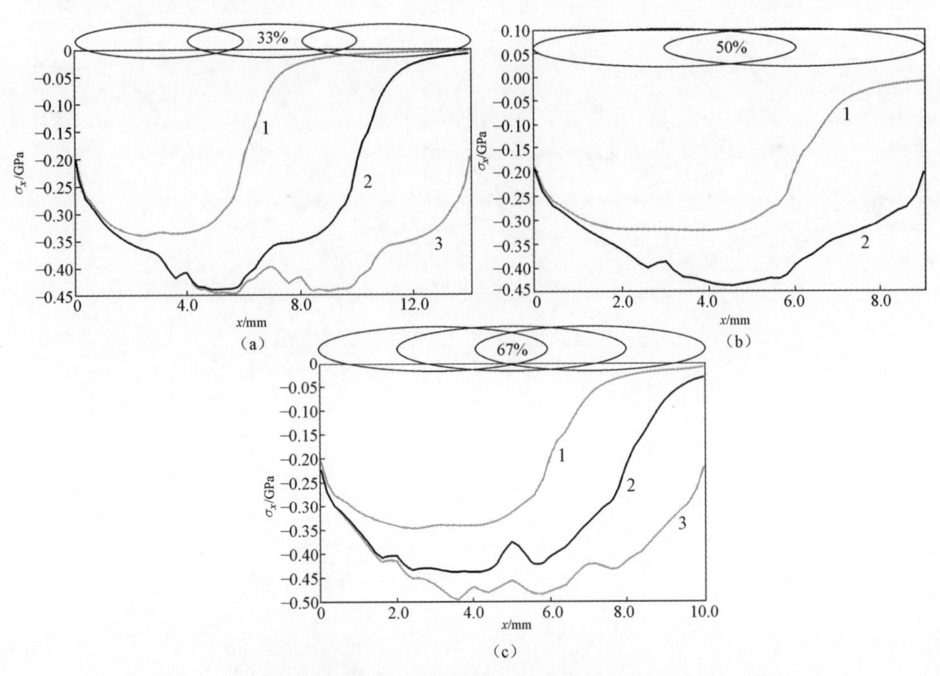

图 4-16　不同光斑搭接率下大面积冲击区表面残余应力分布模拟结果

(a)33%搭接率;(b)50%搭接率;(c)67%搭接率。

1—第一个光斑;2—第二个光斑;3—第三个光斑。

的 σ_x 分布均匀,这种均匀的残余应力分布有益于激光冲击强化的效果,只是随搭接率增大,搭接效果区的残余压应力幅值增高。

图 4-16 所示为一个方向的搭接率对冲击区表面 σ_x 分布的影响,如果想获得更大面积残余压应力场,就必须在点动成线、线动成面地完成大面积冲击区的光斑搭接。对于直径为 6mm 的圆形光斑而言,单排激光冲击区选取 33%搭接率比较合理。第二排冲击区同样也会影响第一排冲击区的残余应力分布,所以有必要模拟分析第二排与第一排的搭接率。

图 4-17 所示为两排搭接激光冲击区的有限元模拟结果。每一排内选取 33%搭接率,排与排之间选择 33%、50%、67% 3 种搭接率,分别对应图 4-17(a)、(b)、(c) 3 个模拟结果。从图 4-17 可以看出,第二排激光冲击区对第一排冲击区的残余应力 σ_x 的影响也非常大,排与排之间 33%和 50%的搭接率使第一排冲击区的残余应力 σ_x 减小,而排与排之间 67%搭接率使第一排冲击区的残余应力 σ_x 增大。随之排与排间搭接率增大,第二排冲击区对第一排冲击区残余应力 σ_x 的影响结果越来越好。从工艺优化和强化效率两个层面分析,排与排间搭接率越大,强化效率越低,但残余应力幅值较高。

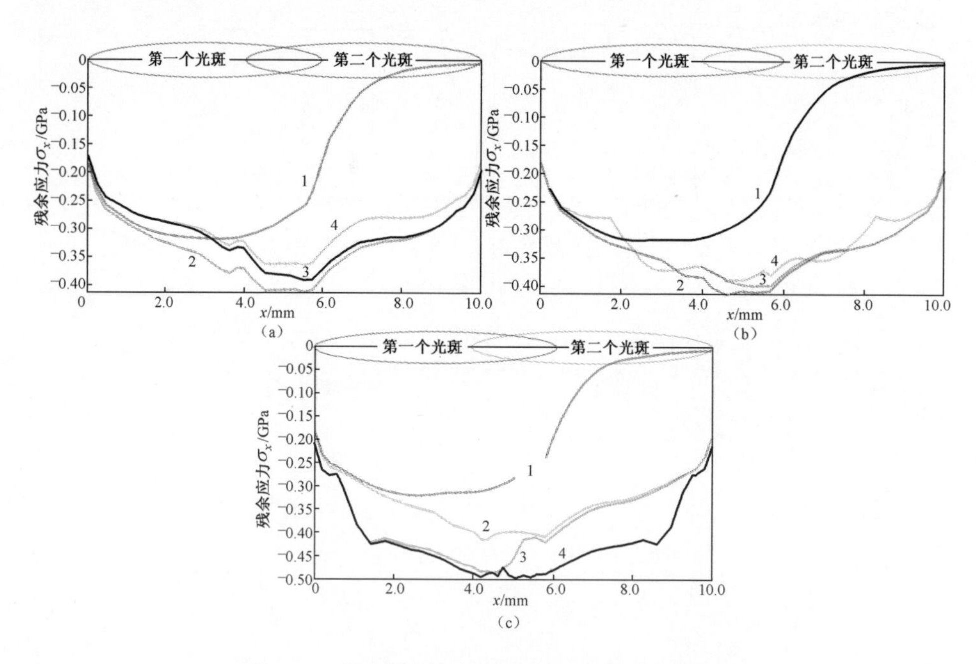

图 4-17 排与排间不同搭接率的有限元模拟结果

(a)排与排间 33%搭接率;(b)排与排间 50%搭接率;(c)排与排间 67%搭接率。

1—第一个光斑;2—第二个光斑;3—第三个光斑;4—第四个光斑。

4.4 方形光斑数值分析

激光冲击强化诱导靶材表层高幅残余压应力层抑制疲劳裂纹萌生和扩展。因此,研究激光冲击强化靶材表层残余压应力分布非常重要。目前,大量文献数值模拟研究圆形光斑激光冲击强化靶材表层残余应力分布,但对方形光斑激光冲击强化靶材残余应力分布数值模拟研究鲜有报道。本节采用 ABAQUS 软件数值模拟不同工艺参数下方形光斑激光冲击强化 TC4 钛合金表层残余应力分布[67-68]。

4.4.1 有限元模型

本节模型所需模拟的对象有两类,即单光斑冲击和多光斑搭接单面冲击。单光斑冲击区域位于靶材中心,鉴于冲击载荷(方形光斑 4mm×4mm)及靶材形状具有轴对称性,选取三维模型的 1/4,如图 4-18(a)所示,选择三维减缩单元(有限单元 C3D8R 和无限单元 CIN3D8)进行模拟计算。C3D8R 是一种弹塑性、非线性单元,用来模拟激光冲击区域及其应力波影响区的残余应力场分布;CIN3D8 为无限单元,此单元只具有弹性材料行为,应力波在此单元内传播至无穷远处,作为无反射边界。多光斑搭接单面冲击模型不具备轴对称性,取整个模型的 1/2 进行模拟,如图 4-18(b)所示,仍选用三维有限减缩单元 C3D8R 和无限单元 CIN3D8 进行模拟计算。

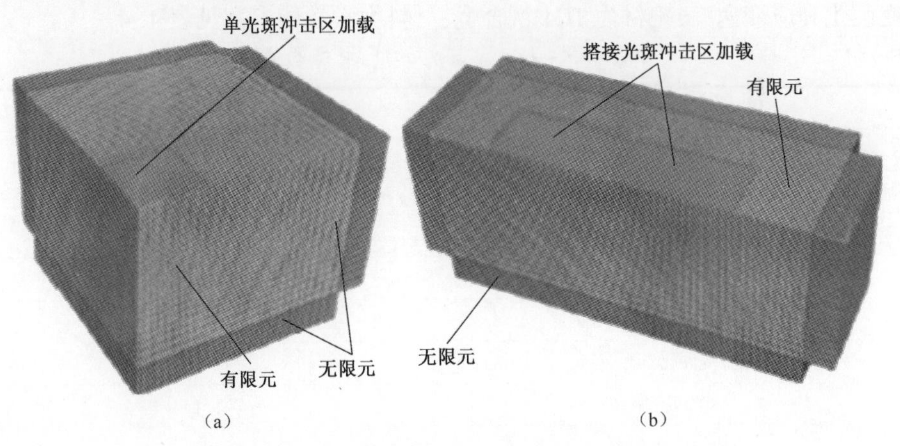

图 4-18 方形光斑激光冲击强化有限元模型
(a)单光斑;(b)光斑搭接。

4.4.2 冲击波加载

假设冲击波压力在材料表面均匀分布,水约束层条件下,冲击波峰值压力可通过 Fabbro 冲击波压力模型进行估算(见式(4-14))。水约束层条件下产生冲击波波形宽度约为激光脉冲宽度的2倍,图4-19所示为脉冲宽度为30ns和10ns的脉冲激光产生的简化冲击波压力波形,该压力波形的脉冲宽度约为60ns。

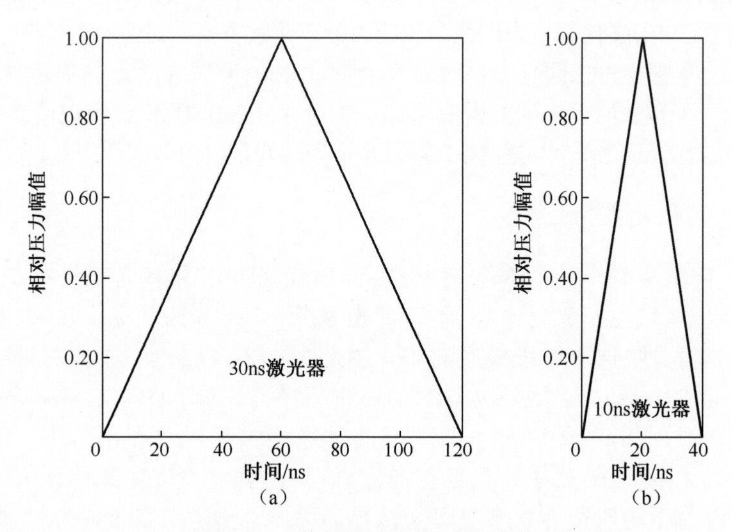

图4-19 简化的冲击波压力波形

本实例采用 Johnson-Cook 材料模型,考虑了激光冲击强化过程中材料的应变硬化和应变速率,靶材为TC4钛合金,材料力学性能参数见表4-4。

表4-4 材料力学性能参数

参数	TC4 钛合金
弹性模量 E/GPa	110
密度 ρ/(kg/m^3)	4500
泊松比 ν	0.342
静态屈服强度 A/MPa	1098
应变硬化系数 B/MPa	1092
应变硬化参数 n	0.93
参考应变率 M	1.1
应变率强化参数 C	0.014

4.4.3 不同工艺参数下残余应力分布

1. 单光斑残余应力场分布

图4-20所示为光斑中心激光冲击强化TC4钛合金深度方向弹塑性冲击波

传播和衰减,冲击波峰值压力为4GPa。当冲击波峰值压力超过材料弹性极限HEL时,靶材光斑强化区域产生轴向和径向塑性变形,然而径向塑性变形受到光斑强化区域周围材料限制。光斑强化区域塑性变形过程中,轴向应力和径向应力遵循冯·米塞斯准则,有

$$\sigma_x = \sigma_y = \sigma_z - Ys \tag{4-25}$$

式中,$x-y$ 平面为金属表面,z 向垂直于 $x-y$ 平面。

当冲击波峰值压力低于TC4钛合金弹性极限HEL(HEL=2.8GPa)时,材料塑性变形结束仅发生弹性变形,此时材料塑性变形层称为激光冲击强化材料影响层深度。

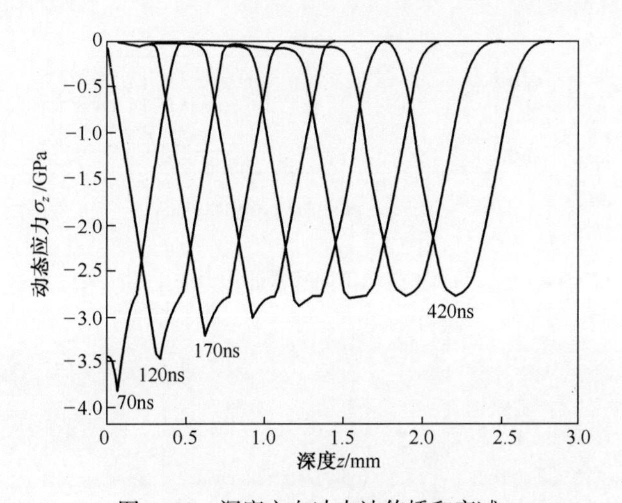

图4-20　深度方向冲击波传播和衰减

利用ABAQUS有限元模型模拟计算了脉宽为30ns、不同光斑形式激光冲击强化产生表面残余压应力。图4-21显示了沿冲击区中心到未强化区域的路径上的残余压应力 S_{33} 分布。S_{33} 应力方向平行于残余应力分布路径方向。当冲击波压力为4GPa时,圆形光斑和方形光斑产生的最大残余压应力数值非常接近,但是方形光斑中心的应力空洞程度远低于圆形光斑。当激光冲击波压力增加到5GPa时,方形光斑中心区域因应力空洞产生了残余拉应力。残余应力 S_{33} 的三维分布如图4-22所示。可以发现,冲击波压力为5GPa时方形光斑中心发生应力空洞的区域比冲击波压力为5GPa时大。在图4-22所示为残余应力三维分布图中可以发现另一个特点,就是应力空洞影响的材料体积仅分布在模型的表层。

如图4-22所示,越靠近光斑中心,残余压应力值越低。所以,应力空洞最敏感的区域就是光斑的正中心。位于光斑正中心的表面有限元单元被取出,用

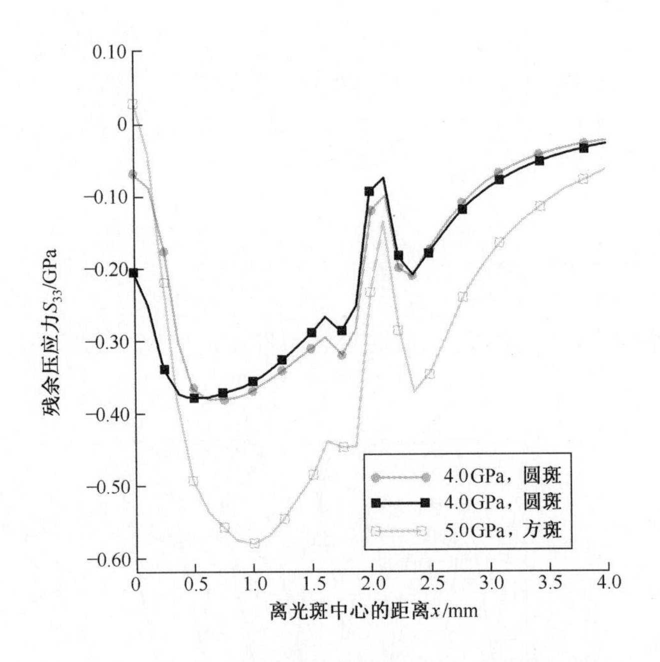

图 4-21　不同光斑和不同冲击波压力产生的残余应力

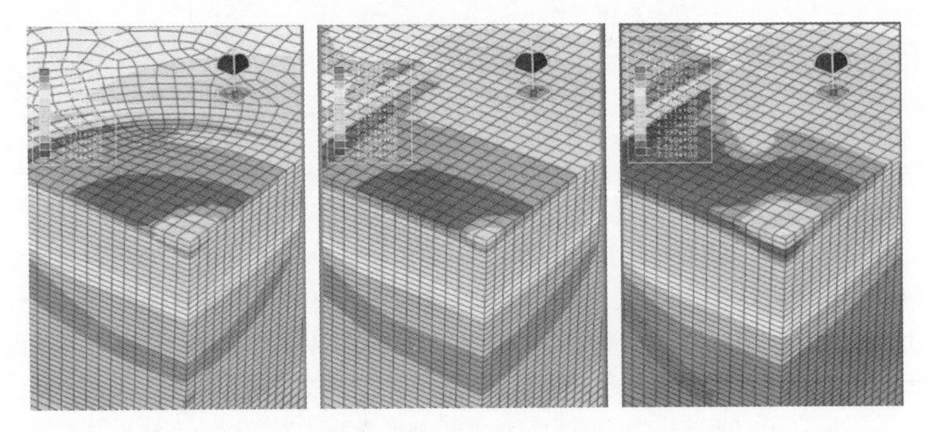

图 4-22　不同光斑和不同冲击波压力下产生残余应力的三维分布

于研究动态应力与应变变化。图 4-23 显示了从 0~1200ns 期间塑性应变 PE_{33} 的变形过程。由于激光冲击波加载(由 30ns 激光脉冲产生)的影响,在塑性应变 PE_{33} 的变化过程曲线的初始阶段,塑性应变 PE_{33} 开始产生并迅速上升到最大值。在激光冲击波加载之后,塑性应变 PE_{33} 不再增加,并维持在一定水平。正塑性应变 PE_{33} 表示受影响材料向外膨胀。材料膨胀受到周围材料的抑制,从而产生残余压应力,这也是激光冲击强化产生残余压应力的基本原理。接近

800ns 时,塑性应变 PE_{33}开始迅速下降,这意味着之前产生膨胀的材料开始发生反向塑性变形。残余压应力降低是因为周围材料的约束作用减小了。在 800ns 附近塑性应变 PE_{33}下降的幅度取决于应用的冲击波峰值压力。当冲击波压力为 5GPa 时,塑性应变 PE_{33}数值甚至为负值。

当冲击波加载之后,在激光光斑边缘产生一种波,即瑞利波,这种瑞利波从激光光斑边缘向内部传播[69]。当冲击波压力为 4GPa 时,从光斑中心到未强化区域分布的动态应力 S_{33}显示在图 4-24 中。由图 4-24 可知,动态应力 S_{33}所处的位置随着时间推移向光斑中心移动,而且最大动态应力 S_{33}随时间不断增大,直到其幅值等于 TC4 钛合金材料的动态屈服强度(1345MPa)为止。反向塑性变形产生时间是从 760ns 到 850ns。很显然,随着所应用的冲击波压力增大,产生反向塑性变形的时间就延长。本模型中产生应力空洞的冲击波压力阈值为 3.6~3.7GPa。为了便于比较,圆形光斑产生的塑性应变也在图 4-23 中给出。与方形光斑相比,在相同冲击波压力下圆形光斑中心先发生反向塑性变形,而且反向塑性变形引起的塑性应变 PE_{33}的下降幅度更大,这些都是由于瑞利波同时在圆形光斑中心的汇聚作用产生的。

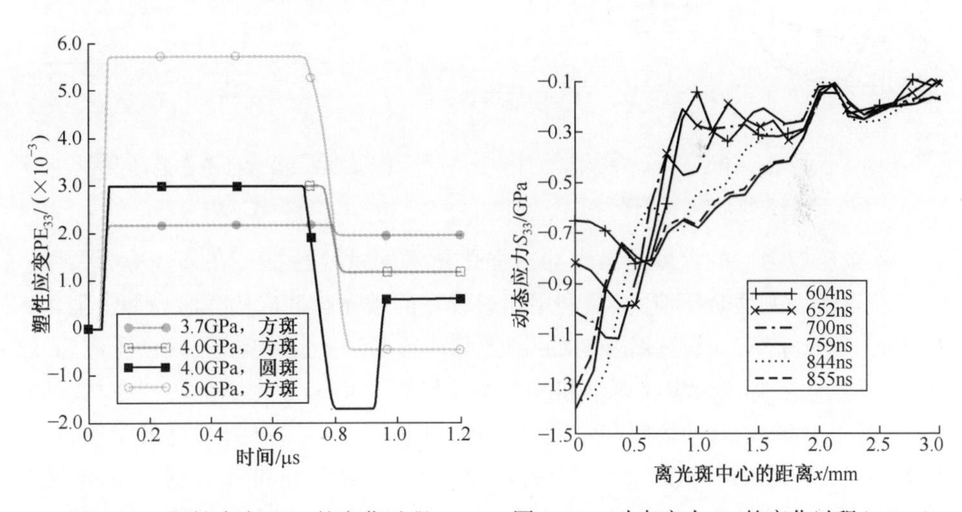

图 4-23 塑性应变 PE_{33}的变化过程　　图 4-24 动态应力 S_{33}的变化过程(4GPa)

激光冲击强化所应用的激光脉冲宽度从几纳秒到几十纳秒。当激光功率密度相同而激光脉冲宽度不同时,脉冲宽度较大意味着激光脉冲能量较高。因此,较宽脉冲激光产生的残余压应力层较深,但其表面残余压应力数值相对较低。不同激光脉冲宽度(10ns 和 30ns)在 5GPa 冲击波压力下产生的最终平衡表面残余应力如图 4-25 所示。与脉宽 30ns 激光脉冲产生的表面残余应力分布曲线相比,脉宽 10ns 激光脉冲不仅没有在光斑中心产生应力空洞,而且最大残余压应力上升至-700MPa。可以预测,10ns 激光脉冲的光斑中心没有产生反向塑性变形。根据有限元模型中给出的材料参数可知,当冯·米塞斯应力超过材料的动态屈服强度 1345MPa 时,将产生塑性变形。5GPa 冲击波产生的动态冯·米塞斯应力达到最大的时刻沿表面分布的动态等效应力曲线在图 4-26 中显示。在 30ns 激光脉冲情况下,开始产生反向塑性应变的时刻约在 710ns。但 10ns 激光脉冲情况下,最大冯·米塞斯应力出现在 769ns 时刻,此时的冯·米塞斯应力数值小于 1345MPa,因此没有产生反向塑性变形。

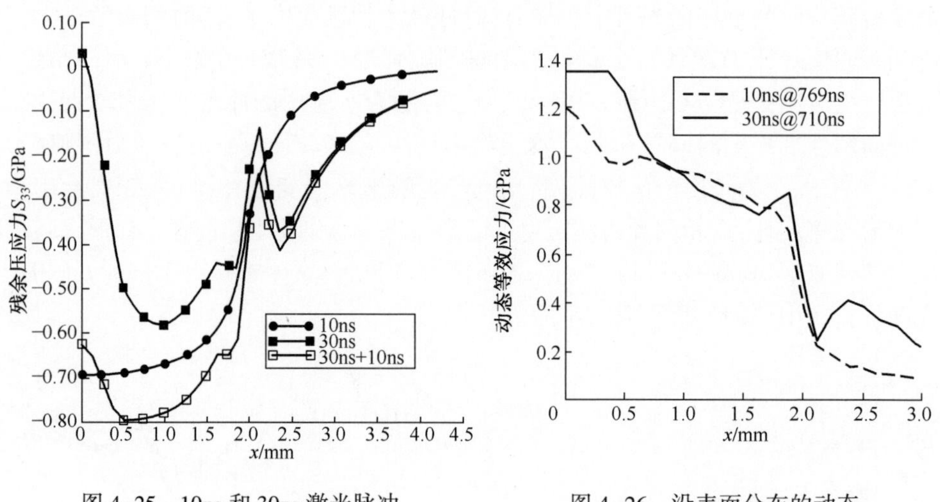

图 4-25　10ns 和 30ns 激光脉冲产生的残余应力对比

图 4-26　沿表面分布的动态等效应力

残余压应力层的深度是激光冲击强化技术的重要特征。在某些应力领域,为了获得较深的残余压应力层,利用相对较宽的激光脉冲应用于激光冲击强化,如 30ns 激光脉冲。但是脉宽较宽的激光脉冲容易产生应力空洞,残余压应力缺乏,将不利于阻碍疲劳裂纹萌生和疲劳裂纹扩展。30ns 激光脉冲辐照在材料表面,随后 10ns 激光脉冲辐照在相同的位置,其表面残余压应力的有限元模拟结果如图 4-25 所示。与 30ns 激光脉冲相比,30ns 激光脉冲和 10ns 激光脉冲共同作用产生的表面残余压应力数值达到-800MPa,而且光斑中心的应力空洞被有效地削弱了。

2. 光斑形状对残余应力场的影响

光斑中心残余应力洞现象由边界效应诱导逆向塑性应变产生。因此,光斑形状对激光冲击强化靶材表面残余应力场有显著影响。图 4-27 中显示了圆形光斑、椭圆形光斑和方形光斑激光冲击强化诱导 TC4 钛合金残余应力。当冲击波峰值压力为 4GPa 时,圆形光斑、椭圆形光斑和方形光斑激光冲击强化 TC4 钛合金光斑中心残余应力分别约为-100MPa、-300MPa 和-300MPa。因此,圆形光斑诱导靶材表面有残余应力洞现象,方形光斑和椭圆形光斑诱导靶材表面无残余应力洞现象,这与 Peyre 等对铸造铝合金试验结果相一致[70-71]。

光斑中心残余应力洞现象归因于冲击边界处相互作用形成的径向表面瑞利波和其光斑中心聚焦效应。表面瑞利波光斑中心聚焦效应导致靶材逆向塑性应变和应力洞[72]。图 4-28 显示,当圆形光斑激光冲击强化靶材时,圆形光斑边界处产生的所有侧向表面瑞利波在光斑中心处聚焦,从而更容易诱导残余应力洞现象。但是当椭圆形光斑和方形光斑激光冲击强化靶材时,光斑边界处产生的侧向表面瑞利波无聚焦点,靶材表面无残余应力洞现象或残余应力洞现象不明显。因此,采用椭圆形光斑和方形光斑将减弱或消除表面瑞利波瞬时聚焦效应,降低光斑中心残余应力洞值。

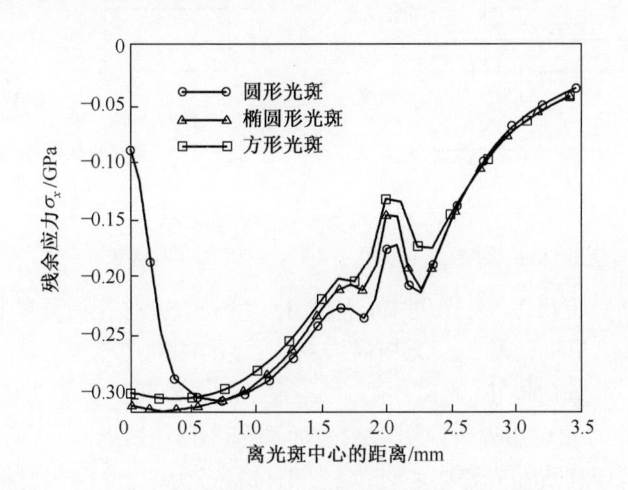

图 4-27 不同光斑形状激光冲击强化 TC4 钛合金残余应力分布

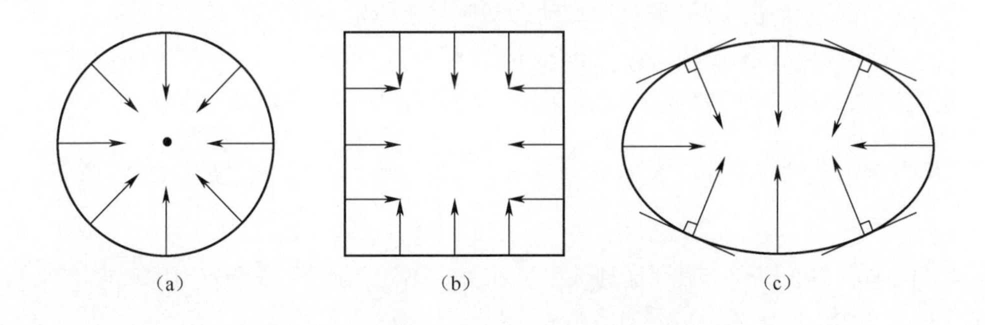

图 4-28 不同光斑形状下表面瑞利波传播特征

(a)圆形光斑;(b)方形光斑;(c)椭圆形光斑。

3. 残余应力洞机理

激光冲击强化靶材诱导表面残余应力洞形成机理如图 4-29 所示,具体步骤如下[73]。

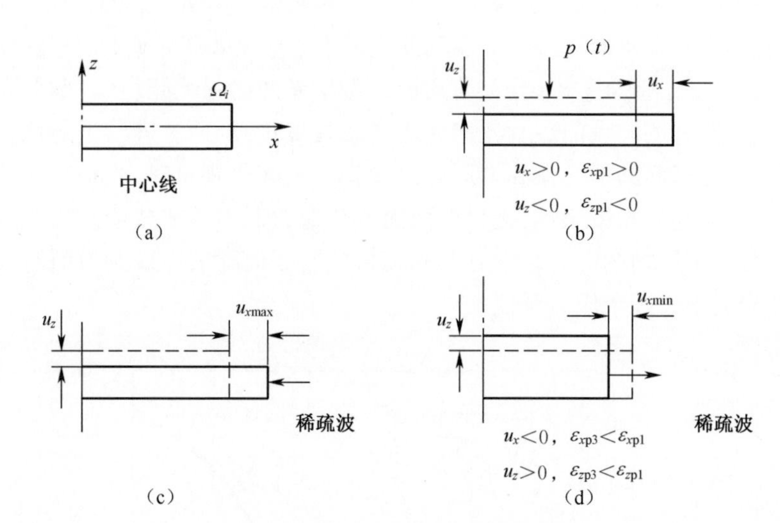

图 4-29 残余应力洞形成机理

(a)初始状态 S_0;(b)状态 S_1;(c)状态 S_2;(d)状态 S_3。

(1) 靶材初始状态 S_0,光斑中心质点 Ω_i,激光喷丸强化诱导靶材状态为 S_1,横向位移 $U_x>0$,纵向位移 $U_z<0$,横向应变 $\varepsilon_{xp1}>0$,纵向应变 $\varepsilon_{zp1}<0$。

(2) 冲击波载荷停止,光斑中心质点继续横向延长达到最大值 U_{xmax},靶材状态为 S_2。此时光斑边界效应引起的表面瑞利波到达质点。

(3) 表面瑞利波在光斑中心处聚集,靶材状态为 S_3,此时靶材横向位移 $U_x<0$,纵向位移 $U_z>0$,横向应变 $\varepsilon_{xp3}<\varepsilon_{xp1}$,纵向应变 $\varepsilon_{zp3}<\varepsilon_{zp1}$。

(4)经过状态 S_3 后,靶材质点动态响应趋于稳定,不再产生塑性变形。

在靶材从状态 S_2 转变为状态 S_3 的过程中,表面瑞利波引起的逆向塑性变形减弱质点 Ω_i 周围材料的侧向约束,降低光斑中心残余压应力场。Y. Fan 等[74]提出塑性应变和应力关系为 $\varepsilon_p=\left[\dfrac{(\sigma-A)}{B}\right]^{\frac{1}{n}}$,式中 ε_p 为等效塑性应变。因为 $n>0$,随着冲击波压力增加,更高强度表面瑞利波将引起更多塑性应变。因此,逆向塑性应变与表面瑞利波强度相关。不同条件下,残余应力洞现象出现 3 种行为,如图 4-30 所示[73]。

(1) 逆向塑性应变较小(瑞利波较弱),激光喷丸强化金属稳定状态时,横向应变和纵向应变分别为 $\varepsilon_{xp3}>0$、$\varepsilon_{zp3}<0$,光斑中心残余应力仍为压应力 $\sigma_x^{res}<0$。

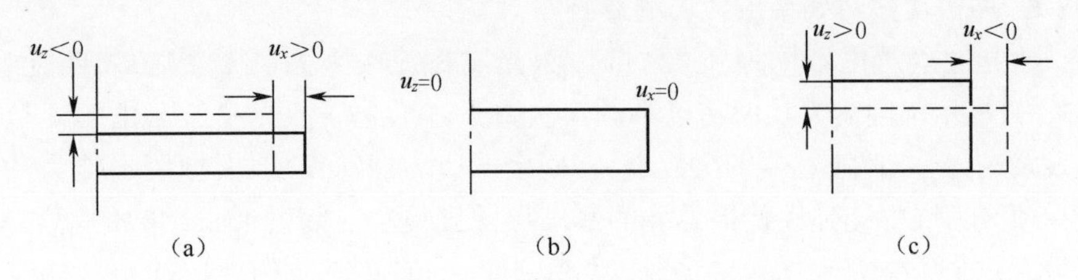

图 4-30　残余应力洞 3 种行为

(a) $\varepsilon_{xp3}0, \varepsilon_{zp3}=0$; (b) $\varepsilon_{xp3}=0, \varepsilon_{zp3}=0$; (c) $\varepsilon_{xp3}<0, \varepsilon_{zp3}>0$。

(2)逆向塑性应变较大(瑞利波较强),激光喷丸强化金属稳定状态时,横向应变和纵向应变分别为 $\varepsilon_{xp3}=0$、$\varepsilon_{zp3}=0$,光斑中心残余应力为 $\sigma_x^{res}=0$。

(3)逆向塑性应变很大(瑞利波很强),激光喷丸强化金属稳定状态时,横向应变和纵向应变分别为 $\varepsilon_{xp3}<0$、$\varepsilon_{zp3}>0$,光斑中心残余应力仍为压应力 $\sigma_x^{res}>0$。

4. 功率密度对残余应力场的影响

图 4-31 显示不同激光功率密度下方形光斑激光冲击强化 TC4 钛合金残余应力分布。由图 4-31 可知,随着激光功率密度增加,表面残余应力和残余压应力层深度同时增加,残余应力洞现象更严重,初步得出,当冲击波峰值压力达到 4GPa 时,TC4 钛合金表面出现残余应力洞现象。图 4-31 中试验数据通过采用 XRD 方法测量激光冲击强化 TC4 钛合金残余应力获得,试验参数为方形光斑,边长为 4mm,功率密度为 6.23GW/cm^2。由图 4-31 可知,TC4 钛合金表面残余应力场试验结果与数值分析结果相一致,但深度方向残余应力场数值分析结果低于试验结果。当激光功率密度大于 9GW/cm^2 时,激光冲击强化 TC4 钛合金最大残余压应力位于表层。

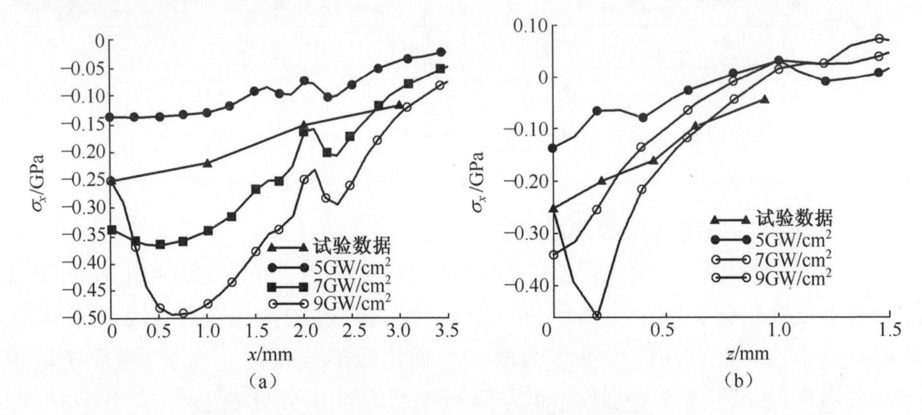

图 4-31　不同激光功率密度下方形光斑激光冲击强化 TC4 钛合金残余应力分布

(a)表面残余应力;(b)深度方向残余应力。

5. 冲击次数对残余应力场的影响

激光冲击强化不同厚度靶材时，激光功率密度和冲击次数必须匹配好。图 4-32显示不同激光功率密度和冲击次数下方形光斑激光冲击强化 TC4 钛合金残余应力分布，随着冲击次数增加，残余压应力层深度增加，原因可能为冲击波在预应力层中纯弹性传播诱导的衰减层深度更小。随着冲击次数的增加，表面最大残余压应力也增大。另外，功率密度为 6GW/cm^2 的两次冲击与功率密度为 7GW/cm^2 的单次冲击，诱导的 TC4 钛合金的表面残余压应力和残余压应力影响层深度相似。

低功率密度多次冲击适用于增强厚度小于 1mm 风扇叶片的力学性能，能有效避免叶片背面层裂现象。功率密度为 6GW/cm^2 的两次激光冲击强化 TC4 钛合金残余应力试验结果如图 4-32(a)所示。图 4-32(b)显示，随着冲击次数的增加，残余压应力层深度增加，随着离光斑中心距离增加，残余压应力层深度降低。功率密度为 6GW/cm^2 时，两次冲击和 3 次冲击诱导 TC4 钛合金残余应力场差异很小，但功率密度为 7GW/cm^2 时，两次冲击和 3 次冲击诱导 TC4 钛合金残余应力场差异较大。

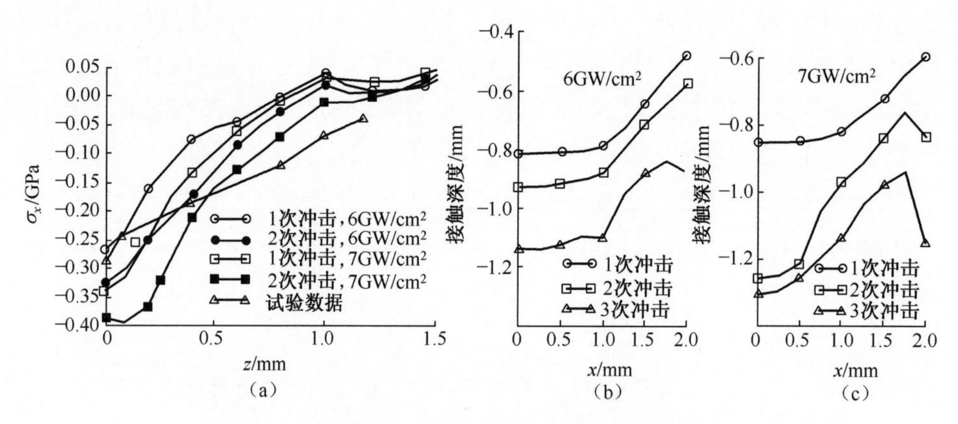

图 4-32　不同冲击次数下 TC4 钛合金残余应力分布

(a)深度方向残余应力分布；(b)、(c)光斑不同区域残余压应力层深度。

6. 光斑搭接率对残余应力场的影响

多个光斑搭接能够激光冲击强化靶材大面积区域，相邻光斑冲击强化靶材能够对上次光斑强化残余应力场进行重新分布，合适的光斑搭接率激光冲击强化靶材获得均匀残余压应力场。为避免未强化区域残余拉应力场，圆形光斑激光冲击强化最小搭接率为 20%，而方形光斑激光冲击强化搭接率非常小，低于5%。图 4-33 显示光斑未搭接两方形光斑功率密度为 7GW/cm^2 激光冲击强化 TC4 钛合金残余应力分布，搭接区域附近的残余应力场比较稳定，残余应力值为

-400~-350MPa。与单光斑激光冲击强化相比,搭接光斑激光冲击强化改善光斑边缘处残余压应力层深度。

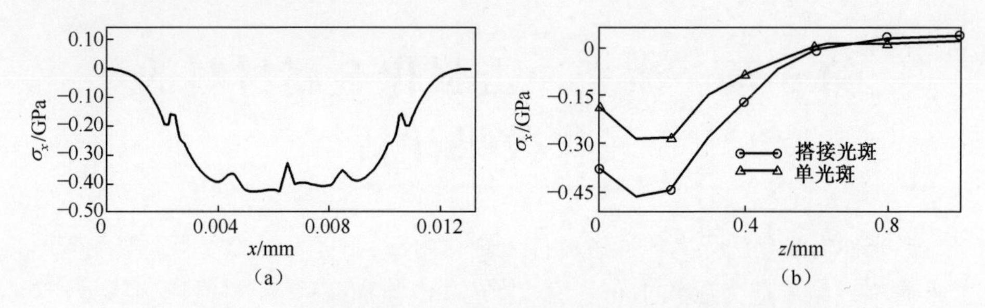

图 4-33 光斑搭接激光冲击强化 TC4 钛合金残余应力分布

(a)表面残余应力分布;(b)深度方向残余应力分布。

第5章　激光冲击强化金属材料的强化效果评估

激光冲击强化诱导高压冲击波传入靶材内部,靶材表层产生严重塑性变形,引入高幅残余压应力层约1mm[72]。激光冲击波加载后,靶材光斑边缘处产生表面瑞利波,瑞利波同时向光斑中心处传播和聚焦,光斑中心处产生一个大的拉伸脉冲,从而降低了光斑中心附近残余压应力场,形成应力洞现象[73,75]。

因圆形光斑绝对几何对称,激光冲击强化靶材诱导的残余应力洞有消极影响[76]。为满足工业应用特殊需求,方形光斑激光冲击强化应用越来越多。与圆形光斑相比,方形光斑不会产生残余应力洞现象,并且搭接率小于5%就能够高效地大面积激光冲击强化靶材。激光冲击强化诱导靶材高幅残余压应力对改善靶材疲劳寿命起到关键作用[77-78]。

5.1　圆形光斑与方形光斑

激光冲击强化技术在美国应用越来越广泛,而且激光冲击强化已经有SAE/AMS技术标准(AMS2456),得到了ISO 9001和FAA认证。激光冲击强化技术的最重要目的是提高材料的疲劳性能及降低材料的缺口敏感性,因此应尽量避免降低材料疲劳性能的因素,才能最大限度发挥激光冲击强化技术在改善材料疲劳性能方面的优势[8,79]。因为激光冲击强化后材料表面粗糙度和波纹度增加,会抵消一部分疲劳增益,因此优化工艺参数,获得光滑激光冲击强化金属表面轮廓非常重要。圆形光斑和方形光斑为最常用的激光冲击强化光斑形状。针对不同材料和用途可能会对材料表面进行单次或多次冲击,多次冲击的目的是为了获得更深的残余压应力层和较均匀的搭接率[80]。

5.1.1　圆形光斑的搭接形式

采用圆形光斑激光冲击强化时,要保证待强化区域的全覆盖,必须有一定程度的搭接率,圆形光斑搭接主要有两种排列方式,一种是正方形排列,另一种是三角形排列,如图5-1所示。例如,定义面积覆盖率=所有光斑面积之和/全覆盖区域的面积,当保证全覆盖一块区域时,圆形光斑采用正方形排列时覆盖率最小值为157%,而采用三角形排列时覆盖率最小值为121%。在实际使用中,由于正方形排列比较整齐,光斑路径容易计算,因此是比较常用的排列形式。

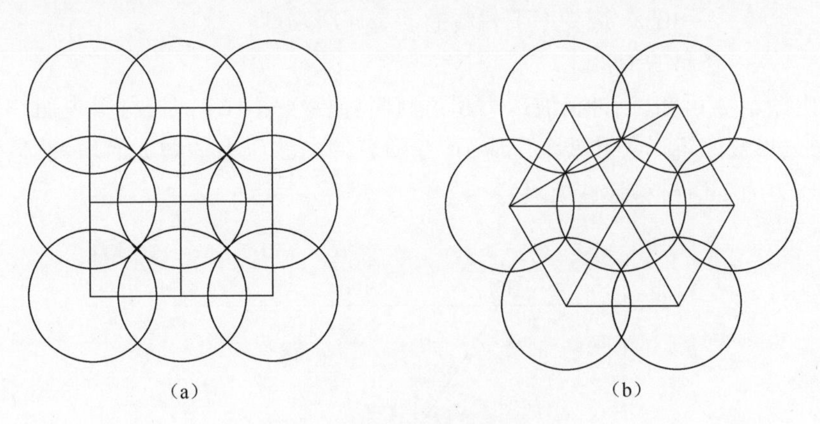

图 5-1 圆形光斑搭接方式

(a)正方形排列;(b)三角形排列。

在激光冲击强化过程中,计算面积覆盖率比较麻烦,在保证激光冲击强化全覆盖的基础上,一般采用线搭接率,线搭接率=(光斑直径或者边长-相邻光斑中心间距)/光斑直径或者边长。圆形光斑搭接保证全覆盖条件下的线搭接率至少为29.3%,如图5-1所示,所以一般采用的最小线搭接率为30%。而搭接率为50%时,下一个光斑边缘刚好压在上一个光斑中心。搭接率为67%时,第三个光斑边缘刚好压在上第一个光斑中心。图5-2所示为不同线搭接率下圆形光斑的激光冲击强化排列方式。

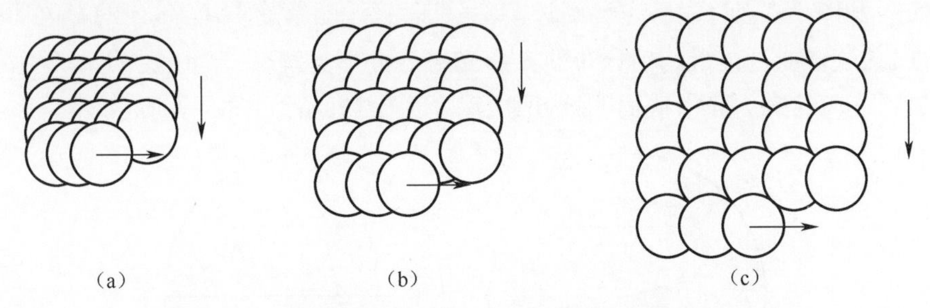

图 5-2 不同线搭接率下圆形光斑的激光冲击强化排列方式

(a)67%搭接率;(b)50%搭接率;(c)30%搭接率。

5.1.2 方形光斑表面轮廓

图5-3所示为冲击波压力与塑性应变之间的关系[69],其中材料弹性极限

HEL 计算式为

$$\mathrm{HEL} = \frac{1 - \nu}{1 - 2\nu} \sigma_s^{\mathrm{dyn}} \tag{5-1}$$

式中 σ_s^{dyn} ——10^6/s 应变率下材料的动态屈服强度；

ν——材料的泊松比。

由图 5-3 可知，当冲击波压力超过材料弹性极限 HEL 时，材料表面产生塑性变形，形成凹坑形貌和残余压应力，并随着冲击波压力的增大而增大，最佳冲击波压力为 2 倍材料弹性极限。

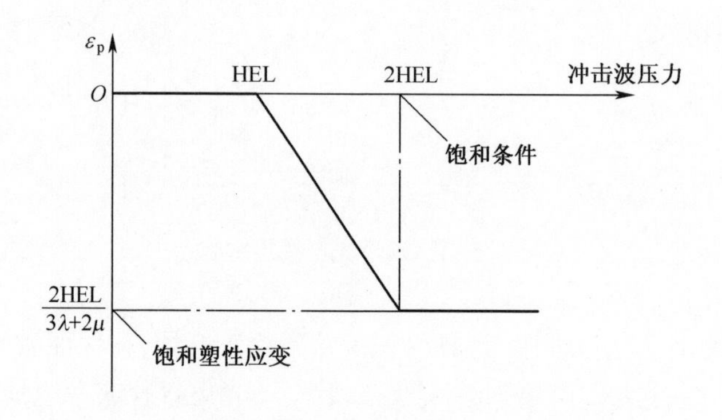

图 5-3 冲击波压力与塑性应变之间的关系

圆形光斑不仅利用率比较低，获得的表面轮廓也存在不均匀等问题，为了提高激光冲击强化光斑利用率和获得更平整的表面，中国航空制造技术研究院采用光束整形技术，通过五分透镜和四分透镜实现圆形光斑向方形光斑的转化，如图 5-4 和图 5-5 所示[81, 32]。经过实验验证，镜片能承受 $4\mathrm{GW/cm^2}$ 的峰值功率密度，并获得能量接近均匀分布的方形光斑。方形光斑激光冲击强化诱导不锈钢试样表面轮廓为光滑底面凹坑，凹坑深度为 3~5μm，如图 5-5 所示。

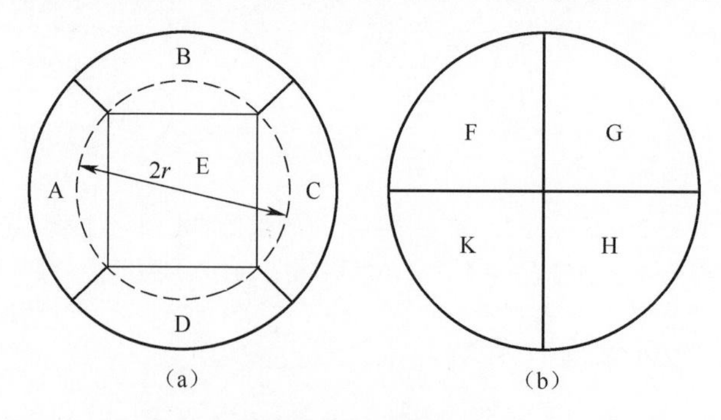

图 5-4 五分透镜(a)和四分透镜(b)

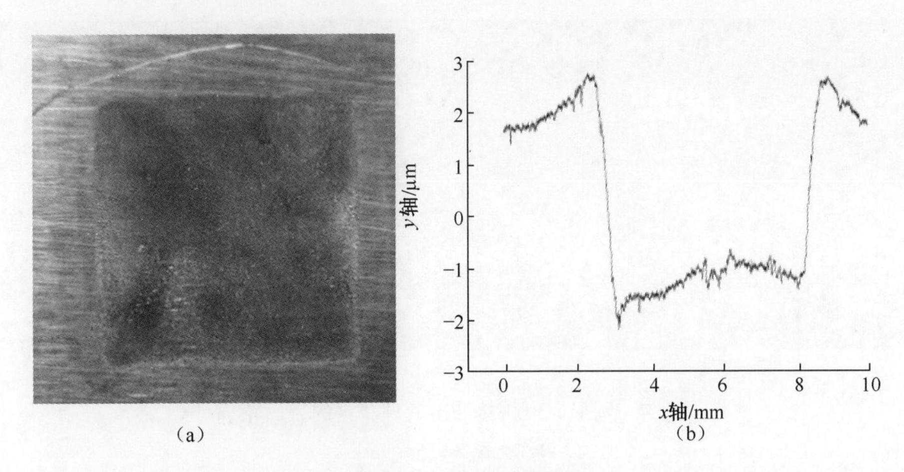

（a）　　　　　　　　　　　　　　　　　（b）

图 5-5　方形光斑效果

（a）光斑烧蚀缝隙；（b）表面轮廓。

与方形光斑激光冲击强化表面轮廓相比，虽然单个圆形光斑边缘处存在光滑过渡轮廓，但任何搭接排列的圆形光斑均会产生不光滑的表面。单个方形光斑能产生一个光滑底面且陡峭台阶的凹坑，同时，方形光斑搭接能获得表面非常光滑的搭接效果，且搭接率仅需 10%。图 5-6 所示为圆形光斑和方形光斑冲击产生的应力场模拟。图 5-7 所示为圆形光斑搭接冲击处理获得的表面轮廓。方形光斑连续多排搭接强化无需更换吸收层。

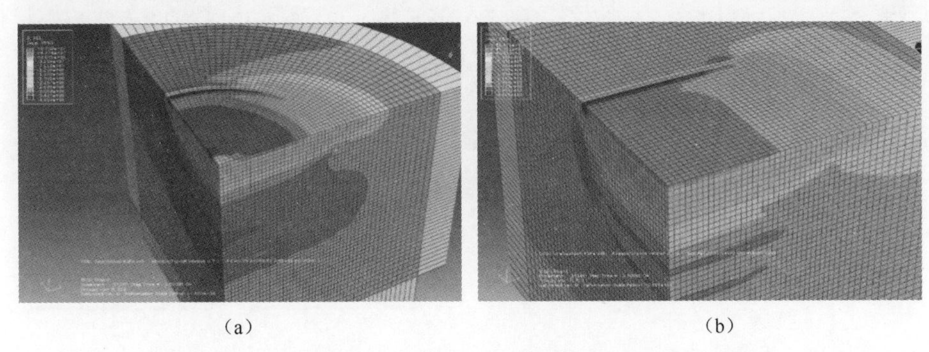

（a）　　　　　　　　　　　　　　　　　（b）

图 5-6　圆形光斑（a）和方形光斑（b）冲击产生的应力场模拟

采用方形光斑进行搭接时，由于方形光斑的形位精度及边缘区域能量分布存在一定的误差，要保证方形光斑的搭接实际上也需要一定的搭接率，但实际工作中很难保证搭接区域完全一致，这时需要考虑理想的 100%覆盖率下可能出现的误差，即覆盖率大于 100%或者小于 100%时存在的过搭接或者欠搭接的情况。图 5-8 所示为覆盖率大于 100%和覆盖率小于 100%的方形光斑搭接示意

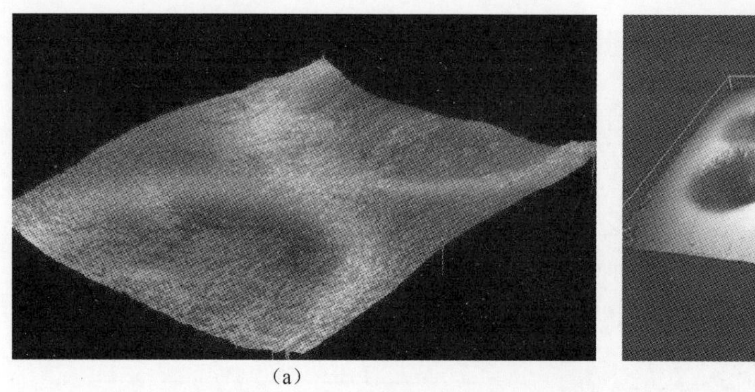
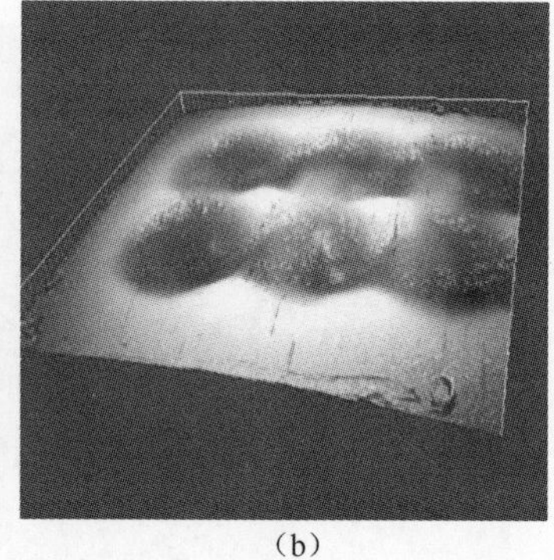

(a)　　　　　　　　　　　　　　　　(b)

图 5-7　圆形光斑搭接冲击处理获得的表面轮廓

(a)2 个光斑;(b)6 个光斑。

图,图 5-9 所示为覆盖率大于 100%和覆盖率小于 100%的方形光斑搭接激光冲击强化靶材表面形貌。当覆盖率小于 100%时,材料表面最突出问题是“盲区”的材料挤出使得冲击区表面波纹度增大,而且挤出区域为拉应力状态,称为冲击区薄弱环节。因此,需根据实际强化凹坑位置,调整工艺参数,使材料表面不存在未被激光辐照的区域,可以进一步减小挤出及改善挤出区域的应力状态,降低冲击区表面粗糙度,提高材料强化区域疲劳性能。

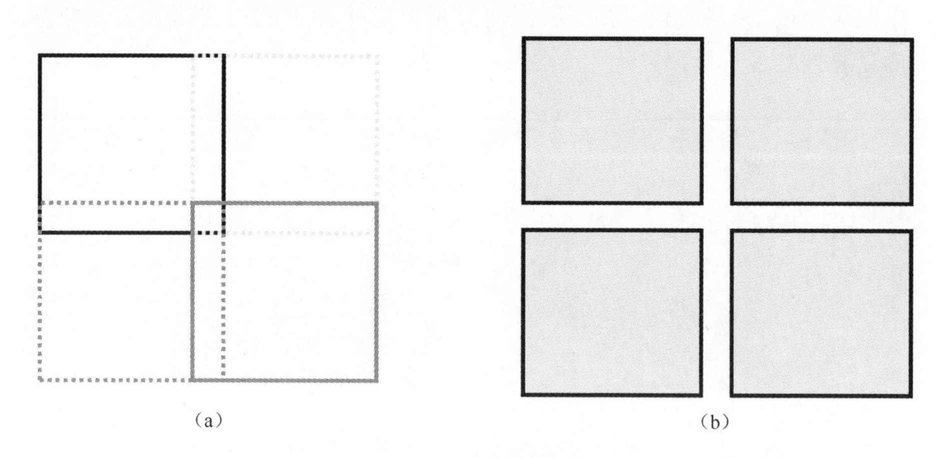

(a)　　　　　　　　　　　　　　　　(b)

图 5-8　方形光斑搭接示意图

(a)覆盖率大于 100%;(b)覆盖率小于 100%。

5.1.3　光斑搭接路径规划

当激光冲击强化需要多排光斑搭接时,光斑搭接存在不同方式,如单向式和往返式,如图 5-10 所示。为了在激光冲击强化区域与未强化区域之间获得光

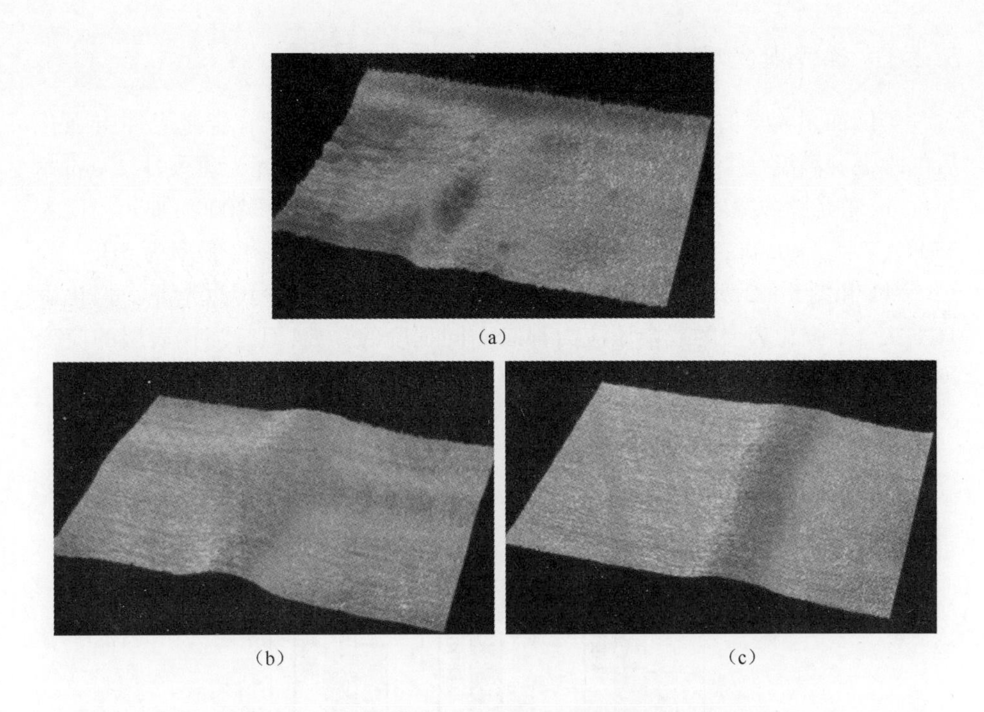

(a)

(b) (c)

图 5-9 方形光斑激光冲击强化靶材表面形貌

(a)覆盖率大于 100%;(b)覆盖率小于 100%时 4 个方形光斑强化靶材表面形貌;

(c)覆盖率小于 100%时 2 个方形光斑强化靶材表面形貌。

滑的过渡区域,最后一排光斑功率密度逐渐降低。

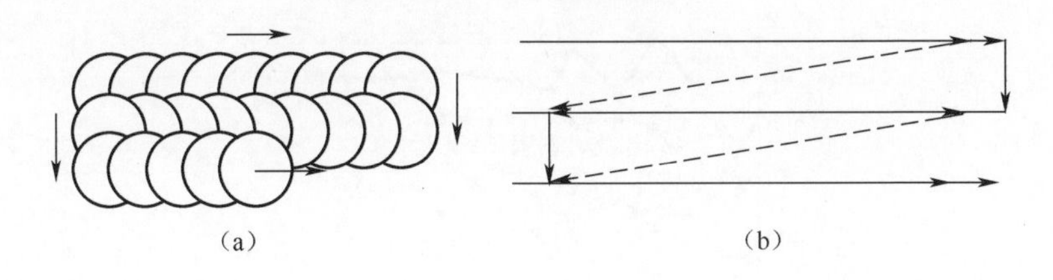

(a) (b)

图 5-10 光斑搭接方式

(a)单向式;(b)往返式。

5.2 高温合金的力学性能

本节主要介绍国外激光冲击强化诱导靶材残余压应力稳定性、热循环对高温合金 GH2036 残余应力的影响。

5.2.1 国外研究现状

美国加州大学伯克利分校与德国 Kassel 大学对 TC4 钛合金激光冲击强化后的常温和高温疲劳进行试验,激光冲击强化的参数为:激光光斑尺寸 2.6mm×2.6mm,激光脉冲宽度 18ns,激光功率密度 $7GW/cm^2$,覆盖率 200%;加热温度为 450℃($T/T_m \approx 0.4$);疲劳试验最大应力 460MPa,应力比为-1,频率为 5Hz。如图 5-11 和图 5-12 所示,无论是交变疲劳载荷还是温度载荷,激光冲击强化后 TC4 钛合金强化表层的残余压应力都有不同程度的释放,但是强化表层的应变硬化随着疲劳或温度载荷表现得非常稳定。

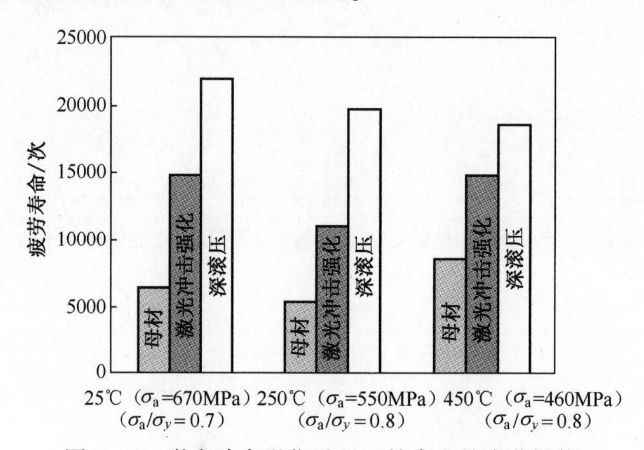

图 5-11 激光冲击强化后 TC4 钛合金的疲劳性能

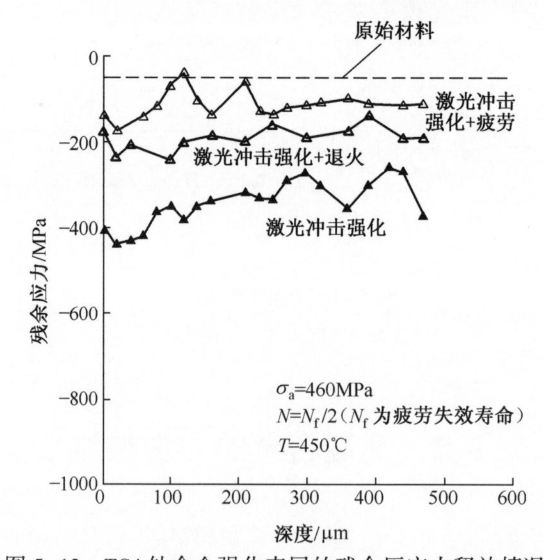

图 5-12 TC4 钛合金强化表层的残余压应力释放情况

国外激光冲击强化对残余应力影响研究结果表明,激光冲击后残余应力的释放速度明显低于喷丸强化的效果。图 5-13 所示为 IN100 合金激光冲击强化和喷丸对比结果,采用 650℃ 保温 10h 后,喷丸的残余应力降到保温前水平的 1/2以下,而激光冲击强化后残余应力基本维持稳定,只是最表层 0.05mm 下降 1/3 左右。

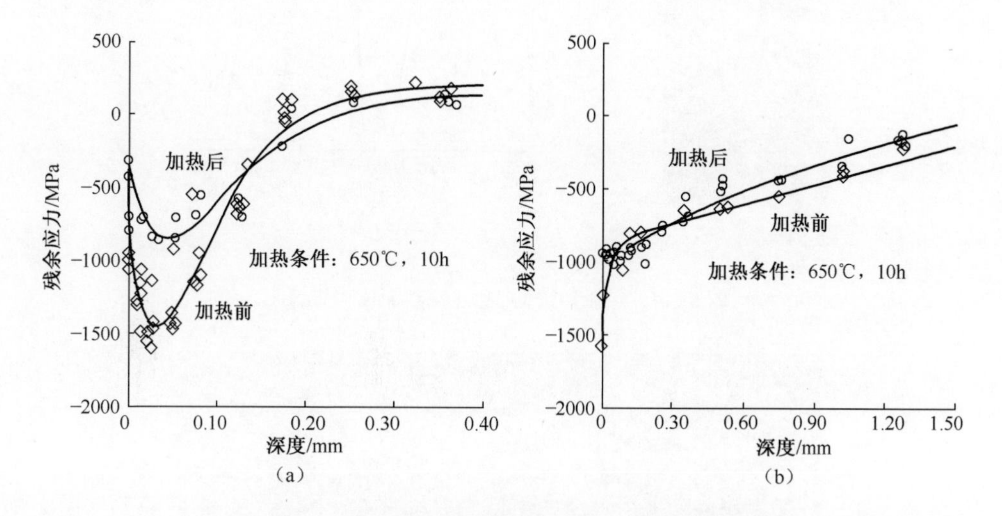

图 5-13　IN100 合金强化表层残余压应力的释放情况
(a)喷丸强化;(b)激光冲击强化。

5.2.2　热循环对高温合金 GH2036 残余应力的影响

涡轮盘材料 GH2036 合金在高温条件下工作,因此必须考核激光冲击强化后在高温热循环条件下残余应力的释放情况。采用自动热循环炉对未强化和强化的试件进行高温热循环试验。自动热循环炉的温度均匀性为±10℃,加热速度为 50℃/min。热循环炉及热循环温度设置如图 5-14 所示。

高温热循环试件分为两种:①仿照 Almen 试片,其尺寸为 76mm×19mm×2mm,这种试件主要用于通过试片在热循环过程弧高值的变化来判断残余应力的释放情况;②试件的尺寸为 50mm×50mm×10mm,试样表面的激光冲击区域为 15mm×15mm,采用 XRD+电解剥层的方法测试热循环对 GH2036 合金激光冲击区表面及深度方向残余应力的影响。

图 5-15 所示为不同热循环次数后的 GH2036 合金试样,对不同热循环条件下的 GH2036 合金试件进行残余应力测试,采用 X 射线衍射法,测试设备条件如图 5-14 所示,测试结果见表 5-1。

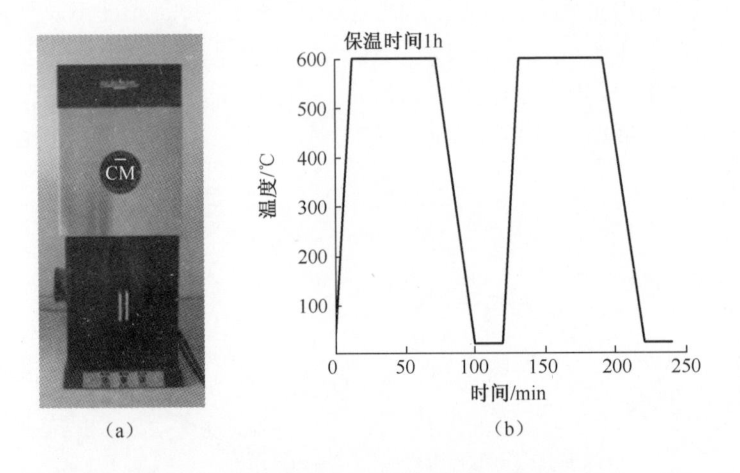

图 5-14　热循环炉(a)和热循环温度设置(b)

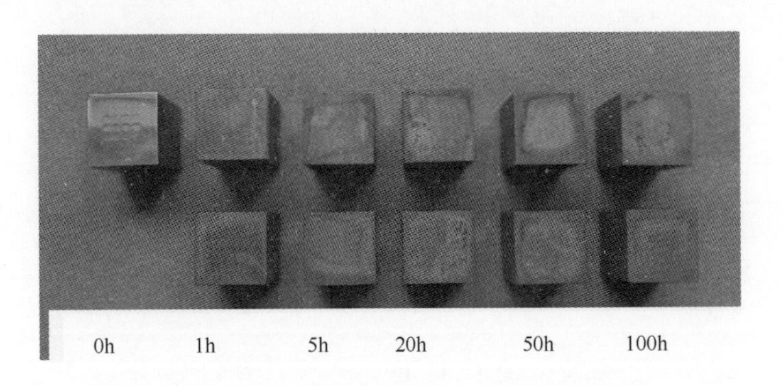

图 5-15　不同热循环次数后的 GH2036 合金试样

表 5-1　GH2036 合金表面不同热循环次数后残余应力测试结果

测试试件号	热循环次数	测试点	测试结果/MPa	平均残余应力/MPa
1	0	1-1	−553±88	−548
		1-2	−584±84	
		1-3	−510±35	
		1-4	−543±69	
5	1	5-1	−519±71	−565
		5-2	−572±79	
		5-3	−610±71	
		5-4	−560±80	

（续）

测试试件号	热循环次数	测试点	测试结果/MPa	平均残余应力/MPa
6	5	6-1	−479±61	−474
		6-2	−454±67	
		6-3	−471±66	
		6-4	−492±57	
7	20	7-1	−416±88	−381
		7-2	−419±100	
		7-3	−216±68	
		7-4	−475±78	
8	50	8-1	−379±127	−328
		8-2	−378±118	
		8-3	−315±70	
		8-4	−240±43	
9	100	9-1	−311±99	−318
		9-2	−304±65	
		9-3	−385±65	
		9-4	−275±56	

由表5-1可知，随着热循环次数的增加，残余应力呈下降趋势，50次后基本维持稳定，但仍然在-300MPa左右，为初始的残余压应力的56%左右。残余压应力松弛的原因主要是激光冲击强化区内部弹性储存能的减小，温度升高将增大位错的可动性，使原子、空位发生较大规模迁移，其结果一是增大了位错湮灭，二是减小了位错运动的阻力。残余应力松弛是一个热激活过程，不难理解为什么存在一个临界松弛温度。临界温度应与位错的能量状态有关，因此受残余应力自身大小的影响。残余应力相对越大，其自身的稳定性越小，也越易受外界温度的影响。同理，松弛速率也应与残余应力大小有关。

如图5-16所示，残余应力深度测试结果表明，经历100次热循环后，残余应力深度能维持0.3mm左右。

5.2.3 高温合金GH30的疲劳寿命

静力试验所取试件尺寸同疲劳试件，仅中间无孔所测材料抗拉强度 σ_b =

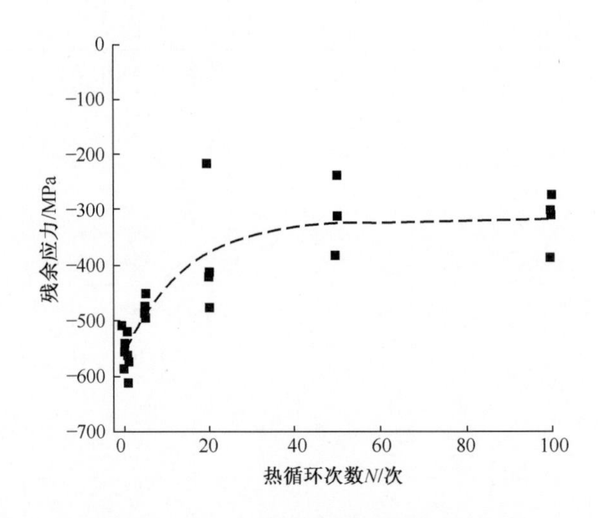

图 5-16　不同热循环次数后的残余应力

742MPa，材料的静强度符合要求，选定加载系数 $K=0.45\sim0.6$，根据强度极限计算名义应力 $\sigma_n=334\sim445$MPa。所有试件进行激光冲击强化后均在激光冲击区域中心用电脉冲加工 $\phi0.5\sim0.6$mm 的小孔，所做试验结果见表 5-2。

表 5-2　高温合金疲劳试验结果

试件号	S/mm^2	P_{max}/kN	σ_n/MPa	K	N/次	lg$N$	试件组数值处理[82]
对比 1	22.99	7.68	334	0.45	681840	5.834	算术平均寿命 $N_1=745033$
对比 2	23.52	7.85	334	0.45	482720	5.684	中值疲劳寿命 $N_2=706307$
对比 3	23.55	7.86	334	0.45	1070540	6.030	90%置信度下试件数满足要求
LSP38	23.95	8.00	334	0.45	3502160+		
		10.66	445	0.6	107980		
对比 5	23.11	10.29	445	0.6	213220	5.329	算术平均寿命 $N_1^*=255767$
对比 6	23.19	10.32	445	0.6	241940	5.384	中值疲劳寿命 $N_2^*=252517$
对比 7	23.34	10.39	445	0.6	312130	5.494	95%置信度下试件数满足要求
LSP34	23.94	10.66	445	0.6	351390	5.546	算术平均寿命 $N_1^*=319480$
LSP35	23.95	10.66	445	0.6	287280	5.458	中值疲劳寿命 $N_2^*=318364$
LSP37	23.97	10.66	445	0.6	339390	5.531	$N_2^*/N_2=1.25$
LSP39	23.95	10.66	445	0.6	299850	5.477	$N_1^*/N_1=1.26$

注：N 值注+号表示未断继续加载；S 为小孔处截面面积；
P_{max} 为最大载荷；σ_n 为名义载荷；K 为加载系数；N 为循环次数

在加载系数为 0.45 的情况下，未冲击的对比试件(1~3)取置信度 90%时，试件数满足试验要求，中值疲劳寿命为 706307。LSP38 试件在 3502160 次循环后仍未断裂，这时的疲劳寿命提高值接近 400%。而在加载系数为 0.6 的情况下，未冲击的对比试件(5、6)取置信度 95%时，试件数满足试验要求，中值疲劳寿命为 252517。LSP34、LSP35、LSP37、LSP39 试件中值疲劳寿命为 318360，这时的疲劳寿命提高值仅为 26%。

5.2.4 高温合金 GH30 的疲劳裂纹扩展速率

结构的疲劳寿命通常可分为疲劳裂纹形成寿命和疲劳裂纹扩展寿命，疲劳裂纹形成寿命为由微观缺陷发展为宏观可检裂纹所对应的寿命，而疲劳裂纹扩展寿命则为由宏观可检裂纹扩展到临界裂纹而发生破坏这段区间的寿命。激光冲击强化产生的应变强化既可延缓微观缺陷发展为宏观可检裂纹，也可以大大降低疲劳裂纹扩展速率，提高结构的疲劳寿命。本小节研究激光冲击强化对高温合金 GH30 等板材裂纹扩展速率的影响[83-84]。

1. 试验条件

试验材料厚为 1.7mm GH30，采用紧凑拉伸(CT)试件，其试件的尺寸及激光冲击强化的位置和痕迹分别如图 5-17 和图 5-18 所示，拉伸方向为横向(即裂纹扩展方向为板材轧制方向)。试件加工和试验的工艺流程为：机械加工外形尺寸；激光切割圆孔和槽；线切割切口长度 8mm；激光冲击强化；预制裂纹；疲劳裂纹扩展试验。

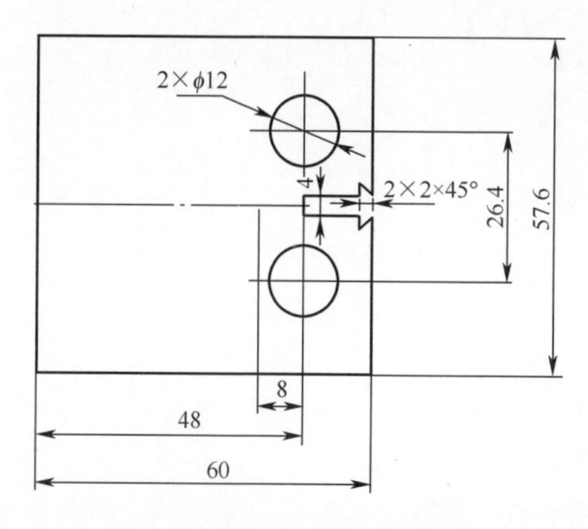

图 5-17 CT 试件的尺寸及激光冲击强化的位置

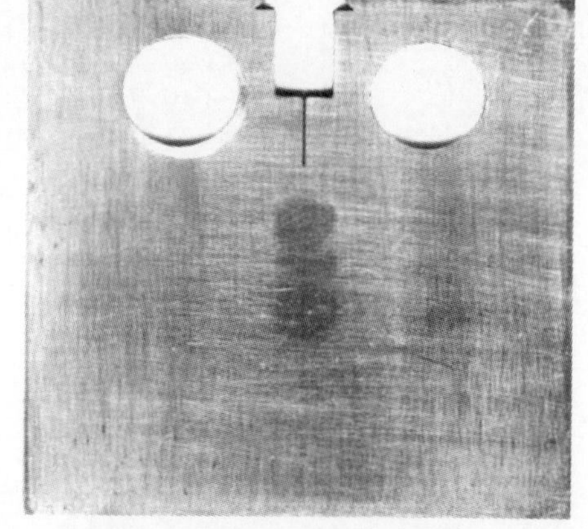

图 5-18 激光冲击强化的痕迹

激光冲击强化采用直径 ϕ6mm 的圆形光斑,沿预制裂纹的延长线单面连续 3 次冲击,排列间距为 5mm,使相邻光斑间有 17%的搭接率。激光脉冲能量为 14J,脉冲宽度为 20ns,激光峰值功率密度为 2.5GW/cm^2。这样就在裂纹扩展路径上形成了长约 16mm、宽约 5mm 的激光冲击强化区域。

疲劳裂纹扩展试验使用 880MTS 疲劳试验机,MTSTestStarLis 程序加载,加载精度为 0.5%,正弦波形,频率 $f=30$Hz,应力比 $R=0.1$,试验环境为室温、空气。

疲劳裂纹扩展长度的测量采用目测法,使用放大倍数为 30 倍的读数显微镜,经历预定循环数后(2000~10000 次)停止循环载荷,加载一定的恒定载荷(约 $0.75P_{max}$)进行静态测量,以减小测量误差,试验过程中记录放大镜底座读数及增加的循环数 ΔN,并转换为裂纹长度 a 及其相应的循环次数 N。

2. 试验结果处理方法

根据所测裂纹长度 a 及其相应的循环次数 N,使用 Origine 软件描点连线后,对一系列离散的 a-N 点进行多项式拟合,发现 6~8 项式能很好地拟合 a-N 曲线。

假设

$$a = A_0 + A_1 N + A_2 N_2 + A_3 N_3 + \cdots + A_n N_n \tag{5-2}$$

则

$$\mathrm{d}a/\mathrm{d}N = A_1 N + 2A_2 N + 3A_3 N_2 + \cdots + nA_n N_{n-1} \tag{5-3}$$

CT 试件的 ΔK 可表示为[85]

$$\Delta K = \frac{\Delta P}{BW^{\frac{1}{2}}} \frac{\left(2+\frac{a}{W}\right)}{\left(1-\frac{a}{W}\right)^{2/3}} \left[\begin{array}{l} 0.886 + 4.64\left(\frac{a}{W}\right) - 13.32\left(\frac{a}{W}\right)^2 + \\ 14.72\left(\frac{a}{W}\right)^3 - 5.6\left(\frac{a}{W}\right)^4 \end{array} \right] \qquad \frac{a}{W} \geqslant 0.2 \tag{5-4}$$

式中 ΔP——载荷范围(N);

B——试件厚度(mm);

W——试件宽度(mm);

ΔK——应力强度因子($\mathrm{N\cdot mm^{-3/2}}$)。

试件的宽度 W 应足够大,以保证在取得有效 $\mathrm{d}a/\mathrm{d}N$ 数据的试验过程中,试件始终处于小范围屈服状态(基本处于线弹性状态)。对 CT 试件,应满足以下条件,即

$$W - a_{max} \geqslant \frac{4}{\pi}\left(\frac{K_{max}}{\sigma_s}\right) \tag{5-5}$$

试件的初始裂纹由机械加工切口和疲劳裂纹组成。为保证式(5-4)的有效性,初始裂纹长度应满足以下条件,即

$$a(N_0) \geqslant 0.2W \tag{5-6}$$

本次试验中采用的试件宽度 $W=48\text{mm}$,初始裂纹长度 $a_0>10\text{mm}$,其余条件均满足试件始终处于小范围屈服的状态(基本处于线弹性状态)和式(5-4)的有效性。采取一系列 N 值,如 $N_1,N_2,N_3,\cdots,N_i$ 由式(5-2)~式(5-4)就可以计算出相应的 $a_1,a_2,a_3,\cdots,a_i$;$(\mathrm{d}a/\mathrm{d}N)_1,(\mathrm{d}a/\mathrm{d}N)_2,(\mathrm{d}a/\mathrm{d}N)_3,\cdots,(\mathrm{d}a/\mathrm{d}N)_i$;$\Delta K_1,\Delta K_2,\Delta K_3,\cdots,\Delta K_i$,最后描绘出 $\mathrm{d}a/\mathrm{d}N$ 和 ΔK 的关系曲线。

3. GH30 试件裂纹扩展速率

GH30 试件厚度为 1.64mm,加载载荷 $P=3300\text{N}$,所做试验结果如图 5-19 所示。由图 5-19 可知,在测试范围内,未经激光冲击强化的 CT-12 试件裂纹扩展处于初始裂纹稳定扩展阶段Ⅰ和中期裂纹稳定扩展阶段Ⅱ的过渡范围,可认为 $\lg\Delta K=3.0$ 以后处于Ⅱ阶段,这时的 $\lg(\mathrm{d}a/\mathrm{d}N)$ 和 $\lg\Delta K$ 曲线对其进行 Paris 式拟合,其直线拟合结果表述为

$$\lg(\mathrm{d}a/\mathrm{d}N) = -19.86463 + 5.35406\lg\Delta K \tag{5-7}$$

$$R = 0.03058,\quad \mathrm{SD} = 0.12504$$

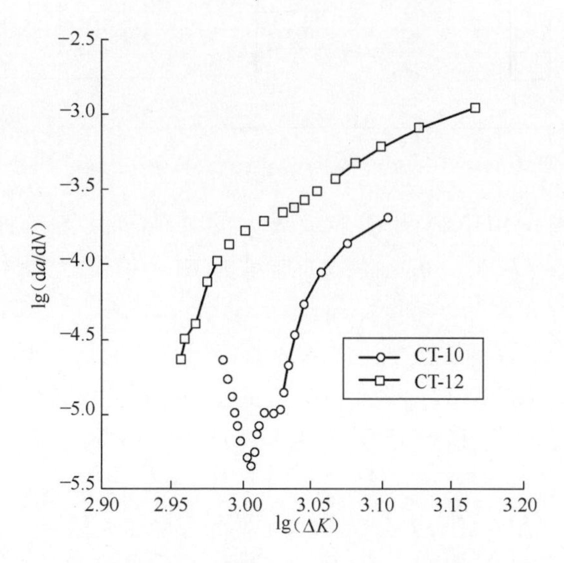

图 5-19　GH30 试件 $\lg(\mathrm{d}a/\mathrm{d}N)-\lg\Delta K$ 曲线

在本试验中,未经激光冲击强化的 GH30 板材中期裂纹稳定扩展阶段Ⅱ的 Paris 式为

$$\mathrm{d}a/\mathrm{d}N = 1.37\times10^{-20}\Delta K^{5.4} \tag{5-8}$$

对比 CT-10 试件与 CT-12 试件的结果，在 $\lg\Delta K=2.98\sim3.12$（分别对应裂纹长度为 $a=12.5\sim17$mm 和 $\Delta K=955\sim1318\text{N/mm}^{3/2}$）范围内，激光冲击强化能明显降低裂纹扩展速率，最大幅度在 30 倍左右，而变化趋势大体与未经激光冲击强化的相近测量的整个范围处于激光冲击强化区。

5.3 不锈钢的力学性能

5.3.1 1Cr18Ni9Ti 奥氏体不锈钢疲劳寿命

1. 试验方法

选用在航空航天领域广泛应用的奥氏体不锈钢 1Cr18Ni9Ti 作为试验材料[86]，固溶冷轧不锈钢 1Cr18Ni9Ti 板材为 1.2mm 厚的热轧退火板材，激光冲击试样如图 5-20 所示。

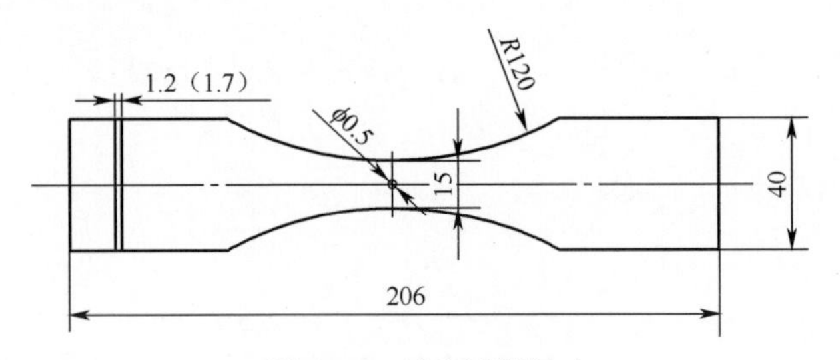

图 5-20　冲击试样尺寸

激光冲击强化用染料调 Q 多级放大的钕玻璃激光装置。激光波长为 1.06μm，脉冲宽度为 20~50ns，单脉冲能量为 10~50J，到达靶材的聚焦光斑在 ϕ6mm 左右，功率密度为 $1\sim5\text{GW/cm}^2$。

激光冲击强化后，用电脉冲加工方法在激光冲击强化区中心加工小孔，制成带中心圆孔的缺口疲劳试件，最后做疲劳试验。疲劳试验在低频疲劳试验机 Instron1253 上进行，应力比 $R=0.1$，频率 $f=28.5$Hz，应力集中系数 $K_t=2.85$，加载系数 $K=0.4\sim0.6$。

2. 奥氏体不锈钢 1Cr18Ni9Ti 板材试件的疲劳试验结果

静拉伸试验所测材料抗拉强度 $\sigma_b=670$MPa，材料的静强度符合要求。选定加载系数 $K=0.45\sim0.6$，根据抗拉强度计算名义应力 $\sigma_n=268\sim398$MPa。所有试件均先进行激光冲击后用电脉冲在冲击区域中心打 ϕ0.5mm 的小孔，然后用 ϕ0.45mm 的钢丝配磨料进行研孔加工，最后做拉-拉疲劳试验，试验结果见表 5-3。

表 5-3　不锈钢疲劳试验结果

试件号	S/mm^2	P_{max}/kN	σ_n/MPa	K	N/次	$\lg N$	试件组数值处理[82]
对比 3	16.98	4.56	268	0.4	737540		N 值注+号为未断的情况下改变加载系数继续试验
对比 4	16.92	4.54	268	0.4	924580+		
		5.00	295	0.44	422420		
LSP28	16.93	5.67	335	0.5	1422320+		
		6.24	369	0.55	129940		
对比 6	17.38	6.42	369	0.55	341190		
对比 7	17.29	6.38	369	0.55	179020		
对比 5	17.63	6.98	396	0.59	40800	40611	算术平均寿命 $N_1^* = 52860$
对比 8	17.60	6.97	396	0.59	54630	4.737	中值疲劳寿命 $N_2^* = 520520$
对比 9	17.60	6.94	394	0.59	63160	4.800	90%置信度下试件数满足要求
LSP29	16.93	6.66	393	0.59	106730	5.028	算术平均寿命 $N_1^* = 112398$
LSP30	17.04	6.79	398	0.59	221800	5.346	中值疲劳寿命 $N_2^* = 101412$
LSP31	17.02	6.69	393	0.59	81940	4.918	$N_1^*/N_1 = 2.126$
LSP32	16.97	6.72	396	0.59	90250	4.955	$N_2^*/N_2 = 1.949$
LSP33	17.02	6.73	395	0.59	61270	4.787	

由疲劳寿命试验结果可知,这些不锈钢试件的加载系数为 0.4~0.59 时的疲劳寿命值变化很大。28 号试件的加载系数为 0.5 时的疲劳寿命值仍明显大于未冲击的对比试件加载系数为 0.44 时的疲劳寿命值,而在低加载系数时的疲劳寿命的分散性也相当大。

将加载系数增至 0.59 时,所有试件的疲劳寿命值迅速下降,而分散度也随之下降,对比激光冲击件与未冲击件的疲劳寿命值可以发现,在高加载系数下,激光冲击强化仍能大幅度提高奥氏体不锈钢 1Cr18Ni9Ti 的疲劳寿命值,提高幅值约为 100%,且分散性较小。

5.3.2　1Cr11Ni2W2MoV 马氏体不锈钢疲劳寿命

目前,美国将激光冲击强化技术应用于航空发动机叶片,大大提高了飞机的安全性。据报道,由于激光器改进和激光冲击强化工艺的完善,美国的激光冲击强化成本从每个叶片 100 美元降至 20 美元。

本节针对 1Cr11Ni2W2MoV 马氏体不锈钢材料进行激光冲击强化研究[87, 79],用激光冲击强化的方法提高某型号航空发动机的马氏体不锈钢压气机叶片的抗开裂能力。

1. 试验材料及试验装置

1Cr11Ni2W2MoV 马氏体不锈钢压气机叶片是重要的二级锻件,其化学成分见表 5-4,经过特定热处理工艺后的马氏体不锈钢的屈服强度为 932~1008MPa,洛氏硬度(HRC)为 34~36,杨氏模量为 196GPa。线切割后试样的尺寸为 20mm×20mm×3mm,对表面进行抛光处理。激光冲击强化试验前,试样进行去应力退火,去除表面加工应力。

激光冲击试验在中国航空制造技术研究院高能束流加工技术国家级重点实验室进行,激光冲击强化系统由激光器、光路调整平台、工件运动系统及送水装置四部分组成。激光器的主要技术指标为:波长 1064nm;波形介于高斯波形和短上升沿波形之间;脉宽 30ns(机械转镜可调);单脉冲最大输出能量可达 50J。

表 5-4 1Cr11Ni2W2MoV 马氏体不锈钢化学成分 (%(质量分数))

C	Mn	Si	S	P	Cr	Ni	W	Mo	V
0. 10~0. 16	<0. 6	<0. 6	<0. 025	<0. 03	10. 5~12. 0	1. 4~1. 8	1. 5~2. 0	0. 35~0. 5	0. 18~0. 3

2. 试验工艺

1) 吸收层和约束层

吸收层的作用是保护材料表面不被激光烧蚀,并有利于等离子体产生和逆韧致吸收。本次试验的吸收层为柔性铝箔胶带,厚度为 150μm,铝的电离势低,有利于等离子体产生。此外,与黑漆等非金属吸收层相比,铝箔和马氏体不锈钢的声阻抗值更加接近,减少冲击波在吸收层和基体表面冲击波的反射。约束层可以提高等离子体压力和冲击波半峰全宽,从而大幅度提升冲击波的冲量。本次试验的约束层为均匀流水层,厚度为 2~3mm,对 1064nm 波长激光吸收率约为 10%。柔性介质的流水具有廉价、快捷、清洁等特点,是工程化应用的首选介质。

2) 激光冲击

试验前,先将铝箔吸收层粘贴于试样表面,通过喷水管出水实现均匀的流水约束层,图 5-21 所示为激光冲击示意图。激光束以倾斜一定角度辐照在试样表面,避免反射光损伤激光介质,倾斜光束直接将圆形光斑转化成椭圆形光斑,从而避免了圆形光斑冲击区中心发生应力下降现象。吸收层可选用与基体相同的材料,防止背面层裂现象发生。

首先进行单光斑激光冲击试验,一共对 13 个点进行了激光冲击,激光脉冲能量分布在 30~40J 之间,其椭圆光斑面积近似于 $\phi 4\sim6$mm 的圆形光斑[88],激

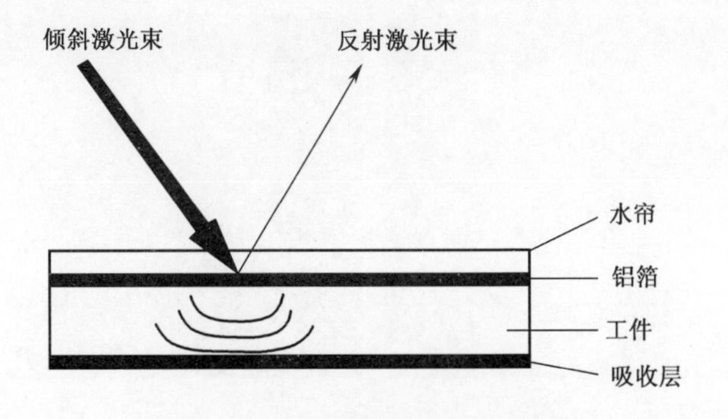

图 5-21　倾斜光束激光冲击示意图

光的功率密度为 3.7~7.5GW/cm^2。1064nm 波长激光在水约束层击穿阈值约为 10GW/cm^2，因此本次试验不会发生水约束层击穿现象。通过图 5-22(b)所示的光斑搭接形式，还进行了马氏体不锈钢的光斑搭接冲击试验，光斑直径为 ϕ5mm，激光能量仍为 30~40J，搭接率约为 30%，采用 SC100 型步进电机驱动工件运动方式实现光斑相对移动。选用图 5-22(b)所示的搭接形式的原因为该搭接形式的铝箔最多能承受 3 次激光冲击，小于图 5-22(a)所示搭接形式的 4 次冲击，所以图 5-22(b)方案可以减少铝箔被冲击坏而烧蚀试件的情况，美国专利对叶片边缘的强化也采用这种光斑的搭接形式[89]。图 5-22(c)所示为激光冲击后取下的铝箔吸收层的表面状况。

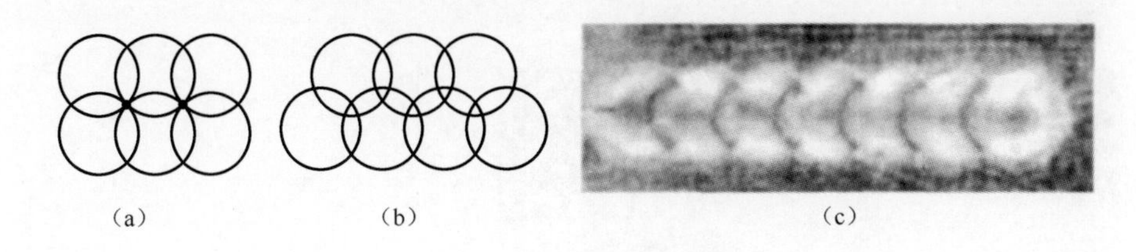

图 5-22　光斑搭接形式

(a)搭接方式一；(b)搭接方式二；(c)铝箔吸收层的表面状况。

3. 冲击区表面轮廓

图 5-23(a)所示为离散的冲击点，图 5-23(b)所示为 48 个光斑搭接形成的大面积冲击区。从图 5-23(a)和图 5-23(b)中可以清晰地看到冲击后马氏体不锈钢表面的椭圆形冲击轮廓，说明本次试验产生的激光冲击波均大于马氏体不锈钢材料的弹性极限。在激光冲击波高速加载下的材料可以理解为流体模型和弹塑性模型两种力学行为。试验所用马氏体不锈钢材料的应变速率敏感系数较低，其值约为 0.025，计算得到的弹性极限值为 2300MPa。

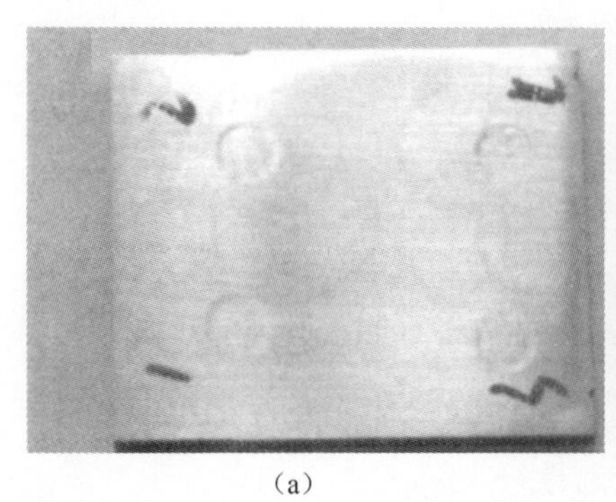
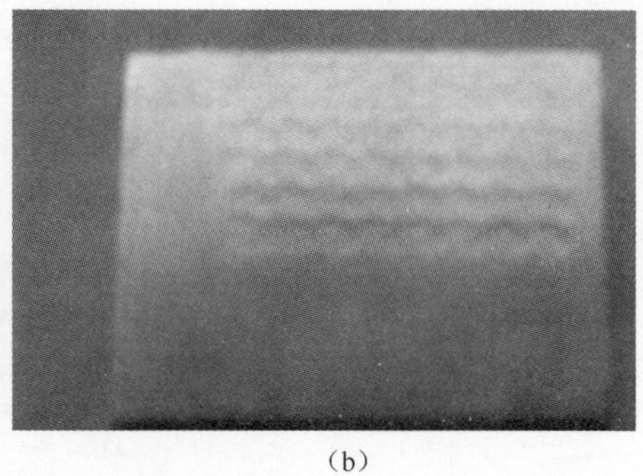

（a）　　　　　　　　　　　　　　　　（b）

图 5-23　激光冲击区表面轮廓

(a)单光斑冲击区;(b)搭接光斑冲击区。

冲击区深度测量采用 WYKONT-1100 型光学形貌仪,图 5-24 所示为采集后生成的模拟结果。激光输入功率密度为 5.40GW/cm^2 的冲击区记为 A 点,激光输入功率密度为 3.78GW/cm^2 的冲击区记为 B 点。高斯空间能量分布的激光冲击产生的冲击区呈“锅底”状,曲线 1、2、3 分别代表冲击区不同截面的塑性变形深度的变化。A 点最大塑性变形深度为 9μm,B 点最大塑性变形深度为 7μm。由此可见,随着激光功率密度的增加,等离子体爆炸的冲击波压力也增加,冲击坑的塑性变形程度增大。但是,激光功率密度的平方根和冲击波压力成正比例关系,所以塑性变形程度变化幅度没有激光功率密度明显。

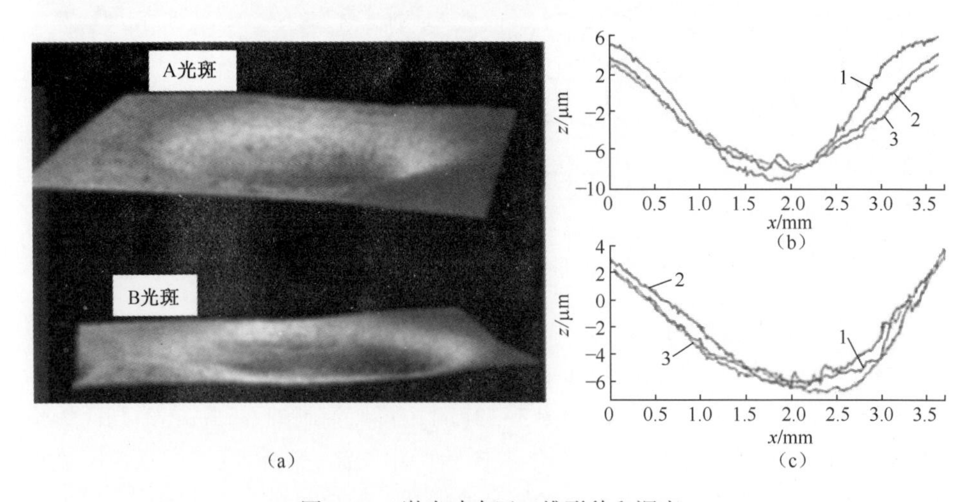

图 5-24　激光冲击区三维形貌和深度

(a)三维表面形貌;(b)A 光斑表面轮廓;(c)B 光斑表面轮廓。

4. 显微硬度检测

显微硬度测试的试验载荷为1kg,加载时间为10s,对A点椭圆形冲击区的长轴方向每隔0.5mm测试一点,结果如图5-25所示。冲击区内的硬度高于冲击区外边缘,且冲击区内硬度值随塑性变形的深度增加而增大,A点冲击区内平均硬度值为376.3HV,冲击区外平均硬度值为343.5HV。马氏体不锈钢冲击区硬度提高幅度为9.5%。在高强度的冲击波作用下,马氏体不锈钢中点缺陷浓度增大,点缺陷的迁移和复合有利于大量位错形成,此外会造成晶格畸变,这些都是提高该材料抵抗塑性变形能力的主要原因。显微硬度越高,其抗气蚀和抗空蚀磨损能力越强。

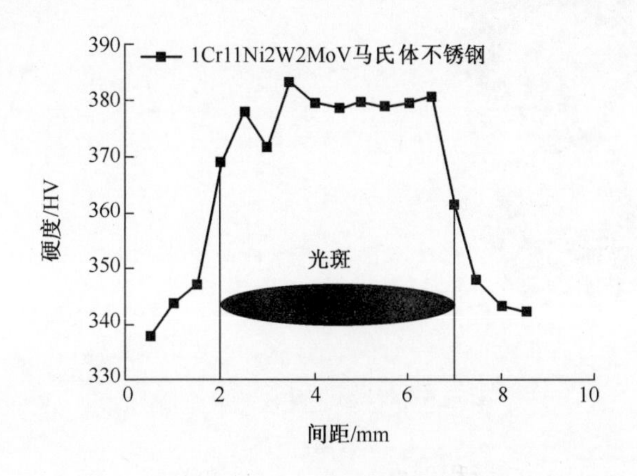

图5-25　A点冲击区显微硬度

5. 冲击区内残余应力状态

对4.82GW/cm^2、5.40GW/cm^2、5.70GW/cm^{2}等3个直径为5mm的单光斑冲击区进行残余应力检测,检测方式为X射线衍射,射线光斑为4mm×4mm,对3个冲击区进行x、y两个垂直方向的测试[90]。表5-5所列结果显示,冲击区内均为压应力状态,而且随着激光功率密度的增加,相应冲击区内的残余应力值增大。

图5-26(b)所示的大面积冲击区局部残余应力测量在清华大学破坏力学重点实验室进行,测量方法为云纹干涉法[91],通过确定钻小孔后的云纹的级数,计算出小孔周围残余应变。图5-26所示为云纹干涉法测量时小孔周围的云纹(图5-26(a))及小孔周围的残余应变情况。小孔边缘两个对称点的残余应力值取平均值,即估算出小孔中心原来的残余应力,计算结果为-570MPa(表5-5)。

表 5-5　单光斑冲击区表面残余应力

激光功率密度/(GW/cm²)	x 方向残余应力/MPa	y 方向残余应力/MPa
4.82	-253	-282
5.40	-259	-345
5.70	-300	-345

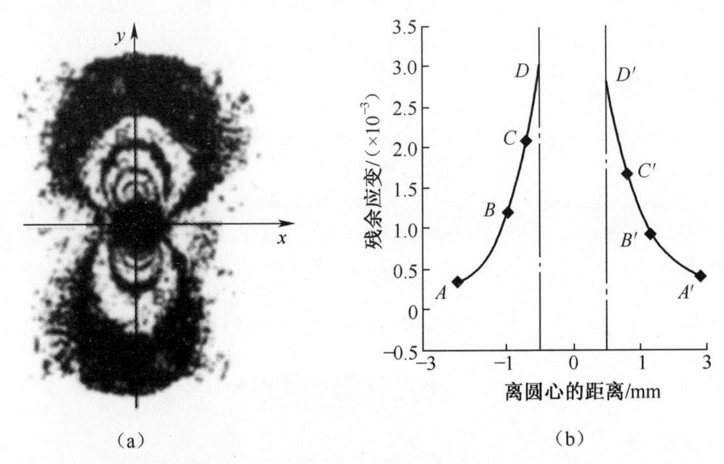

图 5-26　云纹干涉法测残余应力

(a)云纹图;(b)轮廓。

6. 疲劳寿命试验及断口分析

1) 疲劳试件及载荷条件

疲劳试件如图 5-27 所示,其最大应力截面面积为 20mm²,应力集中系数 $K_t=2.5$,孔角边缘导角半径为 0.2mm。试验采用拉-拉载荷,轴向拉伸,最大载荷为 9000N,应力比 $R=0.1$,应力循环频率为 20Hz。共准备 3 组疲劳试件[92],A 组未经过激光冲击,B 组对小孔进行同心冲击强化,C 组对未打孔的试件进行冲

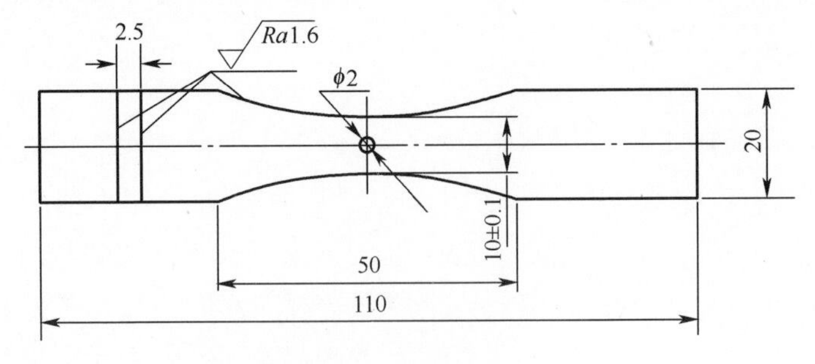

图 5-27　疲劳试件

击强化后再进行打孔。B、C 组试件的激光冲击参数与单光斑冲击试验相同,分别对试件小孔的两侧进行强化处理。

2）疲劳寿命试验结果

3 组疲劳试件均从最大应力截面处断裂,疲劳循环寿命如表 5-6 所列。A 组平均 119348 次,记为 100%;B 组平均 128110 次,记为 107%;C 组平均 260801 次,记为 219%。

表 5-6　疲劳试件的循环周数

A 组	102438 次	103478 次	121865 次	149612 次
B 组	92411 次	147659 次	149096 次	123273 次
C 组	230235 次	327172 次	248259 次	237541 次

3）疲劳断口分析

疲劳断口的观察,可以从 A 组原始试件发生在孔角处的疲劳源看出,如图 5-28所示。因为小孔的应力集中最大,而且表面晶粒不受约束,易于发生滑移的累积,这为疲劳裂纹产生提供了优越条件。在图 5-28 中,从裂纹源到瞬断区的疲劳花样可看出,裂纹扩展路径没有受到任何阻碍。

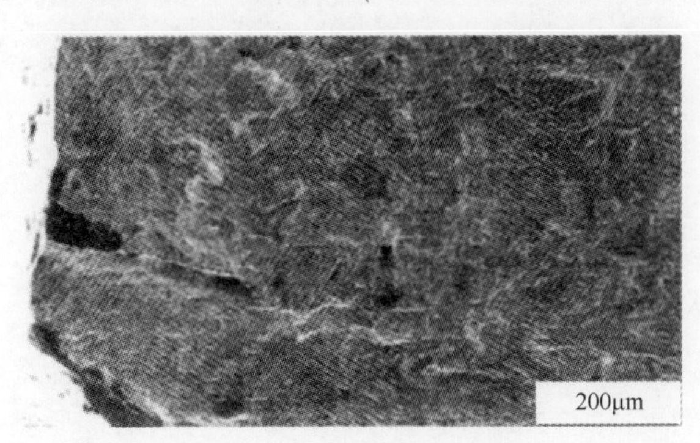

图 5-28　A 组疲劳试件孔角

B 组疲劳试件的疲劳结果与未冲击试样相差不大,其原因是冲击波的作用使孔角处发生一定的变形,对疲劳性能产生负面影响,这与孔角处残余应力产生的疲劳增益相互抵消。另一个原因是当冲击波加载结束以后,冲击区受到周围材料的排挤,而 B 组试件的孔边缘冲击区没有受到来自孔内方向的排挤约束,与四周都受到约束的冲击区相比,残余应力幅值和位错密度较小。

C 组疲劳试件的疲劳结果最优,也与本次试验之前的推测结果吻合,从疲劳断口分析总结出 3 个产生疲劳增益的因素如下。

(1)裂纹萌生时间延长。疲劳裂纹在何处生核和孕育期的长短直接影响着材料的疲劳性能，激光冲击强化对试件小孔表层进行了强化处理，小孔表层的残余压应力层束缚了晶粒，减少了表层的挤入挤出效应，因为小孔表层受到保护，裂纹源发生了转移，在小孔的次表层产生裂纹源，如图 5-29(a)所示。

(2)裂纹扩展延缓。裂纹扩展过程中，裂纹尖端塑性存在裂纹闭合效应，而残余压应力加剧了裂纹闭合倾向，外载需要克服裂纹尖端的压应力才能完全张开。所以在 C 组试件残余压应力层存在负载荷，大大降低了裂纹扩展速率。此外，从图 5-29(b)中可以看到，裂纹绕过压应力区而转向易扩展方向，裂纹扩展路径的曲折也从某种意义上减小了裂纹扩展速率。

(3)次生裂纹。如图 5-29(c)所示，在小孔表层附近观察到，在垂直于主裂纹的方向产生大量的次生裂纹。其原因是：主裂纹方向的残余压应力层使裂纹扩展阻力增大，这些次生裂纹消耗了一定量的载荷，而且产生了新的表面，从而降低主裂纹的载荷，所以这种次生裂纹的出现对疲劳结果是有益的。

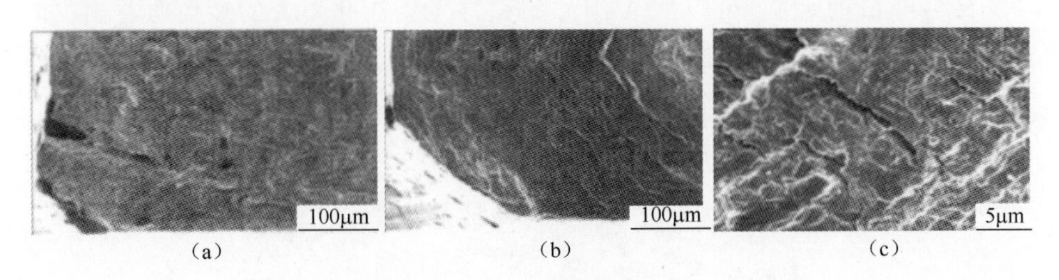

(a)　　(b)　　(c)

图 5-29　C 组疲劳断口形貌

(a)疲劳裂纹萌生；(b)疲劳裂纹扩展；(c)次生裂纹。

5.3.3　Almen 试片(SE707 不锈钢)塑性变形

激光冲击强化 Almen 试片工艺参数为脉宽 30ns、光斑直径 4.5mm、铝箔吸收层 120μm、水约束层 1～2mm，激光功率密度为 8～9GW/cm^2 和 Almen 试片厚度为 2.5mm 以及试片材料为 SE707 不锈钢。本节主要研究激光冲击强化 Almen 试片塑性变形[93]。

图 5-30 显示，Almen 试片中间区域被 5 个光斑冲击强化，光斑搭接率为 33%。激光冲击强化后，试片仅在强化区域弯曲，于是试片弯曲变形被表面轮廓仪 Talysurf5P-120 测量，试片弯曲角度记为 α。试片 A、试片 B 和试片 C 分别被单行、两行和三行单次光斑搭接强化，见表 5-7，行与行搭接率为 33%。试片 B 和试片 C 的弯曲角度 α 仅仅分别为试片 A 的 2 倍和 3 倍。单行两次冲击试片 D 的弯曲角度 α 近似为单行单次冲击试片 A 弯曲角度 α 的 2 倍，但单行 3 次冲击试片 E 的弯曲角度 α 明显小于试片 A 弯曲角度 3α。薄截面试样中，增加激光

冲击次数不一定增加试样残余压应力层深度,而是增加试样残余压应力层幅值。但是,相应的拉应力幅值也增加了,用来抵消残余压应力的影响。当激光冲击强化薄截面试样时,强化条件必须仔细选择,从而使试样中间厚度的高拉应力值最小。

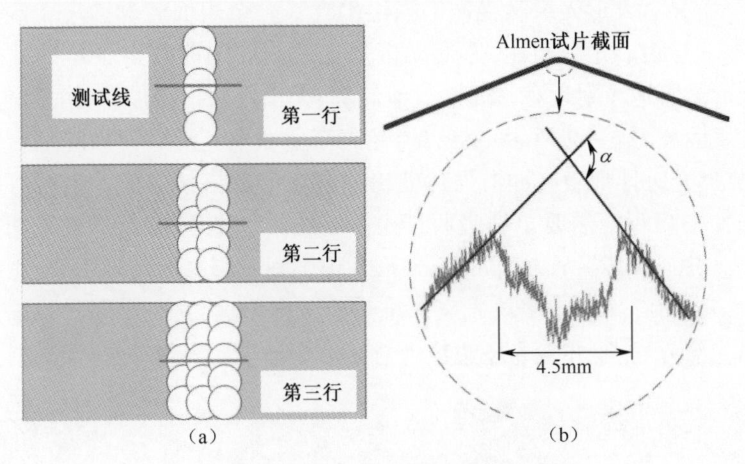

图 5-30 Almen 试片塑性变形示意图

(a)测试位置;(b)测试结果。

表 5-7 Almen 试片塑性变形角度 α

试片	行数/行	冲击次数/次	α/mrad
A	1	1	7.6
B	2	1	15.0
C	3	1	22.6
D	1	2	14.8
E	1	3	18.4

5.4 钛合金的力学性能

5.4.1 TC4 钛合金的力学性能

钛合金有许多优点,如密度低、强度高、抗腐蚀能力强、低温性能好。室温钛合金产生塑性变形很困难,高温钛合金应力与应变曲线有不同形式和规则,TC4 钛合金常进行空压高温超塑性变形。TC4 钛合金广泛应用于航空涡轮发动机,如风扇叶片和压气机叶片。叶片边缘疲劳性能对于整个涡轮发动机至关重要,激光冲击强化能够改善叶片疲劳性能,但冲击波对薄壁件塑性变形和残余应力的影响很难控制。本节主要研究激光冲击强化 TC4 和 TC6 钛合金表面轮廓、表面残余应力和表层微观结构[93, 95]。

1. 表面形貌

图 5-31 显示方形光斑激光冲击强化 TC4 钛合金表面轮廓为一个底面光滑的凹坑[96]。与圆形光斑相比,方形光斑强化区域周围能获得平坦的残余应力场。单圆形光斑边缘附近存在光滑过渡轮廓,无论何种搭接形式,搭接圆形光斑产生凹坑表面如图 5-32 所示。单方形光斑产生一个光滑底面和陡峭台阶的凹坑,同时方形光斑排列激光冲击强化获得非常光滑的搭接效应。多行方形光斑搭接激光冲击强化不需要更换吸收层。图 5-33 显示,方形光斑激光冲击强化 TC4 钛合金表面形成一个方形农田,方形农田中间看起来像一个山脊,山脊高度仅为 1~2μm,山脊高度小于单光斑凹坑洼地深度,表明光斑中间被双面光斑激光冲击强化部分处理,并且光斑边缘处总塑性变形小于光斑中心处总塑性变形。

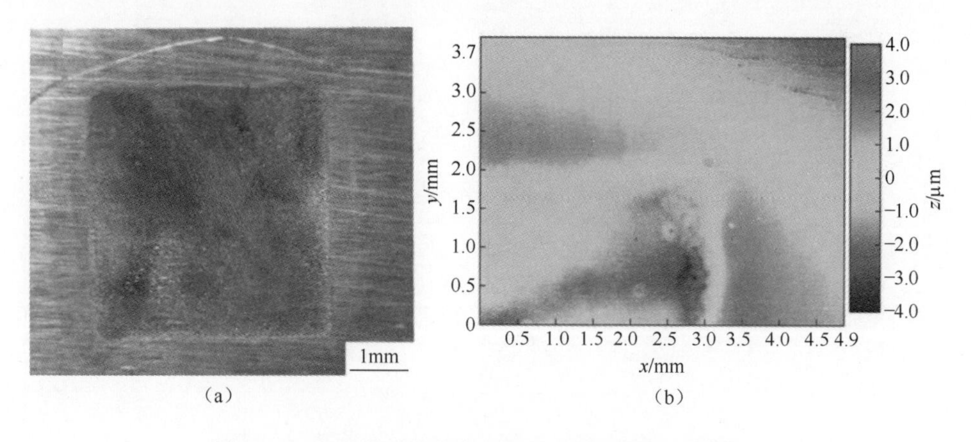

图 5-31 方形光斑激光冲击强化表面轮廓和功率密度

(a)吸收层表面燃烧效应;(b)表面轮廓。

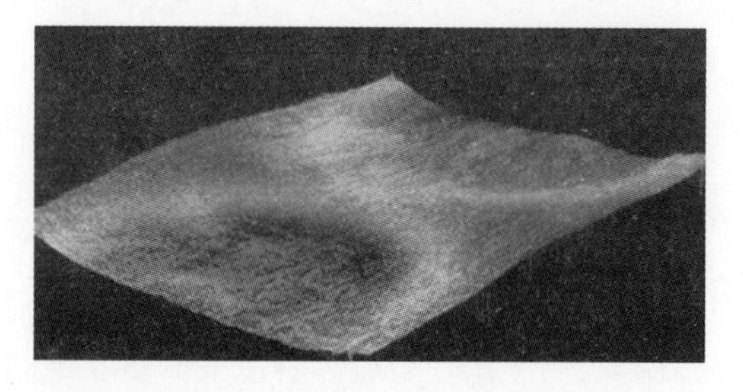

图 5-32 圆形光斑搭接激光冲击强化表面轮廓

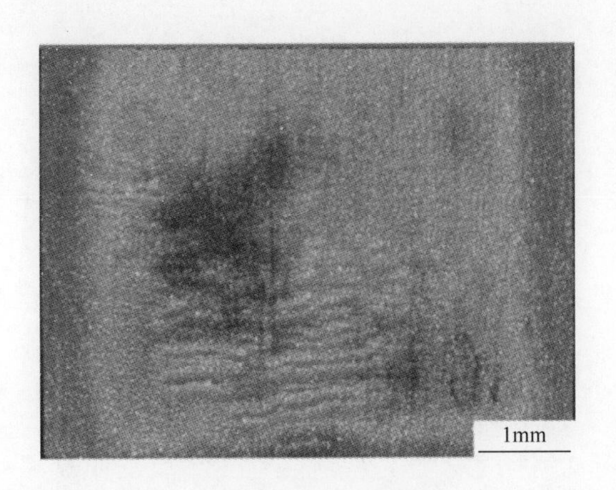

图 5-33　方形光斑激光冲击强化 TC4 钛合金表面轮廓

工艺参数：脉宽 30ns、光斑直径 4.5mm、铝箔吸收层 120μm、水约束层 1~2mm，激光冲击强化 TC4 钛合金试样尺寸为 10mm×10mm×10mm。激光冲击强化诱导 TC4 钛合金表面凹坑如图 5-34 所示。由于激光能量为空间近高斯分布，所以激光冲击强化诱导 TC4 钛合金塑性变形不均匀，光斑内部至边缘 1mm 范围内，凹坑逐渐变深并且在光斑中心附近凹坑保持一定深度。很明显，强化区域凹坑峰值深度与激光功率密度相关。图 5-35 所示为凹坑深度与激光功率密度之间的关系曲线，由图可知，单次激光冲击强化，当激光功率密度为 5.75~9.5GW/cm^2 时，凹坑峰值深度为 1~3.8μm，激光功率密度与凹坑峰值深度近似成线性关系。与单次激光冲击强化相比，两次激光冲击强化能获得更多的塑性变形，两次激光冲击强化诱导 TC4 钛合金凹坑峰值深度近似为单次激光冲击强化 TC4 凹坑峰值深度的 2 倍。当激光功率密度或冲击次数过多时，TC4 钛合金表面塑性变形达到饱和，于是激光冲击强化诱导的应变硬化改善 TC4 钛合金力学性能。因此，与低激光功率密度相比，高激光功率密度激光冲击强化诱导 TC4 钛合金塑性变形增加更困难。

多光斑搭接形成大面积激光冲击强化区域。对强化试样的疲劳寿命而言，试样强化区域获得均匀残余应力场和低表面粗糙度是非常重要的。图 5-36 所示为两圆形光斑搭接强化，光斑直径为 4.5mm，两光斑中心间距分别为 2mm 和 3mm。很明显，33%搭接率激光冲击强化诱导 TC4 钛合金光滑表面轮廓，并与 55%搭接率相比，33%搭接率激光冲击强化更有益于诱导均匀残余应力场和低的表面粗糙度。总之，合适的光斑搭接率能避免出现深板条间隙，深板条间隙常常为疲劳裂纹萌生处。

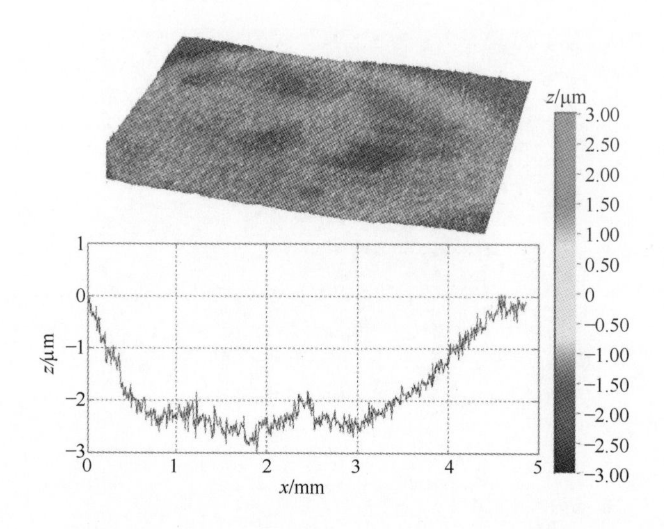

图 5-34 激光冲击强化区域的三维轮廓和截面轮廓

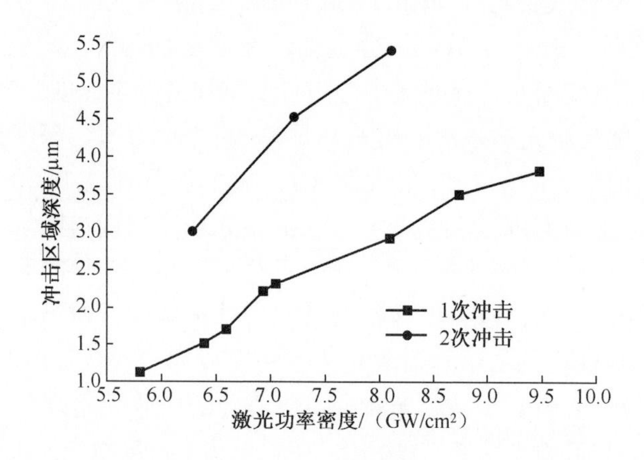

图 5-35 凹坑深度与激光功率密度之间的关系曲线

2. 残余应力

激光冲击强化和喷丸强化 TC4 钛合金表面残余应力对比见表 5-8。由表 5-8可知,单光斑激光冲击强化 TC4 钛合金表面高幅残余压应力值与喷丸强化 TC4 钛合金表面残余压应力值相近。

TC4 钛合金叶片双面同时激光冲击强化如图 5-37 所示,叶片表面铝箔作用:吸收正面激光能量和吸收背面冲击波。沿着叶片边缘方向设为 x 方向,垂直边缘方向设为 y 方向,激光冲击强化叶片正面两点残余应力 $\sigma_x = -236\text{MPa}, \sigma_y =$

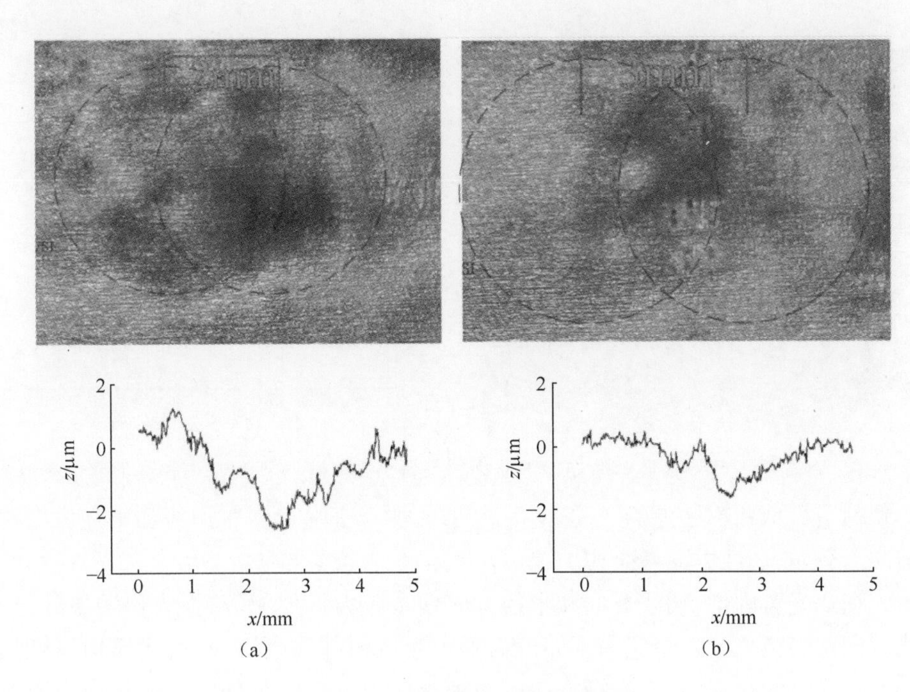

图 5-36　光斑搭接区域表面轮廓
(a)55%搭接率;(b)33%搭接率。

-159MPa 和 σ_x = -277MPa, σ_y = -108MPa,激光冲击强化叶片背面两点残余应力 σ_x = -390MPa, σ_y = -190MPa 和 σ_x = -292MPa, σ_y = -218MPa。

表 5-8　激光冲击强化和喷丸强化 TC4 钛合金表面残余应力

强化方式	x 方向残余应力/MPa	y 方向残余应力/MPa
激光冲击强化	-603	-560
喷丸强化	-439	-910

工艺参数:脉宽 30ns、光斑直径 4.5mm、铝箔吸收层 120μm、水约束层 1~2mm,激光冲击强化 TC4 钛合金试样尺寸为 10mm×10mm×10mm。采用 X 射线衍射技术测量光斑中心残余压应力。当激光功率密度小于某一阈值($8GW/cm^2$)时,表面残余应力值随着激光功率密度增加而提高,如图 5-38 所示[93]。当大于某一阈值($8GW/cm^2$)时,表面残余应力值随着激光功率密度增加而降低,该现象原因可能为表面瑞利波聚焦效应。冲击波加载后,强化区域边缘产生表面瑞利波,表面瑞利波沿着半径方向在光斑中心处聚焦产生拉力波,拉力波消除光斑中心处残余压应力[72]。

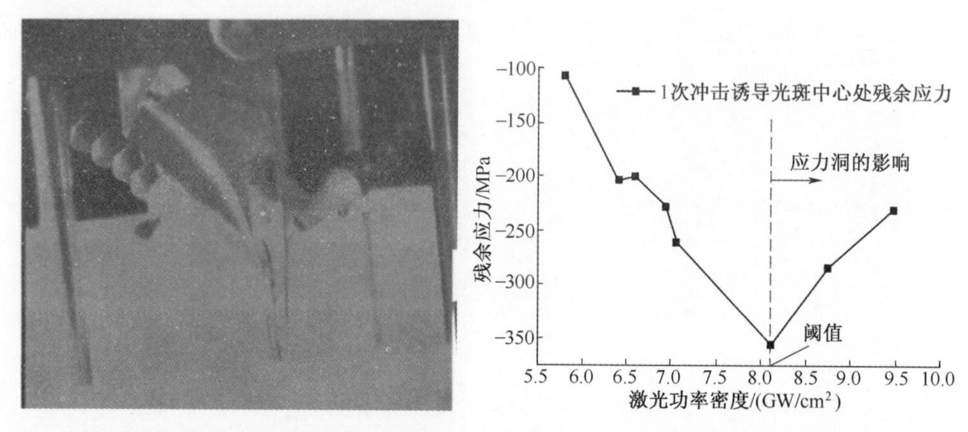

图 5-37　钛合金叶片双面同时激光冲击强化　　图 5-38　不同激光功率密度下残余应力

数值模拟功率密度为 6.5GW/cm^2,TC4 钛合金强化光斑切线和半径方向残余应力分布,切线方向残余应力为 σ_T 和半径方向残余应力为 σ_R,如图 5-39所示。强化光斑内部,切线方向和半径方向残余应力近似相等,但光斑边缘处,切线方向和半径方向残余应力不同。为平衡光斑内部残余压应力,光斑边缘处切线方向应力为拉应力,但半径方向应力为压应力。为避免外围残余拉应力影响后处理属性,强化区域必须足够大,从而使外围残余拉应力在疲劳关键区域外面。

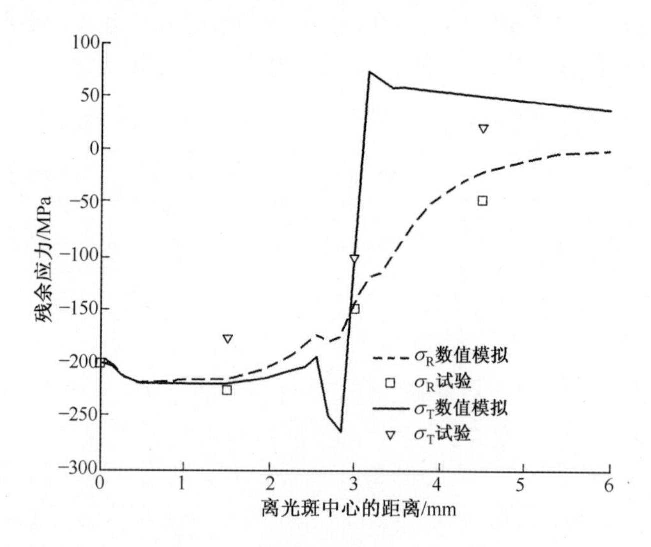

图 5-39　切线和半径方向残余应力

电解抛光去除表层材料,X 射线衍射测量材料新表面残余应力,从而获得材料深度方向残余应力分布。激光功率密度为 7GW/cm^2,单次和两次激光冲击强化 TC4 钛合金深度方向残余应力分布,如图 5-40 所示。由图 5-40 可知,表面残余压应力最大,并随着离表面距离增大残余压应力缓缓降低。随着激光冲击次数的增加,TC4 钛合金表面残余压应力值和残余压应力层深度都增加。因为二次冲击强化诱导的冲击波很容易传入第一次冲击强化影响层,因此多次冲击强化残余压应力层增加。但当第一次冲击强化强度足够大时,冲击波诱导材料塑性变形饱和,因此多次冲击强化对材料表面残余压应力值没影响。

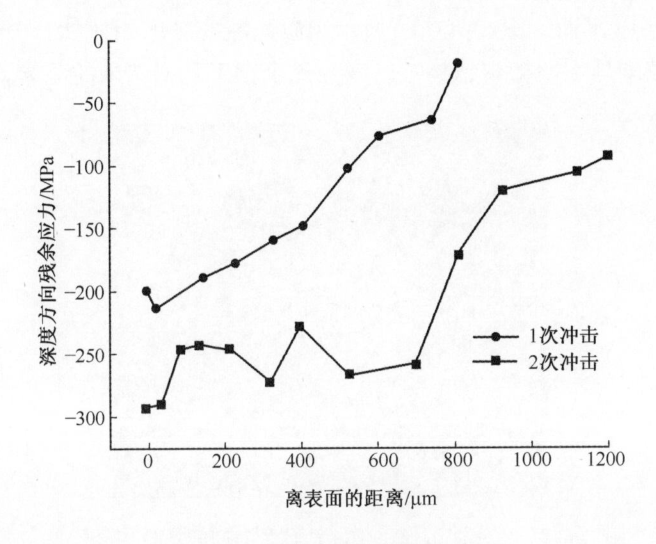

图 5-40　深度方向残余应力分布

3. 表层微观结构

TC4 钛合金为 α+β 双相组织,图 5-41 所示为未冲击强化 TC4 钛合金微观结构[96],其中 α′相为主要结构,图 5-41(b)所示为 SAED 图案,图中衍射斑点显示单相 α′-Ti 相,衍射斑点 2、斑点 3、斑点 4 分别代表(0002)面晶体 α′-Ti 相、(-2112)面晶体 α′-Ti 相和(-2110)面晶体 α′-Ti 相。图 5-41(c)所示为大

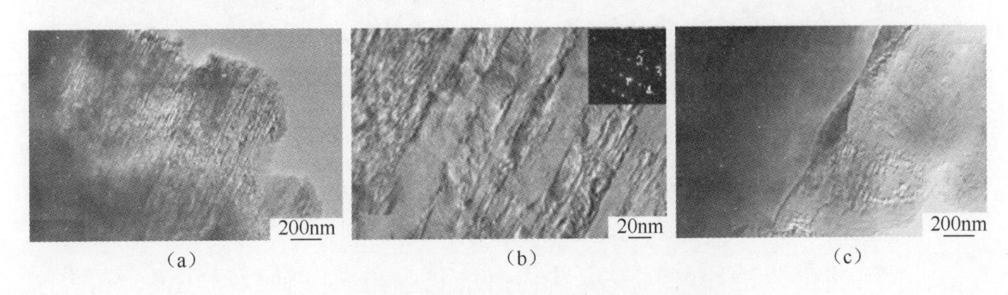

(a)　　(b)　　(c)

图 5-41　未冲击强化 TC4 钛合金微观结构

(a)TEM 图;(b)SAED 图案;(c)大角度晶格边界。

角度晶格边界,晶粒尺寸为微米量级,图中清晰地显示 α′相板条为未强化 TC4 钛合金主要微观结构,板条尺寸为 40nm×50nm。

图 5-42 所示为激光冲击强化诱导 TC4 钛合金表面纳米结构[97],平均晶粒尺寸为 70μm,激光冲击强化 TC4 钛合金板条微观结构消失,并且在表层 200μm 内形成微聚晶体。图 5-43 所示为激光冲击强化 TC4 钛合金微观结构 TEM 图,图 5-43(a)中 SAED 连续衍射环表明纳米微晶结构,衍射环为 $(\bar{1}10)\alpha$、$(011)\alpha$、(210) 平面。图 5-43(b)所示为激光冲击强化 TC4 钛合金微观结构的暗场,图中清晰地表明微观结构被转变为几个小于几十纳米的晶体。

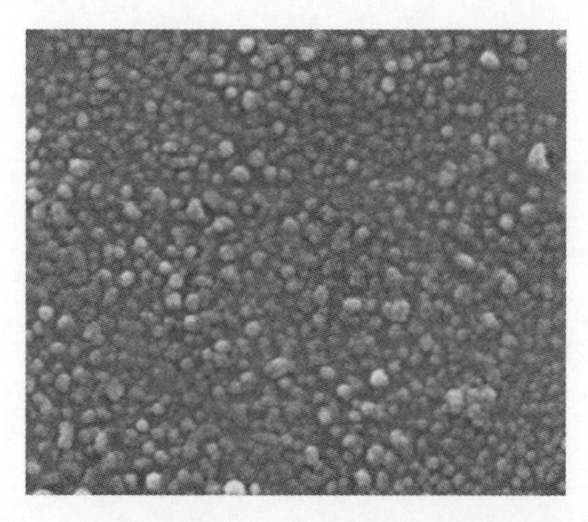

图 5-42 激光冲击强化 TC4 钛合金表面纳米结构(SEM)

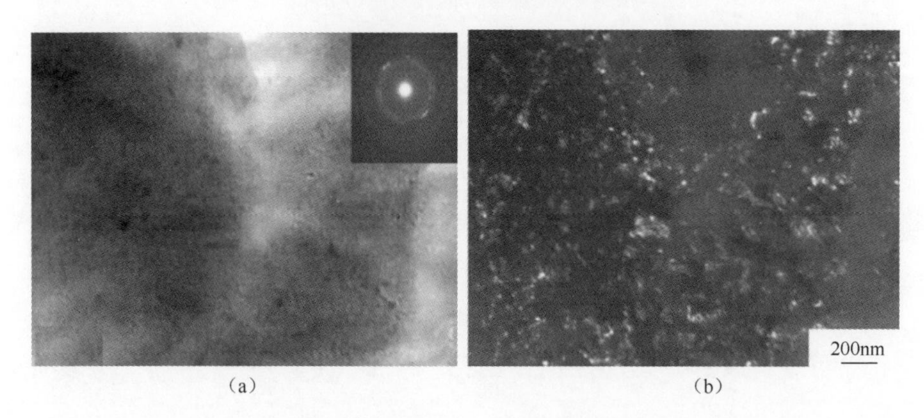

图 5-43 激光冲击强化 TC4 钛合金微观结构 TEM 图
(a)明场和 SAED 图;(b)暗场。

激光冲击强化诱导材料表层结构由块状单晶向等轴微晶转换。在表层 200μm 深度范围内,结构扭曲导致亚结构尺寸改变,或位错胞尺寸改变,位错胞因位错填塞堆积而成。几微米板条结构发展为 300~500nm 亚结构或位错胞,于是在表层形成细化晶粒的微晶。扭曲变形随着材料表面至材料内部深度增加而降低,扭曲变形深度约 200μm。未变形区域附近一些板条变形超过 1μm。

材料内部塑性变形包括位错滑移和机械孪晶。变形类型依赖于材料的堆积层错能。高堆积层错能材料塑性变形形式为位错运动,低堆积层错能材料塑性变形形式为孪晶。因为 TC4 钛合金属于中等堆积层错能,所以激光冲击强化 TC4 钛合金塑性变形包括位错运动和机械孪晶。

与更深层相比,浅层 0~300nm 内,材料应变率和总应变急剧增加,几十纳米晶粒尺寸的纳米层形成。连续衍射光斑表明,晶粒为等轴,晶粒方向为任意方向。更深层为 0.3~200μm,位错增殖、湮灭和重排列形成一个位错胞,位错胞为等轴或沿一个方向拉长。

位错胞形成步骤如下。

(1) 晶粒和细化晶胞中位错墙和位错缠结演变,位错增殖阻碍滑移。

(2) 位错墙或位错缠结转换为单胞和亚晶体的低角度边界。位错密度随着应变率增加而增加。为抑制系统能量,高密度位错在位错墙和位错缠结附近湮灭和重新排列,发展为低角度亚晶体边界。

(3) 低角度亚晶体边界转换为高角度亚晶体边界;随着应变率的增加,亚晶体边界处产生和湮灭更多位错,诱导晶体边界两边取向差。晶体持续细化使得旋转更加容易,晶体方向也变得任意。随着应变率增加,细化亚晶体或晶体内位错墙和位错缠结产生。与细化原始晶体模型一样,亚晶体细化更小晶体。

(4) 纳米尺寸间隔内高位错密度形成位错墙。位错墙向亚晶体边界或更多亚晶体转换诱导纳米晶体形成。同时,因为该尺寸更容易晶体旋转,所以材料表面形成了任意方向的等轴纳米晶结构。

图 5-44 所示为方形光斑搭接边缘处 TC4 钛合金表层微观结构的连续衍射环[96],连续衍射环表明微观结构由薄结构转变为更小的微晶体。图 5-45 所示

图 5-44　方形光斑搭接边缘处 TC4 钛合金表层微观结构的连续衍射环(TEM 图)

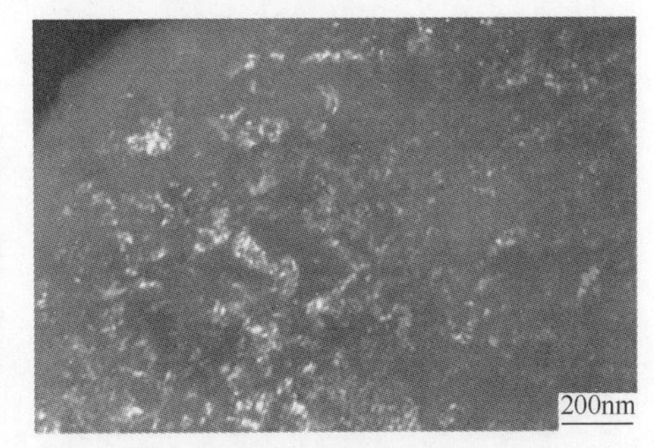

图 5-45　方形光斑搭接边缘处 TC4 钛合金表层微观结构的暗场(TEM 图)

为方形光斑搭接边缘处 TC4 钛合金表层微观结构的暗场，图中显示微观结构转变为 10nm 晶体或几个纳米晶体。图 5-44 中的衍射环由内向外分别为(-110)α 晶体平面、(101)β(011)α 晶体平面、(200)β 晶体平面和(2-10)α 晶体平面。

4. 疲劳断口分析

激光冲击强化航空航天领域广泛应用的钛合金 TC4 疲劳缺口试样的中心圆孔，疲劳试样宽度为 $W=15\text{mm}$，试样的试验条件见表 5-9。激光冲击强化工艺参数，波长 1.06μm，脉宽 20~30ns，单脉冲能量 10~25J，光斑直径 5~6mm，功率密度 2~6GW/cm^2。用疲劳试验机 INSRO1253 做疲劳试验，参数为应力比 $R=0.1$，频率 $f=(10\sim30)\text{Hz}$，应力集中系数 $K_t=2.5$(ϕ3.4mm)、$K_t=2.75$(ϕ1.2mm)、$K_t=2.85$(ϕ0.5mm)。拉-拉疲劳试验完后，截取疲劳断口，采用光学显微镜观察疲劳断口宏观形貌，扫描电镜分析断口微观形貌，对比激光冲击强化前后疲劳试样断口裂纹源、微裂纹、疲劳条纹不同特征。

表 5-9　板材状态、孔加工方式和疲劳试验条件

材料	状态	厚度/mm	孔加工方式	加载系数	循环系数/(×10^3 次)
TC4	轧制	1.5	激光冲击强化后电脉冲加工 ϕ0.5mm	0.45	2333

TC4 钛合金平滑疲劳区十分明显，为 4~5mm 宽，几乎到边缘才进入失稳断裂区，所有失稳断裂区均以与断面成 45°的方向断裂，并且一边朝上，另一边朝下。失稳断裂区前沿的粗晶粒沿裂纹扩展方向呈波浪状分布。与高强钢类似，试件疲劳裂纹起源不明显，大部分为多源疲劳，少数试件也有从裂纹源发出的辐射状形貌，但没有像 2024 铝合金那样明显。平滑疲劳区没有高强钢那样平整，层状线也不明显。相比之下，疲劳源交汇处的台阶显得比较突出，数量也比高强钢多，有些台阶长达 0.5mm 左右。

对比激光冲击前后疲劳断口宏观形貌，基本上可以归结出经激光冲击过的试件台阶较均匀，数量比未冲击件多，说明激光冲击件易产生均匀的多源疲劳。

图 5-46(a)所示为 LSP43 试件(激光功率密度为 5.79GW/cm^2)平滑疲劳区裂纹及条纹分布。可以看出，条纹呈花样分布，扩展时应力方向变化十分复杂。图 5-46(b)所示是对一处条纹的放大，可以看出，条纹宽约 1.25μm，扩展不到 10 个条纹便出现微裂纹，然后条纹方向发生改变。图 5-46(c)所示为 LSP41 试件(激光功率密度为 5.58GW/cm^2)平滑疲劳区微裂纹形貌。图 5-46(d)所示为未强化的对比试件离孔 4mm 处的条纹，条纹宽约 1.25μm，与经过激光冲击过的 LSP43 试件结果相当，微裂纹情况也相差不大，仅仅是偏向脆性条纹倾向。参照试验中激光冲击硬化前后试件疲劳寿命提高幅值很小(9%)的结果可以看出，所选激光冲击参数(激光功率密度为 5~6GW/cm^2)对钛合金微观

结构改变很小,对疲劳裂纹扩展速率几乎没有多大影响,但对材料的韧性有所改变,需另选合适的参数和工艺再做验证试验。

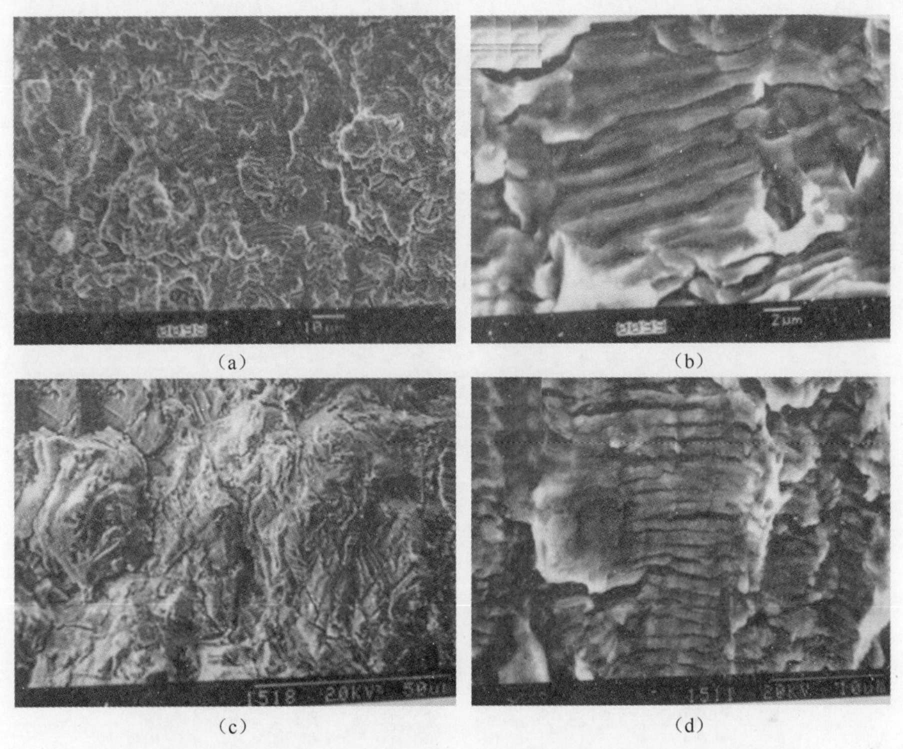

图 5-46 激光冲击强化技术对 TC4 钛合金微裂纹和条纹的不同影响

(a)LSP43 试件;(b)图(a)局部放大图;(c)LSP41 试件;(d)未强化的对比试件。

5.4.2 TC17 钛合金的力学性能

本小节采用白光干涉法和无损 X 射线衍射法,研究方形光斑激光冲击强化 TC17 钛合金表层结构,如表面形貌和残余应力[81]。

1. 表面轮廓(稳态 β 型)

激光冲击强化工艺参数为 Nd:YAG 激光器、脉宽 30ns、频率 0.1Hz、铝箔吸收层厚 0.12mm、水约束层厚 1mm、方形光斑尺寸为 4mm×4mm,研究材料为 TC17 钛合金,一种富 β 稳定元素的 α+β 型两相钛合金,其微观组织主要由 α 晶粒和针状 α+β 相(β 转换)组成,如图 5-47 所示,其化学成分见表 5-10[81],经过固溶和时效处理后,室温拉伸试验得到其屈服强度为 1166MPa,抗拉强度为 1219MPa。TC17 钛合金被切割成 20mm×20mm×6mm 小块,激光冲击强化前,钛合金表面按照叶片表面质量要求进行抛光处理。研究不同激光能量和搭接率下,TC17 钛合金表面轮廓形貌,方形光斑激光冲击强化 TC17 钛合金铝箔表面燃烧图案如图 5-48 所示。铝箔吸收层保护 TC17 钛合金产生热效应,因此激光冲击强化为利用冲击波力学效应的冷加工方法。基于光学干涉技术,采用 WYKO NT1100 光学轮廓仪测量激光冲击强化 TC17 钛合金表面轮廓。

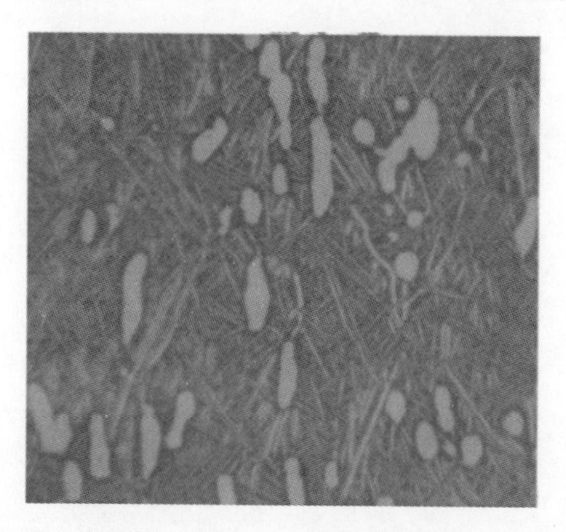

图 5-47　TC17 钛合金微观组织

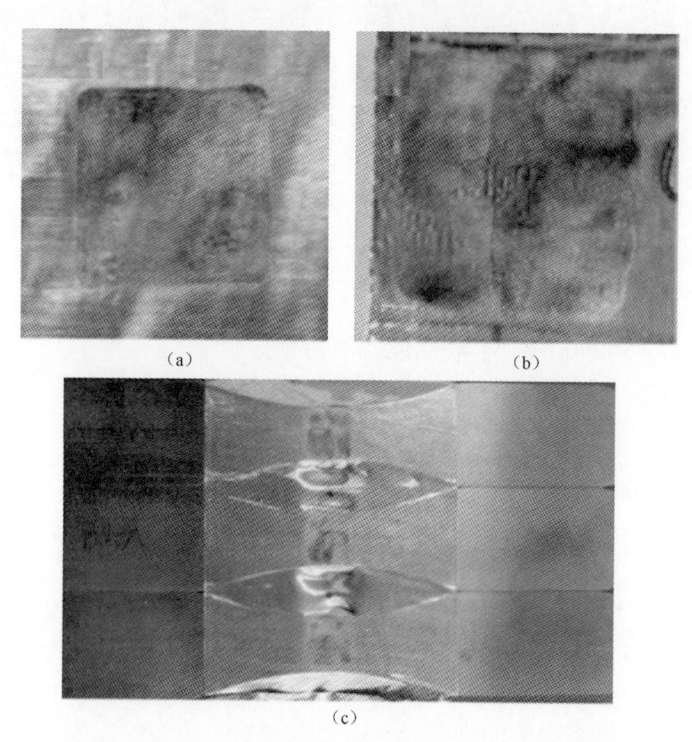

图 5-48　激光冲击强化 TC17 钛合金铝箔表面燃烧图案

(a)单光斑;(b)4 个搭接光斑;(c)疲劳试样表面搭接光斑。

表 5-10 TC17 钛合金化学成分 (%(质量分数))

Al	Sn	Zr	Mo	Cr	Ti
4.5~5.5	1.6~2.4	1.6~2.4	3.5~4.5	3.5~4.5	其他

不同激光能量单光斑激光冲击强化 TC17 钛合金表面形貌如图 5-49 所示。当激光能量大于 30J 时,高压冲击波载荷诱导 TC17 钛合金强化区域表层塑性变形产生方形凹坑。随着激光能量的增加,冲击波压力增大(与激光能量平方根成正比)[98],因此激光冲击强化 TC17 钛合金表层塑性变形越来越严重。然而,激光冲击强化 TC17 钛合金表面凹坑内出现不均匀区域,并且强化区域表面粗糙度略大于母材表面粗糙度。

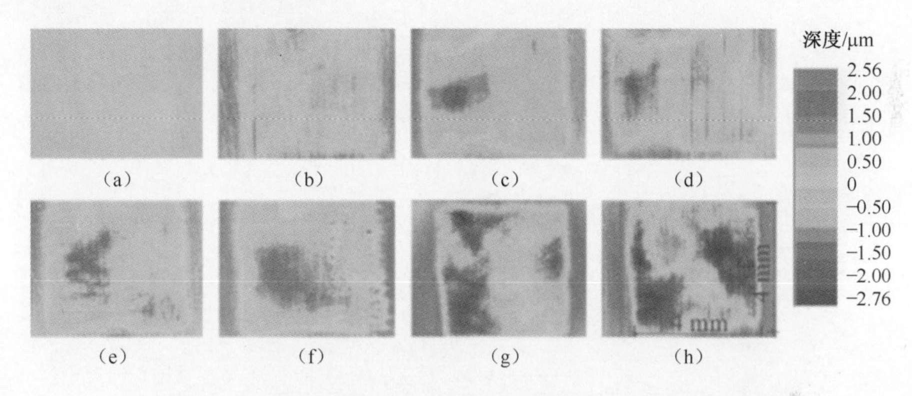

图 5-49 不同激光能量单光斑激光冲击强化 TC17 钛合金表面形貌
(a)激光能量 26J;(b)激光能量 32J;(c)激光能量 37J;(d)激光能量 43J;
(e)激光能量 46J;(f)激光能量 49J;(g)激光能量 57J;(h)激光能量 63J。

横越 TC17 钛合金母材表面和 57J 能量激光冲击强化区域表面线轮廓如图 5-50所示,由图可知,57J 强化区域凹坑底面高度差异小于 1μm,从凹坑边缘外部到凹坑底面,凹坑深度快速降低,有利于高效激光冲击强化光斑搭接。

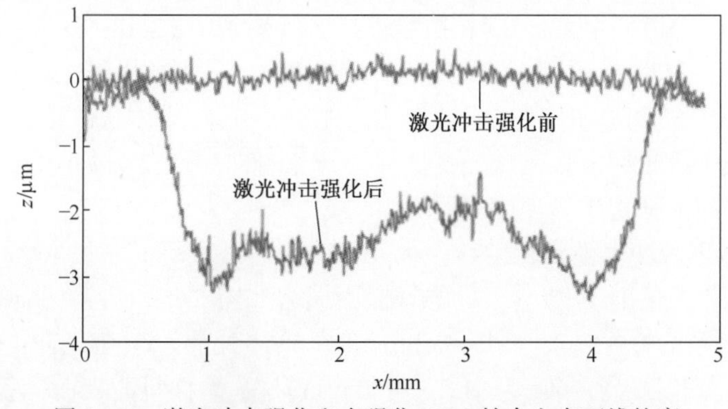

图 5-50 激光冲击强化和未强化 TC17 钛合金表面线轮廓

不同能量单光斑激光冲击强化 TC17 钛合金光斑中心处凹坑最大深度和残余应力分布如图 5-51 所示。当激光能量为 32~55J 时,光斑中心处凹坑深度和残余应力值随着激光能量的增加而增加,原因为随着激光能量增加,冲击波峰值压力增大,冲击波诱导材料塑性应变增大。当激光能量大于 55J 时,因约束层被激光能量介质击穿,激光冲击强化 TC17 钛合金光斑中心处凹坑深度和表面残余压应力值基本不变[99]。约束层被介质击穿后,约束层内产生的等离子体屏蔽激光入射靶材表面。单光斑激光冲击强化 TC17 钛合金凹坑深度为 3~3.5μm,表面残余应力为$-0.5\sigma_y$或$-0.6\sigma_y$(σ_y为材料屈服强度)。与单次激光冲击强化相比,因塑性应变和循环硬化增加,多次激光冲击强化 TC17 钛合金诱导表面残余压应力增大。

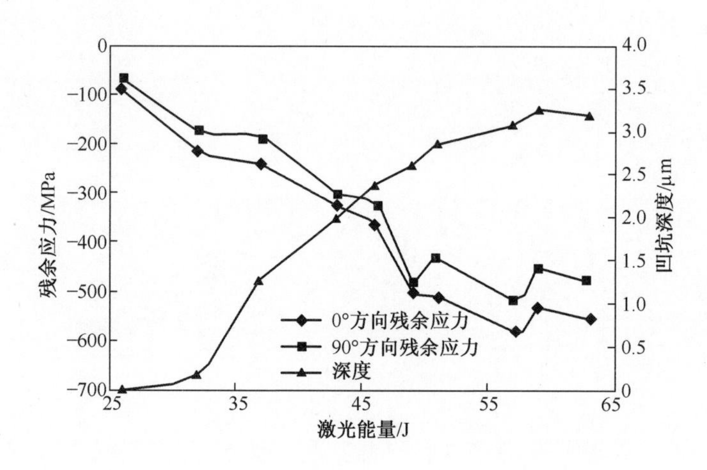

图 5-51 单光斑激光冲击强化 TC17 钛合金表面凹坑深度和残余应力分布

能量 51J 激光冲击强化 TC17 钛合金两方形凹坑之间部分表面形貌和线轮廓如图 5-52 所示。当搭接率小于 0 时,两方形凹坑之间形成一个山脊,原因为该区域未被冲击波覆盖,随着搭接率降低,山脊越来越宽,山脊高度为 2.5~3μm。当搭接率增加至大于 0 时,由于搭接区域受到两次同能量冲击波加载,搭接区域产生一个凹槽,并且随着搭接率增加,凹槽宽度增大,凹槽深度为 1.5~2μm。由图 5-52 可知,凹槽边缘处形成一个微小山脊,凹槽右边缘微小山脊由左边方形光斑激光冲击强化诱导塑性变形产生,凹槽左边缘微小山脊由右边方形光斑激光冲击强化诱导塑性变形产生。

2. 表面形貌和表面粗糙度

不同工艺强化 TC17 钛合金的二维表面形貌如图 5-53 所示。由图 5-53(a)可知,基体材料的峰谷高度为−2~1μm。由图 5-53(b)可知,激光冲击强化 TC17 钛合金的表面形貌峰谷高度为−1.75~1.25μm,与基体材料的表面形貌峰谷相接

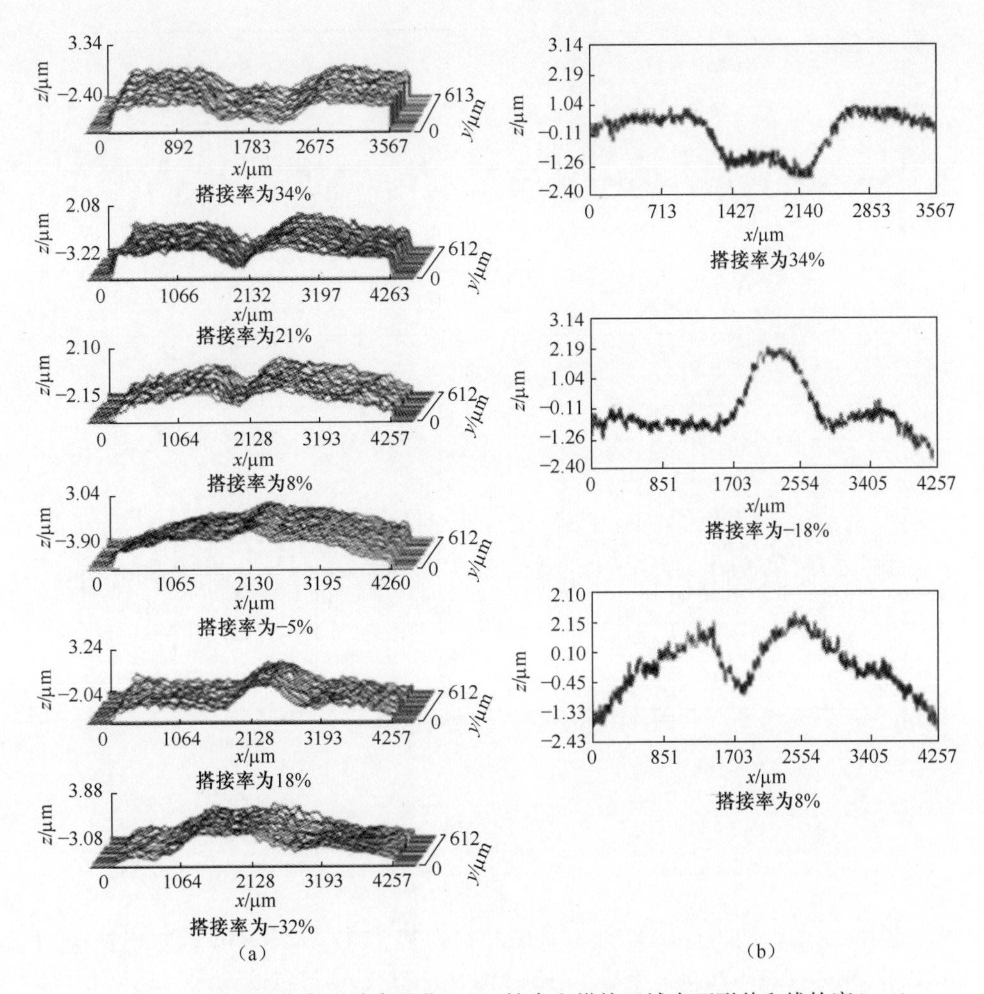

图 5-52　不同搭接率激光冲击强化 TC17 钛合金搭接区域表面形貌和线轮廓(51J)

(a)表面形貌;(b)线轮廓。

近,原因为优化的激光冲击强化工艺参数对 TC17 钛合金表面产生较小的塑性变形。然而,喷丸强化 TC17 钛合金的表面形貌发生较大变化,峰谷高度范围为−8.5~7.5μm,如图 5-53(c)所示。激光冲击强化和喷丸强化复合强化 TC17 钛合金的表面形貌峰谷高度范围为−8.5~5μm,如图 5-53(d)所示。研究结果与 Liu 等[100]研究结果相同,原因为喷丸强化诱导 TC17 钛合金双相组织不同和不一致的塑性变形。

不同工艺强化 TC17 钛合金的表面粗糙度见表 5-11。基体材料的表面粗糙度为 *Ra*0.0742μm 和 *Rz*1.1μm。激光冲击强化 TC17 钛合金的表面粗糙度为 *Ra*0.124μm 和 *Rz*1.3μm。喷丸强化 TC17 钛合金的表面粗糙度为 *Ra*1.21μm 和

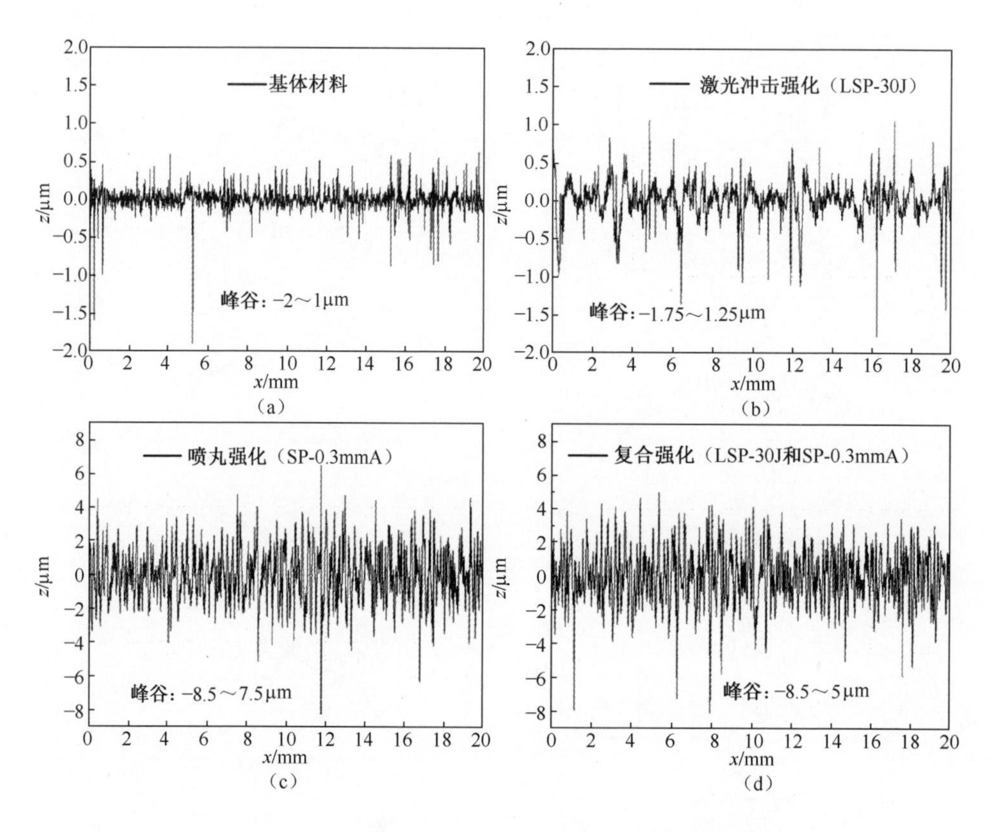

图 5-53　不同工艺强化 TC17 钛合金的二维表面形貌

(a)基体材料;(b)激光冲击强化;(c)喷丸强化;(d)激光冲击强化和喷丸强化的复合强化。

*Rz*7.45μm。激光冲击强化和喷丸强化复合强化 TC17 钛合金的表面粗糙度为 *Ra*1.22μm 和 *Rz*7.62μm。与基体材料和激光冲击强化材料的表面粗糙度相比,喷丸强化和复合强化 TC17 钛合金的表面粗糙度明显增加,原因为喷丸强化过程中,TC17 钛合金表面产生严重塑性变形和不均匀喷丸分布,导致 TC17 钛合金表面形貌峰谷高度的最大值明显增加,从而增加了 TC17 钛合金的表面粗糙度。

表 5-11　不同工艺强化 TC17 合金的表面粗糙度

状态	*Ra*/μm	*Rz*/μm
基体	0.0742	1.10
激光冲击强化	0.124	1.30
喷丸强化	1.21	7.45
激光冲击强化和喷丸强化	1.22	7.62

3. XRD 相分析

激光冲击强化或喷丸强化前后 TC17 钛合金的表面 XRD 图谱如图 5-54 所示。由图 5-54 可知,激光冲击强化或喷丸强化前后 TC17 钛合金的衍射峰与 α 相和 β 相的衍射峰相一致,表明激光冲击强化或喷丸强化未使 TC17 钛合金产生新相。然而,从激光冲击强化、喷丸强化到复合强化,TC17 钛合金的衍射峰变宽,不考虑测试仪器变宽效应。同时,出现相邻峰搭接现象,如 α(002)、$\beta(\bar{1}\bar{1}0)$ 和 $\alpha(\bar{1}0\bar{1})$。Li 等[101]研究发现,高能喷丸强化 TC17 钛合金的衍射峰变宽和相邻峰产生严重搭接现象,原因为激光冲击强化或喷丸强化 TC17 钛合金表层晶粒细化、晶格畸变和微应力增加。此外,喷丸强化 TC17 钛合金的衍射峰变宽程度大于激光冲击强化 TC17 钛合金衍射峰变宽程度,这表明与激光冲击强化 TC17 钛合金的表面微观组织相比,喷丸强化 TC17 钛合金的表面微观组织的晶粒更细小。

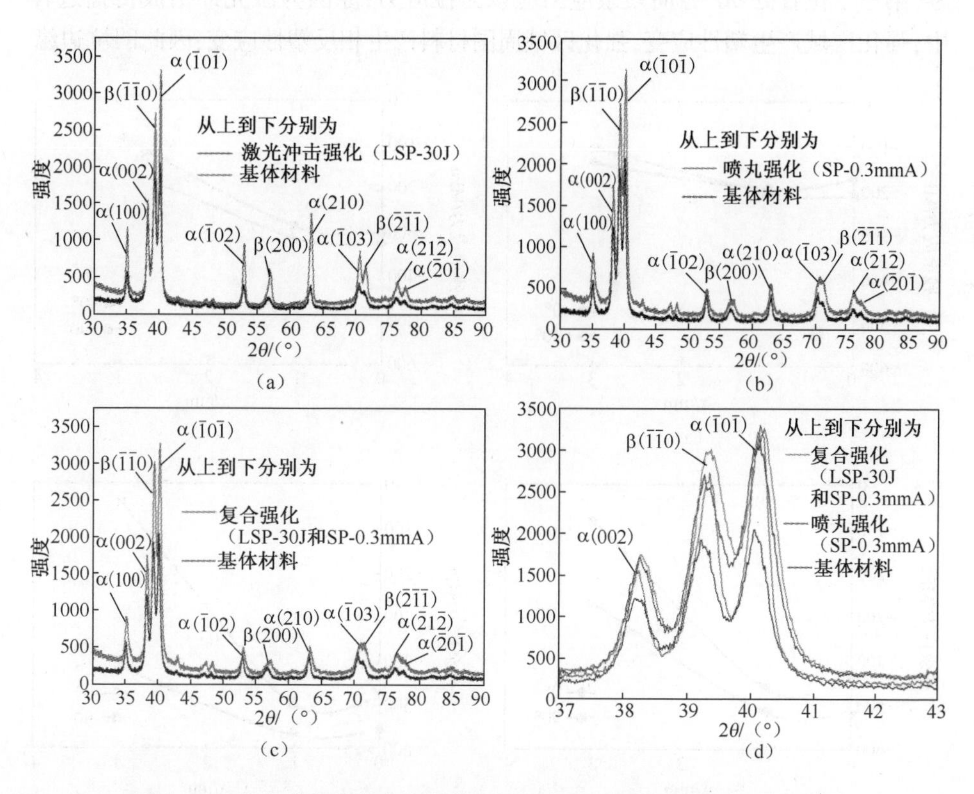

图 5-54　激光冲击强化或喷丸强化前后 TC17 钛合金的表面 XRD 图谱

(a)~(c)不同工艺参数 TC17 钛合金的表面 XRD 图谱;(d)局部放大图。

4. 残余应力

采用本小节激光工艺参数和TC17钛合金，研究不同激光能量、冲击时间和搭接率下，激光冲击强化TC17钛合金残余应力。采用X射线衍射方法测量TC17表面残余应力，XRD仪器电压为25kV和电流为5mA，测量光束直径为1mm。

激光能量为34J、43J、51J和63J单光斑凹坑表面凹坑中心、从凹坑中心至边缘间隔1mm和间隔2mm这3个位置处残余应力分布，如图5-55所示。由图5-55可知，当激光能量相同时，凹坑内第一个和第二个位置处残余压应力值相接近，激光冲击强化诱导光滑凹坑表面内残余应力分布均匀，再者，凹坑中心处未出现应力洞现象。与第一个和第二个位置处残余应力相比，第三个位置处0°和90°方向残余应力产生明显差异。随着激光能量的增加，第三个位置处0°方向残余压应力幅值增加，90°方向残余压应力幅值减少。如果母材残余应力为零，第三个位置处90°方向残余应力应该为拉应力，原因为激光冲击波传播过程中，强化区域产生塑性应变，强化区域周围材料产生相反塑性应变，因此凹坑边缘

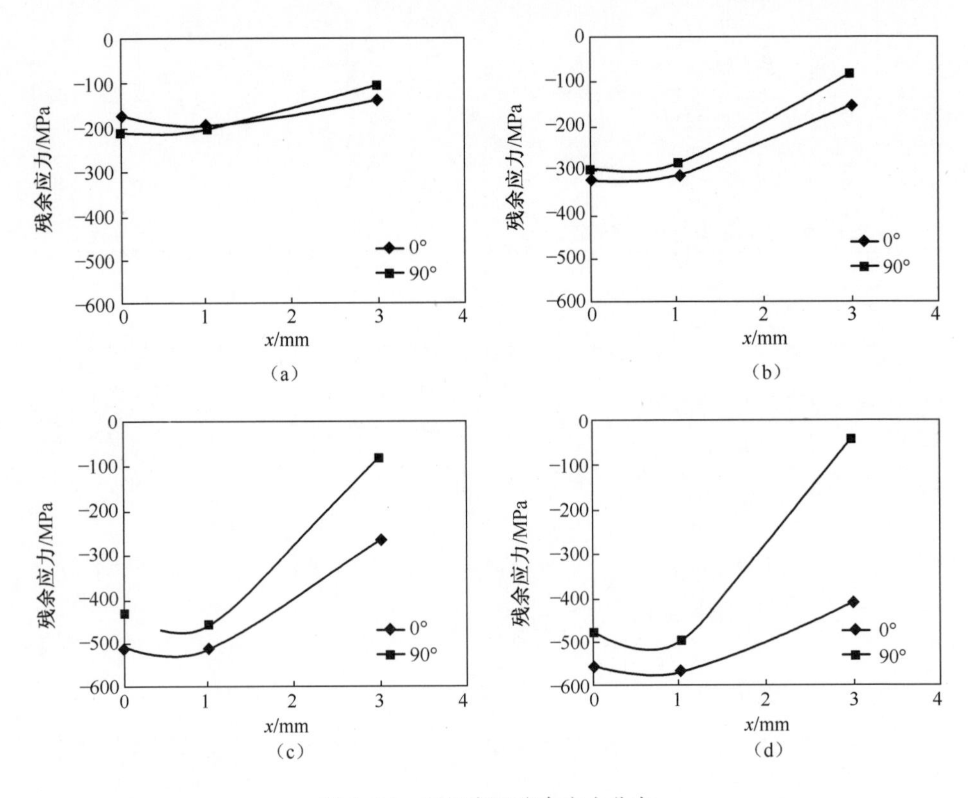

图5-55 凹坑表面残余应力分布

(a)34J;(b)43J;(c)51J;(d)63J。

处产生弹性应变[69]，第三个位置处0°方向产生压缩应变，第三个位置处90°方向产生拉伸应变。

两方形光斑之间残余应力测量位置和残余应力分布如图5-56所示，因大部分凹槽和山脊区域宽度小于X射线衍射直径1mm，所以图5-56中凹槽和山脊区域测量残余应力值与实际值存在差异。因此，更高搭接率的搭接区域测量更高残余压应力幅值，所以两次冲击强化区域比单次冲击强化区域诱导更高幅值残余压应力。与搭接强化区域相反，两方形光斑之间未强化区域表面残余应力快速降低，并且0°方向残余压应力幅值比90°方向残余压应力幅值更高。当搭接率增至8%时，搭接区域两次强化表面残余压应力幅值与单光斑强化区域表面残余压应力幅值相同。因此，选用搭接率8%激光冲击强化大面积区域，强化区域表面获得均匀残余压应力场。

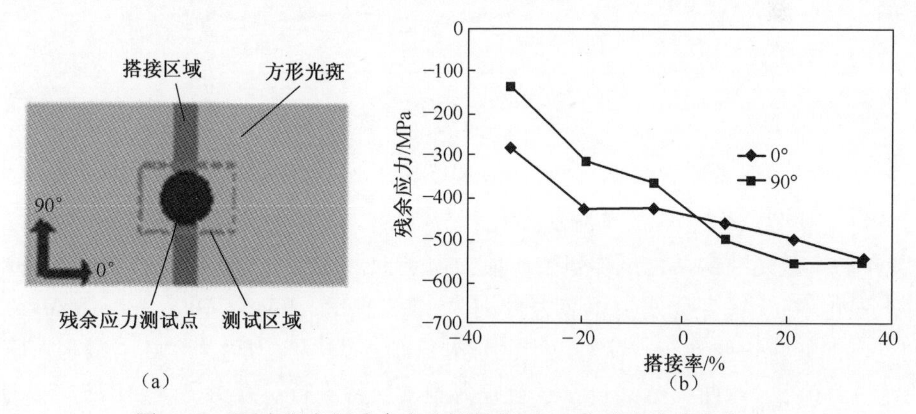

图5-56　两光斑之间残余应力测量位置(a)和残余应力分布(b)

采用能量为51J、搭接率为8%的4个方形光斑，激光冲击强化TC17钛合金，如图5-57(a)所示，沿线1测量5个点处残斜应力(图5-57(b))、沿线2测量4个点处残余应力(图5-57(c))，测量点间隔为1.5mm。残余应力测量结果表明，强化区域表面形成均匀残余压应力场，0°和90°方向残余压应力值相接近，小梯度残余压应力值有利于激光冲击强化零件疲劳性能。高搭接率圆形光斑激光冲击强化诱导材料表面残余应力场不均匀，而低搭接率方形光斑激光冲击强化不仅能够提高强化效率，而且强化区域更容易形成均匀残余压应力场，尤其对于多次激光冲击强化处理更是如此。

传统喷丸强化比激光冲击强化产生更高冷加工[102]。由于鲍辛格效应，更高水平拉应力和更高冷加工显著降低材料压缩屈服强度[12]。因此，由于激光冲击强化TC17钛合金压缩屈服强度降低，所以激光冲击强化TC17钛合金残余压应力循环释放更快，残余压应力释放如图5-58所示。图5-58采用厚2mm的

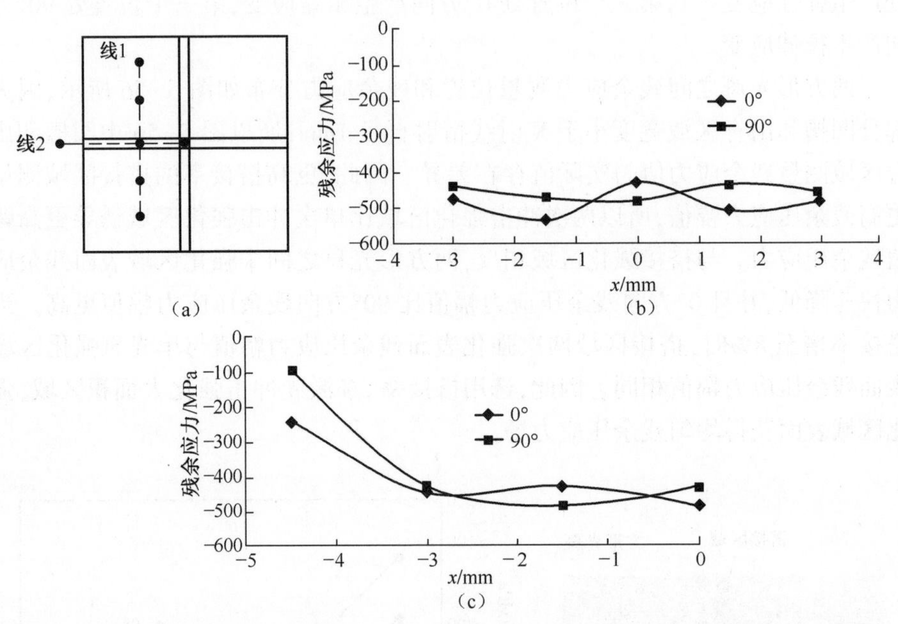

图 5-57　能量 51J、搭接率 8%激光冲击强化 TC17 钛合金残余应力测量位置和残余应力分布

四点弯曲疲劳试样监测激光冲击强化诱导 TC17 钛合金残余压应力释放过程，试样越薄，激光冲击强化试样残余压应力值越低。能量为 35J、45J 和 55J 的激光冲击强化 TC17 钛合金残余压应力分别为−293.8MPa、−340.7MPa、−386.36MPa。四点弯曲疲劳正弦动态载荷对以上三点处施加最大拉应力为 480MPa，最小拉应力为 320MPa。弯曲疲劳试验和残余应力测量交替进行。疲劳循环 10^5次后，35J 强化试样残余压应力释放 20%，45J 和 55J 强化试样残余压应力未释放；疲劳循

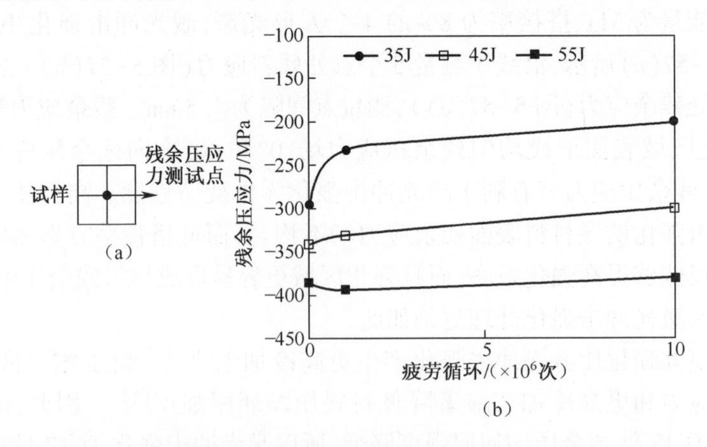

图 5-58　疲劳载荷下残余压应力测量位置(a)和残余压应力分布(b)

环 10^6次后,35J 强化试样在之前释放 20%的基础上又释放了 30MPa 残余压应力,45J 强化试样释放残余压应力 30MPa,55J 强化试样未释放残余压应力。因此,高幅值残余压应力比低幅值残余压应力更稳定。然而,残余压应力的稳定性必须考虑冷加工的影响。

不同工艺强化 TC17 钛合金的表面残余应力分布如图 5-59 所示。由图 5-59可知,不同工艺强化 TC17 钛合金的表面残余应力分布明显不同。机加工引入基体材料的表面残余应力为-162.78MPa。然而,激光冲击强化或喷丸强化诱导 TC17 钛合金表面高幅残余压应力。激光冲击强化、喷丸强化和复合强化 TC17 钛合金表面残余压应力值分别为-523.25MPa、-550.14MPa 和-613.5MPa。激光冲击强化或喷丸强化 TC17 钛合金表面残余压应力的提高归因于表层高密度位错、晶粒细化和纳米晶。与单一激光冲击强化和单一喷丸强化相比,复合强化诱导 TC17 钛合金表面最大残余压应力,原因为复合强化诱导 TC17 钛合金表层更严重的塑性变形、更深的晶粒细化层和纳米晶,与多次激光冲击强化诱导更深塑性变形层相同[103]。因此,优化工艺的激光冲击强化或喷丸强化能够改善金属材料的机械属性,如疲劳寿命[104-106]。激光冲击强化金属材料产生的塑性变形和体积限制,使金属材料产生晶粒细化和高幅残余压应力[71]。高幅残余压应力能够改善金属材料的抗疲劳、抗腐蚀和抗磨损性能[107-109]。

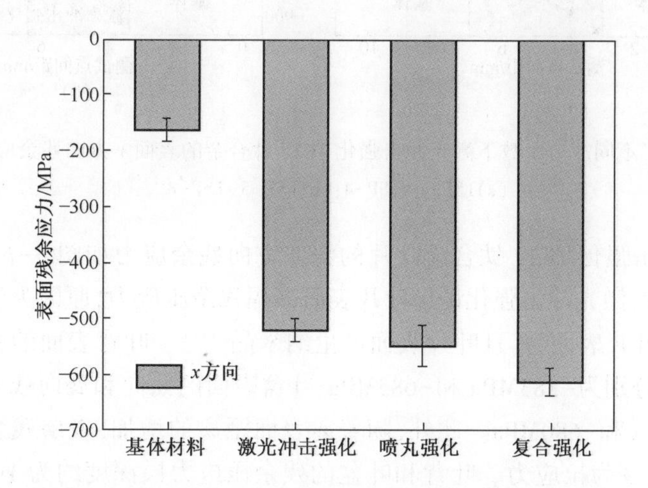

图 5-59　不同工艺强化 TC17 钛合金的表面残余应力分布

不同冲击次数下激光冲击强化 TC17 钛合金的表面 y 方向残余应力分布,如图 5-60 所示。由图 5-60 可知,基体材料表面残余应力约为-234MPa,由外加工引入残余压应力。激光冲击强化诱导 TC17 钛合金表面高幅残余压应力,原因为激光冲击波的峰值压力超过 TC17 钛合金的动态屈服极限(HEL = 2.8GPa[61,110]),因此 TC17 钛合金表层产生塑性变形,残余压应力形成。随着冲击次数的增加,TC17 钛合金表层塑性变形趋于饱和,表面残余压应力也趋于饱和。1 次、2 次、3 次、4 次、5 次、6 次、7 次和 8 次激光冲击强化 TC17 钛合金表面残余压应力分别为-583.5MPa、-598MPa、-653MPa、-733MPa、-685MPa、-725MPa、-723MPa 和-693MPa。4 次激光冲击强化 TC17 钛合金的表面残余压应力达到饱和值-733MPa。由图 5-60 可知,激光冲击强化 TC17 钛合金的光斑中心处无应力洞现象。但随着激光冲击次数的增加,光斑凹坑边缘处残余压应力逐渐降低,原因为激光冲击强化光斑凹坑内部对凹坑边缘的挤压,挤压拉伸逐渐增大,因此光斑凹坑边缘处残余压应力逐渐降低,并转换为拉应变[69]。曹子文等[81]报道了相似的研究结果。

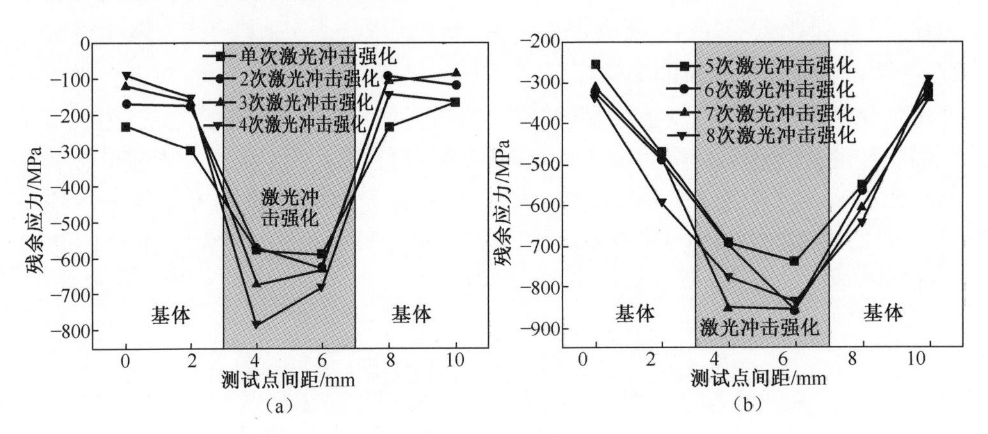

图 5-60 不同冲击次数下激光冲击强化 TC17 钛合金的表面 y 方向残余应力分布

(a)LSP-1~LSP-4;(b)LSP-5~LSP-8。

激光冲击强化 TC17 钛合金叶片的深度方向残余应力如图 5-61 所示。由图 5-61 可知,激光冲击强化诱导叶片表面高幅残余压应力,原因为激光冲击波压力峰值在叶片表面,并且叶片表面产生纳米晶[111]。叶背表面的弦向和展向残余压应力分别为-583MPa 和-683MPa,叶盆表面的弦向和展向残余压应力分别为-580MPa 和-680MPa。此外,随着离表面距离的增加,表层残余压应力逐渐降低,并转变为拉应力。叶背和叶盆的残余压应力层深度约为 1mm,原因为随着金属材料内部激光冲击波的传播,激光冲击波动能被转换为塑性变形能[112]。

5. 显微硬度

采用本小节激光冲击强化工艺参数和 TC17 钛合金材料,对于大部分金属

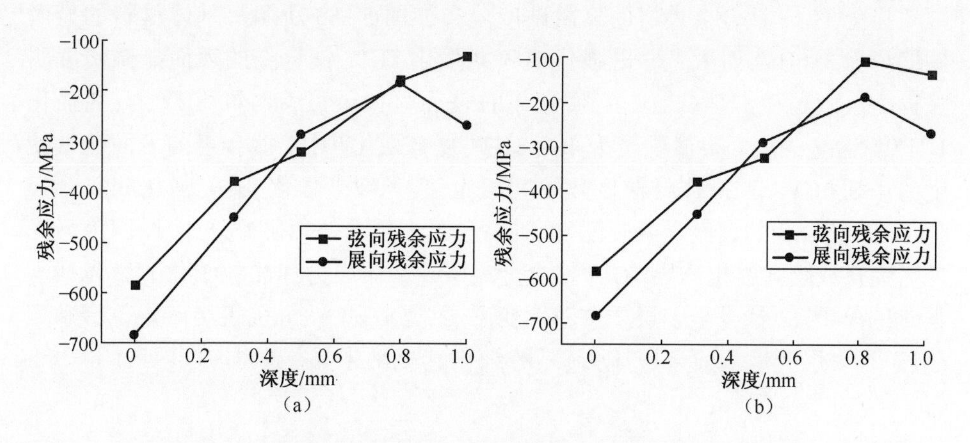

图 5-61 激光冲击强化 TC17 钛合金叶片的深度方向残余应力
(a)叶背;(b)叶盆。

材料,塑性变形诱导金属材料内部高密度位错和晶粒细化,从而改善材料显微硬度[113]。激光冲击强化 TC17 钛合金表面显微硬度测量结果如图 5-62 所示,显微硬度测量位置为单光斑凹坑处。由图 5-62 可知,激光能量为 40J 和 50J 时,激光冲击强化区域表面维氏显微硬度相同,比母材显微硬度增加约 7%。与同区域单次激光冲击强化相比,多次激光冲击强化诱导 TC17 钛合金表面显微硬度值更高,但同区域冲击次数大于 3 次后,该区域表面显微硬度值不能进一步增大,多次激光冲击强化 TC17 钛合金表面最大显微硬度值为 $460HV_{0.2}$,比母材显微硬度值大 15%。多次激光冲击强化诱导 TC17 表面凹坑附近未强化区域表面显微硬度值轻微增大。

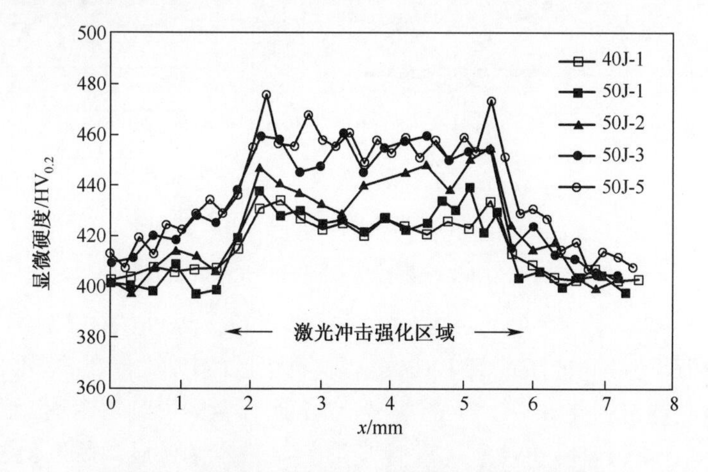

图 5-62 激光冲击强化 TC17 钛合金表面显微硬度

强化 TC17 钛合金表层的显微硬度分布如图 5-63 所示。基体材料的显微硬度约为 386HV,而激光冲击强化或喷丸强化 TC17 钛合金的表面显微硬度明显提高。激光冲击强化 TC17 钛合金的表面显微硬度为 444.8HV,喷丸强化 TC17 钛合金的表面显微硬度为 469.3HV,复合强化 TC17 钛合金的表面显微硬度为 438.6HV。与基体材料显微硬度相比,激光冲击强化、喷丸强化和复合强化 TC17 钛合金的表面显微硬度分别提高 15.2%、21.6%和 13.6%,原因为激光冲击强化或喷丸强化诱导 TC17 钛合金表层残余压应力和晶粒细化。激光冲击强化诱导 TC17 钛合金表层严重塑性变形,驱动 TC17 钛合金表层产生位错和孪晶,于是表层产生了残余压应力、晶粒细化甚至纳米晶。根据 Hall-Petch[114],有

$$H_v = H_0 + K_v d^{-\frac{1}{2}} \tag{5-13}$$

式中 H_0——固有硬度;

K_v——Hall-Petch 系数;

d——平均晶粒尺寸。

由式(5-13)可知,晶粒 d 越小,显微硬度越大。由于残余压应力和晶粒细化效应,增强了表层材料的力学性能[115]。

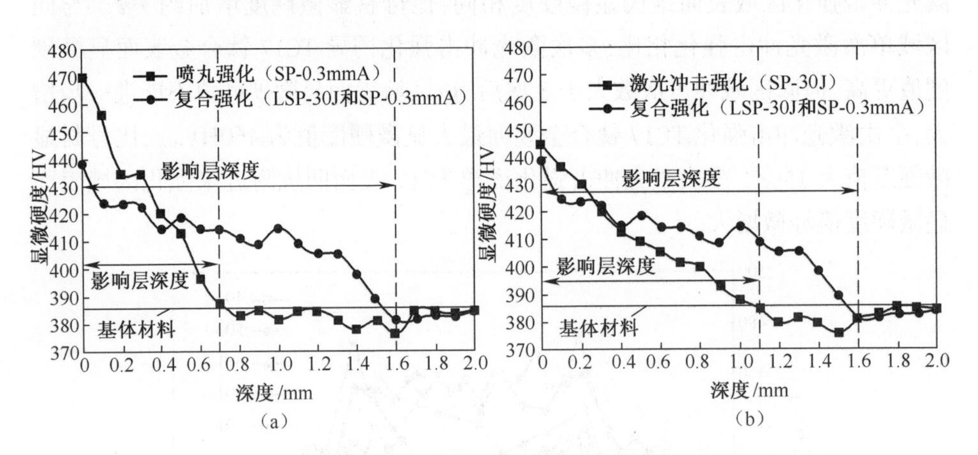

图 5-63 强化 TC17 钛合金表层的显微硬度分布

(a)喷丸强化和复合强化;(b)激光冲击强化和复合强化。

由图 5-63 可知,喷丸强化、激光冲击强化和复合强化 TC17 钛合金影响层深度分别为 0.7mm、1.1mm 和 1.6mm。复合强化 TC17 钛合金的影响层深度大于单一激光冲击强化和单一喷丸强化 TC17 钛合金的影响层深度,原因为复合强化诱导 TC17 钛合金更严重的塑性变形。与基体材料显微硬度值相比,激光冲击强化或喷丸强化 TC17 钛合金影响层的显微硬度值更大,如图 5-63 所示。

超过影响层深度,激光冲击强化或喷丸强化 TC17 钛合金的显微硬度值与基体材料的显微硬度值相等,Li 等[101] Nie 等[105]已报道相似结果。随着离表面距离的增加,由于冲击波衰减和晶粒尺寸增加,激光冲击强化或喷丸强化 TC17 钛合金的显微硬度逐渐降低,并趋于稳定值(基体材料的显微硬度)。

抗 FOD 性能依赖于材料的基质硬度[116],因此,材料表面硬度是材料抗 FOD 的重要参数之一。由图 5-63 可知,激光冲击强化或喷丸强化 TC17 钛合金的显微硬度值大于基体材料的显微硬度值。因此,激光冲击强化或喷丸强化能改善 TC17 钛合金的显微硬度,从而有益于提高 TC17 钛合金叶片的抗 FOD 性能。

6. 表层微观结构

图 5-64(a)所示为基体材料的 SEM 微观组织。TC17 钛合金为双相结构,由晶界 α 相和 β 相转换结构组成[117-118]。图 5-64(b)所示为基体材料的 TEM 微观组织。由图 5-64(b)可知,基体材料的晶粒包含大尺寸和清晰的晶界。原始 α 相和 β 相没有产生严重的塑性变形缺陷,仅 β 相中形成一些位错和晶界形成一些位错堆积。

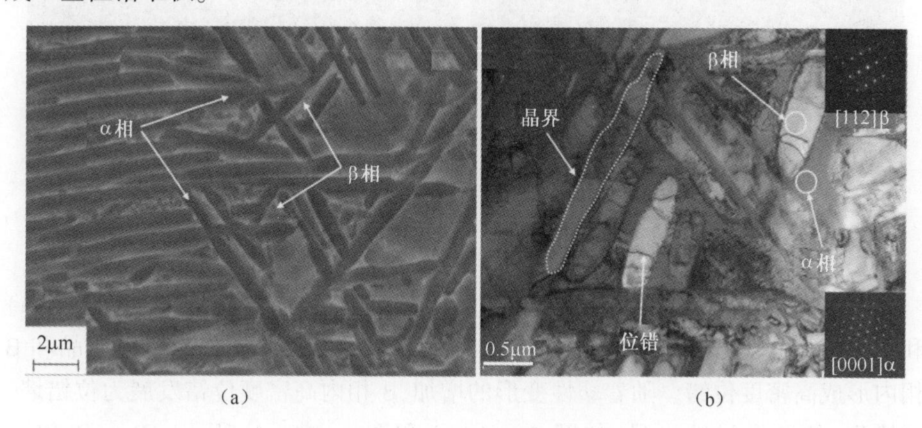

图 5-64 基体材料的微观组织

(a)SEM 微观组织;(b)TEM 微观组织。

1) 多次激光冲击强化

激光冲击强化诱导 TC17 钛合金表层严重塑性变形,于是表层微观组织发生不均匀细化且取向任意。图 5-65 所示为单点连续多次激光冲击强化 TC17 钛合金的表层微观组织。由图 5-65 可知,随着激光冲击次数从 1 次增至 4 次,晶界 α 相晶粒发生破碎和细化。β 相界和 β 相内析出许多细化的二次 α_s 相,并随着冲击次数的增加,二次 α_s 相更细化和分布更加均匀。随着冲击次数的增加,β 相界和 β 相内产生更大且更多球化的初生 α_p 相。

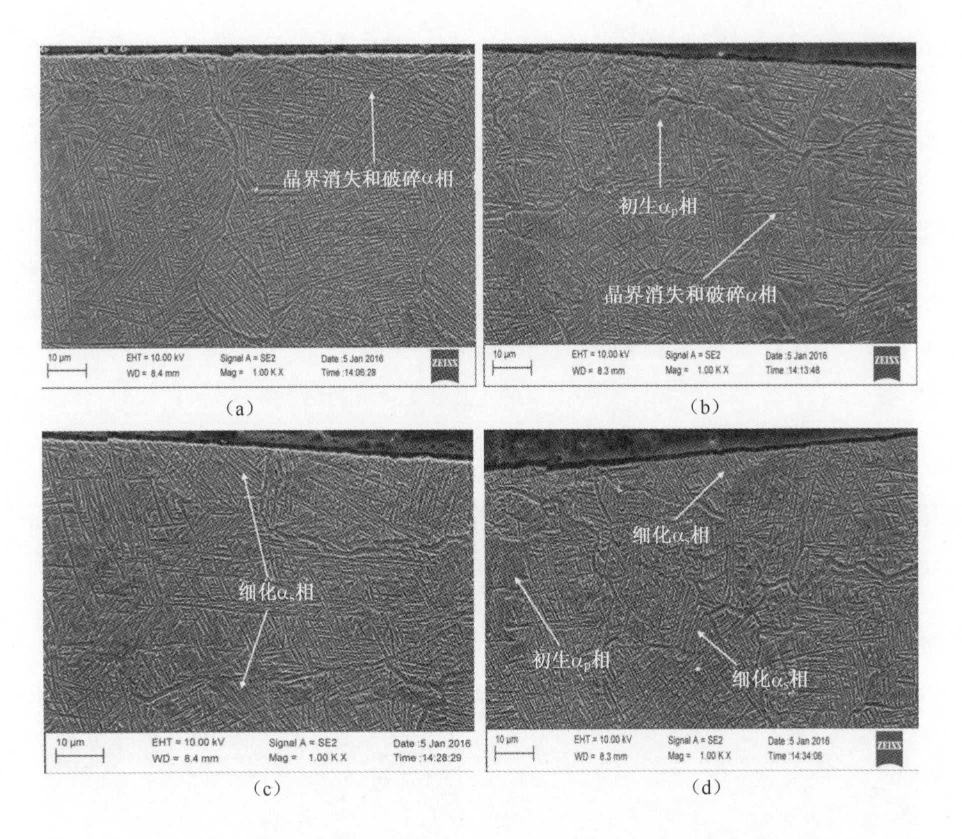

图 5-65　单点连续多次激光冲击强化 TC17 钛合金的表层微观组织
(a)1 次;(b)2 次;(c)3 次;(d)4 次。

图 5-66 所示为单次激光冲击强化 TC17 钛合金表面微观组织。由图5-66(a)和图 5-66(b)可知,激光冲击强化诱导 TC17 钛合金表层 α 相内形成孪晶和 β 相内形成高密度位错。随着塑性变形的增加,β 相内高密度位错发展为位错墙、位错胞,甚至形成纳米晶,如图 5-66(c)和图 5-66(d)所示。Ren 和 Zhou 等[111,119]研究激光冲击强化 TC4 钛合金和 TC6 钛合金的表层晶粒细化,研究结果与本节研究结果相似。钛合金表层的高密度位错可有效地降低其疲劳裂纹扩展寿命[103],有

$$\Delta\sigma_{\mathrm{d}} \propto \rho^{1/2} \tag{5-14}$$

式中　$\Delta\sigma_{\mathrm{d}}$——强化增量;

ρ——金属中的位错密度。

由式(5-14)可知,激光冲击强化诱导大量位错。因此,材料的疲劳强度和硬度不断增大。

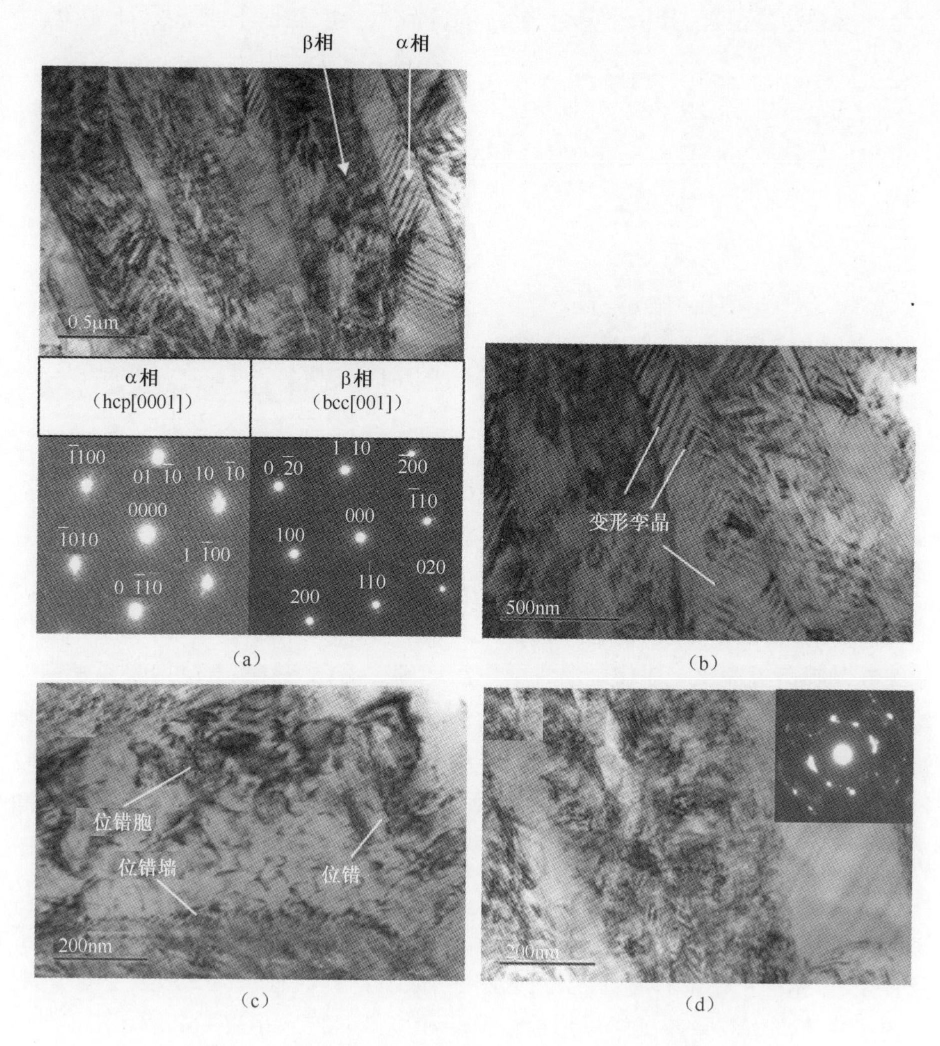

(a)

(b)

(c)

(d)

图 5-66　单次激光冲击强化 TC17 钛合金表面微观组织

(a)双相结构和衍射环;(b)变形孪晶;(c)位错;(d)纳米晶。

2）复合强化

图 5-67 所示为单次复合强化 TC17 钛合金的截面 SEM 图。由图 5-67(a)可知,复合强化 TC17 钛合金表层产生严重塑性变形,Nie 等[120]也报道了相似的结果。图 5-67(b)所示为表层局部放大图。由图 5-67(b)可知,复合强化 TC17 钛合金表层-5μm 内产生晶粒细化。基体材料 β 相长宽分别为 3.87μm 和 0.55μm,如图 5-64(a)所示。而复合强化 TC17 钛合金 β 相长宽分别为 0.89μm 和 0.17μm,如图 5-67(b)所示。为了更深入地研究复合强化 TC17 钛

合金的微观演变机理,分析了复合强化 TC17 钛合金的表层不同深度 TEM 图。

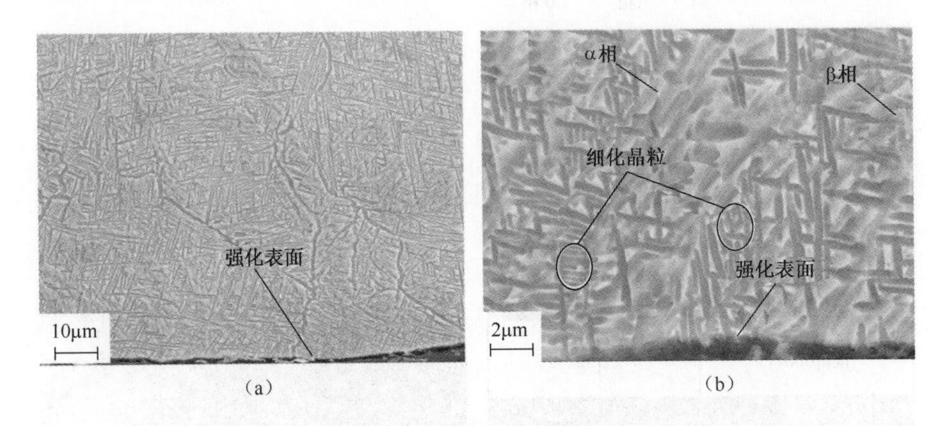

图 5-67　单次复合强化 TC17 钛合金的截面 SEM 图

(a)表层;(b)局部放大图。

图 5-68 所示为单次复合强化 TC17 钛合金表层约-160μm 处 TEM 图。由图 5-68(a)可知,β 相形成大量的位错,并且平行位错线发展为位错墙。一些位错线在晶界附近湮灭。β 相也形成了位错增殖。由图 5-68(b)可知,高密度位错缠结在一起并发展成为位错缠结。由图 5-68(c)可知,α 相形成变形孪晶,通过孪晶交叉,粗大的 α 相细化为亚晶粒,从而产生晶粒细化[113]。由图 5-68(d)可知,相界阻碍位错移动,因此,相界处产生了位错堆积和位错墙。由于 α 相和 β 相的不同晶格类型和不同晶粒取向,所以晶界处 α 相内位错滑移方向不同于 β 相内位错滑移方向。

体心立方晶格的 β 相具有高层错能和多滑移系统,因此,在严重塑性变形条件下,β 相内位错滑移容易获得,如图 5-68 所示。随着塑性变形强度的增加,获得了多方向滑移系统。于是形成位错墙和位错缠结,如图 5-68 所示。

密排六方晶格的 α 相具有低层错能和仅 4 个独立滑移系统。依据冯·米塞斯准则,5 个独立滑移系统是维持塑性变形兼容性的必要条件[121-122]。因此,密排六方晶格的 α 相需要其他变形方式来获得塑性变形,如变形孪晶。图 5-68(c)显示复合强化 TC17 钛合金的 α 相内产生变形孪晶。由于金属材料内部冲击波的反射和折射,在多方向加载下,产生了不同孪晶系统萌生和孪晶交叉。因此,多方向孪晶交叉将粗晶粒细化为亚晶。

图 5-69 所示为单次复合强化 TC17 钛合金表层约-15μm 内 TEM 图。为降低复合强化诱导 TC17 钛合金 β 相内能量,高密度位错发生湮灭,并在位错缠结或位错墙附近重排。于是,由于不同方向的位错产生校准,位错缠结转换为位错

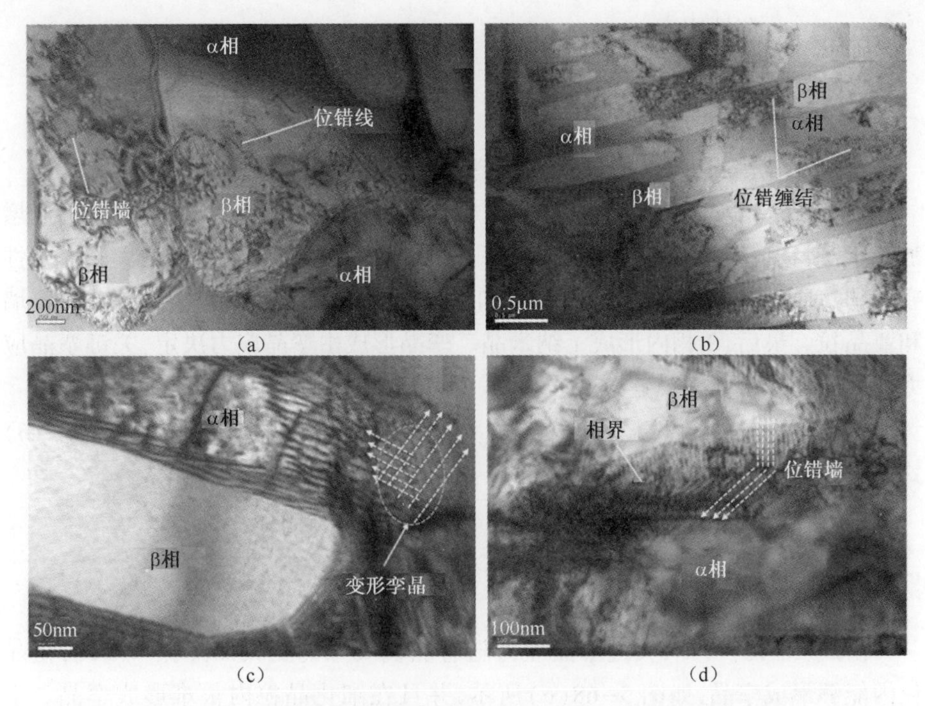

(a) (b) (c) (d)

图 5-68　单次复合强化 TC17 钛合金表层约-160μm 处 TEM 图

(a)β 相位错相和位错墙;(b)β 相位错缠结;(c)α 相变形孪晶;(d)相界位错分布。

胞。位错胞和位错墙发展为亚晶界,区域 A 和区域 B 之间的电子衍射环显示为小角度晶界约 6.96°,如图 5-69(a)~(c)所示。从而导致晶粒细化[123]。由图 5-69(d)和图 5-69(e)可知,α 相内形成位错线、位错缠结、位错胞、位错墙和纳米晶。因位错线缠结在一起,所以位错线发展成为位错缠结,位错缠结转换为位错胞。α 相内位错线发展成为位错墙,进一步发展成为亚晶粒。于是,α 相内产生了纳米结构晶粒。最后,α 相和 β 相内产生了连续衍射环的纳米晶,如图5-69(f)所示。

Zerilli-Armstrong 模型构建位错滑移的流动应力[124]为

$$\sigma_{\mathrm{Y}}(\varepsilon_{\mathrm{p}},\dot{\varepsilon}_{\mathrm{p}},T)=\sigma_{\mathrm{g}}+k_{\mathrm{h}}d^{-1/2}+K\varepsilon_{\mathrm{p}}^{n}+B\exp\{-[\beta_0-\beta_1\ln(\dot{\varepsilon}_{\mathrm{p}})]T\}+B_0\sqrt{\varepsilon_{\mathrm{p}}}\exp\{-[\alpha_0-\alpha_1\ln(\dot{\varepsilon}_{\mathrm{p}})]T\} \tag{5-15}$$

式中　σ_{g}——初始位错密度;

k_{h}——微观结构应力强度;

d——平均晶粒直径;

ε_p——塑性应变；

$\dot{\varepsilon}_p$——应变率；

T——热力学温度；

$K, B, B_0, n, \beta_0, \beta_1, \alpha_0, \alpha_1$——材料常数。

由 Zerilli-Armstrong 模型可知，位错滑移应力随着应变率的增加而快速增加。于是，在低应变率和深表层条件下，金属材料产生了高密度位错。随着塑性变形和高应变率的增加，位错线重排和湮灭，发展成为位错缠结、位错胞、位错墙和亚晶粒。最后，β 相内形成了纳米晶。孪晶形成由孪晶应力决定，关键孪晶应力可用 Hall-Petch 式描述，即

$$\sigma_r = \sigma_{r0} + k_T d^{-1/2} \tag{5-16}$$

式中 σ_r——关键孪晶应力；

σ_{r0}——初始孪晶应力；

k_T——Hall-Petch 关系曲线的斜率；

d——平均晶粒尺寸。

由式(5-16)可知，关键孪晶应力随着晶粒尺寸的变大而降低。因此，粗晶粒内能够形成孪晶，如图 5-68(c)所示，并且在细化晶粒内很难形成孪晶。于是，细化晶粒内产生了位错线，用于降低细化晶粒的能量，如图 5-69(e)所示。

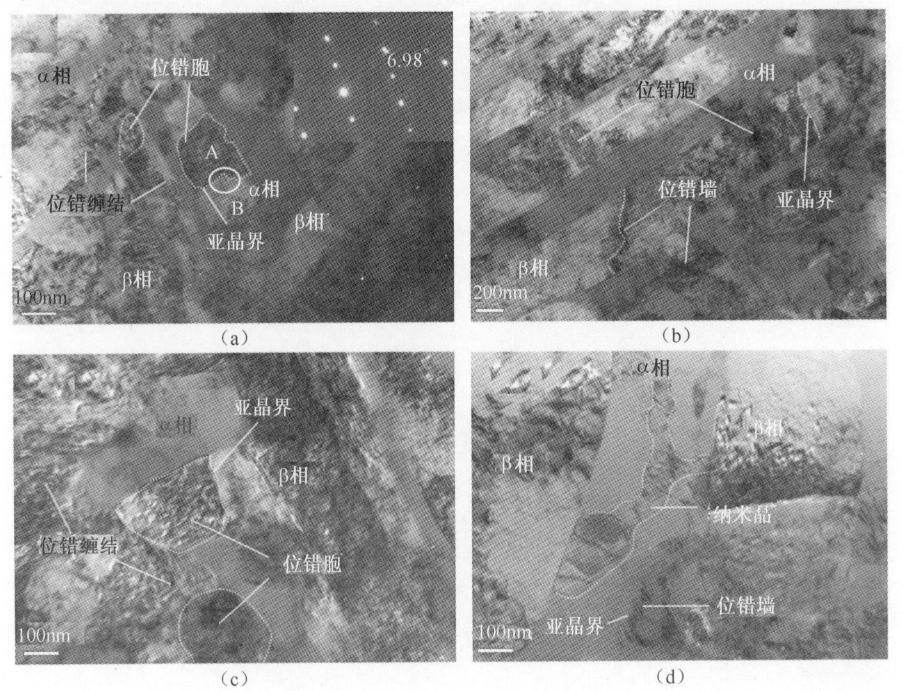

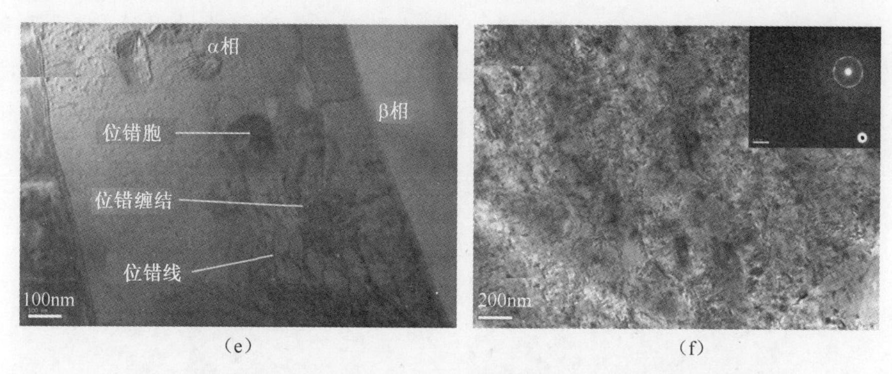

图 5-69 单次复合强化 TC17 钛合金表层约-15μm 内 TEM 图

(a)~(c)β 相位错缠结、位错墙、位错胞和亚晶界;(d)、(e)α 相位错线、位错缠结、位错墙、位错胞、亚晶界和纳米结构晶粒;(f)α 相和 β 相纳米晶及相应的选定区电子衍射(SAED)。

随着塑性变形的增加,α 相相内位错线发展成为位错缠结、位错胞和位错墙,最后发展成为纳米结构晶粒和纳米晶,如图 5-69(d)~(f)所示。

3) 激光冲击强化与复合强化对比

图 5-70 所示为单次强化 TC17 钛合金的表面 TEM 图。由图 5-70 可知,与

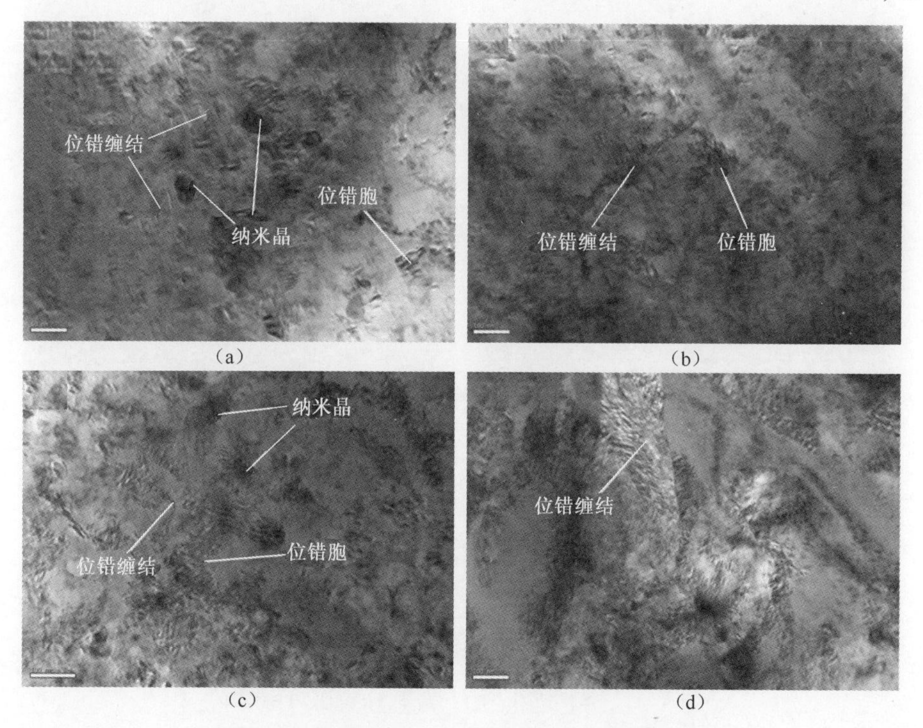

图 5-70 单次强化 TC17 钛合金的表面 TEM 图

(a)、(b)激光冲击强化工艺;(c)、(d)复合强化工艺。

激光冲击强化相比，复合强化 TC17 钛合金的表面形成更多的纳米晶、位错胞和位错缠结，原因为复合强化诱导 TC17 钛合金表面更大的应变硬化。图 5-71 所示为单次强化 TC17 钛合金的表层 TEM 图。由图 5-71 可知，激光冲击强化 TC17 钛合金表层-15μm 处的位错胞和位错缠结状态大致与复合强化 TC17 钛合金表层-40μm 处的位错胞和位错缠结状态相同，但比复合强化 TC17 钛合金表层-15μm 处的位错胞和位错缠结状态更少、更疏。

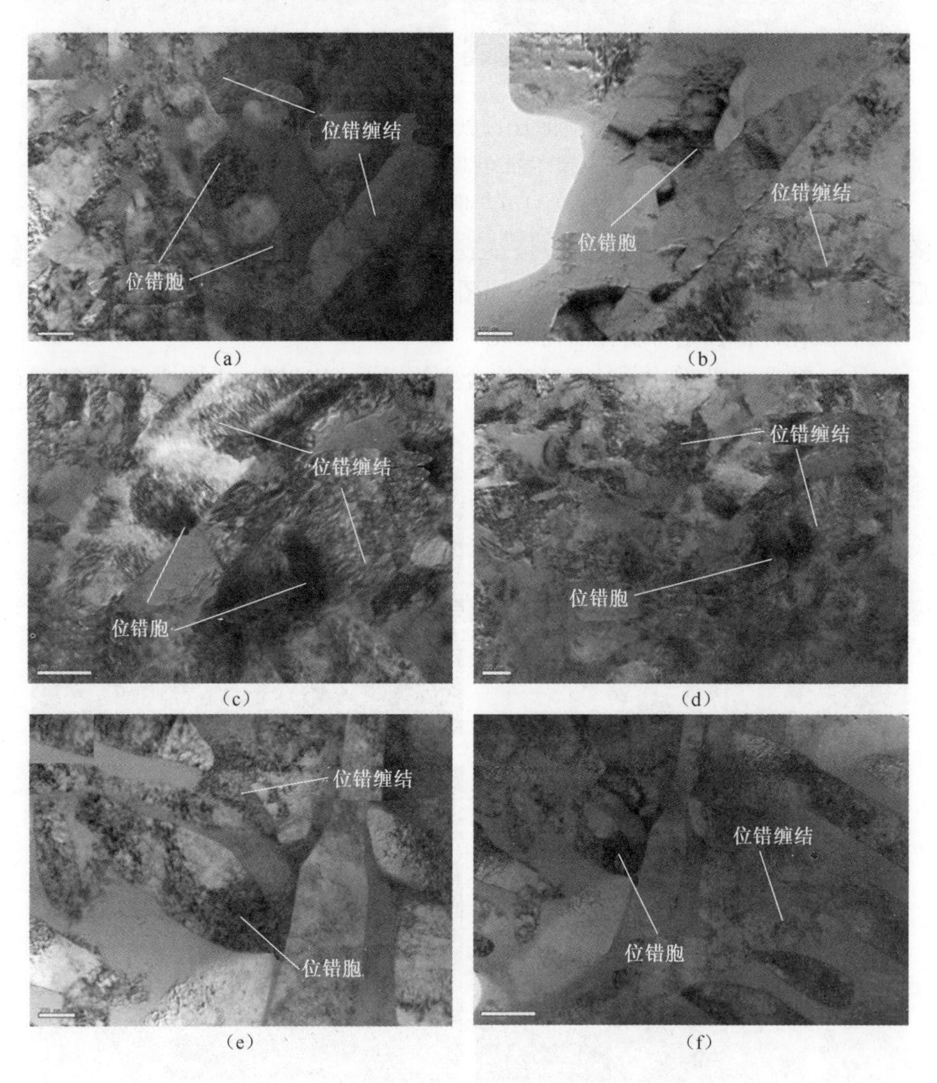

图 5-71　单次强化 TC17 钛合金的表层 TEM 图

(a)、(b)激光冲击强化工艺-15μm 处；(c)、(d)复合强化工艺约-15μm 处；(e)、(f)复合强化工艺约-40μm 处。

4）微观强化机理

多方向交叉孪晶和亚晶粒是复合强化 TC17 钛合金的晶粒细化主要原因。基于图 5-68~图 5-71，晶粒细化过程的示意图如图 5-72 所示。

(1) 原始 β 相内随机分布低密度位错，位错移动导致 α 相、β 相的相界产生位错堆积。

(2) 复合强化 TC17 钛合金，由于严重的塑性变形，β 相内产生高密度位错。

(3) β 相内高密度位错发展成为位错线和位错缠结，位错线和位错缠结转换为位错墙和位错胞。α 相内产生变形孪晶，多方向交叉孪晶将粗晶粒细化为亚晶粒。

(4) 随着塑性变形的增加，β 相内位错墙和位错胞转换为亚晶粒。同时，α 相内产生位错线和位错缠结。

(5) α 相内位错线和位错缠结发展成为亚晶粒和位错胞。

(6) 最后，α 相和 β 相内形成了纳米晶。

因此，多方向孪晶交叉和亚晶粒的细化导致 TC17 钛合金的晶粒细化。Liu 等[125]也获得了相似的微观强化机理。

在复合强化过程中，TC17 钛合金内 α 相和 β 相相互作用。再者，在位错发展中，相界起到主要作用。由于扎钉效应，相界或晶界附近的位错堆积为新亚晶粒提供形核。通常，复合强化过程中，α 相和 β 相之间的相互作用在晶粒细化和金属强化中起到重要作用。

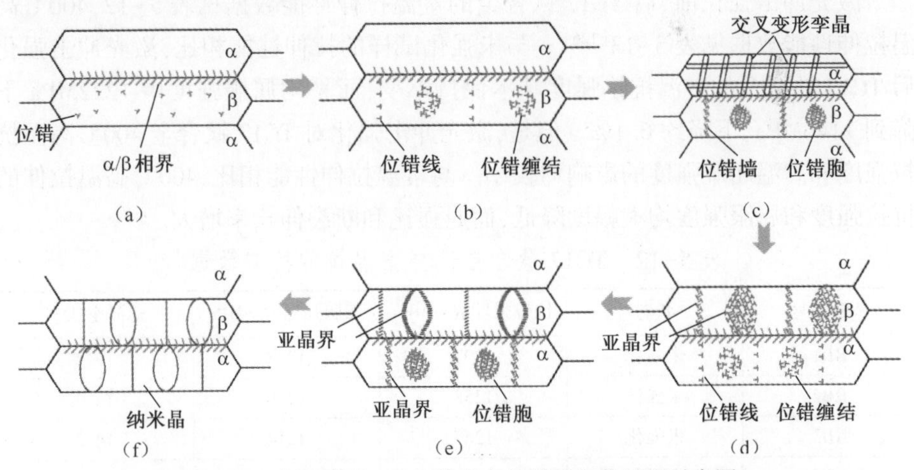

图 5-72　复合强化 TC17 钛合金的晶粒细化过程示意图

(a) β 相内低密度位错和 α/β 相界位错堆积；(b) β 相内位错线和位错缠结；(c) β 相内位错缠结和位错线转换为位错胞和位错墙以及 α 相内交叉变形孪晶；(d) β 相内位错墙和位错胞转换为亚晶界以及 α 相内位错线和位错缠结；(e) β 相内亚晶界和 α 相内位错线和位错缠结转换为业晶界和位错胞；(f) 纳米晶和完成晶粒细化。

7. 室温和高温拉伸拉伸性能

按照航空标准 HB5143 和 HB5195 加工板状室温和高温拉伸试样，室温试样尺寸如图 5-73 所示。经抛光后，拉伸试样满足叶片的表面粗糙度要求。激光冲击强化拉伸试样的工艺参数：脉冲宽度为 15ns，激光能量为 30J，脉冲激光通过光束整形后形成用于激光冲击强化的方形光斑。拉伸试样的强化参数与叶片强化参数相同，其 C 形弹簧钢标准 Almen 试片的弧高值为 0.09～0.11mm。拉伸试样采用双面轮次激光冲击强化，强化光斑及光斑花样如图 5-73 所示，强化区长度大于拉伸试样的标距 L_0。

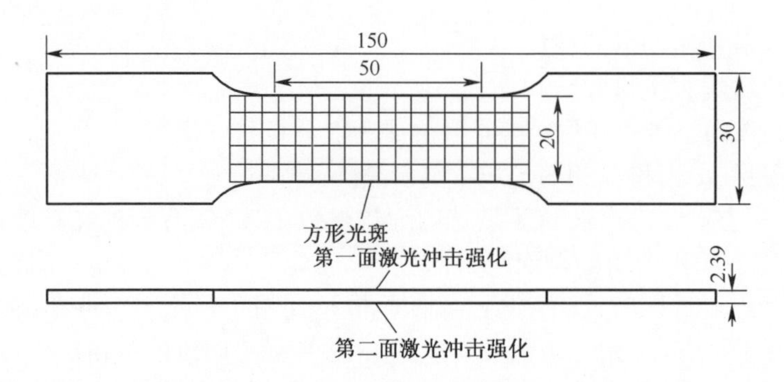

图 5-73 拉伸试样和强化示意图

激光冲击强化前、后 TC17 钛合金的室温拉伸性能数据见表 5-12，400℃高温拉伸性能数据见表 5-13[126]。与未强化试样的拉伸性能相比，激光冲击强化后 TC17 钛合金的室温抗拉强度基本保持不变，而平均屈服强度由 1222MPa 下降到 1146MPa，下降约 6.1%。但是，激光冲击强化对 TC17 钛合金 400℃高温抗拉强度和高温屈服强度的影响均较小。与常温拉伸性能相比，400℃高温拉伸的抗拉强度和屈服强度均大幅度降低，而屈强比和断裂伸长率增大。

表 5-12 TC17 钛合金试样室温拉伸性能数据

试样编号	状态	抗拉强度 R_m/MPa	屈服强度 R_c/MPa	延伸率 A/%
RB1	未强化	1297	1248	14.2
RB2	未强化	1258	1206	14.2
RB3	未强化	1267	1214	14.2
RB4	未强化	1246	1195	14.2
RL1	激光冲击强化	1249	1126	14.3
RL2	激光冲击强化	1261	1106	14.3
RL3	激光冲击强化	1268	1166	14.3
RL4	激光冲击强化	1271	1171	14.3

表 5-13　TC17 钛合金试样高温拉伸性能数据

试样编号	状态	抗拉强度 R_m/MPa	屈服强度 R_c/MPa	延伸率 A/%
HB1	未强化	922	772	16.1
HB2	未强化	953	777	
HB3	未强化	945	785	
HL1	激光冲击强化	955	780	16.1
HL2	激光冲击强化	962	790	
HL3	激光冲击强化	949	786	

图 5-74(a)所示为激光冲击强化前后室温拉伸的应力—应变曲线。可以看出,室温拉伸过程分为弹性阶段、强化阶段和缩颈阶段,强化试样和非强化试样均属于连续屈服,弹性阶段与强化阶段之间没有明显的屈服点[126]。从图 5-74(a)所示的屈服阶段的局部放大图可以看出,强化试样明显先于非强化试样发生屈服,非强化试样的弹性阶段持续时间相对较长。图 5-74(b)所示为激光冲击强化前后 400℃高温拉伸的应力-应变曲线。与室温拉伸的应力-应变曲线相比,高温拉伸过程属于非连续屈服,在弹性阶段与强化阶段之间具有明显的上、下屈服点。从图 5-74(b)中屈服阶段的局部放大图可以看出,强化试样的第一个上屈服点对应的拉伸应力约为 830MPa,低于非强化试样的第一个上屈服点对应的拉伸应力(约 865MPa)。但是,强化试样和非强化试样出现明显屈服点时的塑性应变均大于 0.2%,而出现屈服点前强化试样和非强化试样的应力-应变曲线重合。因此,在试验数据上未能反映激光冲击强化对高温拉伸屈服强度的影响。

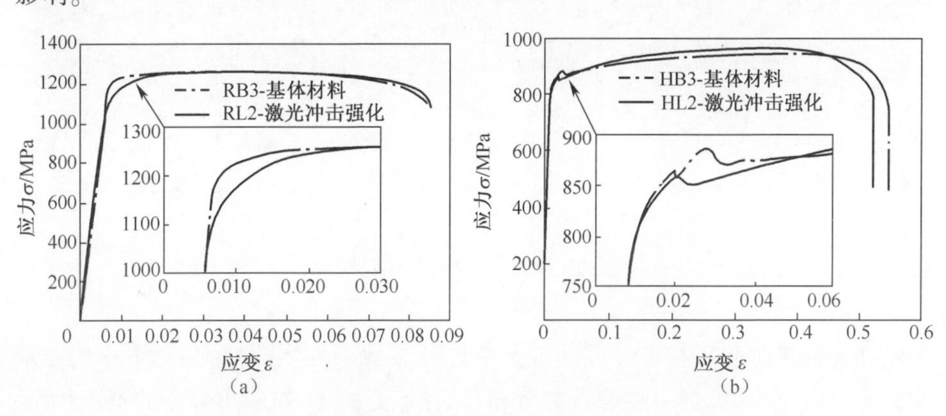

图 5-74　25℃和 400℃下的拉伸应力-应变曲线

(a)室温 25℃;(b)高温 400℃。

激光冲击强化对TC17钛合金的室温、高温拉伸断裂形式和微观断裂机制几乎无影响。图5-75所示为室温、高温拉伸断裂后试样和断口形貌。室温拉伸是宏观断裂面垂直于最大正应力方向的正断型断裂,为塑性断口,断口微观不平,局部出现剪切断裂,微观组织尺寸差异性造成韧窝尺寸不一,韧窝内无明显的成核质点。400℃高温拉伸是宏观断裂面与最大正应力成45°的切断型断裂。与室温断口相比,高温断口的微观韧窝方向基本一致,韧窝大且深,大韧窝内包含若干小韧窝,个别韧窝区存在微小的空洞,说明高温塑性高于室温塑性。

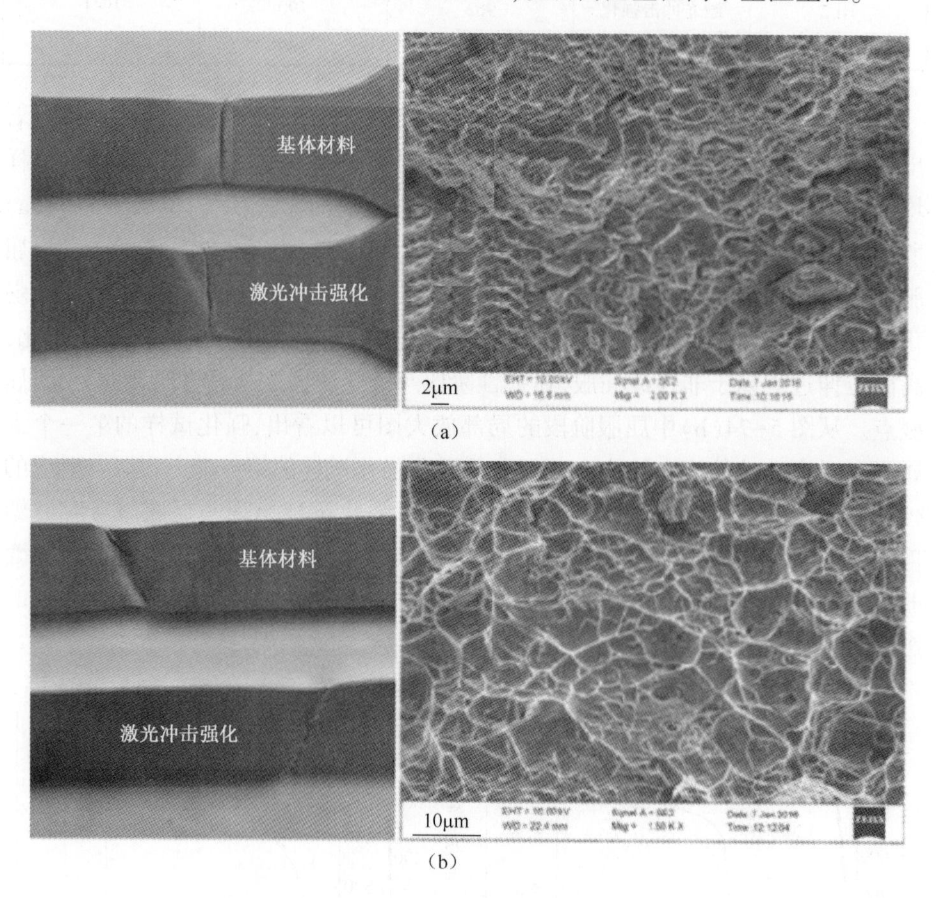

图5-75　室温/高温拉伸断裂后试样和断口形貌

(a)25℃;(b)400℃。

激光冲击强化后拉伸试样的残余应力分布状态发生改变,强化表面为压应力分布,而试样心部为平衡拉应力分布,试样越薄,平衡拉应力分布的范围越小,则拉应力幅值越高[127-128]。假设拉伸试样由沿拉伸方向的纤维组成,拉伸试验过程中,各纤维的应力、应变行为是离散的,互不干扰,各纤维的拉伸应变均匀[129]。当各纤维不存在残余应力时,发生屈服对应的拉伸应变为 ε_0。图 5-76 所示为基于以上假设的拉伸过程中试样横截面上的应力分布示意图。本次试验的拉伸试样双面均为残余压应力分布,当拉伸应变 $\varepsilon=0$ 时,试样中部的纤维存在残余拉应力;当拉伸应变 $\varepsilon=\varepsilon_1(\varepsilon_1<\varepsilon_0)$ 时,试样心部为拉应力水平最高的纤维首先发生屈服,其应力增加幅度减小;随后拉伸应变 ε 继续增大到 ε_2,试样内部一定范围的拉应力纤维相继发生屈服,其应力增加幅度减小;当试样截面所有纤维均发生塑性应变时,则进入拉伸强化阶段,残余应力对拉伸曲线的影响减弱。因此,激光冲击强化试样内部残余应力的不均匀性是影响拉伸屈服强度的主要原因。

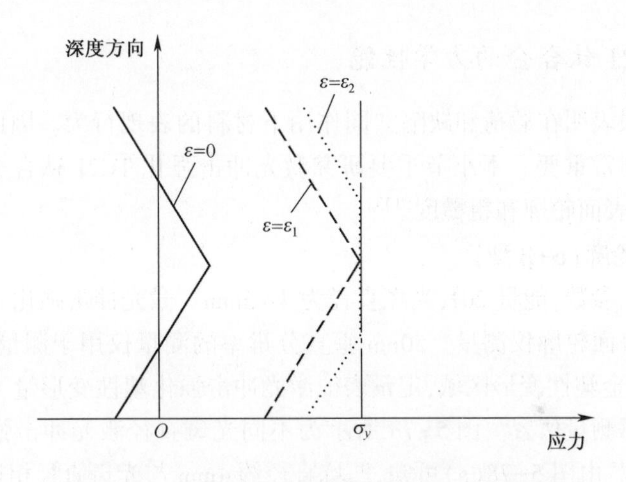

图 5-76　拉伸过程中试样截面残余应力演变示意

为了分析拉伸过程中试样表面残余应力的变化规律,分别在拉伸加载至 $0.9\sigma_{0.2}$ 卸载后、断裂后(测量位置为距断裂处 10mm 的表面)测量试样拉伸方向的表面残余应力,3 个测试点的平均残余应力见表 5-14[126]。随着拉伸应变的增大,试样表面残余压应力逐渐减小,400℃高温拉伸试样的残余应力松弛更严重。残余应力松弛的实质是保存在材料中的弹性应变能通过微观或局部塑性变形逐渐释放的过程,与位错的运动有关[130]。在室温拉伸过程中,位错运动后重新排列或互毁导致残余应力松弛,这与 W. Z. Zhuang 等[131-132]的结论相符。而高温拉伸过程中,温度升高使位错运动阻力减小,且使所有向位的晶粒均可发生位错反应[133-134],导致高温拉伸过程的残余应力松弛程度更大。因此,激光冲击强化对高温拉伸屈服强度的影响小于对室温屈服强度的影响。实际上,高温拉伸屈服后残余压应力部分保留,未发生松弛的残余应力对高温拉伸屈服点附近的应力、应变仍有一定程度的影响。

表 5-14　室温/高温拉伸过程中试样断裂位置附近的残余应力及半高宽变化

条件	残余应力/MPa		半高宽/(°)	
	25℃	400℃	25℃	400℃
拉伸前	-409	-405	2.22	2.19
0.9$\sigma_{0.2}$卸载后	-397	-348	2.17	2.04
失效后	-360	-228	2.77	2.17

5.4.3　TC21 钛合金的力学性能

损伤容限表明在载荷和缺陷共同作用下材料的表现行为。因此,改善钛合金疲劳性能非常重要。本小节主要研究激光冲击强化 TC21 钛合金表层结构,如显微硬度、表面轮廓和粗糙度[135]。

1. 表面轮廓(α+β 型)

激光工艺参数:能量 20J,光斑直径为 4~5mm。激光冲击强化 TC21 钛合金表面轮廓由表面轮廓仪测量。50nm 垂直分辨率的测量仪用于测量激光冲击强化 TC21 钛合金塑性变形区域,定量表征激光冲击强化塑性变形量。图 5-77 所示为表面轮廓测量位置。图 5-78 所示为不同光斑直径激光冲击强化 TC21 钛合金表面轮廓,由图 5-78(a)可知,凹坑直径约 4mm 与光斑直径相近,但存在差异,原因在于光斑边缘效应和吸收层的作用。事实上,凹坑直径大小与光斑直径和激光能量直接相关,凹坑深度为 5.6μm。由图 5-78(b)可知,光斑搭接激光冲击强化 TC21 钛合金表面凹坑深度为 6μm,强化区域表面粗糙度 *Ra* 值低于 0.8μm。

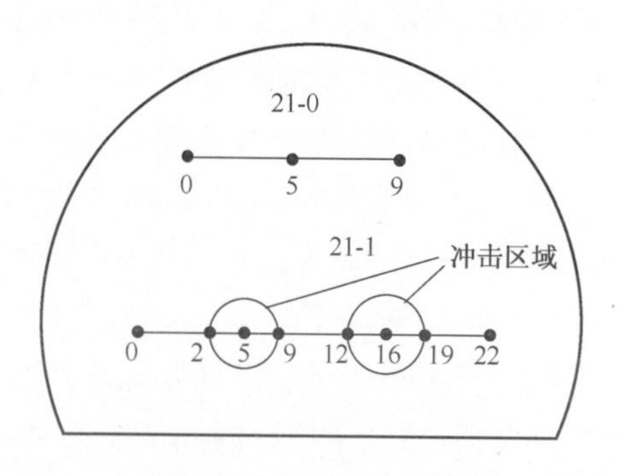

图 5-77　表面轮廓测量位置

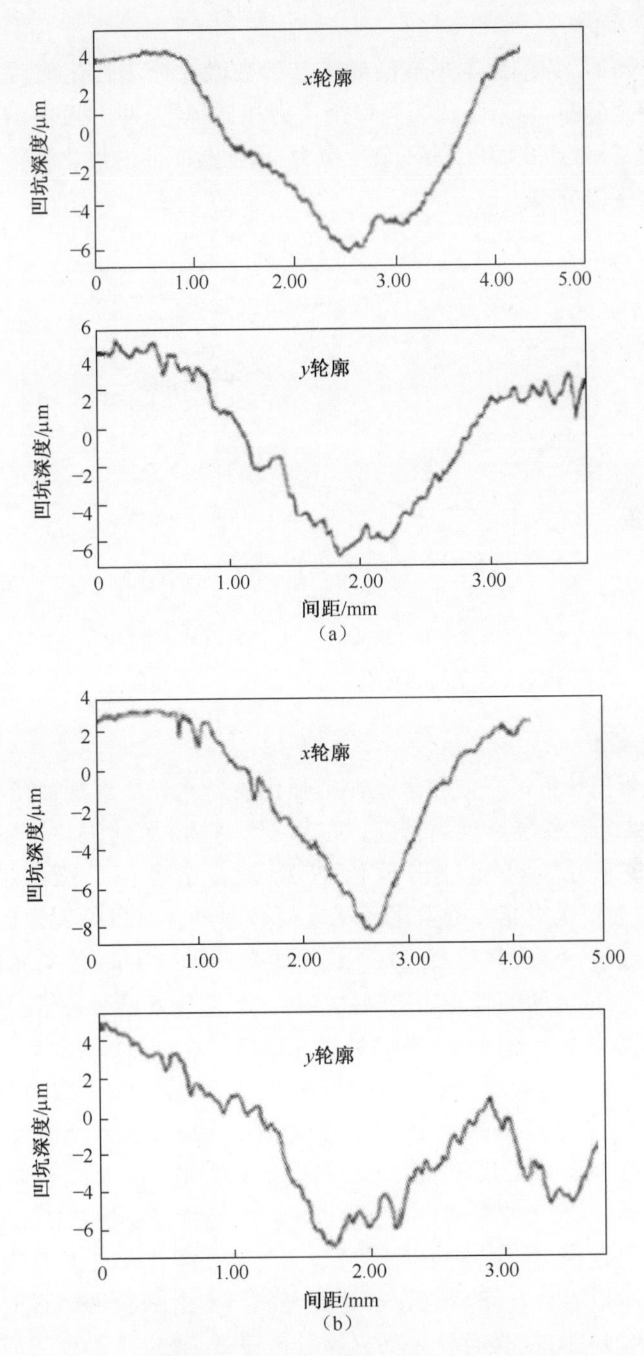

图 5-78　不同光斑直径激光冲击强化 TC21 钛合金表面轮廓
(a)图 5-77 左边强化区域表面轮廓;(b)图 5-77 右边强化区域表面轮廓。

2. 残余应力

图 5-79 所示为采用本小节激光工艺参数激光冲击强化前后 TC21 钛合金表面残余应力分布,与未强化表面残余应力相比,激光冲击强化 TC21 钛合金表面残余应力是超过 400MPa 的残余压应力,因此激光冲击强化改善了 TC21 钛合金表面残余应力分布。

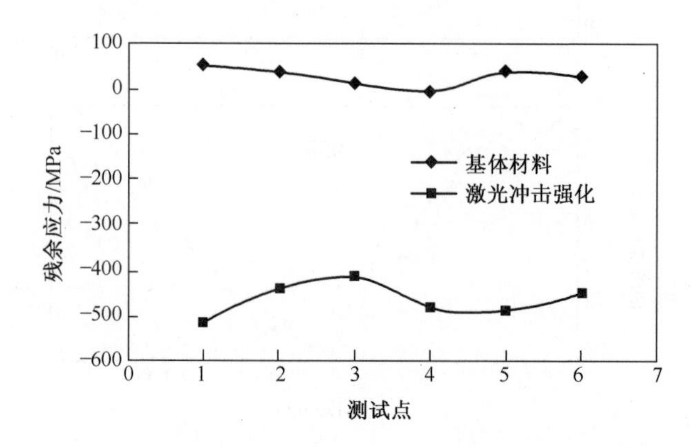

图 5-79 激光冲击强化前后 TC21 钛合金残余应力分布

3. 显微硬度

由于高峰值压力冲击波和激光冲击强化诱导靶材严重塑性变形,激光冲击强化 TC21 钛合金表层形成高密度位错和变形孪晶,因此强化区域显微硬度提高。图 5-77 所示为激光冲击强化 TC21 钛合金表面显微硬度测量位置,图中 21-1线为单次激光冲击强化区域表面显微硬度测量位置,21-0 线为未强化区域表面显微硬度测量位置,21-1 线左边是直径为 4mm 的单光斑强化区域,右边是直径为 5mm 的两光斑搭接强化区域。显微硬度测量参数:载荷 4.9N,加载时间 15s,采用本小节激光工艺参数激光冲击强化 TC21 钛合金表面显微硬度测量结果如图 5-80 所示。未冲击强化 TC21 钛合金沿 21-0 线表面显微硬度为 2710~2880MPa,激光冲击强化 TC21 钛合金强化区域表面显微硬度为 3360MPa。与未强化区域表面显微硬度值比较,沿图 5-77 中 21-1 线显微硬度测量点 No. 2~9 和 No. 12~19 的显微硬度值明显增大,最大值达到 3360MPa。No. 12~19 表面显微硬度值不规则分布原因为两光斑搭接强化,No. 2~9 表面显微硬度值不规则分布原因为空间高斯分布的光斑能量。由图 5-80 可知,随着与光斑中心距离的增大,TC21 钛合金表面显微硬度降低,光斑中心处表面显微硬度值最大,原因为光斑中心更高激光能量诱导表层产生更多位错和移动。

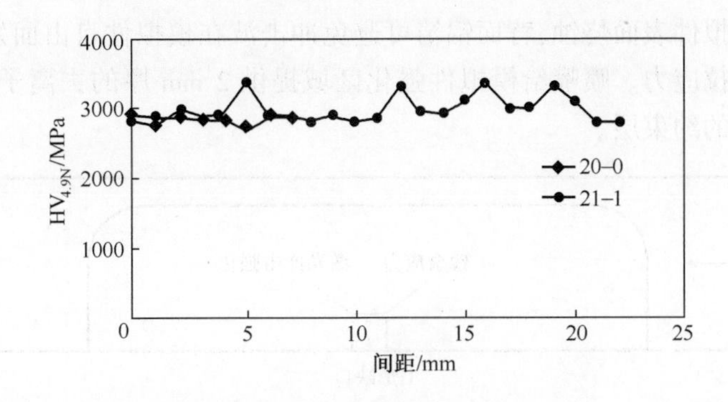

图 5-80　TC21 钛合金表面显微硬度值

5.4.4　TA19 钛合金的力学性能

试验材料为 TA19 钛合金,是一种近 α 相钛合金。本书设计截面尺寸近似叶片前缘的叶片模拟件,采用慢走丝线切割在模拟件中心线加工 U 形缺口模拟 FOD 缺口效应,采用三点弯曲试件模拟叶片承受的拉-拉载荷,如图 5-81 所示。从 TA19 锻件上,慢走丝线切割和数控铣床加工 13 根缺口模拟件(三点弯曲试件),5 根为未强化试件,4 根为单光斑双面激光冲击强化试件,4 根为三光斑激光冲击强化试件,试件尺寸和实物如图 5-81 所示。

采用中国航空制造技术研究院本部的 Nd:YAG 激光器(波长 1064nm,激光能量 $E=30$J,脉宽 15ns)和方形光斑(4mm×4mm)技术对模拟件缺口尖端表面进行双面激光冲击强化,如图 5-82 所示。光束整形镜将圆形光斑转换为近平顶分布的方形光斑。模拟件表面和背面都粘贴0.12mm厚的铝箔介质,表面铝

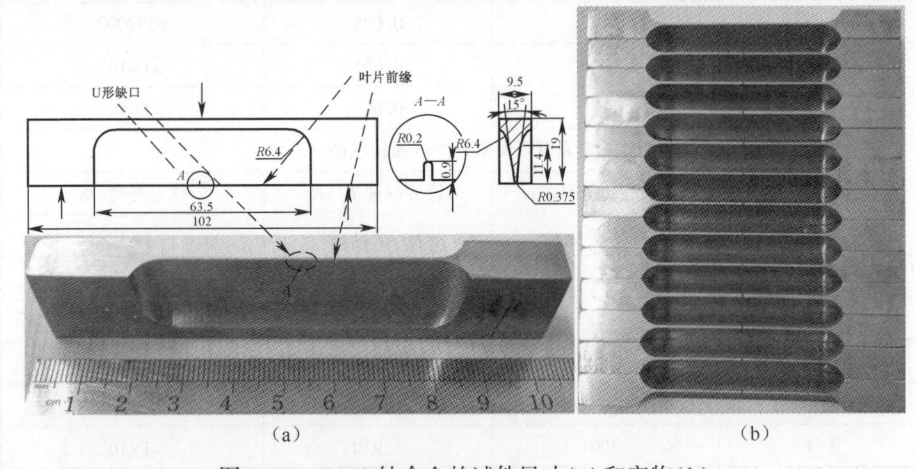

图 5-81　TA19 钛合金的试件尺寸(a)和实物(b)

箔可避免模拟件表面烧蚀,背面铝箔可避免冲击波在模拟件自由面发生反射产生较大动态拉应力。喷嘴给模拟件强化区域提供 2 mm 厚的去离子水帘,保证纯净和稳定的约束层。

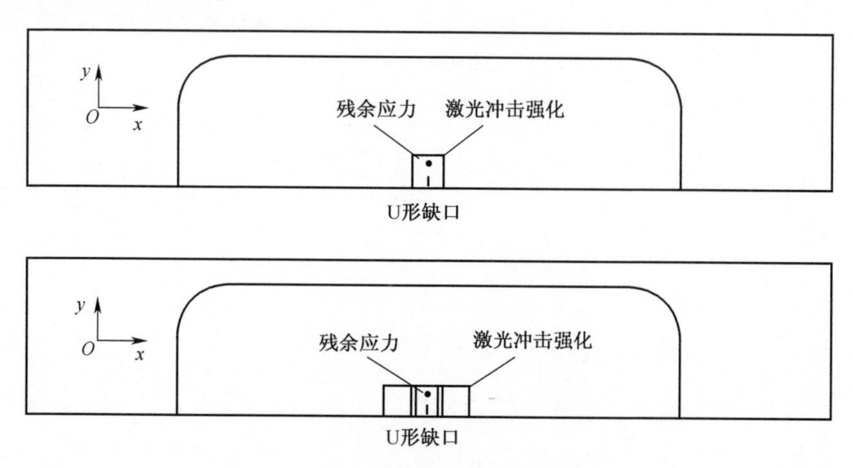

图 5-82 激光冲击强化 TA19 钛合金示意图

表 5-15 所列为激光冲击强化前后 TA19 钛合金试件的疲劳寿命。由表 5-15可知,疲劳寿命 10^7次时,未强化缺口模拟件的疲劳强度为 107 MPa。与

表 5-15 激光冲击强化前后 TA19 钛合金试件的疲劳寿命

基体材料			
试件编号	疲劳应力 σ/MPa	疲劳载荷 F/kN	疲劳寿命/次
0-1	107	0.698	$>1\times10^7$
0-2	121	0.785	2910300
0-3	107	0.698	6592000
0-4	101	0.655	$>1\times10^7$
0-5	107	0.698	$>1\times10^7$
单光斑双面激光冲击强化试件			
编号	疲劳应力 σ/MPa	疲劳载荷 F/kN	疲劳寿命/次
1-1	188	1.222	$>1\times10^7$
1-2	202	1.313	$>1\times10^7$
1-4	220	1.430	$>1\times10^7$
三光斑双面激光冲击强化试件			
编号	疲劳应力 σ/MPa	疲劳载荷 F/kN	疲劳寿命/次
3-1	300	1.950	$>1\times10^7$

未强化缺口模拟件相比,单光斑双面激光冲击强化试件的疲劳强度大于220MPa,疲劳强度得到明显改善,三光斑双面激光冲击强化试件的疲劳强度大于300MPa,疲劳强度得到再次提高。双面激光冲击强化诱导TA19钛合金表面高幅残余压应力和纳米晶,提高了TA19钛合金试件的应力强度因子阈值,降低了应力比和应力集中,且改变疲劳裂纹扩展方向,从而有效地改善试件的疲劳强度。

5.5 铝合金的力学性能

5.5.1 1420铝锂合金的疲劳寿命

目前飞机使用的主要结构材料仍然是铝合金,其用量占飞机结构重量的60%~80%。为进一步减轻重量,苏联在20世纪60年代发展了密度小($\rho \leqslant$ 2490kg/m^3)、弹性模量高($E \geqslant$75GPa)的铝锂合金,70年代开始在飞机上大量使用。该合金名义成分为Al-5Mg-2Li,它是一种有广泛应用前途的航天、航空用轻型合金结构材料[136]。在满足同等承载条件下,1420铝锂合金用于铆接结构可使结构重量减轻15%。1420铝锂合金不仅适用于焊接结构件,还适用于铆接结构件。

在以前的研究中发现,2024铝合金铆钉孔的激光冲击强化能明显提高铆接结构的疲劳寿命[137]。本节对1420铝锂合金板材进行激光冲击强化试验,并研究对其疲劳性能和表面力学性能的影响[138]。

1. 试验条件

将2.9mm厚的1420合金板材制作成拉伸试件、中心圆孔试件和金相试件,拉伸试件用于测试试验材料的静态力学性能。1420铝锂合金化学成分和试验所用1420铝锂合金板材实测力学性能分别如表5-16和表5-17所列。对部分疲劳试件和中心圆孔和金相试件的高光洁度表面进行冲击处理,采用中国科学技术大学激光冲击强化试验装置,激光器为染料调Q钕玻璃激光器,波长为1.06μm,激光输出模式为准基模,光斑能量接近高斯分布。激光冲击强化参数为:脉宽τ=20ns,光斑直径ϕ6mm,使用的激光脉冲能量为16~20J。

表5-16 1420铝锂合金化学成分

零件	Mg	Li	Zr	Fe	Si	H	Al
质量分数/%	5.0~6.0	1.9~2.3	0.1~0.5	<0.2	<0.1	<0.1	其他

表 5-17　试验所用 1420 铝锂合金板材实测力学性能

试样编号	σ_b/MPa	$\delta_{11.3}$/%	σ_s/MPa
L1	449.3	12.7	320.4
L2	453.8	12.7	313.1
平均值	451.6	12.7	316.8

2. 表面形貌

在激光冲击强化过程中,在强脉冲激光到达金属表面瞬间产生高温高压等离子体,但由于吸收层(也称为牺牲层)的作用,金属表面除塑性应变外,不会产生强激光或冲击波的热损伤或力学损伤。图 5-83 为疲劳试件激光冲击强化前、后表面形貌的对比,由图 5-83 可知,材料表面存在大量轧制微裂纹,激光冲击强化后在冲击区没有强激光明显的冲击或烧蚀痕。对金相试件的粗糙度进行测定,结果表明,试件在冲击处理前后的表面粗糙度分别是 Ra0.068μm 和 Ra0.096μm,说明激光冲击强化对粗糙度的影响很小,基本上能保持高光洁度的表面不受破坏,所以冲击后能直接对冲击区测试表面显微硬度。

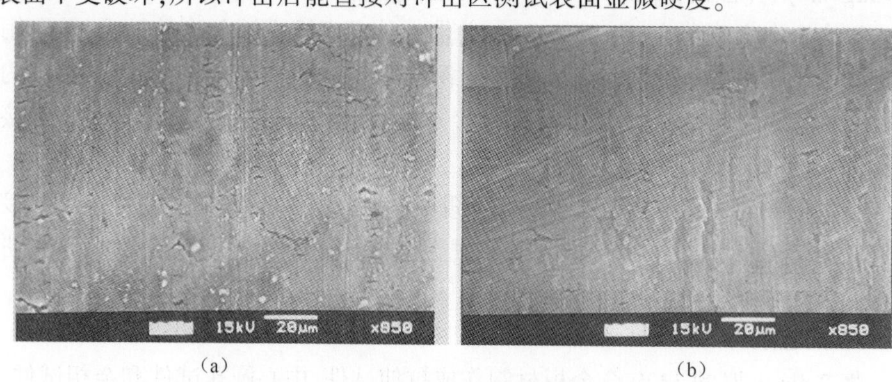

(a)　　(b)

图 5-83　激光冲击强化前、后轧制板材表面形貌
(a)冲击后;(b)冲击前。

从试验所用 1420 铝锂合金板材实测力学性能可以看出,该材料的屈服强度和抗拉强度相差较大,具有形变硬化的性质。

3. 显微硬度

对 1420 铝锂合金金相试件磨光面进行激光冲击强化,对比强化区的表面硬度分布,表面显微硬度的测量结果分别如图 5-84 所示。

由图 5-84 可知,经激光冲击强化后,1420 铝锂合金的表面显微硬度从基体的 125HV 提高到 155HV 左右,在冲击区产生明显的硬化效果,强化区直径与光斑相当。在深度方向,硬度在冲击面一侧的表面最高,随层深方向迅速下降,强化深度为 1mm 左右。

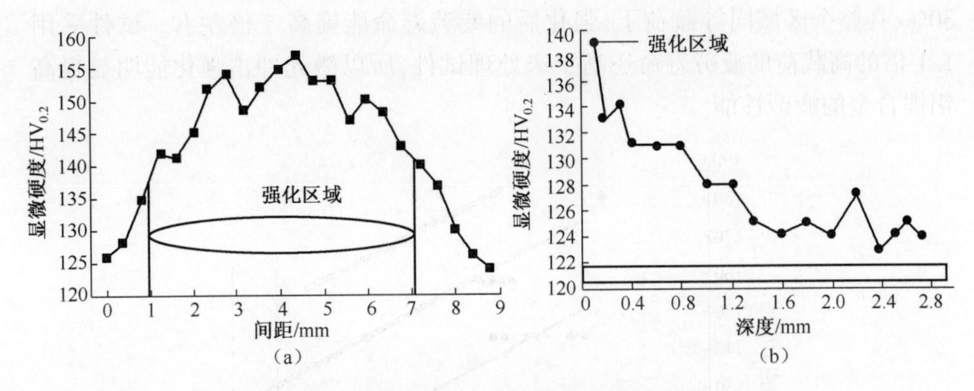

图 5-84　1420 铝锂合金试件冲击区硬度分布

(a) 1420 铝锂合金表面；(b) 1420 铝锂合金深度分角。

4. 疲劳强度和疲劳寿命

将 2.9mm 厚的 1420 铝锂合金板材制作成中心圆孔缺口疲劳试件，试件先按光滑试件尺寸加工成形，然后打 ϕ2mm 左右的中心孔，制作成中心圆孔缺口试件，最后进行激光冲击强化，冲击处理时采用 ϕ6mm 的激光光斑双面覆盖中心圆孔，使孔周边双面得到强化，试件冲击前后尺寸如图 5-85 所示，图中画剖面线的部分是激光光斑覆盖区域。

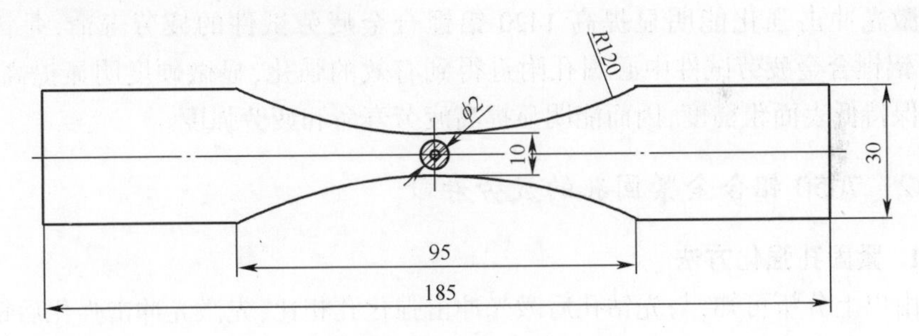

图 5-85　疲劳试件尺寸

疲劳扩展试验开始使用 880MTS 疲劳试验机，MTS TestStar Lis 程序加载，加载精度为 0.5%，正弦波形，频率 $f=30$Hz，应力比 $R=0.1$，试验环境为室温、空气。后来使用 10HFP1478 高频疲劳试验机，频率 $f=70$Hz，应力比 $R=0.1$，试验采用的最大载荷 $P_{max}=2467\sim4229$N（受力截面面积 $S=23.36\text{mm}^2$，$\sigma_s=316.8$MPa，载荷分别对应 $\sigma_{max}=\sigma_s/3$、$\sigma_s/2.5$、$\sigma_s/2.2$、$\sigma_s/2$、$4\sigma_s/7$），对试验结果进行数据处理，并绘制成 $S-N$ 曲线。拟合后结果如图 5-86 所示。

由图 5-86 可知，对于该缺口疲劳试件，经强化后的疲劳试件疲劳极限强度（10^7次）为 120MPa 左右，而未强化的试件仅为 90MPa 左右，疲劳强度提高

30%,在整个区域同等载荷下,强化后的疲劳寿命能提高5倍左右。试件采用1.1倍的高载荷的疲劳寿命还高于未处理试件,所以激光冲击强化能明显提高铝锂合金的疲劳性能。

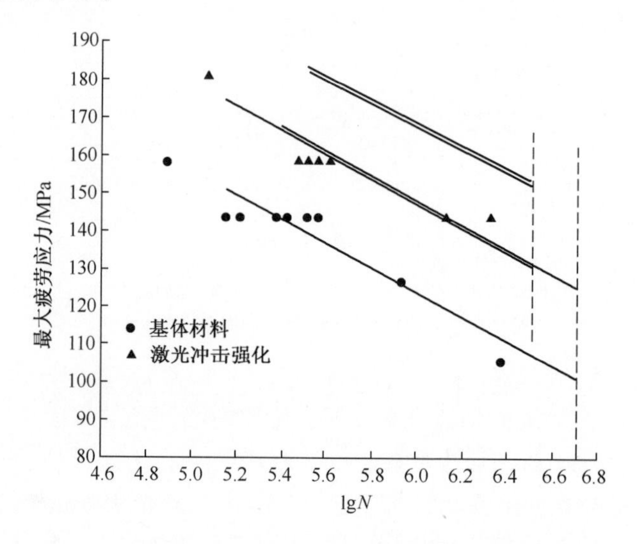

图 5-86 未强化和强化试件 $S-N$ 曲线对比(N 为循环次数)

激光冲击强化能明显提高1420铝锂合金疲劳试件的疲劳寿命,是因为1420铝锂合金疲劳试件中心圆孔附近得到有效的强化,显微硬度明显提高,并且能保持低表面粗糙度,因而能明显提高疲劳寿命和疲劳强度。

5.5.2 7050铝合金紧固孔的疲劳寿命

1. 紧固孔强化方法

由以上分析可知,与先钻孔后激光冲击强化孔相比,先激光冲击强化后钻孔可以大幅提高零件疲劳寿命。但由于飞机零部件紧固孔修复的需要,飞机上零部件的紧固孔一般都是先钻孔后激光冲击强化,为降低紧固孔边缘塑性变形,有效提高其疲劳寿命,中国航空制造技术研究院提出环形激光冲击强化紧固孔的装置和方法(专利公布号:CN103484653A)[139],它采用带中心孔的内凹锥透镜1、带中心孔的聚焦透镜2、外凸锥透镜3和聚焦透镜4将圆形激光束空间分离后再耦合形成新的环形激光束,并实现该新环形激光束的空间能量分布调节,如图5-87所示。该技术的优点为对环形光斑进行能量调控,改变环形光斑内的激光功率密度分布,从而改变紧固孔端周围材料的受力状态和残余压应力分布;与圆形光斑相比,环形光斑激光冲击强化提高了脉冲能量的利用率。

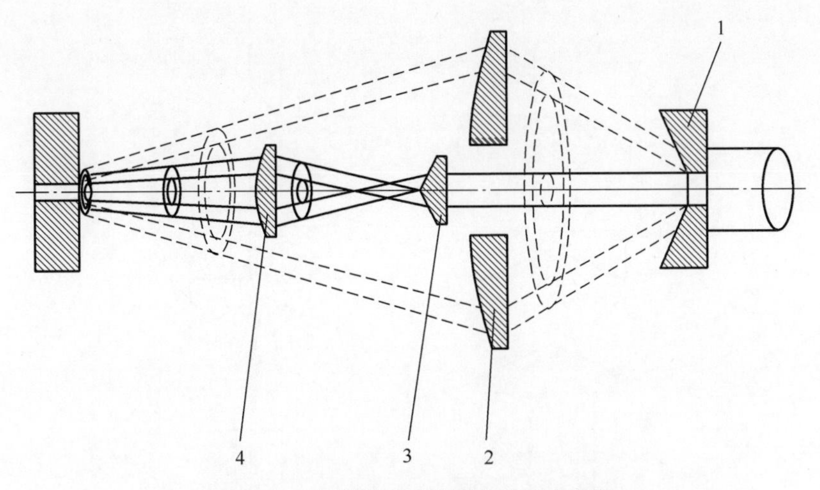

图 5-87　环形激光冲击强化紧固孔装置

1—带中心孔的内凹锥透镜;2—带中心孔的聚焦透镜;3—外凸锥透镜;4—聚焦透镜。

中国航空制造技术研究院提出一种环形激光束的能量调控装置(专利公布号:CN103336368A),它采用分光镜 2 将入射圆形激光束 1 分解成两束激光束,其中一束激光通过旋光片 3 使其偏振方向旋转 90°,两束激光束依次通过内锥面透镜 4 和外锥面透镜 5,产生两个环形激光束 6,经过偏振片 7 耦合为环形激光束 8,如图 5-88 所示[140]。该技术的优点为,圆形激光束空间分离后再耦合方式,能实现环形光束的空间能量分布调节和环形光束脉冲波形的快速调节。

环形激光冲击强化紧固孔的装置和方法(专利公布号:CN103484653A)和一种环形激光束的能量调控装置(专利公布号:CN103336368A),通过稍大于孔直径的环形光斑对孔结构进行同心冲击处理,为避免孔洞对压力的释放和孔角产生变形,环形光斑仅在孔角外围进行冲击处理。以上两种方法对孔角的强化效果不明显。

中国航空制造技术研究院提出一种能提高孔角部位强化效果的孔结构激光冲击强化方法(专利公布号:CN101126117A)[141],它利用向被激光冲击强化的孔内放置与孔直径相等的、硬度不低于孔结构的芯棒或衬套且芯棒或衬套上表面与孔结构表面齐平,对孔结构直接进行同心覆盖处理或沿孔结构圆周搭接处理,能有效提高孔角结构的强化效果,提高飞机使用寿命,解决小孔结构实施强化难的问题。

7050 铝合金常用于机翼和机身,而机翼和机身与飞机通过铆钉连接,为改善飞机紧固孔的疲劳性能,在装配前需进行棒扩孔冷加工。然而,当孔和扩孔棒直径太小时,扩孔棒容易断裂,因而扩孔冷加工技术应用受到限制。飞机上许多

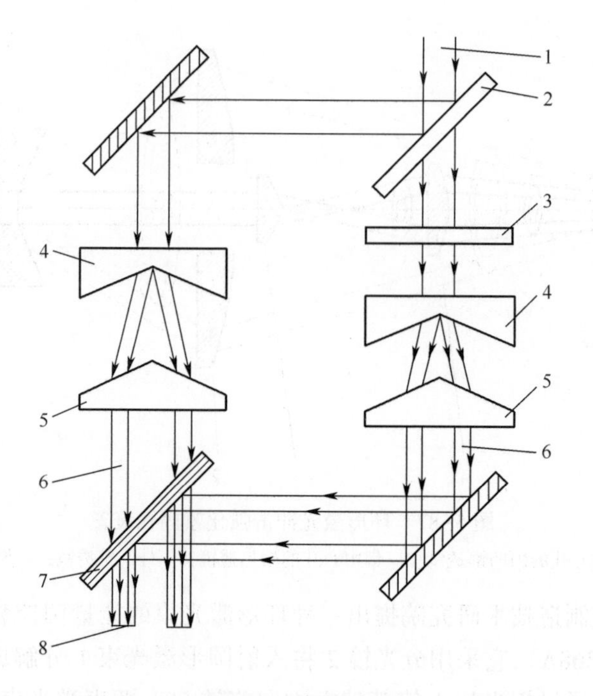

图 5-88　环形激光束能量调控装置示意图

零部件存在直径小于 2.5mm 的紧固孔。在装配线上，如何增强紧固孔性能是工程师面临的一项技术挑战。

30 年前，采用高能脉冲激光器发展了一项新表面增强技术，即激光冲击强化技术。与传统喷丸强化相比，激光冲击强化技术产生更高幅值和更深的残余压应力。同时，激光冲击强化诱导材料表层产生应变硬化，材料表层微观结构中形成位错和孪晶。中等功率密度激光冲击强化可改善铝合金部件的疲劳寿命[142-143]，然而，当激光功率密度大于 4~5GW/cm^2 时，激光冲击强化铝合金内部产生内裂纹，缩短了铝合金疲劳寿命[144]。

本节主要研究 7050 铝合金紧固小孔不同强化顺序对其疲劳性能的影响机理，并分析了产生紧固孔疲劳增益的主要因素[10, 145]。

2. 7050-T7452 铝合金疲劳寿命

1）试验方法

采用调 Q 钕玻璃激光系统对 7050 铝合金进行激光冲击强化试验，脉冲能量为 50J，脉宽为 30ns，光束直径为 20mm，激光冲击强化疲劳试样工艺参数为光斑直径 6mm、脉冲能量 36~40J、激光功率密度 4GW/cm^2、铝箔吸收层厚 200μm、水约束层厚 2mm。7050 铝合金热处理状态为 T7452，主要成分（质量分数）为铜

2.0%~2.6%、镁 1.9%~2.6%、锌 5.6%~6.7%以及其他元素。从厚度大于 100mm 的锻造铝合金 7050 中切割疲劳试样。因材料相当厚,深度方向基体材料机械属性变化较小,表层切割试样具有轻微较高的抗拉强度和疲劳强度。为降低材料属性变化引起的误差,疲劳试样被对称加工为双应力集中孔,如图 5-89所示,疲劳试样对称加工两窄脖,其中心钻孔直径为 2.5mm。

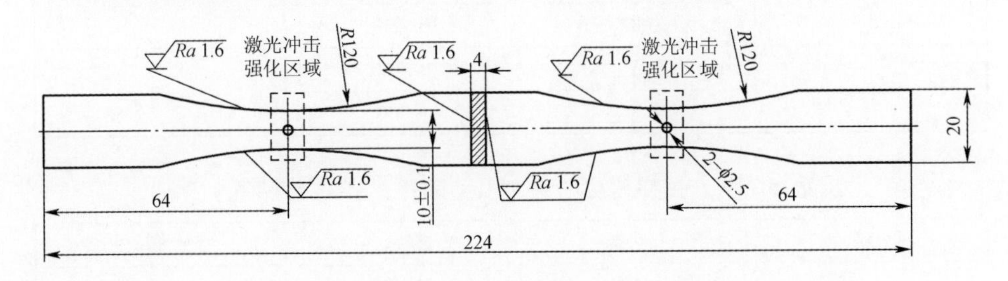

图 5-89 激光冲击强化双孔疲劳试样(mm)

2) 疲劳寿命

两组试样进行了疲劳试验,见表 5-19 和表 5-20,一组试样先激光冲击强化后钻孔,另一组试样先钻孔后激光冲击强化。两组试样两端夹持进行疲劳试验,其中试样激光冲击强化端标为 A,未激光冲击强化端标为 B。

疲劳试验载荷为 8.1kN,相当于孔中心最小截面承受 270MPa 拉应力。在疲劳试验过程中,如果一端孔发生断裂,数据记录为先断孔疲劳寿命,疲劳试验继续,直到另一端孔发生断裂,数据记录为后断孔疲劳寿命。

激光冲击强化前后 7050 铝合金疲劳寿命见表 5-18 和表 5-19[10]。试验结果表明,与未强化孔端疲劳寿命相比,先钻孔后强化孔端疲劳寿命平均提高 57%。先强化后钻孔端疲劳寿命比未强化孔端疲劳寿命平均提高 198%,先强化后钻孔端疲劳寿命与棒扩孔冷加工试样疲劳寿命相近。

表 5-18 试样疲劳寿命对比(试样先钻孔后强化)

试件编号	孔状态	谱块数	增益值/%
601	A	26.743	78
	B	14.999	
602	A	22.657	47
	B	15.404	
604	A	17.999	11
	B	16.285	

（续）

试件编号	孔状态	谱块数	增益值/%
605	A	17.080	54
	B	11.117	
606	A	16.375	60
	B	10.218	
607	A	19.186	92
	B	9.999	

表 5-19　试样疲劳寿命对比(试样先强化后钻孔)

试件编号	孔状态	谱块数	增益值/%
611	A	52.454	204
	B	17.275	
612	A	73.101	154
	B	28.739	
613	A	36.873	177
	B	13.315	
614	A	30.632	157
	B	11.912	
615	A	40.803	231
	B	12.317	
617	A	43.472	262
	B	11.999	

3）疲劳断口

由图 5-90 可知,激光冲击强化孔断口疲劳裂纹萌生点和断口形貌与未冲击强化孔断口形貌特性不同。疲劳试验过程中,孔角区域因应力集中经常形成疲劳裂纹萌生点。激光冲击强化诱导孔表层高幅残余压应力,残余压应力抵消和降低应力集中幅值。从疲劳裂纹萌生机理方面,容易理解激光冲击强化如何增强孔口和改善孔结构疲劳寿命[146]。因此,激光冲击强化有效改善了 7050-T7451 紧固孔疲劳寿命。

然而,不清楚为什么先强化后钻孔端疲劳增强因子比先钻孔后强化孔端的疲劳增强因子大 1 倍左右?

由图 5-91 可知,先钻孔后强化孔,其强化区域塑性应变和残余应力分布存在两个缺点:①高压等离子体破坏吸收层,降低靶材内部冲击波强度和提高孔内壁表面温度;②孔周围区域塑性应变可能在孔边缘处产生尖角孔口,如图 5-92 所示,从而形成疲劳裂纹萌生点。因此,当高功率密度激光冲击强化小孔铝结构时,以上两缺陷可能缩短孔疲劳寿命。与仅激光冲击强化区域塑性应变和残余应力分布相比,先强化后钻孔可能部分释放小孔强化区域塑性应变和残余应力分布。因此,先强化后钻孔端疲劳增强因子比先钻孔后强化孔端疲劳增强因子更大。

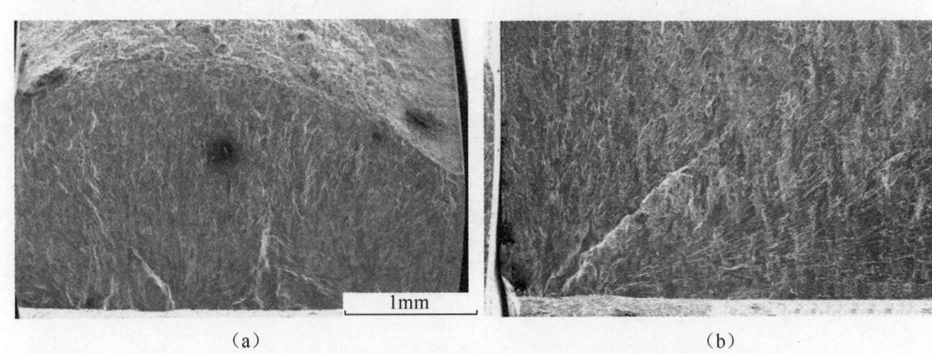

(a)　　　　(b)

图 5-90　606 铝合金试样两孔断口疲劳裂纹萌生

(a)激光冲击强化 A 孔;(b)未冲击强化 B 孔。

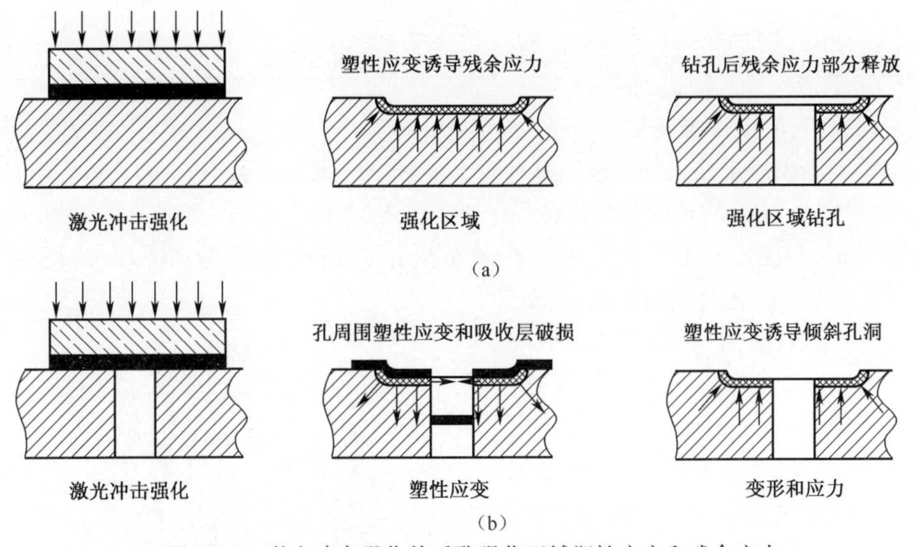

图 5-91　激光冲击强化前后孔强化区域塑性应变和残余应力

(a)先强化后钻孔;(b)先钻孔后强化。

3. 7050-T7451 铝合金疲劳寿命

1) 试验材料

本试验的材料为 7050-T7451 铝合金,属高强度可热处理合金,具有极高的

图 5-92　尖角孔口容易形成疲劳裂纹萌生点

强度及抗剥落腐蚀和抗应力腐蚀断裂的性能，飞机结构件中常用于中厚板挤压件、自由锻打件与模锻件。其弹性模量为72GPa，泊松比为0.33，密度为2830kg/m^3，弹性极限为1.1GPa，主要化学成分见表5-20。

表 5-20　7050-T7451 铝合金化学成分　（%(质量分数)）

Zn	Mg	Cu	Cr	Zr	Si	Fe	Al
5.7~6.7	1.9~2.6	2.0~2.6	≤0.04	0.08~0.15	≤0.12	0.15	其他

2）激光冲击强化试验

用于激光冲击强化的钕玻璃脉冲激光器输出的激光波长1064nm、脉冲宽度30ns、频率0.1Hz，激光束在强化位置的加工光斑直径为6mm，激光功率密度为4GW/cm^2，其能量分布见图5-93。在激光冲击强化前，将厚度为0.12mm的铝箔贴于7050铝合金的待强化表面，用于保护材料表面；在强化位置形成厚度约1mm均匀的去离子水膜，用于抑制等离子体过分膨胀，提高冲击波压力。在激光冲击强化后，铝箔保护层表面完整，其表面的激光烧蚀痕迹与激光光斑尺寸相当。紧固孔的激光冲击强化采用先强化后钻孔的加工方式[10]，即先在疲劳试件小孔位置进行轮次双面强化，形成直径为6mm的与小孔同心的原型强化凹坑。每一面强化两次，然后再钻直径2.5mm

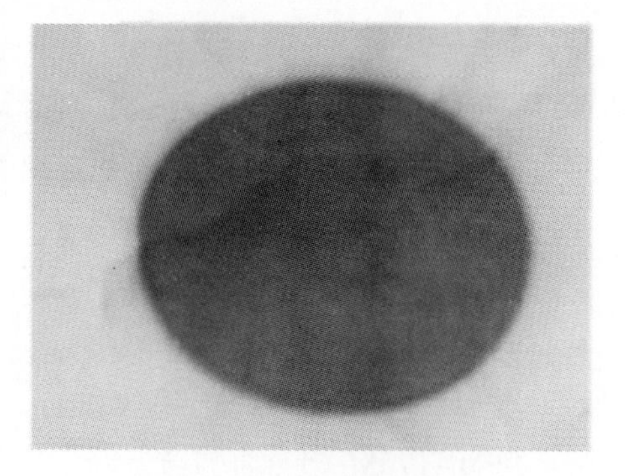

图 5-93　激光能量分布

的小孔。激光冲击强化完成后,小心地揭去铝箔,并及时清洗强化表面。

3) 残余应力与显微硬度

当脉冲激光诱导的冲击波峰值压力超过 7050 铝合金的弹性极限 1.1GPa 时,材料表面产生永久塑性变形和残余压应力。利用 X 射线衍射仪对表面残余应力进行测试,X 射线直径为 0.8mm,测试点分布横跨整个冲击坑,测试结果如图 5-94 所示。钻孔前,冲击区凹坑中心附近的最大残余应力值在-200~-250MPa之间。在冲击区中心钻直径为 2.5mm 的小孔后,测试位置的残余压应力由原来的-208MPa 变到-165MPa。紧固孔服役过程中,残余压应力作为负载荷抵消部分或全部外载荷,有利于紧固孔的疲劳寿命。

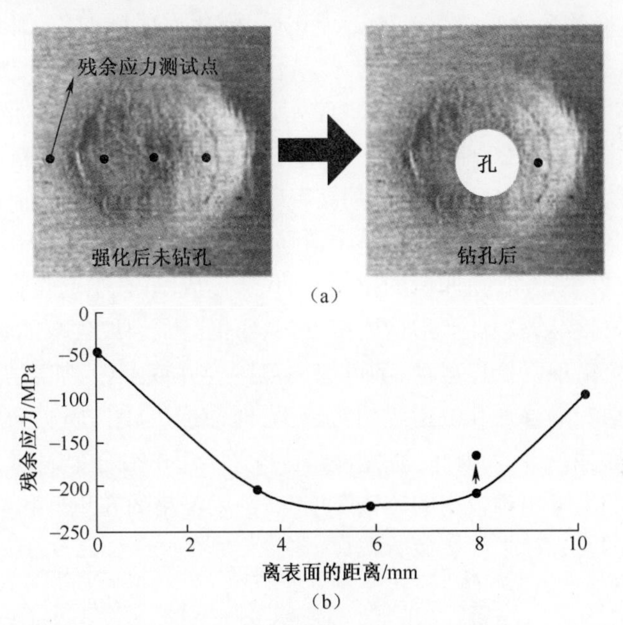

图 5-94　7050 铝合金激光加工位置和冲击区残余应力分布

(a)加工孔的位置;(b)残余应力分布

冲击波加载在材料表面,产生超高应变塑性变形引起材料表面应变硬化。图 5-95 所示为沿紧固孔周围深度方向的显微硬度分布,压头载荷为 25g,加载时间为 15s,测试点间距为 50μm。距离材料表面越远,其显微硬度越小,显微硬度在 0~400μm 范围内有所提高,而 400μm 以下的显微硬度值基本与基材相同。显微硬度提高幅度不大,说明冷作硬化程度较小,这有利于疲劳过程中残余压应力的稳定性。

4) 微观组织

图 5-96 所示为位错密度的透射电镜分析结果,电压为 200kV,放大倍数为

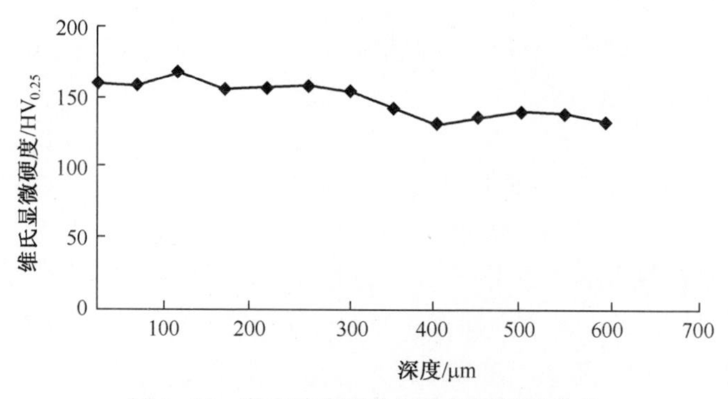

图 5-95　激光冲击强化后的显微硬度分布

50000 倍。7050 铝合金经过激光冲击强化后,强化后区域的位错密度较未强化区域有较显著提高,见图 5-96(b)。位错密度提高以后,滑移面上单位面积上的位错增加,在滑移面上容易形成同号位错局部塞积,当位错遇到晶界及亚晶界时,形成的位错塞积群数量也增多。必须克服晶界和两个晶粒位向差所造成的阻力,位错才能通过晶界。因此,开动高密度的位错塞积的滑移所需的切应力也增大。金属中位错密度高,不在同一个滑移面上的位错在外力的作用下开动,交叉通过的位错发生扭曲,扭曲后的位错不消散,形成割阶,引起位错缠结,造成位错运动的障碍,给继续塑性变形造成困难,从而提高了裂纹尖端的强度。当循环载荷较小时,位错难以长程运动,不可能大范围合并或互毁,加之外载的作用有方向性,可开动的滑移系和位错源相对较少,即使经历较长周次的应力循环,缠结位错也难以离散[147]。因此,激光冲击强化在 7050 铝合金表层,产生较小的塑性变形,但产生了相对较高的位错密度,高密度位错的塞积群和缠结使残余应力释放速率较低,有利于提高疲劳寿命。

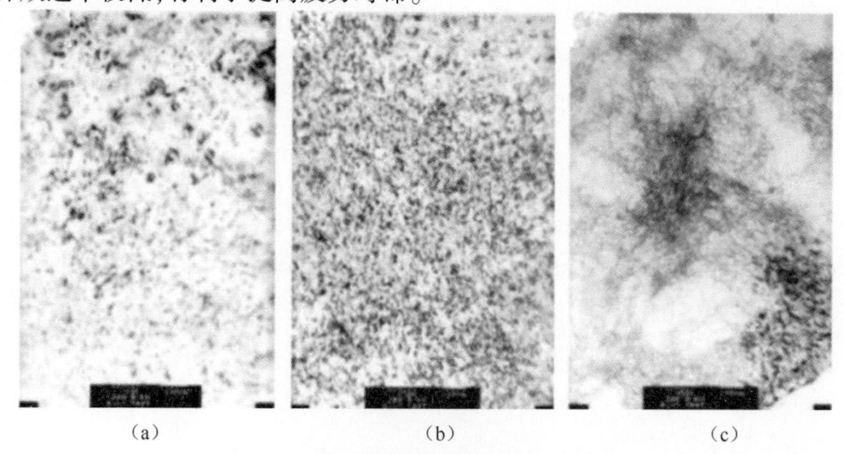

(a)　　(b)　　(c)

图 5-96　位错密度的透射电镜分析结果

(a)未强化;(b)强化;(c)强化(位错缠结)。

5）疲劳试验结果

7050 铝合金疲劳试样形式如图 5-89 所示，试样为双联狗骨形标准疲劳试样，每个试样上有两个小孔，一端进行双面激光冲击强化，另一端为基材状态，试样厚度分别为 2mm、3mm 和 4mm。疲劳载荷为某型飞机中机身随机载荷谱，最大应力载荷为 270MPa。疲劳测试过程中，疲劳试件一端发生断裂，记录疲劳循环周次 N_1，未断裂一侧继续加载，直至断裂，记录疲劳循环周次 N_2，即先裂纹小孔的疲劳循环周次为 N_1，后断裂小孔的疲劳周次为 N_1+N_2。紧固孔的疲劳循环周次见图 5-97，所有试件的强化孔疲劳寿命均大于未强化孔的疲劳寿命，且强化孔疲劳寿命分散性也大于未强化孔。

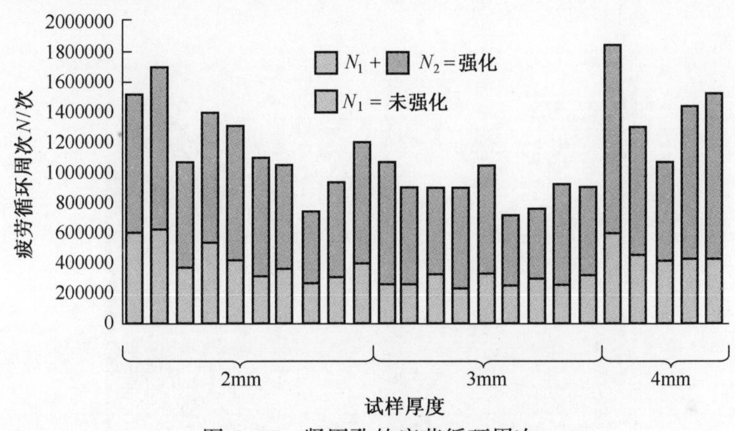

图 5-97　紧固孔的疲劳循环周次

3 种厚度（2mm、3mm 和 4mm）试样平均疲劳次数由 423297、286393、467726（未强化）提高到 1198448、901746、1429638（强化），分别为 2.83、3.15、3.06 倍。图 5-98 所示为同一个疲劳试件上的强化孔与未强化孔的疲劳寿命比值，所有试样的比值均大于 2.5，激光冲击强化产生的疲劳增益均大于 1.5 倍，3 种厚度试样的平均疲劳增益相差不大。

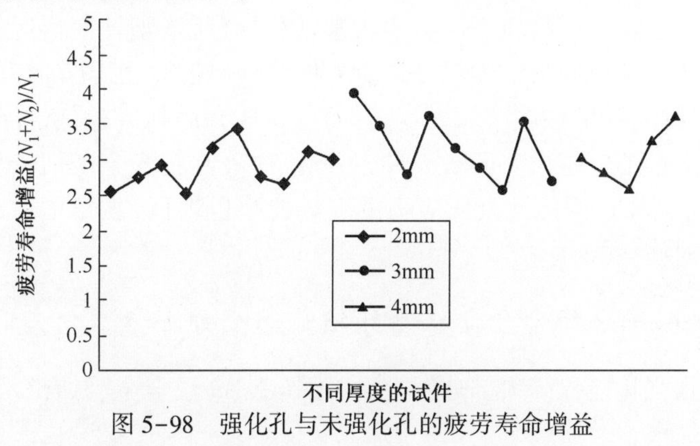

图 5-98　强化孔与未强化孔的疲劳寿命增益

6）疲劳性能影响因素分析

图 5-99 所示为 4mm 厚度的疲劳试件断裂后断裂面的扫描电镜图，其断口有明显的疲劳源、疲劳扩展区和瞬断区。未强化紧固孔的裂纹起源于孔角处，而强化孔的裂纹起源于孔角以下的表层。这是因为孔角处的应力集中系数最大，而且表面晶粒受约束小，易于发生滑移累积，为疲劳裂纹产生提供了优越的条件。强化后紧固孔的孔角处存在残余压应力分布，弱化了孔角的应力集中，使孔角处被保护起来，迫使裂纹起源于次表层，因此强化紧固孔的裂纹萌生时间比未强化紧固孔长。另外，残余压应力在疲劳过程中可看作负载荷，降低了裂纹尖端的有效应力强度因子或应力比，增大了裂纹尖端张开的阈值，从而降低了裂纹扩展速率，延长了紧固孔的疲劳寿命[148]。

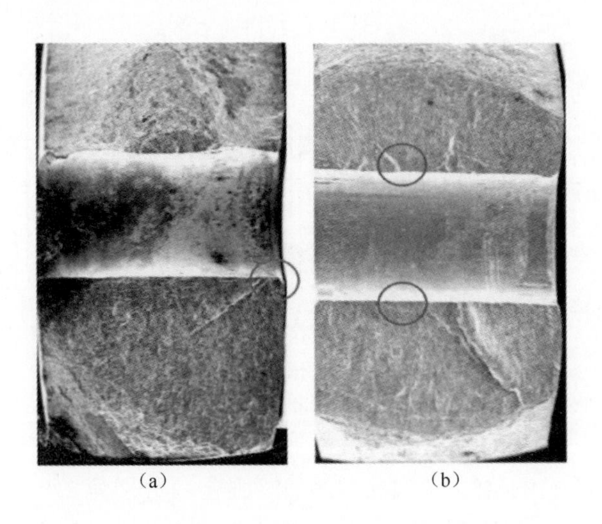

图 5-99　疲劳试件断裂后断裂面的扫描电镜图

(a)未强化；(b)强化。

激光冲击强化在材料表面产生永久塑性变形，所以塑性变形区具有一定程度的冷作硬化。冷作硬化程度对残余应力松弛影响很大，由包辛格效应可知，冷作硬化程度越高，其抗拉屈服强度越高，而其抗压屈服强度越低，导致循环载荷下的残余应力松弛也越快。而激光冲击强化在 7050 铝合金表面产生冷作硬化程度较低(约 10%)，因此残余压应力的释放速率也较低，延长了残余压应力对孔角的保护时间[149]。

5.5.3　2024-T62 铝合金薄板铆接结构的疲劳寿命

激光冲击强化能提高大部分铝合金、不锈钢、高温合金、钛合金等材料的常规拉-拉疲劳性能和微动磨损疲劳性能，但以前试验只对单纯的某一性能或机理进行研究，对复杂组合结构的强化方式和强化机理的综合论述较少。飞机机身和机翼上的铝合金蒙皮都是铆接件，在飞行过程中必然会发生震动，据估计约90%的疲劳裂纹起源于各铆接部位的微动损伤[150]。在铆接结构中，铆钉孔周围的受力较单纯的缺口疲劳试件复杂，但易疲劳的位置仍是孔角，孔一边受铆钉的动态挤压，另外边受拉伸，最大拉应力集中在挤压与拉伸的临界部位；搭接片的压力和摩擦力也集中在孔周围，在拉-拉过程中容易导致接触面的微动磨损疲劳[151]。

为了研究激光冲击强化对飞机铆接结构疲劳性能的影响，本节对激光冲击强化铆接结构进行疲劳试验，并通过分析疲劳断口宏观和微观形貌，研究激光冲击强化对铆接结构疲劳行为的综合影响。

1. 试验方法

采用2.5mm厚的2024-T62铝合金轧制板材，加工成图5-100所示的铆接试件（孔的制作按铆接规范要求）。利用调Q钕玻璃激光装置，以直径ϕ6mm圆形光斑对其中6套试件（两边共8个ϕ3.5mm的铆钉孔进行同心覆盖冲击强化，两个搭接片上8个铆钉孔因受力较小，未做处理）进行激光强化处理。激光参数为：单脉冲能量10J，脉宽20ns，使用K9光学玻璃作为约束层，专用黑漆为吸收层。在激光冲击强化过程中严格保护图5-100所示A区装配面及小孔，不允许玻璃碎片对试件有超过包铝层的擦伤、凹坑或划伤。

对铆钉孔进行激光冲击强化后送入装配车间装配，同时装配未经激光冲击强化的试件作为对比。随后采用MTS-810-250kN疲劳试验机，按某型飞机框结构详细设计弯矩简化谱（“飞-续-飞”谱）进行疲劳试验，一个谱块代表500飞行小时，一个谱块34134个载荷点，谱中26周最高载荷集中在该谱的尾段。本试验中最大纯应力σ_{max} = 270MPa，应力比R=0.1，频率f=10Hz。根据试件的净面积S=2.5×(28-7.2) = 52.0(mm^2)，计算试件在试验中最大载荷P_{max} = $\sigma_{max}S$ = 14040N。

2. 疲劳试验结果

经激光冲击强化以及表面合格的试件共计5套（由于表面损伤报废1套），编号为01~05，未经激光冲击强化的试件共计7套，编号为08~014。所做疲劳试验结果如表5-21所列，在疲劳试验后还进行疲劳断口分析。

所有试件均在图5-100所示的试件后排孔中心线上发生疲劳断裂，这是因为在该处拉应力最为集中。疲劳源以多源疲劳为主，并有明显的疲劳扩展区，在两孔的两边疲劳扩展比较均匀。在试件侧壁有明显的微动磨损面，表现出铆接件的疲劳特征。由于铆接结构这种均匀化的疲劳效果，所以同组试件的疲劳寿

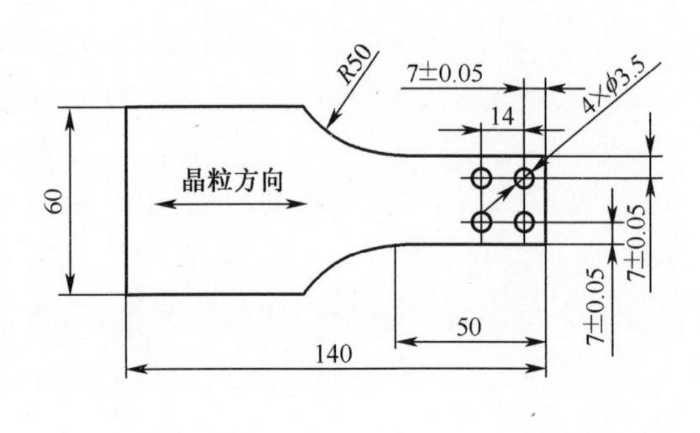

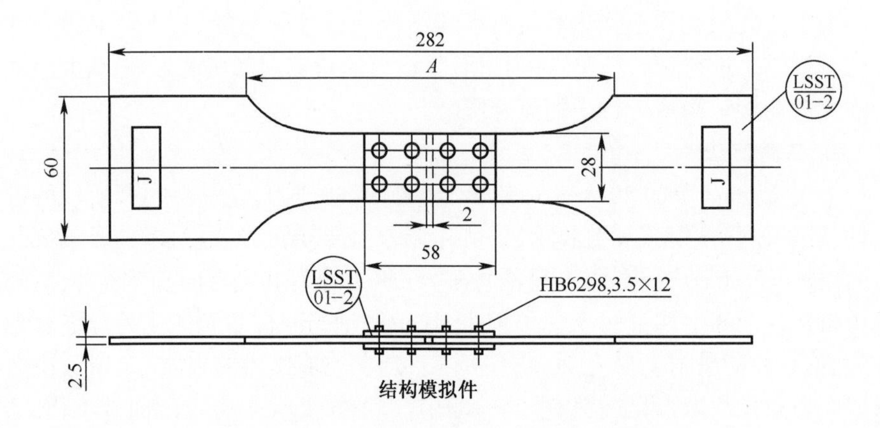

图 5-100　铝合金铆接试件尺寸及装配图

命比单纯的单孔拉-拉试件分散性明显小得多[152]，激光冲击强化后的铆接试件疲劳寿命比未经激光冲击强化的成组对比件有稳定的提高。

采用随机载荷谱，通过以上对铝合金铆接结构模拟件飞-续-飞随机谱下的成组对比疲劳试验发现，激光冲击强化 2024 铝合金铆钉孔后，在纯应力水平取 270MPa（铆钉孔处最小截面平均应力）的情况下，铆接结构件的随机谱载疲劳寿命值均高于未冲击的原始结构件，平均增益为 80%左右（因谱中 26 周最高载荷集中在该谱的尾段，所以实际增益接近完全谱块数的增益）。

表 5-21　铆接件随机谱疲劳试验结果

试件编号	循环载荷点数（2 倍循环次数）	循环载荷点数平均值	完整谱块数	平均谱块数
01	546101	496698	15	14
02	440856		12	
04	585761		17	
05	414041		12	

（续）

试件编号	循环载荷点数（2倍循环次数）	循环载荷点数平均值	完整谱块数	平均谱块数
08	258839		7	
09	334001		9	
10	321763		9	
11	238148	284022	6	7.78
12	280935		8	
13	300972		8	
14	253493		7	
增益值/%	75		81	

3. 受力分析

整个铆接结构受力如图 5-101(a)所示，两块中间夹层板通过 8 个铆钉和两块搭接板传载，搭接板除了受铆钉在铆钉孔内壁沿拉力方向的压力外，它还受到铆钉在板法线方向的压力，如图 5-101(b) 所示。假设上、下搭接板对称受力，那么中间夹层板的受力大小为上、下板之和，即上、下板的两倍，所以中间夹层是受力最大、最容易破坏的位置。中间夹层受到上、下搭接板的挤压，因此在接触面上受摩擦力 f 的作用，它的大小分布受压力和接触面摩擦系数分布影响。板面上中间夹层的受力如图 5-101(c) 所示，它受铆钉在孔壁的挤压力和搭接片在接触面的摩擦力。在铆接结构的拉-拉疲劳试验初期，受挤压接触面的微动损伤在疲劳性能影响因素中占主导地位，在周期性的应力、应变过程中，板与板、铆钉与孔的接触面容易产生微动磨损。由于搭接片和中间夹板间的挤压力在铆钉孔周边较大，加上这一位置的几何应力集中[153]，因此这一位置是微动磨损疲劳最易发生的位置。

随着疲劳试验的进行，中间夹层和上下搭接片在变幅应变过程逐渐产生滑移，摩擦力逐渐变小，铆钉对孔的挤压力形成疲劳性能影响因素的主导。再分析图 5-101 中第 1 排和第 2 排孔的受力，假设上、下板以及同一排的两孔都是受力对称，忽略中间夹层和上、下搭接片间的摩擦，中间夹层和搭接片的受力如图 5-101(d) 所示，图中 F_1 和 F_2 分别表示第 1 排和第 2 排铆钉对孔的挤压力。根据力的平衡关系，再假设中间夹层和上、下搭接片第 1 排和第 2 排孔等应变，可推算出 $F_2 = 2F_1 = 2P/3$。所以在本试验采用的铆接结构中，第 2 排铆钉孔的所受单面剪切力 τ_2 约为第 1 排孔 τ_1 的 2 倍，约为 $P/3$，第 2 排孔最小截面处所受拉应力最大（试验中最大拉力载荷对应的最大纯应力 σ_{max} = 270MPa），并在孔角处存在较大的应力集中，是疲劳性能最薄弱环节（图 5-101(e)）。

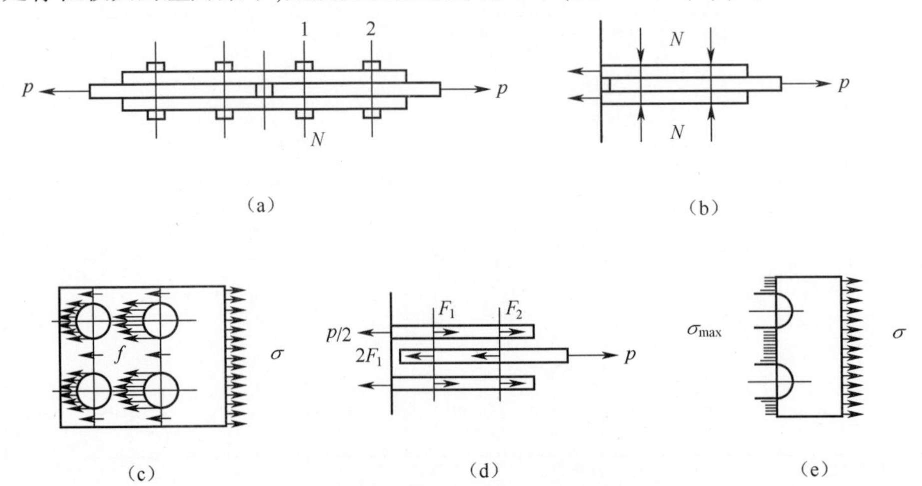

图 5-101　铆接试件受力分析

(a) 整个铆接结构受力图；(b) 搭接板受法向压力图；(c) 中间夹层受力图；
(d) 中间夹层和搭接片的受力图；(e) 孔角处应力集中。

4. 疲劳断口分析

由图 5-102(a) 可以看出，在铆钉孔的外围存在磨蚀坑并附有黑色磨料（图 5-102(a)）上排分别为 4 号、3 号、2 号试件激光冲击强化面，下排分别为未冲击的 14 号、8 号、9 号试件。由于铝合金的塑性较好，所以在接触面的磨合中存在塑性变形，这种塑性变形增加了接触面的咬合效应，并改变了接触面间的摩擦力分布。在多数情况下，微动磨损面出现磨损坑后，磨蚀坑周边的摩擦系数明显提高，整个铆接结构的受力分布随之改变，接触面摩擦力增大，就会减小同一面铆钉孔与铆钉间的挤压。但如果微动磨损位置在孔角出现（图 5-102(b) 中 4 号、2 号、9 号试件），就容易导致疲劳裂纹的产生。如果微动磨损位置在孔外周（如图 5-102(a) 所示孔边 1mm 之外），并处于受拉力方向之后，由于摩擦力的增大就会减小同一面铆钉孔最小截面处的拉应力，从而延缓铆钉孔处疲劳裂纹的产生和扩展，图 5-102(c) 所示裂纹源均朝向图 5-102(b) 面（图 5-102(a) 的反面，以下称 a 面为正面，b 为反面）。

由于铆接结构多个铆钉和接触面的综合协调作用产生均匀化的疲劳损伤，所以同组试件的疲劳寿命比单纯的单孔拉-拉试件分散性明显小得多，激光冲击强化后的铆接试件疲劳寿命比未经激光冲击强化的成组对试件有稳定的提高。疲劳源以角裂纹为主，并有明显的疲劳扩展区，在两孔的两边疲劳扩展比较均匀。

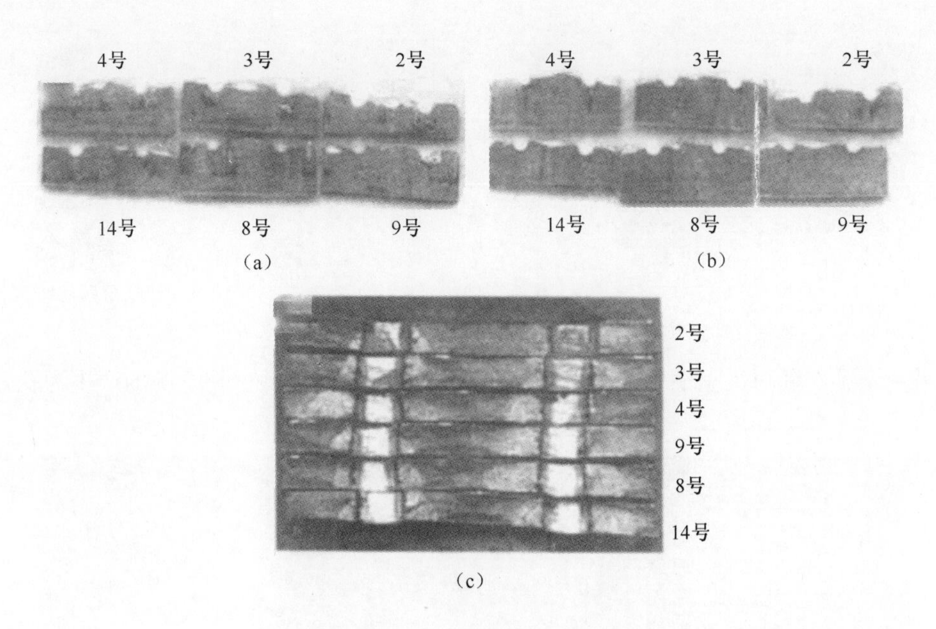

图 5-102　试件断裂孔周边形貌

(a) 正面;(b) 反面;(c) 断口面。

图 5-103 所示为 2 号试件某一断口形貌的影响。从图 5-103(a)可以看出,该孔的疲劳裂纹起源于左孔角处(图 5-102(b)),形成以此为放射中心的疲劳扩展区,断面有明显的台阶,但不属于两疲劳源的交汇台阶,图 5-103(b)为局部放大,可以看出在表面上有明显的磨损和挤压面,并存在宽约 100μm 轮胎压痕(图 5-103(c)),说明在该处受挤压和拉伸等多向力的作用。该试件另一孔面呈多源疲劳特征(图 5-104(a)),孔口的下半部有少量磨损带,对条纹有一定影响(图 5-104(b)) ,而条带在整体上按扩展方向分布,宽约 1μm(图 5-104(c)) 。

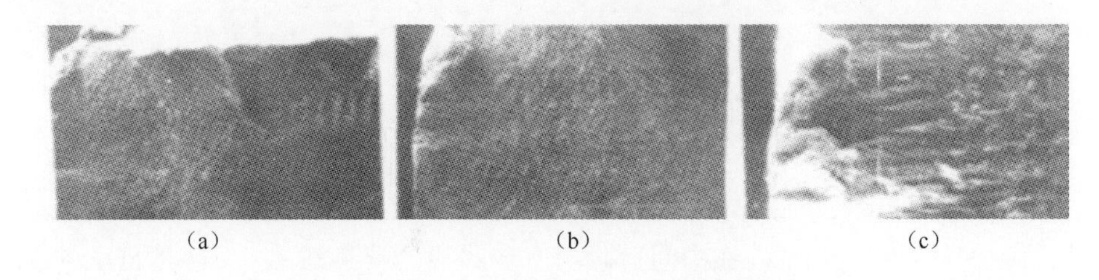

图 5-103　2 号试件挤压对断口形貌的影响

图 5-105 中 9 号试件在磨损面另一侧形成主要疲劳区,这是由于磨损面远离孔角处,摩擦力降低了同侧孔角处的应力集中,9 号试件右为塑性挤压物在断口上的堆积并夹杂着少量磨料,显然发生在疲劳扩展之后的磨损。9 号试件的

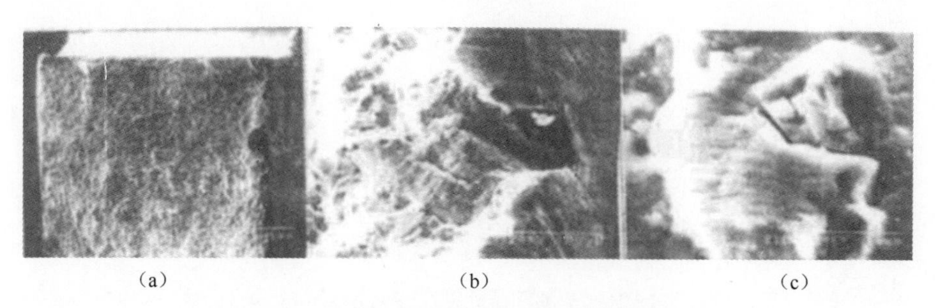

(a) (b) (c)

图 5-104　2 号试件磨损面附近条带及中间部位条带

另一个孔在断口上呈明显扇形疲劳扩展区,右角存在腐蚀坑,裂纹源的产生为孔角处的微动磨损所致。

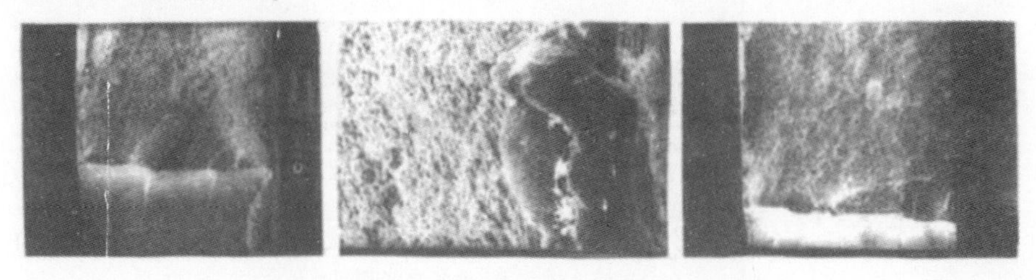

图 5-105　9 号试件疲劳断口及磨损面形貌

图 5-106 中 4 号试件某一个孔处断口呈密集疲劳花样,右侧有严重的磨损挤压特征(对应图 5-102(a) 面),并在挤压瘤上产生多个疲劳源和二次两裂纹,这是由该侧面大面积的微动磨损在孔角产生了裂纹源,但该孔角处于激光冲击强化区,裂纹扩展受阻,没能形成主裂纹。

图 5-106　4 号试件疲劳断口及磨损面形貌

图 5-107 中 8 号试件在中间台阶上出现明显的非连续裂纹,这是挤压的影响,该试件在疲劳平滑扩展区的延性疲劳条带宽约 2μm,宽度明显高于 2 号试件的延性条带,说明激光冲击强化能降低裂纹扩展速率。

由以上对疲劳断口的分析并结合疲劳寿命结果可以看出,激光冲击强化能减小铆接结构孔角处的微动损伤,并提高整个铆接结构的疲劳性能。

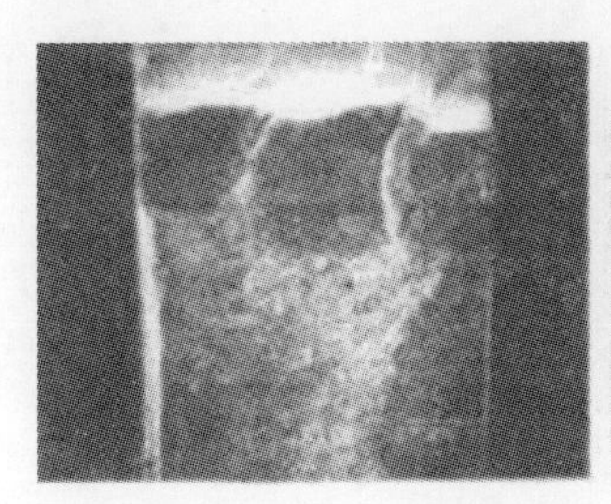

图 5-107　8 号试件疲劳断口的裂纹及条带

5.5.4　2024 铝合金的疲劳裂纹扩展速率

1. 试验方法

试验材料为 3mm 厚的 2024-T62 铝合金(固溶时效),采用紧凑拉伸(CT)试件,其试样尺寸及激光冲击强化的痕迹分别如图 5-17 和图 5-18 所示,拉伸方向为横向(即裂纹扩展方向为板材轧制方向)。试件加工和试验的工艺流程为:机械加工外形尺寸,激光切割圆孔和槽,线切割切口长度 8mm,激光冲击强化,预制裂纹,疲劳裂纹扩展试验。

激光冲击强化采用直径 ϕ6mm 的圆形光斑,沿预制裂纹的延长线单面连续 3 次冲击,排列间距为 5mm,使相邻光斑间有 17%的搭接率。激光脉冲能量为 14J,脉冲宽度为 20ns,激光峰值功率密度为 2.5GW/cm^2。这样就在裂纹扩展路径上形成了长约 16mm、宽约 5mm 的激光冲击强化区域。

疲劳裂纹扩展试验使用 880MTS 疲劳试验机,MTS Test Star Lis 程序加载,加载精度为 0.5%,正弦波形,频率 f=30Hz,应力比 R=0.1,试验环境为室温、空气。

疲劳裂纹扩展长度的测量采用目测法,使用放大倍数为 30 倍的读数显微镜,经历预定循环数后(2000~10000 次)停止循环载荷,加载一定的恒定载荷(约 0.75P_{max})进行静态测量,以减小测量误差,试验过程中记录放大镜底座读数及增加的循环数 ΔN,并转换为裂纹长度 a 及其相应的循环次数 N。

2. 试验结果处理方法

试验结果处理方法与式(5-2)~式(5-6)相同。

3. 2024 铝合金裂纹扩展速率

首先对 3mm 厚的 2024 铝合金进行裂纹扩展速率试验,图 5-108 为经激光冲击强化 CT-01 试件 a-N 拟合曲线。试验中发现,在初始载荷 P=1500N 的条件下,疲劳裂纹缓慢扩展,而当裂纹扩展至 a=12.16~12.57mm 时,疲劳裂纹几乎停止扩展,只好将载荷 P 由 1500N 提高至 1800N,使应力强度因子范围提高 20%,以使裂纹尖端冲出强化区。

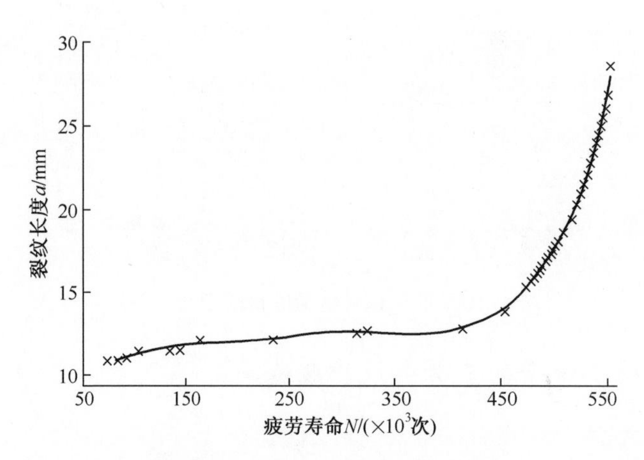

图 5-108　CT-01 试件 a-N 拟合曲线

这种现象说明裂纹尖端已进入激光冲击强化区，如果某局部强化效果很好，存在大量的位错组织，材料表面的强度、硬度提高的同时，材料的抗塑变能力大大提高，并且材料局部对应的疲劳裂纹扩展阈值应力强度因子大于裂纹尖端的应力强度因子范围（即 $\Delta K_{th}>\Delta K$）时，疲劳裂纹就会停止扩展。

假设：$a = A_0 + A_1 N + A_2 N^2 + A_3 N^3 + \cdots + A_n N^n$ 拟合结果见表 5-22。

表 5-22　CT-01 试件 a-N 曲线 8 项式拟合系数

参数	拟合值	剩余标准差 SD	拟合效果
A_0	26.908249	18.3379	相关系数 R =0.9989；相关系数 R^2 =0.9978；剩余标准差 SD =0.25908
A_1	−0.70446489	0.68893	
A_2	0.012138446	0.0105	
A_3	-1.0786606×10^{-4}	8.52627×10^{-5}	
A_4	5.5405478×10^{-7}	4.05407×10^{-7}	
A_5	-1.7017691×10^{-9}	1.16404×10^{-9}	
A_6	3.077294×10^{-12}	1.9844×10^{-12}	
A_7	-3.0197408×10^{-15}	1.84766×10^{-15}	
A_8	1.2421631×10^{-18}	7.23281×10^{-19}	

经计算后绘出 $\lg(da/dN)$ 和 $\lg\Delta K$ 的关系曲线，da/dN 和 ΔK 的单位分别为 mm/周期和 $N/mm^{3/2}$），并把 CT-04 试件试验的计算结果表示在同一个图上，如图 5-109 所示。由图 5-109 可知，激光冲击强化能降低试件的裂纹扩展速率，经激光冲击强化的 CT-01 试件在 $\lg\Delta K$=2.395 和 2.475 附近（分别对应 a=12.57，

$P=1500\text{N}$、1800N 时的应力强度因子范围 $\Delta K=248\text{N/mm}^{3/2}$、$298\text{N/mm}^{3/2}$）时裂纹扩展速率急剧降低，降幅在百倍以上，其余部分的变化趋势与CT-04试件类似，而裂纹扩展速率降低了 4 倍以上，整体曲线无法采用常规的 Paris 式拟合[154]。

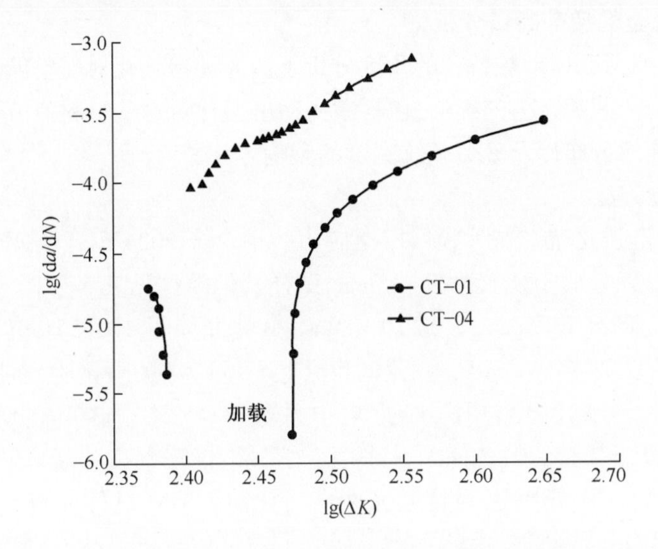

图 5-109　2024 试件 $\lg(\mathrm{d}a/\mathrm{d}N)-\lg\Delta K$ 曲线

未经激光冲击强化的 CT-04 试件的 $\lg(\mathrm{d}a/\mathrm{d}N)$ 和 $\lg\Delta K$ 曲线基本上满足线性关系，在测试范围内的裂纹扩展处于裂纹稳定扩展阶段，可对其进行 Paris 式拟合，其直线拟合结果如下。

对于 CT-04 试件有

$$\lg(\mathrm{d}a/\mathrm{d}N) = -18.87825+6.18506\lg\Delta K$$

$$R= 0.98597, \mathrm{SD} = 0.041$$

因此本试验中，未经激光冲击强化的铝合金板材的 Paris 式为

$$\mathrm{d}a/\mathrm{d}N=1.32\times1^{0-19}\Delta K^{6.2}$$

在 $\lg\Delta K=2.50$ 以后，CT-01 试件 $\lg(\mathrm{d}a/\mathrm{d}N)$ 和 $\lg\Delta K$ 曲线直线拟合结果表述如下。

对于 CT-01 试件有

$$\lg(\mathrm{d}a/\mathrm{d}N) = -15.53724+4.5423\lg\Delta K$$

$$R = 0.98106, \quad SD = 0.05002$$

经激光冲击强化的铝合金板材裂纹稳定扩展阶段的 Paris 式为

$$da/dN = 2.9 \times 10^{-16} \Delta K^{4.54}$$

4. 铝合金的疲劳断口分析

本节从疲劳断口形貌特征的角度分析了激光冲击强化对航空航天广泛应用的 2024 铝合金疲劳行为的影响,包括激光冲击强化对这些材料疲劳试件的裂纹起源、二次裂纹分布以及疲劳条纹宽度的影响[152]。

1) 试验方法

激光冲击强化航空航天领域广泛应用的铝合金 2024 铝合金疲劳缺口试样的中心圆孔,疲劳试样宽度为 $W=15$mm,试样其他条件见表 5-23。激光冲击强化工艺参数,波长 1.06μm,脉宽 20~30ns,单脉冲能量 10~25J,光斑直径 5~6mm,功率密度 2~6GW/cm^2。疲劳试验机 INSRO1253 疲劳试验,参数为应力比 $R=0.1$,频率 $f=(10\sim30)$ Hz,应力集中系数 $K_t=2.5$(ϕ3.4mm)、$K_t=2.75$(ϕ1.2mm)、$K_t=2.85$(ϕ0.5mm)。采用光学显微镜观察疲劳断口宏观形貌,扫描电镜分析断口微观形貌,对比激光冲击强化前后疲劳试样断口裂纹源、微裂纹、疲劳条纹的不同特征。

表 5-23 板材状态、孔加工方式和疲劳试验条件

材料	状态	厚度/mm	孔加工方式	加载系数	循环系数/($\times10^3$)
2024 铝合金	固溶时效	3	钻孔 ϕ3.4mm 后激光冲击强化孔	0.32	2821042
2024 铝合金	固溶时效	3	激光冲击强化后钻孔、磨粒流加工 ϕ1.2mm	0.29	236996

2) 疲劳断口分析

2024 铝合金由于韧性较好,从疲劳试件断口的宏观形貌看,疲劳区的外观很不规则,失稳断裂区与疲劳区的分界不明显。断口的平滑疲劳区较窄,并且两边有所差别,经激光冲击强化的试件断口在孔两侧的外观形貌显得差别更大,甚至有单边裂纹扩展形成平滑疲劳区的情况。分析疲劳断口裂纹源可以发现,2024 铝合金疲劳试件裂纹源较明显,在多个裂纹源交汇的地方形成凸台或台阶,几乎所有试件都容易在表面(即中心孔截面的角上)产生裂纹源,体现出一般疲劳裂纹源的特征,只有少量没有发展成为主裂纹源。

未经激光冲击强化试件一般只有一个明显的裂纹起源点,图 5-110(a)所示为未激光冲击强化 1 号对比试件裂纹起源特征,下方为中心孔,裂纹从试件中心

开始(图 5-110(a) 下方中心位置),呈辐射状向周围扩展,几乎到试件表面(右下角) 时才萌生出另一个很小的裂纹源。

激光冲击强化试件裂纹源及扩展都比未冲击强化试件复杂。如 LSP20 试件(激光功率密度为 2.73GW/cm^2) 在断口出现了 3 个同样大小的裂纹起源点,图 5-110(b) 显示的是该试件中间起源点的形貌(亮点为疲劳断裂后黏上的杂粒),表面显得比图 5-110(a) 平整。未冲击强化 2 号对比试件裂纹起源于孔角上(体现出一般疲劳裂纹源的特征),并成为主裂纹扩展至瞬断阶段,这种单一裂纹源顺利扩展至瞬断区的情况同未冲击的 1 号对比试件类似。图 5-111(a) 所示为该试件裂纹起源点侧方接近瞬断区典型的条纹,图 5-111(b) 显示出该试件裂纹起源点上方接近瞬断区典型的条纹分布。

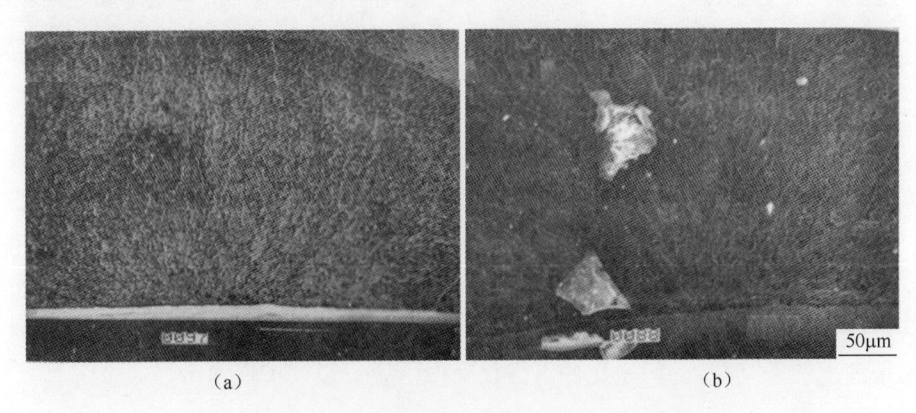

(a) (b)

图 5-110 2024 铝合金疲劳裂纹起源的不同形貌

(a) 未激光冲击强化;(b) 激光冲击强化。

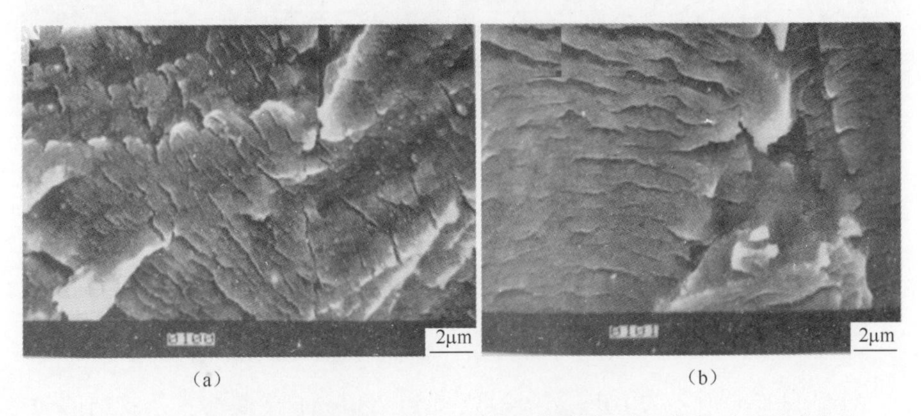

(a) (b)

图 5-111 未激光冲击强化 2024 铝合金疲劳试件裂纹起源不同方位的疲劳条纹

(a) 裂纹起源点侧方;(b) 裂纹起源点上方。

图 5-112(a)所示为 LSP21 试件(激光功率密度为 2.39GW/cm^2) 接近瞬断区部位(孔边 0.1mm) 裂纹及条纹,这时韧窝、微裂纹及条纹分布形貌各异,应力方向差异较大。将右下角韧窝处条纹放大,如图 5-112(b) 所示,平均条纹宽约 0.6μm,与未冲击强化图 5-111 中条纹明显不同。

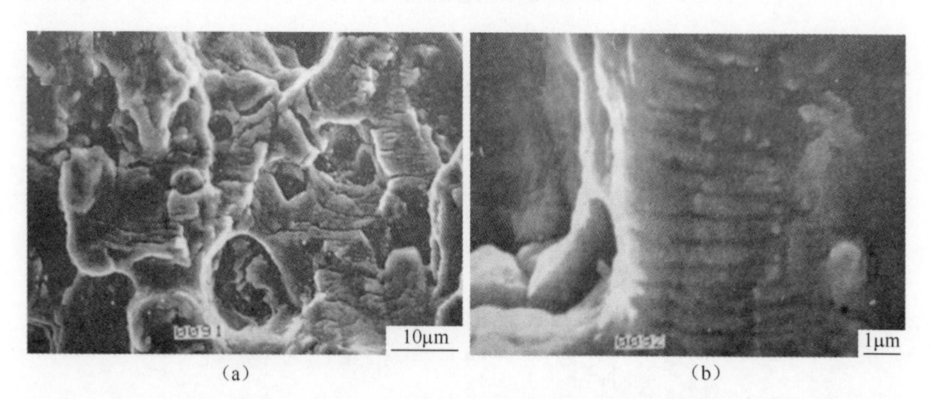

(a)　　(b)

图 5-112　LSP21(2024) 疲劳试件的微裂纹和条纹

(a) 接近瞬断区部位(孔边 0.1mm) 裂纹及条纹;(b) 图(a) 右下角韧窝处条纹放大图。

图 5-113(a)所示为 LSP25 试件(激光功率密度为 3.02GW/cm^2) 接近瞬断区疲劳条纹特征,条纹方向相差很大,有延性条纹和脆性条纹同时出现,将中间的延性条纹放大为图 5-113(b),这里条纹宽约 0.4μm,明显比图 5-111 中未冲击条件下的条纹窄,说明激光冲击强化降低了疲劳裂纹扩展速率。

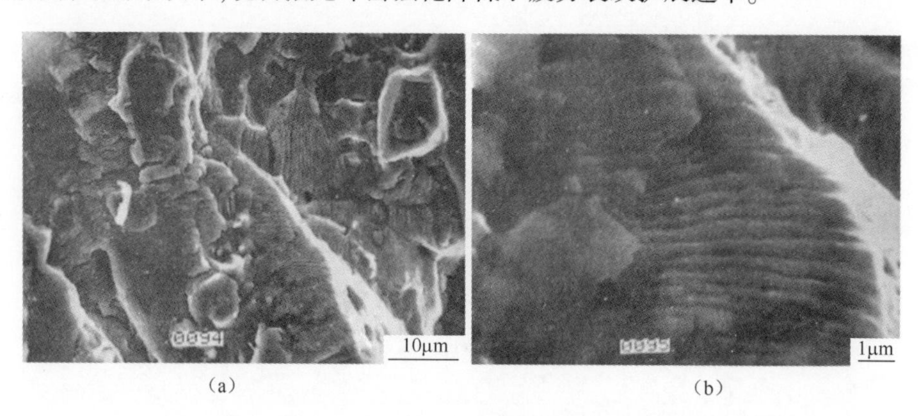

(a)　　(b)

图 5-113　LSP25(2024) 疲劳试件断口疲劳条纹

(a) 接近瞬断区疲劳条纹特征;(b) 图(a) 中间延性条纹放大图。

图 5-114(a)所示为 LSP25 瞬断区(孔边 250μm) 微裂纹及条纹,有“轮胎压痕”现象。图 5-114(b)所示为微裂纹分布形貌,存在裂纹分叉的情况,这是因为冲击处理后存在大量位错结构,影响了裂纹扩展行为。

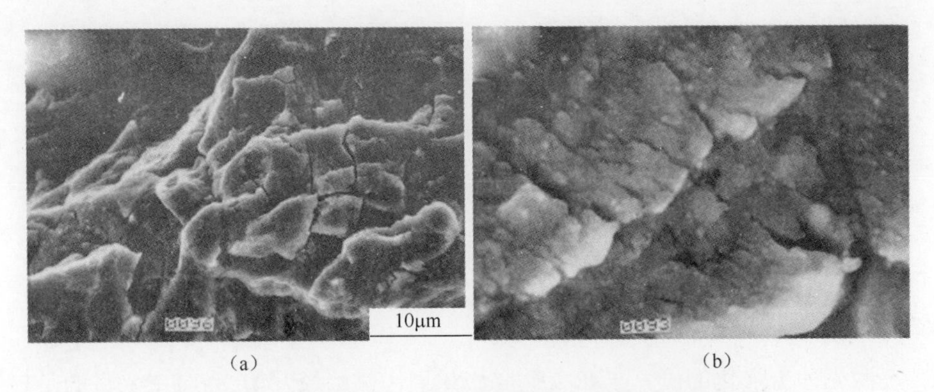

（a） （b）

图 5-114　LSP25(2024) 疲劳试件的断口微裂纹和条纹分布

(a) 瞬断区(孔边 250μm) 微裂纹及条纹;(b) 微裂纹分布形貌。

第6章 激光冲击强化航空结构件的强化工艺及效果评估

激光冲击强化的研究早在20世纪70年代就已经开始,当时主要目的是提高航空铝合金结构的疲劳寿命,但由于设备昂贵、强化效率低,一直难以在飞机机身结构上推广[10,138,155-156]。直到20世纪90年代后期,激光冲击强化才开始在航空发动机上应用,可以大幅度提高转子部件结构高低周疲劳寿命。进入21世纪以后,激光冲击强化已开始在航空航天、能源、生物移植、石油化工和汽车等行业大规模使用,主要是提高关键部位疲劳性能、抗应力腐蚀性能、抗冲击性能等。目前激光冲击强化技术也应用在飞机壁板激光冲击成形、激光冲击波无损检测、激光冲击打标等。

目前,激光冲击强化技术工业应用和批量生产上最为成熟的行业仍然是航空制造业,根据美国空军研究试验室的报告[157],激光冲击强化在航空结构上的优势主要表现在以下几个方面。

(1) 提高抗应力腐蚀能力,增强飞行疲劳断裂结构的安全性。

(2) 新、老飞行器的延寿。

(3) 提高破坏的容忍性和持久性(新的燃气涡轮、修理件、铸件、焊接结构)。

(4) 延长检修周期,减少保养成本。

(5) 提高任务就绪效率。

激光冲击强化技术在航空制造业上的应用主要有发动机结构、机身结构及其他附属装置,如起落架、舰载机所用的飞机弹射器、尾钩着陆拦阻装置等。

6.1 激光冲击强化在飞机结构上的应用

激光冲击强化最早的研究方向就是在飞机铝合金结构上的应用,美国巴特尔学院早在1979年就开展了激光冲击强化铝合金的研究,试验采用7075铝合金,孔周边经激光冲击强化后接触疲劳寿命大大提高。当时大脉冲功率的钕玻璃激光器频率不到0.001Hz,1989年脉冲频率达到0.01Hz,当时主要是针对铝合金结构,研究目标是强化飞机结构上的紧固孔等结构,尽管当时试验上取得了很好的效果,但由于这些强脉冲激光装置造价高昂、重复频率低,加之在飞机机身结构件上实施激光冲击强化存在一定的难度,因此该技术一直未能在飞机结构上进入实质性的应用,但近来国内外已针对具体结构进行了强化研究。

美国激光冲击强化技术公司采用可移动的激光冲击强化装置对飞机结构进行强化,如图6-1所示,采用可移动的激光设备(1),通过导光系统(2)对飞机(3)机翼蒙皮的铆接结构(1)进行强化。

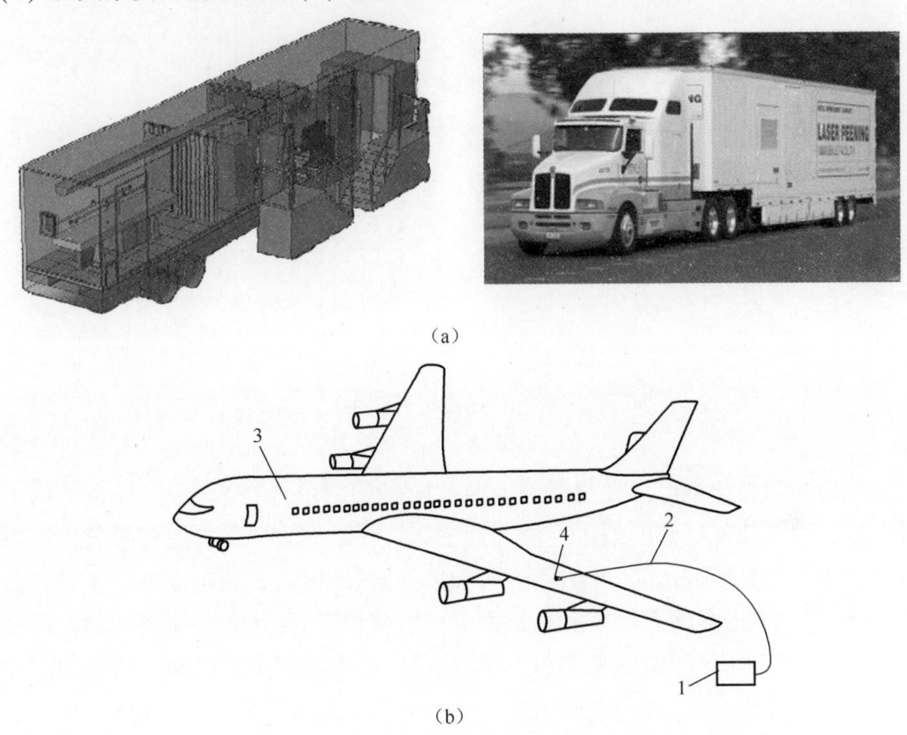

图6-1 美国激光冲击强化技术公司采用可移动装置对飞机结构进行现场强化
(a)可移动激光冲击强化装置;(b)强化部位。

在该强化模式中,美国激光冲击强化技术公司直接对铆接后的结构进行强化如图1-12所示,激光在铆钉表面产生冲击波,冲击波在向内部传播的过程中对铆钉表层进行了强化。冲击波的传播、聚焦及透射效应使下一层材料部分位置的冲击波强度足以产生应变硬化,特别是图1-11中铆钉孔孔角周边部位也能得到有效强化并获得表面残余压应力,这对于提高铆接结构的疲劳性能十分有利。

在紧固结构中,初始裂纹容易在金属薄板沉头孔的孔角部位或沉头配合面产生,主要是微动磨损容易导致裂纹的产生,紧固件的顶部由于受沉头部位的挤压也容易产生裂纹。考虑到这些部位存在不可检的裂纹,激光冲击强化的一个优点是可以明显延缓这些漏检微裂纹的扩展。

激光冲击强化铆钉孔有两种不同的方式,如图 6-2 所示[158]。一种是铆接与冲击的顺序不同,即铆接前对铆钉孔的冲击和铆接后对整个铆接部位的冲击,另一种是单双面的冲击。在飞机机身结构的装配现场,蒙皮结构对外表面疲劳性能要求较高,而内表面受空间所限,激光冲击强化有一定难度,则可进行外表面的单面冲击。在多数情况下,双面冲击的效果更为理想,而具体工艺的确定要根据强化效果与实施难度。

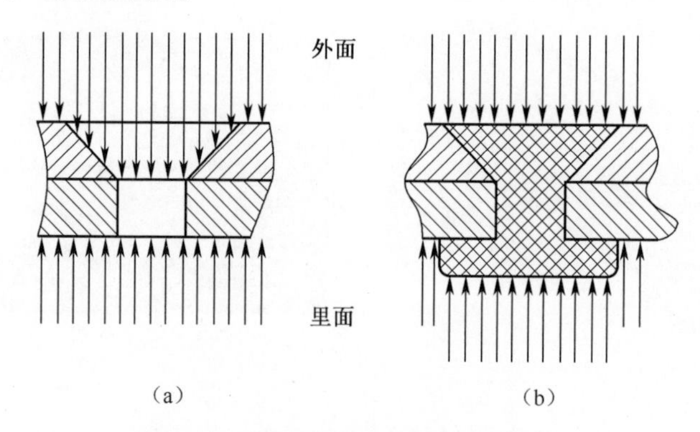

图 6-2 激光冲击强化铆钉孔的方式
(a)无紧固;(b)紧固。

铆钉孔的强化也可以在打铆钉前对孔附近的部位进行强化,这样在结构上可以避免孔角部位层裂的发生。激光冲击铆钉孔结构时冲击波的传播如图 6-3 所示。无铆钉直接冲击时,冲击面为圆锥形斜面,冲击波在冲击面上产生并向内部传播,激光冲击强化直接在沉孔斜面上产生强化层,强化效果比较均匀。铆接后进行激光冲击时,冲击波主要冲击面为铆钉,冲击波在铆钉表面产生向内部传播时抵达配合面,在配合面上冲击波一部分被反射形成拉伸波,一部分形成透射波继续以压力波形式向被紧固的材料传播,但是强度降低。冲击波在铆钉中的

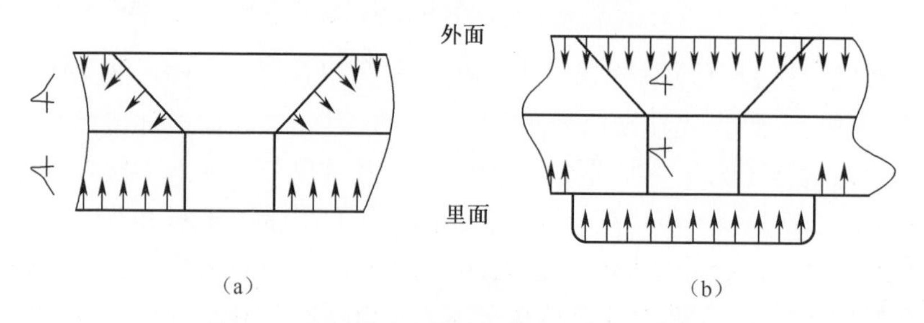

图 6-3 激光冲击强化铆钉孔时冲击波的传播
(a)无紧固;(b)紧固。

传播和衰减以及在配合面上的部分反射使底层材料中的冲击波强度降低，但只要强度超过材料的动态屈服强度，在底层材料中仍可产生应变硬化。

日本采用小能量和小光斑（光斑 ϕ0.8mm，能量 200mJ）对 7050 铝合金疲劳试样进行激光冲击强化，如图 6-4 所示，对比未处理、喷丸和激光冲击强化在不同载荷下的疲劳寿命，如图 6-5 所示。试验结果表明，7050 铝合金激光冲击强化后疲劳寿命高于喷丸强化和基体材料。

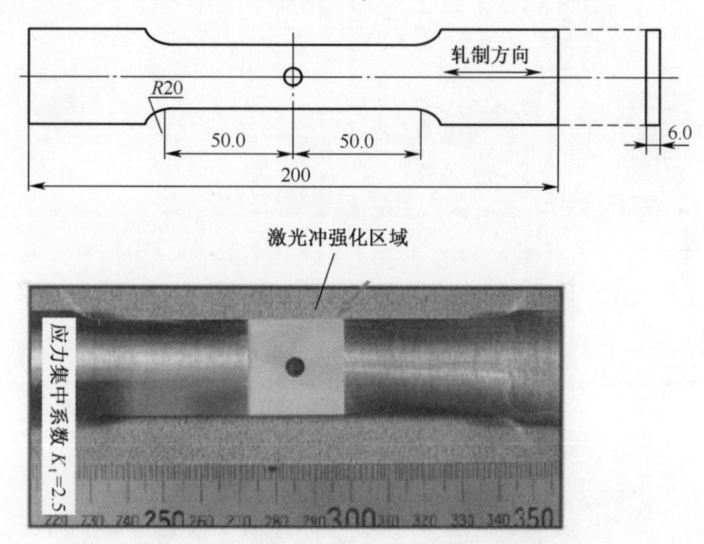

图 6-4　7050 铝合金疲劳试样（单位为 mm）

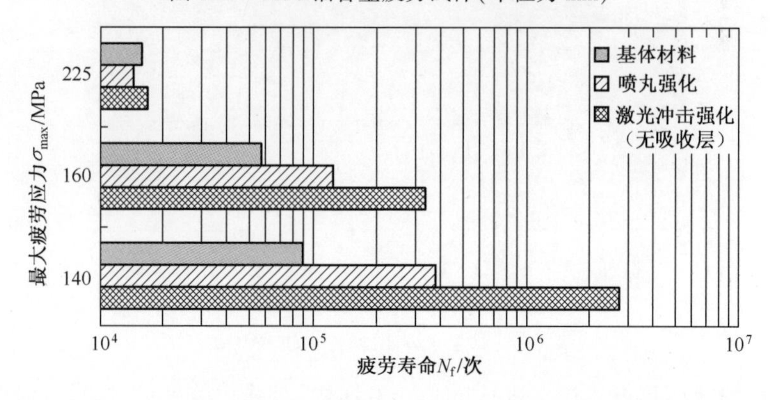

图 6-5　日本采用小光斑激光冲击强化 7050 铝合金后的疲劳寿命（7050-T7452 锻件 6mm 厚，ϕ5mm 紧固孔）

如图 6-6 所示，采用激光冲击强化工艺对 F/A-18 飞机机翼附件模拟件进行不同工艺强化，疲劳试验结果表明，发现结构采用喷丸强化能提高疲劳寿命 40%，而激光冲击强化能提高疲劳寿命 120%以上。

 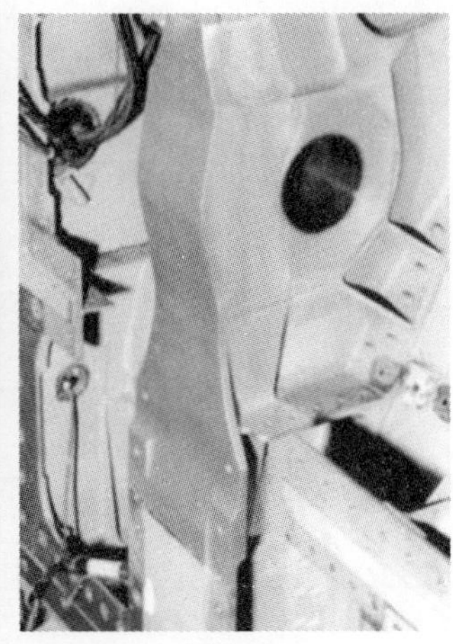

图 6-6　F/A-18 机翼附件疲劳试验

搅拌摩擦焊由于热影响区小、变形小，接头强度好，所以在飞机结构上得到日益广泛的应用，但搅拌摩擦焊仍存在表面残余拉应力和组织软化，会影响疲劳和耐腐蚀性能，如图 6-7 和图 6-8 所示。

图 6-7　铝合金的搅拌摩擦焊接接头

将搅拌摩擦焊焊接接头进行激光冲击强化，对强化前、后试样进行疲劳寿命分析，疲劳试验结果如图 6-9 所示，表明 190MPa 载荷下激光冲击强化后，比未强化的焊缝或喷丸疲劳寿命提高两倍，搅拌摩擦焊缝激光冲击后疲劳强度接近没有焊接的母材。

航空发动机风扇和压气机整体叶盘/叶片在复杂的载荷条件下需要优异的高低周疲劳性能，特别是 FOD 或者盐雾腐蚀在叶片边缘形成的缺口会导致钛合

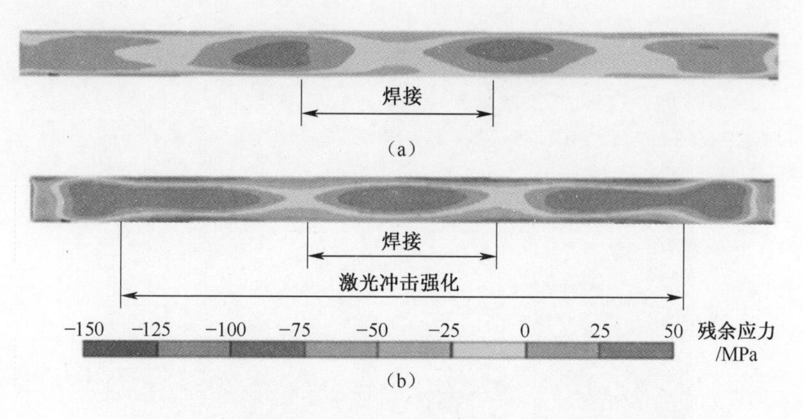

图 6-8 搅拌摩擦焊焊接接头强化前、后的残余应力分布
(a)强化前;(b)强化后。

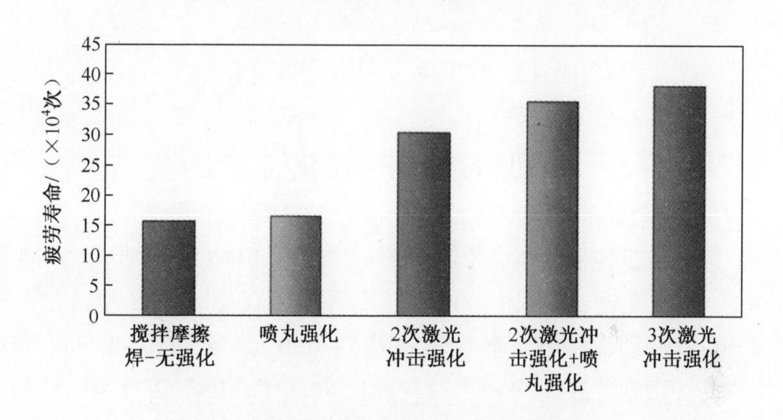

图 6-9 搅拌摩擦焊焊接接头疲劳性能对比

金疲劳强度的急剧降低。飞机机身结构上容易产生应力集中的孔结构、转接 R 区,均需要较好的表面强化技术提高疲劳性能。

激光冲击强化利用吉瓦量级强脉冲激光导致的高温高压等离子体(类似局部爆炸),产生吉帕级以上强冲击波,使材料表层产生塑性变形和残余压应力,从而提高疲劳性能。激光冲击强化技术已在发动机叶片和机身结构的抗疲劳制造上获得应用[159]。

激光冲击强化还可用于钣金结构的成形,喷丸成形已在钣金成形中得到广泛应用,但由于喷丸的塑性应变影响层不深,因此成形的厚度有限。而激光冲击强化可以对大厚度的机翼结构冲击成形,厚度在 20mm 左右的板材成形曲率半径可以达到 4m,因此激光冲击强化技术在飞机结构成形中也可以成功应用。2008 年,美国 MIC 公司下属的 Curtiss-Wright 公司获得 B747-8 飞机机翼激光冲击成形设备开发的合同。图 6-10 所示为 B747-8 飞机机翼激光冲击成形。

图 6-10　B747-8 飞机机翼激光冲击成形

6.2　发动机叶片对强化工艺的要求

1996 年美国劳伦斯利物莫尔国家试验室（LLNL）研制出脉冲频率达 0.25Hz 钕玻璃激光器，激光冲击强化技术开始工程化。1998 年，LLNL 研制成功板条结构的钕玻璃激光器，脉冲能量达到 100J，脉宽为 10～100ns，频率达到 10Hz，使激光冲击强化技术得到迅速发展。2002 年，LLNL 在板条结构的钕玻璃激光器技术基础上开发新的更紧凑型结构的激光器用于涡轮发动机零件的强化，并采用机器人夹持待处理的零件，大大提高强化效率和冲击部位的准确度[8]。

1998 年后，美国 GE 公司已开始利用激光对涡轮风扇叶片和 F110-GE-100、F110-GE-129 发动机的风扇第 I 级工作叶片进行冲击强化，以提高叶片表面压应力，防止叶片产生裂纹。图 6-11 是强化工作叶片的示意图，该装置使用双激光束，以流水作约束层，通过工件移动方式实现飞行强化。

叶片激光冲击强化时，由于强化位置可以精确定位，叶片强化的部位一般只需要采用对叶缘、叶尖 8～10mm 范围内进行，一般为 2～5 排激光光斑的搭接。激光冲击强化的覆盖率只需要对强化区全部光斑覆盖即可。叶片激光冲击强化工艺参数是根据激光参数确定的，包括脉冲能量、脉宽、光斑大小等。本节介绍航空发动机叶片对激光冲击强化的工艺要求[160]。

图 6-12 为 MIC 公司激光冲击强化叶缘的区域和残余应力分布，由图可以

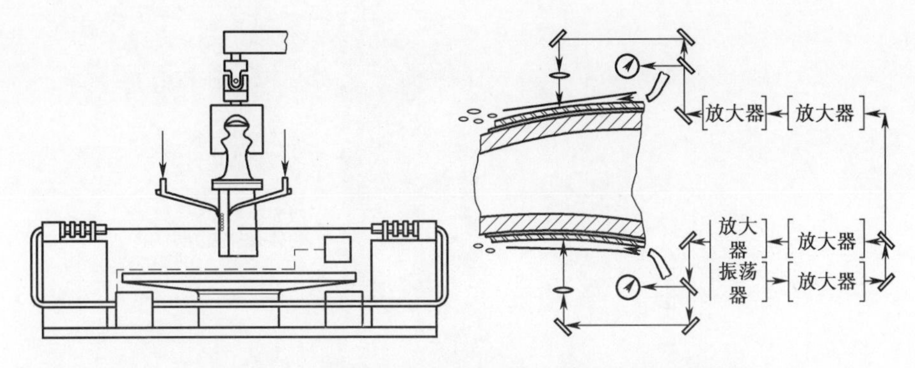

图 6-11　美国 GE 公司冲击强化工作叶片的示意图

看出该叶片强化区域仅局限于边缘区域,而叶缘刀口位置 2mm 区域整个截面面均获得残余压应力。刀口位置的残余压应力可以明显提高钛合金叶片的高低周疲劳性能,特别是叶片受异物损伤或盐雾腐蚀形成小缺口后,缺口的应力集中会导致叶片的疲劳强度急剧降低,甚至会降到原有水平的 1/3 左右。图 6-13 所示为典型的 GE 风扇叶片边缘局部激光冲击强化残余应力分布,由图可知激光冲击强化诱导叶片边缘处为残余压应力,由应力平衡条件可知,叶片内部为残余拉应力。采用四点弯曲的模拟试件进行疲劳试验,模拟叶片边缘被异物损伤或盐雾腐蚀形成缺口后的疲劳寿命情况,标准试件的疲劳强度在 965MPa 左右,形成缺口后降低到 344.75MPa 以下,而经过激光冲击强化的没有缺口的试件疲劳强度在 1310MPa 左右,即使存在缺口,疲劳强度也在 1034MPa 左右。

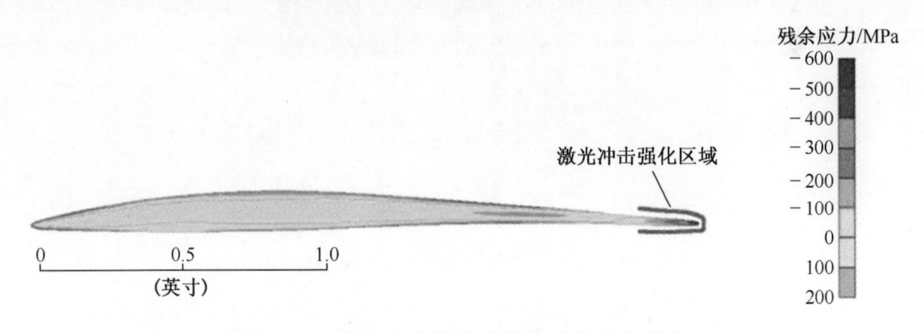

图 6-12　激光冲击强化叶缘的残余应力分布

早期的发动机采用叶片装在叶盘榫槽上的形式,叶片强化时是针对单体叶片进行的,这时的激光冲击强化工艺比较容易实现,通过小载荷的机械手或小范围运动的五轴数控工作台就能实现,因为叶片使用水作为约束层,因此强化时采用运动台倒置的形式,运动部分在工作位置的上方。单体叶片强化时通过运动系统的直线平移和转动实现不同位置的强化,并且很容易保证激光以稳定入射角度作用在叶片表面。图 6-14 所示为 GE 公司强化单体叶片的示意图。

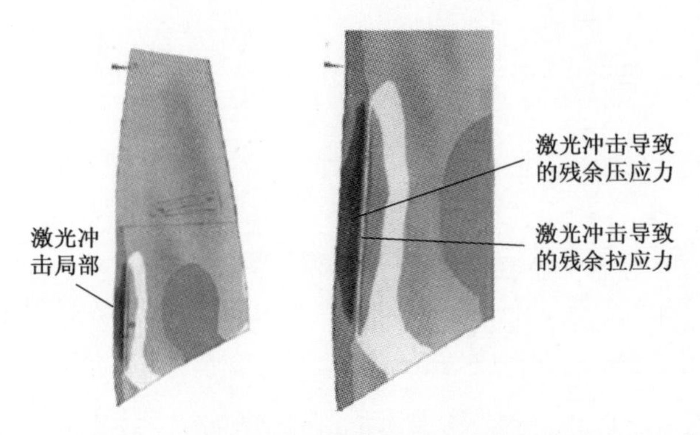

图 6-13　典型 GE 风扇叶片边缘局部激光冲击强化残余应力分布

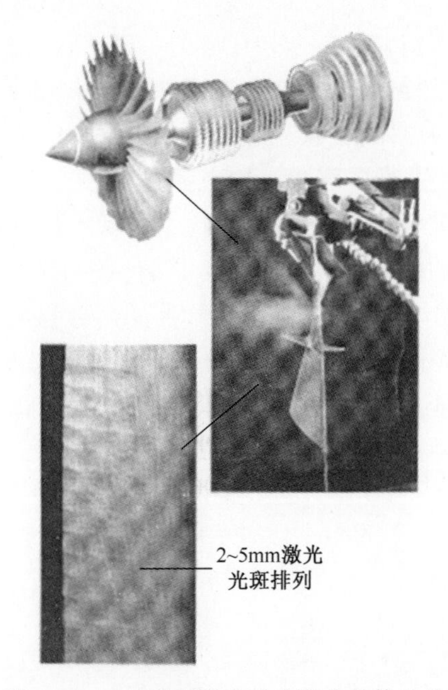

图 6-14　GE 公司激光冲击强化单体叶片

2004 年,中国航空制造技术研究院开始了激光冲击强化钛合金叶片的研究。要强化的钛合金转子叶片边缘的刀口厚度不到 1mm,同时又是整个叶片结构的疲劳性能薄弱环节,因此对叶片边缘约 10mm 的区域进行全面强化,同时对离叶根 1/3 部位进行重点强化。图 6-15 所示为激光冲击强化单叶片示意图。试验中采用专用贴膜作为保护涂层,厚度为 100μm,在连续 3 次冲击下也能有效保护金属表面不产生热损伤。保护涂层外以流水作为约束层,水层厚度 1~2mm。激光冲击强化薄壁结构件时,很难实现对叶片边缘强化有效而又没有变形,在背面垫支撑对于不规则的叶片型面又很难实现。为了避免双光束冲击处理产生的破坏效应，还采用了双面铝箔作正面吸收层的保护方式，利用铝合金声阻抗和钛合金匹配实现对钛合金的有效保护。

图 6-15　激光冲击强化单叶片

图 6-16 所示为激光冲击强化钛合金转子叶片的表面冲击坑形貌，由图 6-18 可知，经激光冲击强化后，叶片表面没有发现变形和裂纹，可以看见叶片表面冲击后产生的冲击坑。采用 MSF-2MX X 射线应力分析仪对冲击区域进行表面残余应力测定，X 射线功率为 30kV×10mA，输出光斑为 4mm×4mm。分别测试了叶缘附近叶背、叶盆各两个点，并定义沿叶片边缘方向的应力为 σ_x，垂直于叶片边缘方向的应力为 σ_y。测试结果：叶背两点应力分别为 $\sigma_x=-236\text{MPa}$、$\sigma_y=-159\text{MPa}$ 和 $\sigma_x=-277\text{MPa}$、$\sigma_y=-108\text{MPa}$；叶盆两点应力分别为 $\sigma_x=-390\text{MPa}$、$\sigma_y=-190\text{MPa}$ 和 $\sigma_x=-292\text{MPa}$、$\sigma_y=-218\text{MPa}$。

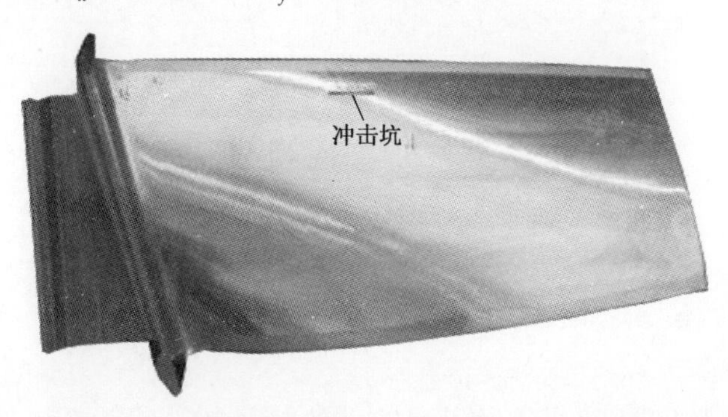

图 6-16　激光冲击强化钛合金转子叶片的冲击坑

飞机发动机叶片的疲劳断裂一般都发生在叶片边缘，因此，激光冲击强化主要针对叶片边缘约 10mm,激光冲击强化叶片边缘疲劳寿命得到大幅度提高。然而,其疲劳断裂部位由边缘区域转移到激光冲击强化和未强化的过渡区域。根据内应力平衡原则,这是由于激光冲击强化区域表层具有高幅残余压应力,与冲击强化区域邻接的过渡区域必将产生与之相平衡的残余拉应力。因此,过渡区域应力变化幅值太大,且残余拉应力分布区域成为新的"危险点",尤其平衡拉应力分布延伸至应力集中区,过渡区域容易引起疲劳断裂。若对整个叶片表面进行激光冲击强化,便能解决应力变化幅值大的问题。然而,这将大大降低加工效率,并且残余压应力的释放会引起叶片比较大的变形,影响叶片使用性能。

中国航空制造技术研究院提出一种激光冲击强化发动机叶片的组合方法及装置(专利公布号:CN103205545A)[161],它的叶片边缘 4 采用高功率密度小光斑模式 1 进行激光冲击强化,激光冲击强化与未冲击强化之间的过渡区域Ⅰ6 和过渡区域Ⅱ7 采用功率密度逐渐降低的方法进行激光冲击强化,即采用中等功率密度中等尺寸光斑模式 2 和低功率密度大光斑模式 3 ,如图 6-17 所示。该技术的优点为采用过渡区域变功率密度处理,形成一个压应力变化缓冲区,使残余压应力以较小幅值变化,避免过渡区域发生疲劳断裂,从而提高叶片疲劳寿命;过渡区域采用较大光斑处理可以提高激光冲击强化效率。

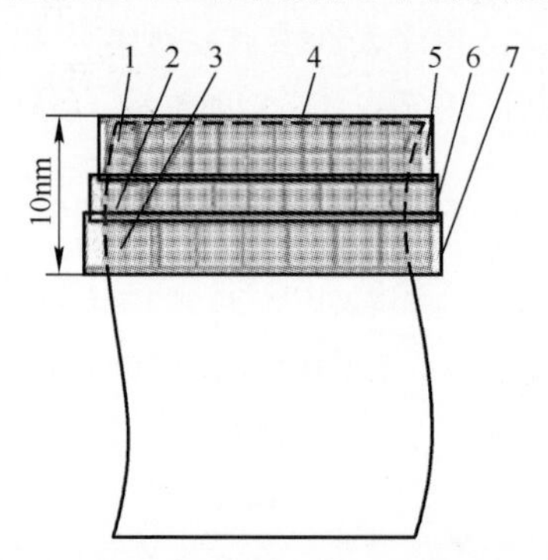

图 6-17　激光冲击强化发动机叶片组合工艺

1—小光斑模式;2—中等尺寸光斑模式;3—大光斑模式;4—叶片边缘;
5—大光斑覆盖区域;6—过渡区域Ⅰ;7—过渡区域Ⅱ。

6.3　叶片的层裂特性及防层裂方法

激光冲击强化是一种利用激光冲击波的力学效应,诱导金属材料表层深残余压应力和晶粒细化的表面处理技术[71,162],被广泛用于改善金属材料的抗疲劳、抗腐蚀、抗摩擦磨损和抗 FOD 疲劳性能[104,163-165]中。然而,激光冲击强化叶片疲劳延寿的同时仍存在一些问题。例如:影响叶片气动性能的粗糙强化表面形貌、薄壁件塑性变形产生的约束击穿[166]和薄壁件边缘的弯曲变形等,特别是有可能损伤金属材料,即形成层裂[144, 167]。当激光冲击卸载波与金属材料背面反射稀疏波相互作用,形成的动态拉应力强度和持续时间达到一定阈值时,金属材料内部产生累积损伤断裂,即层裂效应[168]。

大多数工程材料的抗压能力比抗拉能力强,它们往往可承受相当大的压应力,但不能承受较大的拉应力。因此,激光冲击强化时,需要调控冲击波传播和反射,使金属材料表层获得压缩塑性变形和残余压应力,又不能使金属材料背层产生层裂。对利用激光冲击波改性的叶片而言,层裂损伤将迅速降低叶片的疲劳性能,严重影响发动机寿命和可靠性。因此,如何避免激光冲击强化叶片层裂损伤的发生,则需要了解和掌握叶片所用材料 TC17 钛合金经激光冲击强化后的层裂特性及防层裂方法,这样有利于这项技术更好地应用于叶片疲劳延寿。

采用第 2 章的试验方法和试验装置,针对激光冲击强化叶片层裂效应,本章首先研究圆形光斑单次激光冲击强化 Al7050 薄样品的背面层裂强度测试分析、层裂特性和层裂机理;其次,测试和表征了方形光斑单点连续多次激光冲击强化 TC17 钛合金中厚样品的表面形貌、次背面层裂特性、层裂阈值、层裂厚度和层裂机理;最后,研究激光冲击强化叶片的背面层裂及防层裂方法。研究结果成功地应用于航空结构件疲劳延寿。本章研究结果对激光冲击强化叶片疲劳延寿的工业应用具有重要参考价值。

6.3.1 薄样品背面的层裂强度和层裂特性

1. 背面层裂研究需求

Al7050 铝合金为飞机机身结构材料,研究激光冲击强化 Al7050 样品背面可视层裂,获得激光冲击强化 Al7050 铝合金样品的层裂强度及其层裂机理,可为后续激光冲击强化 Al7050 铝合金改性和避免层裂损伤提供重要的工艺基础研究依据。另外,研究激光冲击强化 Al7050 铝合金样品层裂,可进一步扩充高能激光束的应用范围。

本小节对激光冲击强化 Al7050 铝合金薄样品层裂特性进行研究,薄样品尺寸为 ϕ20mm×0. 33mm(直径×厚度) 和 ϕ20mm×0. 5mm(直径×厚度),如图 6-18 所示。Al7050 铝合金的化学成分见表 6-1,弹性模量、泊松比和弹性屈服极限(HEL) 分别为 72GPa、0. 33GPa 和 1. 1GPa。采用中国科学院力学研究所的 PDV 测量系统对激光冲击强化 Al7050 铝合金薄样品自由面质点速度进行测试。激光冲击强化 Al7050 铝合金薄样品的工艺参数见表 6-2。采用扫描电镜对激光冲击强化 Al7050 铝合金薄样品背面层裂断口进行分析。

图 6-18　Al7050 铝合金薄样品

表 6-1　Al7050 铝合金的化学成分　　(%(质量分数))

Zn	Mg	Cu	Cr	Zr	Si	Fe	Al
5. 7~6. 7	1. 9~2. 6	2. 0~2. 6	≤0. 04	0. 08~0. 15	≤0. 12	0. 15	Bal.

表 6-2　激光冲击强化 Al7050 铝合金薄样品的工艺参数

工艺编号	试样厚度/mm	激光能量/(GW/cm^2)	脉宽/ns	单光斑激光冲击次数/次	光斑尺寸/mm	约束层/mm	吸收层(3M 铝箔)厚度/mm
工艺 1	0. 33	3. 78	7. 32	1	$\phi3$ (高斯分布)	4(K9 玻璃)	0. 1
工艺 2	0. 5	15. 9	15	1	$\phi4$ (平顶分布)	4(K9 玻璃)	0. 12

2. 背面的层裂强度

图 6-19 所示为激光冲击强化 Al7050 铝合金薄样品(厚 0. 33mm)自由面质点速度-时间曲线。由图 6-19 可知,当时间为 63ns 时,Al7050 铝合金薄样品自由面质点速度历程中出现弹性前驱波,表明 Al7050 薄样品内部的弹性波已到达薄样品的自由面。此时,自由面质点速度为 121m/s,然后质点速度迅速上升。当时间为 76. 1ns 时,自由面质点速度达到第一个峰值,即 673. 6m/s,表明第一道塑性冲击波已传到自由面。然后,由于冲击波压力开始下降,自由面质点速度开始迅速减小。当时间为 88. 2ns 时,自由面质点速度达到第一个最小值,即 378. 4m/s。然后,自由面质点速度开始上升,表明距自由面一定距离处层裂损伤产生了,并诱导了局部拉应力的释放。于是,压缩冲击波从层裂平面传入自由

面,并产生了再次加速,即层裂脉冲[169]。因此,冲击波在层裂平面和自由面之间回弹,产生阻尼振荡。层裂速度值 Δu 为自由面质点速度第一个峰值与第一个最小值(层裂脉冲开始位置)的差值。

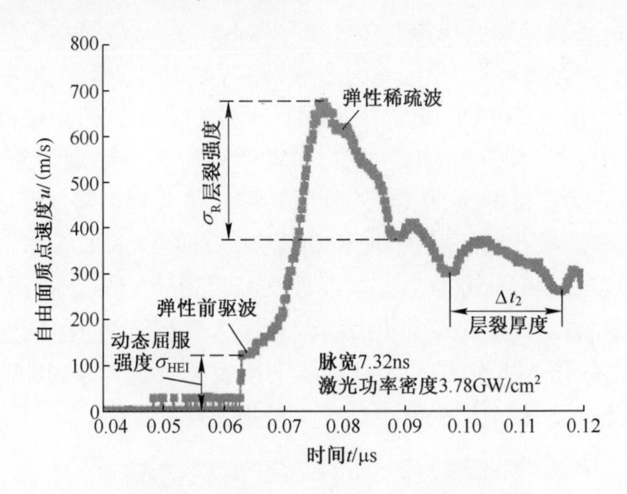

图 6-19 激光冲击强化 Al7050 铝合金薄样品自由面质点速度-时间曲线

激光冲击强化样品的层裂强度 σ_R 的数学模型[170]为

$$\sigma_R = \frac{\rho_0 c_0 \Delta u}{2} \tag{6-1}$$

$$\dot{\varepsilon} = \frac{-\Delta u}{2c_0 \Delta t_1} \tag{6-2}$$

$$h = c_0 \cdot \Delta t_2 \tag{6-3}$$

式中 ρ_0——材料密度;

c_0——金属材料内部冲击波的传播速度;

$\dot{\varepsilon}$——激光冲击强化诱导金属材料的应变率;

$\Delta u/\Delta t_1$——层裂脉冲量 Δu 的平均斜率;

h——层裂厚度;

Δt_2——反射波从自由面到层裂面的传播时间。

Al7050 铝合金的材料密度 ρ_0 为 2700kg/m^3,Al7050 铝合金薄样品内部冲击波速度 c_0 为 5386m/s,因此,由式(6-1)可知,激光冲击强化 Al7050 铝合金薄样品(0.33mm 厚)的层裂强度为 2.15GPa。由式(6-2)可知,激光冲击强化 Al7050 铝合金薄样品的应变率为 2.3×10^6/s。由式(6-3)可知,Δt_2 为 0.0177μs,则层裂厚度约为 95.3μm。

3. 背面的层裂特性和层裂机理

图 6-20 所示为空间高斯分布激光冲击强化 Al7050 铝合金薄样品的层裂弹坑形貌。由图 6-20(a) 可知,激光冲击强化诱导 Al7050 薄样品(0.33mm 厚)内部层裂,并且层裂已发生飞溅。由图 6-20(b) 可知,层裂形貌为表面弹坑形貌,并且弹坑形状为非圆形,弹坑周围形成裂纹,原因为工艺 1 的激光束空间分布为高斯分布。图 6-20(c) 和图 6-20(d) 分别为图 6-20(b) 中椭圆 A 和椭圆 B 的局部放大图。由图 6-20(c) 可知,层裂形貌为典型韧窝和光滑表面,这表明层裂失效模式为韧性断裂模式和脆性断裂模式。典型韧窝的形成机理为动态拉应力状态下球形微孔洞的形核、增长和合并。直裂纹的形核和增长导致光滑表面的层裂形貌。相似研究结果已被国外文献报道[171-173]。由图 6-20(d) 可知,球形微孔洞的尺寸为 1μm 至几微米,并且球形微孔洞内形成二次相颗粒。因此,激光冲击强化 Al7050 铝合金薄样品的层裂失效模式为韧性断裂和脆性断裂的混合失效模式。相似结果已被国外文献报道[174]。

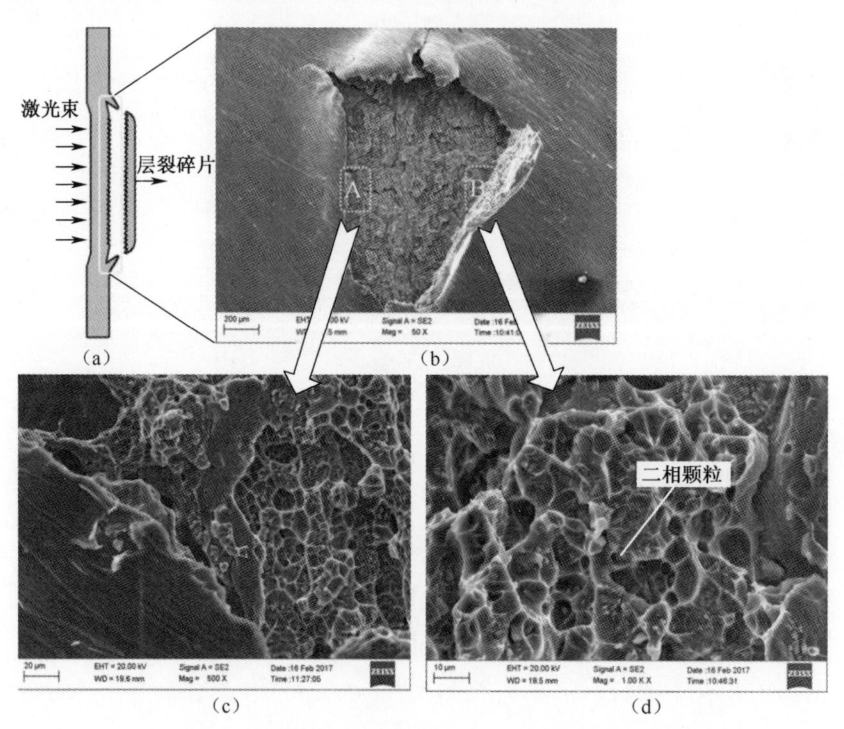

图 6-20 空间高斯分布激光冲击强化 Al7050 铝合金薄样品的层裂弹坑形貌

(a) 层裂层喷射示意图;(b) 层裂弹坑;(c) 图(b) 中椭圆 A 的局部放大图;(d) 图(b) 中椭圆 B 的局部放大图。

图 6-21 所示为空间平顶分布激光冲击强化 Al7050 铝合金薄样品的层裂形貌。由图 6-21(a) 可知,层裂形貌为表面弹坑形貌,且弹坑形状为圆形,原因为工艺 2 的激光束空间分布为平顶分布。由图 6-21(b)~(d) 可知,Al7050 铝合金层裂形貌为韧性微孔洞和光滑直裂纹面,表明激光冲击强化 Al7050 铝合金薄样品的层裂失效模式为韧性断裂和脆性断裂的混合失效模式。

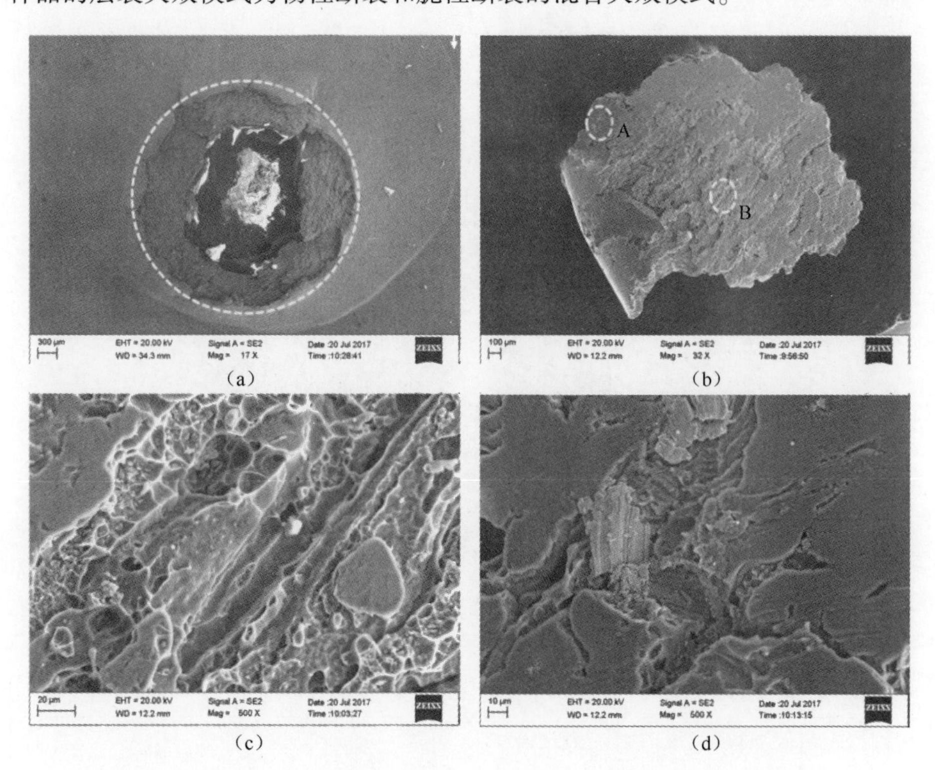

图 6-21　空间平顶分布激光冲击强化 Al7050 铝合金薄样品的层裂形貌
(a) 层裂弹坑;(b) 层裂层回收试样;(c) 图(b) 中椭圆 A 的局部放大图;
(d) 图(b) 中椭圆 B 的局部放大图。

6.3.2　中厚样品次背面的层裂阈值和层裂特性

1. 次背面层裂研究需求

对于采用激光冲击波改性的材料和结构而言,材料和结构内部层裂将迅速降低其疲劳性能,产生很大的工程风险。3.2 节阐述激光冲击强化铝合金背面层裂,通过肉眼可直观判断背面层裂,在工业应用中可提前进行工艺参数优化并避免层裂。然而,激光冲击强化中厚样品次背面层裂为肉眼不可视层裂,存在更大的工程风险,因此,亟需开展激光冲击强化中厚样品的层裂阈值和层裂特性研究，为避免次背面层裂提供依据和方法。

1）试验材料和激光冲击强化试验

试验材料为热处理后的β锻 TC17 钛合金，一种α+β型双相网篮组织，如图 6-22所示，热处理条件为 800℃/4h 固溶强化和 630℃/8h 时效处理，β-TC17 钛合金的化学成分和力学性能见表 6-3。从β-TC17 钛合金锻件上，线切割加工中厚样品，样品尺寸为 50mm×50mm×5mm（长×宽×厚），样品表面依次进行 200 号、400 号、800 号、1000 号金相砂纸打磨和丙酮清洗。

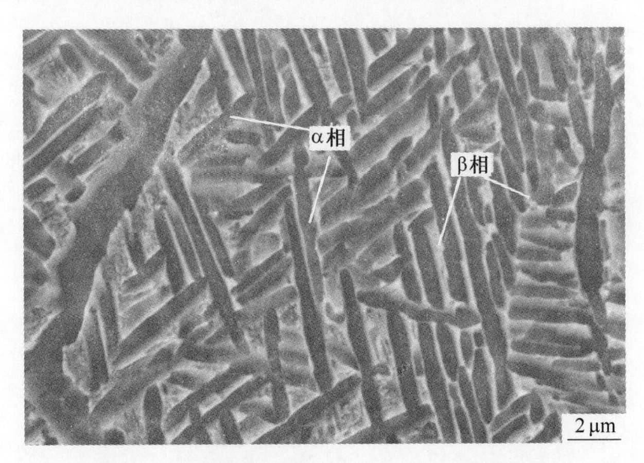

图 6-22 基体β锻 TC17 钛合金的微观组织

表 6-3 TC17 钛合金化学成分和力学性能

成分	Al	Sn	Zr	Mo	Cr	Ti
质量分数/%	4.5~5.5	1.6~2.4	1.6~2.4	3.5~4.5	3.5~4.5	其余

力学性能参数	抗拉强度 R_m /MPa	屈服强度 $R_{p0.2}$ /MPa	延伸率 A/%	断面收缩率 Z/%
数值	956.05	878.24	18.19	53.37

采用中国航空制造技术研究院的激光冲击强化系统，对 TC17 钛合金中厚样品表面进行单点连续多次激光冲击强化。激光冲击强化工艺参数：频率为 1Hz，冲击次数为 1~8 次，脉冲能量为 30J，脉宽为 15ns，方形光斑尺寸为 4mm×4mm。中厚样品表面粘贴 0.12mm 厚铝箔牺牲介质。喷嘴为中厚样品表面冲击区域提供 1~2mm 厚的去离子水帘。

2）测试分析

采用三维白光干涉表面形貌仪 ZYGO Nex View，测试激光冲击强化中厚样品的表面三维形貌，测试区域为 120μm×90μm。每个表面凹坑形貌由 5 个测试区域拼接而成,取平均值。

采用 KSI 超声显微检测系统和超声纵波垂直反射法,对 TC17 钛合金中厚样品进行水浸法 C 扫描超声波无损检测,如图 6-23 所示。仪器参数:50MHz 水浸聚焦探头,灵敏度为 0.8~24dB,扫描成像×500(0.1mm 扫描间距)。

首先沿中厚样品冲击区域中心线进行线切割,获得中厚样品横截面;然后依次对中厚样品横截面进行镶嵌、研磨、抛光和腐蚀;最后采用扫描电镜对中厚样品横截面进行微观组织分析。腐蚀液为氢氟酸:硝酸:水=1:2:7,腐蚀时间为 10s。

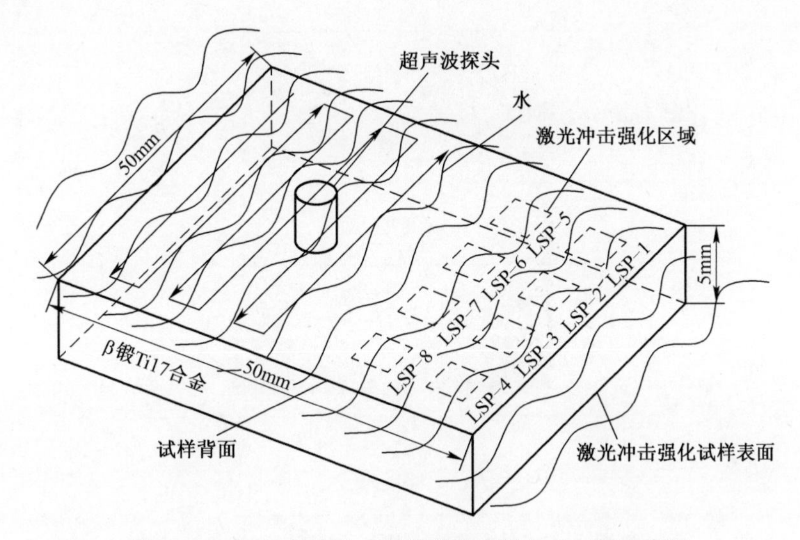

图 6-23　TC17 钛合金中厚样品的水浸法 C 扫描示意图

2. 表面形貌、次背面层裂特性和层裂阈值

1) 表面形貌

激光冲击强化金属材料的表面冲击波峰值压力的数学模型为[61]

$$P_{\mathrm{m}} = 0.01\sqrt{\frac{\alpha}{2\alpha + 3}}\sqrt{Z}\sqrt{I_0}\,\mathrm{GPa} \tag{6-4}$$

$$\frac{2}{Z} = \frac{1}{Z_{\mathrm{target}}} + \frac{1}{Z_{\mathrm{water}}} \tag{6-5}$$

$$I_0 = \frac{E}{\tau S} \tag{6-6}$$

式中　α——内能转化为热能部分的系数,取 $\alpha=0.1$[175];

Z——金属材料和约束层的声折合阻抗,$Z_{\mathrm{water}} = 0.165 \times 10^6 \mathrm{g/(cm^2 \cdot s)}$,$Z_{\mathrm{target}} = 1.8 \times 10^6 \mathrm{g/(cm^2 \cdot s)}$,$Z = 3.02 \times 10^5 \mathrm{g/(cm^2 \cdot s^1)}$;

I_0——激光功率密度；

E——激光能量；

τ——脉宽；

S——光斑面积。

由式(6-4)～式(6-6)可得，激光功率密度和冲击波峰值压力分别为 12.5GW/cm^2 和 3.62GPa。激光冲击波的峰值压力大于 TC17 钛合金的动态屈服极限(HEL=2.8GPa[110])，因此，激光冲击强化 TC17 钛合金中厚样品表层产生塑性变形。图 6-24 所示为不同连续激光冲击次数下 TC17 钛合金中厚样品

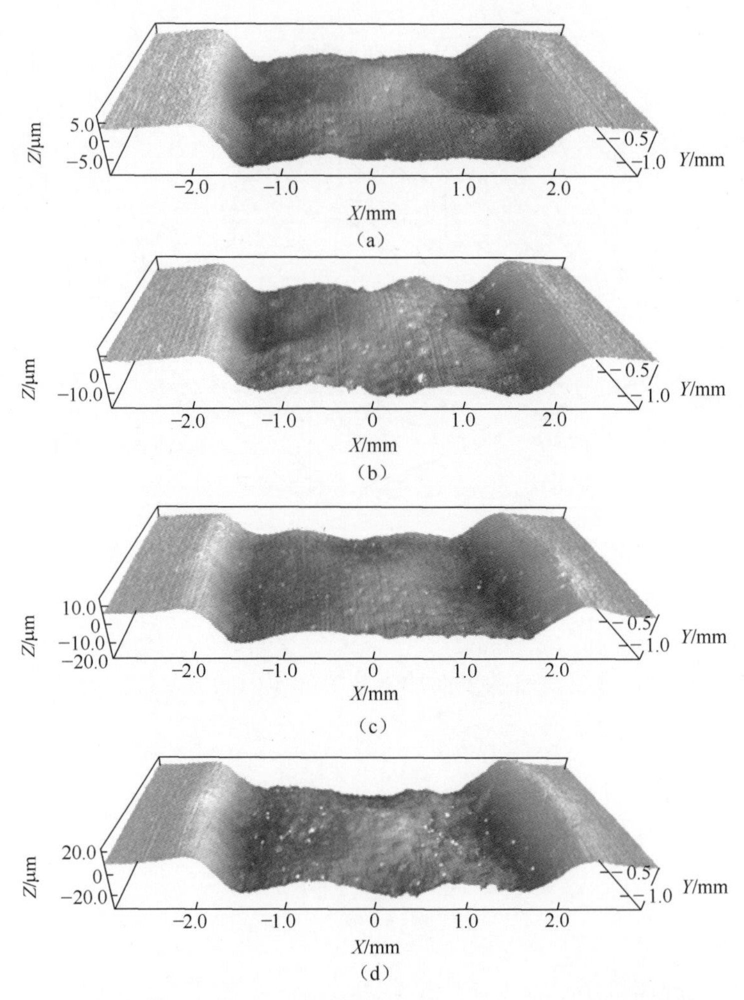

图 6-24 不同连续激光冲击次数下 TC17 钛合金中厚样品的表面形貌

(a) 3 次连续冲击；(b) 4 次连续冲击；(c) 5 次连续冲击；(d) 8 次连续冲击。

的表面形貌。由图 6-24 可知,激光冲击强化诱导 TC17 钛合金中厚样品表面方形凹坑,且凹坑中心凸起。表 6-4 所列为激光冲击强化 TC17 钛合金中厚样品的表面形貌尺寸。由表 6-4 可知,单点 1~8 次连续激光冲击强化 TC17 钛合金中厚样品的表面凹坑深度分别为 7.1μm、8.87μm、13.2μm、20μm、32.9μm、38.1μm、40.6μm 和 45.3μm,凹坑深度分别增加 24.9%、48.8%、51.5%、64.5%、15.8%、6.6%、11.6%。随着连续冲击次数增加,凹坑深度逐渐增加并趋于饱和,其中单点 4~5 次连续激光冲击,凹坑深度增加值最大为 64.5%。由表 6-4 可知,单点 1~8 次连续激光冲击强化 TC17 钛合金中厚样品表面的凹坑中心凸起高度分别为 6μm、6.87μm、11μm、18μm、22.1μm、27.4μm、30.4μm 和 31μm,凹坑中心凸起高度分别增加 14.5%、60.1%、63.6%、22.8%、24%、10.9%、2%。随着连续激光冲击次数的增加,凹坑中心凸起高度逐渐增加并趋于饱和。

表 6-4 激光冲击强化 TC17 钛合金中厚样品的表面形貌尺寸

单点连续激光冲击次数/次	凹坑深度/μm	凹坑中心凸起高度/μm
1	7.1	6
2	8.87	6.87
3	13.2	11
4	20	18
5	32.9	22.1
6	38.1	27.4
7	40.6	30.4
8	45.3	31

2) 层裂大小

不同连续激光冲击次数下 TC17 钛合金中厚样品冲击区域的 C 扫描成像如图 6-25 所示。由图 6-25 可知,单点 1~4 次连续激光冲击强化 TC17 钛合金中厚样品的冲击区域内部无层裂,单点 5~8 次连续激光冲击强化中厚样品的冲击区域内部存在层裂,且层裂尺寸分别为 1.17mm×0.84mm、1.1mm×0.68mm、1.62mm×1.44mm 和 1.86mm×1.68mm。随着连续激光冲击次数的增加,中厚样品的层裂面积逐渐增大。图 6-27 中的层裂损伤扫描结果与图 6-24 中的激光冲击强化 TC17 钛合金中厚样品的表面形貌相对应,即单点 4~5 次连续激光冲击强化中厚样品的表面凹坑深度增加值最大与单点 5 次连续激光冲击强化 TC17 钛合金中厚样品内部存在层裂相对应。因此,激光能量 30J 且单点连续 5 次激光冲击强化为 TC17 钛合金中厚样品的层裂阈值。

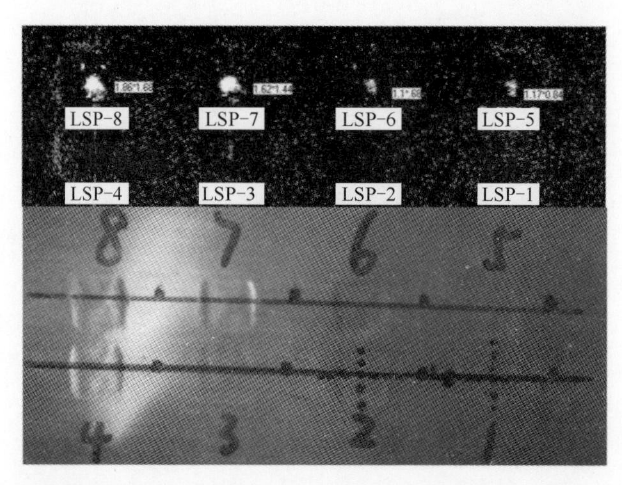

图 6-25　不同连续激光冲击次数下 TC17 钛合金中厚样品冲击区域的 C 扫描成像

3) 层裂位置

图 6-26 所示为 TC17 钛合金中厚样品冲击区域中心的横截面特征形貌。由图 6-26(a)~(d) 可知,单点 1~4 次连续激光冲击强化 TC17 钛合金中厚样品的横截面无层裂。由图 6-26(e)~(h) 可知,单点 5~8 次连续激光冲击强化 TC17 钛合金中厚样品横截面存在层裂,并且单点 5 次、6 次、7 次和 8 次连续激光冲击强化中厚样品的层裂位置(层裂厚度) 分别约为 308μm、280μm、310μm 和 307μm。

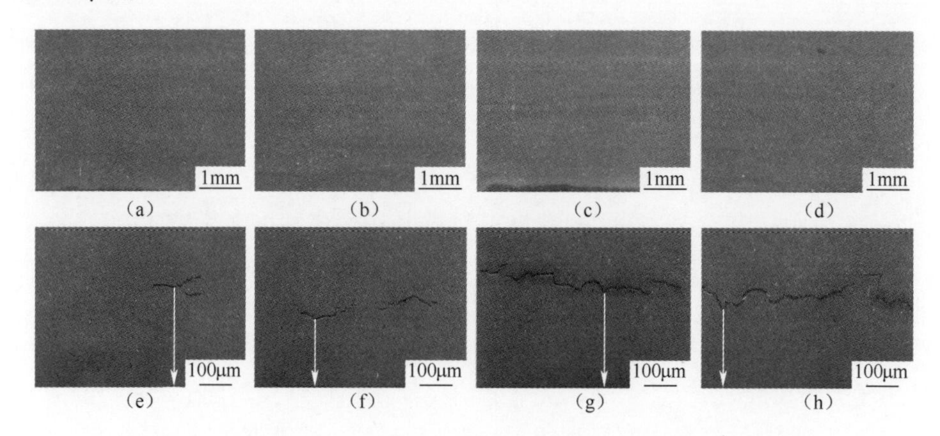

图 6-26　TC17 钛合金中厚样品冲击区域中心的横截面特征形貌
(a) 1 次连续冲击;(b) 2 次连续冲击;(c) 3 次连续冲击;(d) 4 次连续冲击;
(e) 5 次连续冲击;(f) 6 次连续冲击;(g) 7 次连续冲击;(h) 8 次连续冲击。

图 6-27 所示为金属材料内部层裂形成原理。由图 6-27(a) 可知,激光冲

击强化过程中，金属材料表面形成传向自由面的平面冲击波 C。当平面冲击波 C 传至金属材料自由面时，平面冲击波 C 反射形成传向金属材料表面的平面稀疏波 R，如图 6-27(b) 所示。当激光冲击强化结束时，金属材料表面立即形成传向自由面的平面卸载波 U。平面冲击波 C 为压力波，平面卸载波 U 为拉力波，平面稀疏波 R 为拉力波，当平面卸载波 U 与平面稀疏波 R 相互作用形成一对反向拉力波时，冲击区域形成动态拉应力。当动态拉应力幅值和持续时间达到一定值时，平面层裂形成，如图 6-27(c) 所示。

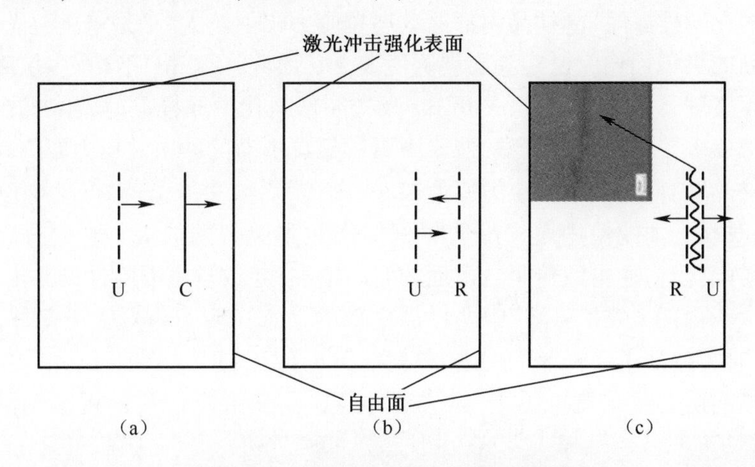

图 6-27　金属材料内部层裂形成原理

C—平面冲击波；U—平面卸载波；R—平面稀疏波。

样品层裂损伤不是瞬时的，而是随着时间逐步累积产生的。因此，在强激光冲击波加载下，定义一个与损伤位置 r 和损伤时间 t 有关的样品损伤函数 $f(r,t)$，其中损伤位置 r 与冲击波波形相关，损伤时间 t 与冲击波峰值压力、冲击次数和冲击波脉宽相关。本节研究的单点连续多次激光冲击过程中，每次激光冲击的冲击波峰值压力、冲击波脉宽和冲击波波形都相同，仅激光冲击次数不同。因此，损伤函数 f 关于损伤位置 r 和损伤时间 t(激光冲击次数) 的累积达到阈值 K_s 时，样品内部形成层裂。满足下列式的最小激光冲击次数 t 为层裂损伤的阈值[176]，即

$$f(r,t)=f[\sigma(r,t)]=[\max(-\sigma-\sigma_R,0)]^A \tag{6-7}$$

$$\sum f(r,t)\Delta t \geqslant K_s \tag{6-8}$$

式中　K_s，A——材料常数；

σ_R——材料动态或静态屈服强度；

$\sigma(r,t)$——拉应力-时程曲线。

综上所述,当金属材料内部动态拉应力幅值和持续时间满足层裂阈值条件时,金属材料内形成层裂。动态拉应力幅值与冲击波峰值压力、金属材料厚度和光斑大小相关,动态拉应力持续时间与激光脉宽和连续激光冲击次数相关。因此,只有在特定条件下,连续多次激光冲击强化金属材料才有可能产生层裂。实际工业应用中,本课题组采用专利技术——叶片边缘背面粘贴吸波层,从而有效防止了激光冲击强化叶片产生层裂现象。

图 6-28 所示为激光冲击强化样品的层裂示意图。由图 6-28(a) 可知,激光冲击强化薄样品时,薄样品内部的动态拉应力幅值较大,于是单次激光冲击强化薄样品的累积损伤就已达到层裂阈值 K_s 值,因此,薄样品内部产生层裂,并且层裂产生飞溅。由图 6-28(b) 可知,激光冲击强化中厚样品时,冲击波在中厚样品内部发生较长时间的衰减,使得中厚样品自由面的冲击波压力幅值较小,于是,中厚样品内部的动态拉应力幅值较小,因此,需要多次激光冲击强化中厚样品的累积损伤,才能使中厚样品的累积损伤达到层裂阈值 K_s 值。与薄样品相比,中厚样品使得冲击波传至自由面的时间增加,导致自由面附件的冲击波波长逐渐增大。由图 6-28 可知,中厚样品内部的动态拉应力位置大于薄样品的动态拉应力位置,即中厚样品的层裂厚度大于薄样品的层裂厚度,因此,可能导致中厚样品的层裂没有发生飞溅,无法从样品自由面进行层裂的观察和判断,如

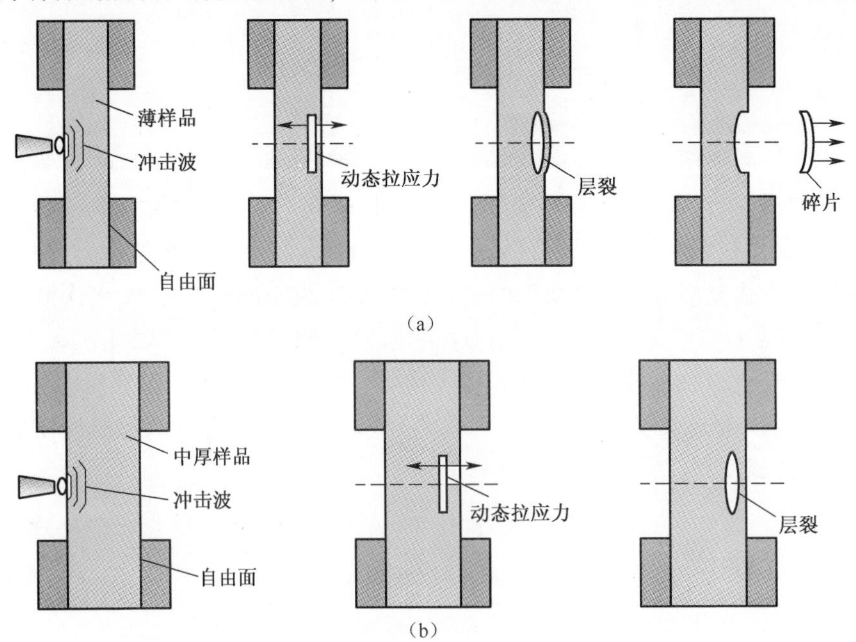

图 6-28　激光冲击强化样品的层裂示意图

图 6-28(b) 所示。因此,激光冲击强化中厚样品的层裂存在更大的工程风险,亟需开展防层裂方法研究。

4) 次背面层裂机理

图 6-29 所示为单点 7 次连续激光冲击强化 TC17 钛合金中厚样品的层裂形貌。由图 6-29(a) 可知,层裂特征为晶界失效。由图 6-29(b) 可知,层裂特征为晶内失效。图 6-29(c)所示为 TC17 钛合金内部的微孔洞形核,图 6-29(d)所示为微孔洞增长,图 6-29(e)所示为微孔洞汇合。β 相基体上富集 β 稳定元素,所以 β 相的固有强度大于 α 相的固有强度,且晶内 α 相的强度稍大于晶界 α 相的强度[177],导致激光冲击强化 TC17 钛合金中厚样品的层裂微孔洞主要在晶界 α 相形核,如图 6-29(c) 所示,也可能在晶内 α 相形核。随着连续激光冲击次数/动态拉应力持续时间增加,TC17 钛合金中厚样品的内部微孔洞增长和汇合,如图 6-29(d) 和图 6-29(e) 所示,最终形成层裂,层裂失效模式为晶界失效和晶内失效,如图 6-29(a) 和图 6-29(b) 所示。激光冲击强化 TC17 钛合金中厚样品的层裂特性与 Boidin 报道的结果相似[178]。因此,单点连续激光冲击强化 TC17 钛合金中厚样品的层裂失效模式为晶界失效和晶内失效的混合失效模式,

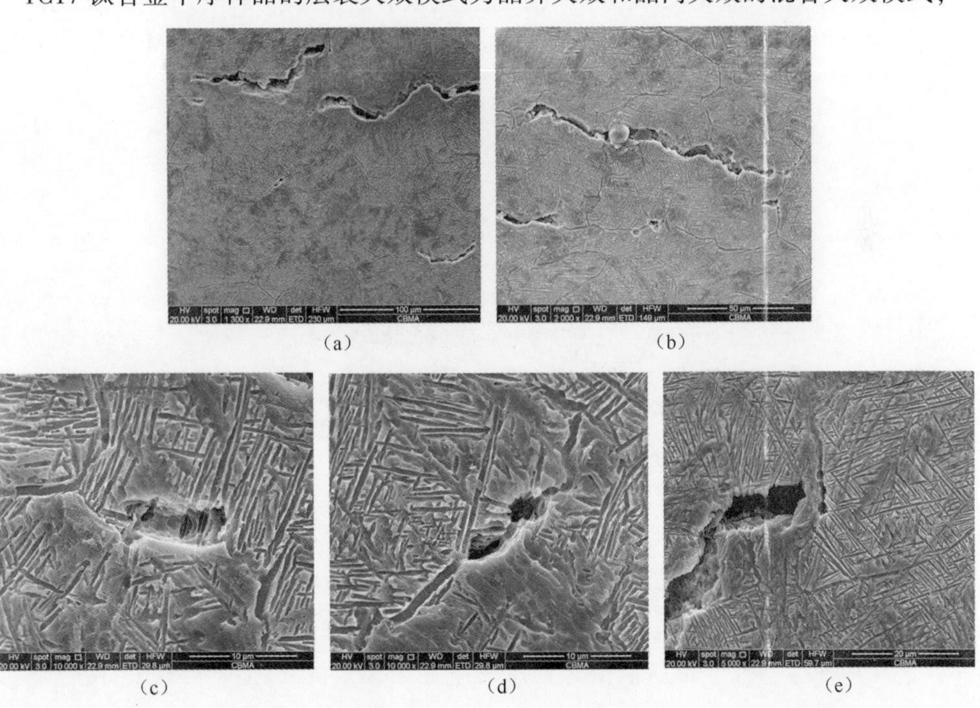

图 6-29　单点 7 次连续激光冲击强化 TC17 钛合金中厚样品的层裂形貌

(a) 晶界失效;(b) 晶内失效;(c) 微孔洞形核;(d) 微孔洞增长;(e) 微孔洞汇合。

但晶界失效模式起主要作用。层裂机理为韧性微孔洞的形核、增长和汇合。

6.3.3 叶片的防层裂方法

1. 防层裂研究需求

叶片边缘为薄弱区域,在恶劣工作环境下,容易提前发生疲劳失效,因此,对叶片边缘进行局部激光冲击强化疲劳延寿具有重要的工程应用价值。然而,叶片边缘为薄壁件,最小厚度约为 0.5mm,在强激光冲击波作用下,薄壁件内部可能产生层裂。为更好地改善激光冲击强化叶片边缘疲劳寿命,亟需开展激光冲击强化叶片的防层裂方法研究。

试验材料为 β 锻 TC17 钛合金叶片,基体微观组织为 α+β 型双相网篮组织,如图 6-22 所示,热处理工艺为 800℃/4h 固溶强化和 630℃/8h 时效处理,化学成分和力学性能见表 6-3。采用中国航空制造技术研究院的激光冲击强化系统对 TC17 钛合金叶片进气边和排气边进行激光冲击强化,如图 6-30 所示,激光工艺参数:激光能量为 50J,脉宽为 30ns,波长为 1064nm,光斑直径为 4~5mm,光斑移动间距为 3.4mm/s。叶片进气边和排气边的强化区域为 8~10mm。激光冲击强化过程中,用 1~2mm 厚去离子水帘作为约束层,0.12mm 厚 3M 铝箔作为吸收层。

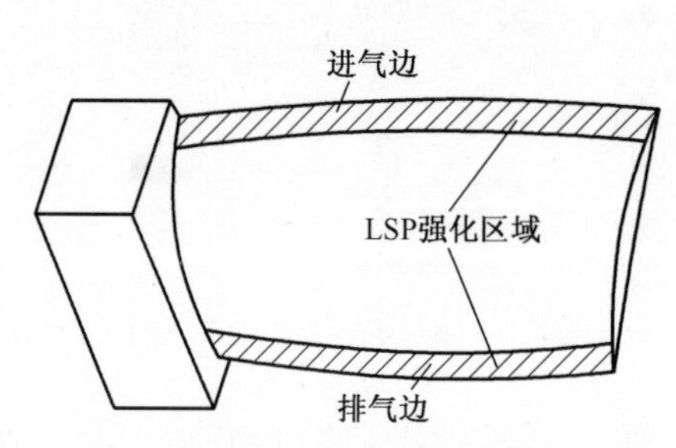

图 6-30 激光冲击强化叶片示意图

2. 叶片背面层裂及防层裂方法

1) 叶片背面层裂

图 6-31 所示为激光冲击强化叶片的背面层裂。由图 6-31 可知,激光冲击波诱导叶片背面产生层裂现象,从而大大降低叶片的疲劳寿命。激光冲击强化诱导叶片内部层裂的原因:①叶片表面激光冲击波的幅值较大,激光冲击强化钛合金叶片产生塑性变形所需激光功率密度在 $6GW/cm^2$ 以上[23],TC17 钛合金甚至需要达到 $8GW/cm^2$[160];②叶片边缘内部冲击波传至背面时,冲击波压力幅值较大,且无防层裂措施,强冲击波传至薄壁结构背面时,幅值仍然较大,如果在叶片背面不采取任何措施,压力波将全部转换为拉力波,并传入叶片内部。当

反射拉力波与冲击卸载波相遇时,形成动态拉应力[179]。当动态拉应力持续时间和幅值满足一定阈值时,叶片背面便产生层裂。

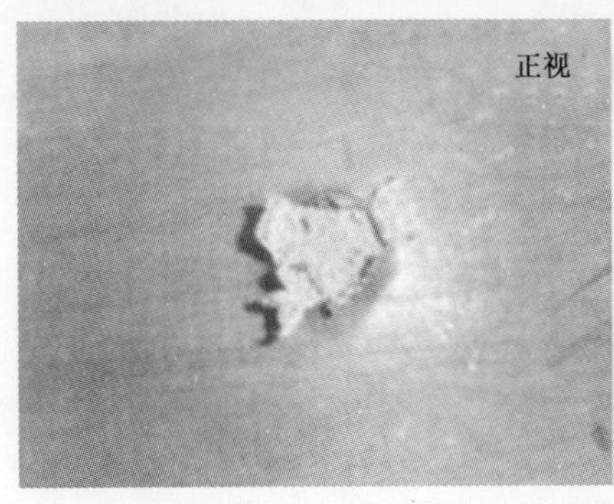

图 6-31　激光冲击强化叶片的背面层裂

2）防层裂方法

为了避免激光冲击强化叶片背面层裂,叶片背面粘贴铝箔吸波层,单光斑激光冲击强化叶片(铝箔吸波层）的背面铝箔形貌如图 6-32 所示。由图 6-32 可

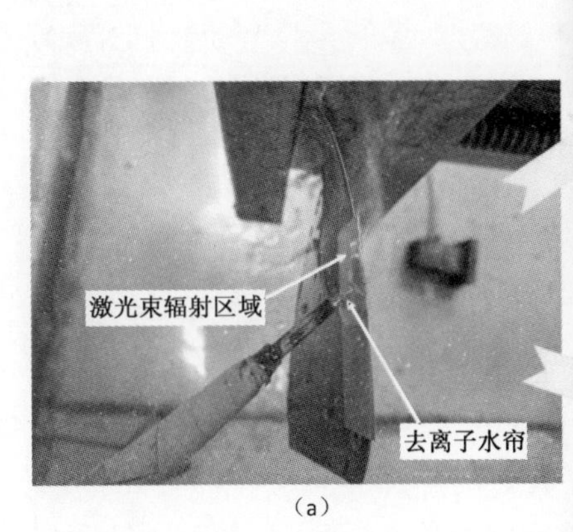

（a）

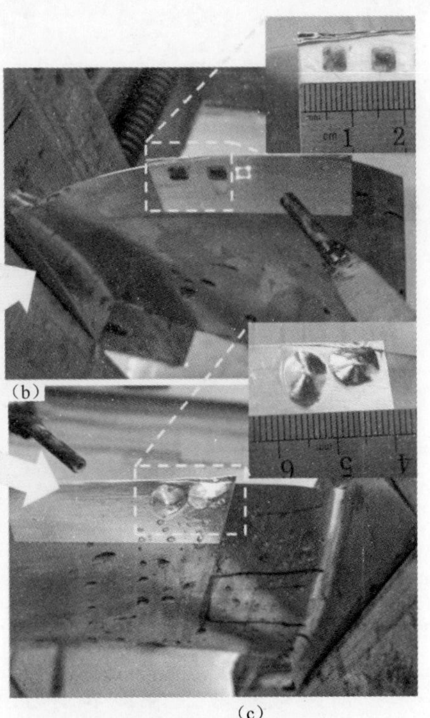

（b）

（c）

图 6-32　单光斑激光冲击强化叶片(铝箔吸波层）的背面铝箔形貌

(a) 激光冲击强化叶片;(b) 表面铝箔形貌;(c) 背面铝箔形貌。

知，单光斑激光冲击强化叶片背面铝箔产生鼓起现象，且铝箔鼓起面积大于光斑烧蚀面积，表明铝箔吸波层产生效果，吸收叶片背面压力波，从而降低反射拉力波幅值。铝箔鼓起是因为冲击波从叶片背面传入铝箔胶带，然后冲击波在铝箔与空气界面发生反射形成拉力波，拉力波传至叶片背面时，因为不能传入叶片内部，导致铝箔与叶片脱离，从而形成铝箔鼓起现象。方形光斑导致叶片背面铝箔形成圆形鼓包。由于铝箔对拉力波的损耗和陷阱作用，使得采用铝箔作为吸波层可以起到很好的保护作用。但铝箔鼓起区域大于光斑大小，鼓起地方对冲击波而言已成为自由反射面，且随着相邻激光冲击强化进行，铝箔鼓起区域越来越大。最后形成成片鼓起，完全丧失吸波层保护作用，导致铝箔对相邻光斑产生的冲击波捕获作用开始减弱。图 6-33 所示为单光斑激光冲击强化叶片（铝箔吸波层）的表面形貌。由图 6-33 可知，激光冲击强化叶片的表面凹坑尺寸为 3.6mm，凹坑深度为 7.3μm。

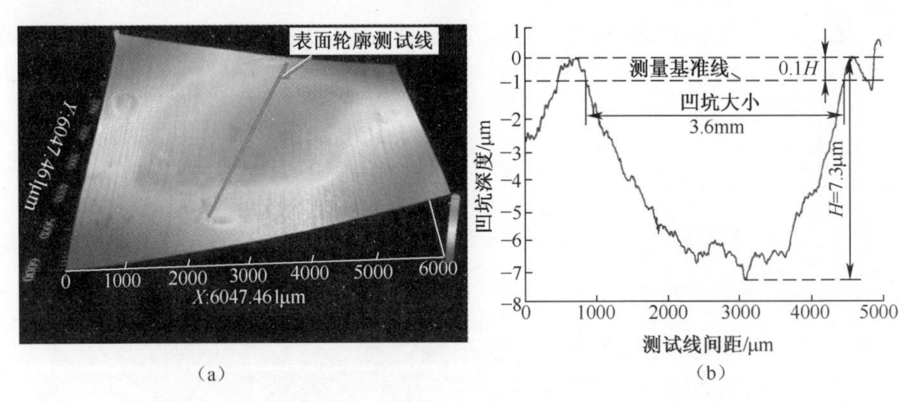

图 6-33 单光斑激光冲击强化叶片（铝箔吸波层）的表面形貌
（a）三维形貌；（b）表面轮廓。

为了解决这一难题，叶片背面粘贴铝箔+水帘吸波层，如图 6-34 所示[58]。激光冲击强化叶片（铝箔+水帘吸波层）的背面铝箔形貌如图 6-35 所示。由图 6-35可知，采用铝箔+水帘吸波层，激光冲击强化叶片边缘和叶片中心处的背面铝箔仅产生波纹状，波纹状面积远小于光斑烧蚀面积，不影响相邻光斑激光冲击强化叶片的吸波层效果，减少了冲击波在叶片背面的反射，避免了叶片层裂，提高了激光冲击强化效果。

6.3.4 防层裂过程及在结构件上的应用

1. 防层裂过程

图 6-36 所示为不同吸波层下叶片内部冲击波的传播和反射示意图。由于

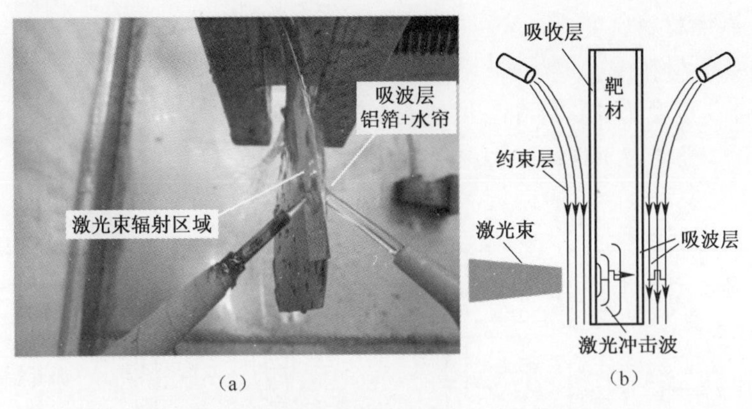

(a) (b)

图 6-34 激光冲击强化叶片(铝箔+水帘吸波层)

(a)实物图;(b)示意图。

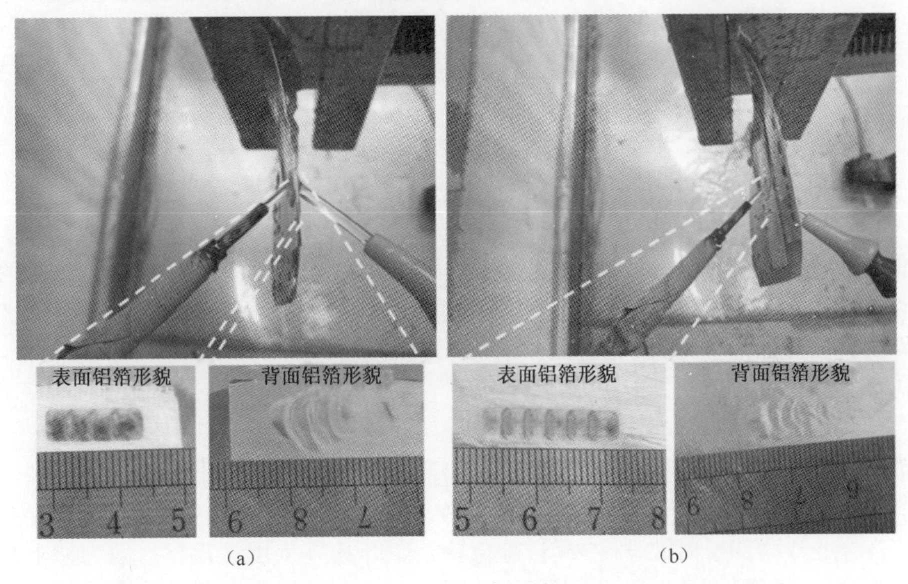

(a) (b)

图 6-35 激光冲击强化叶片(铝箔+水帘吸波层) 的背面铝箔形貌

(a) 激光冲击强化叶片边缘;(b) 激光冲击强化叶片中心区域。

吸波层的使用,增加了叶片背面的声阻抗,减少了反射波在叶片背面与铝箔接合面的反射,增加了透射。采用多层吸波层获得效果如图 6-36 所示。冲击波在叶片背面的界面反射系数计算式[58]为

$$R = \frac{Z_1 - Z_2}{Z_1 + Z_2} \tag{6-9}$$

$$Z = \rho c \tag{6-10}$$

式中 Z_1, Z_2——材料声阻抗;

ρ——材料密度；

c——材料声速。

钛合金密度为 4500kg/m³，声速为 4000m/s；铝箔密度为 2784kg/m³，声速为 5370m/s；水密度为 1000kg/m³，声速为 1461m/s；空气密度为 1.29kg/m³，声速为 340m/s。

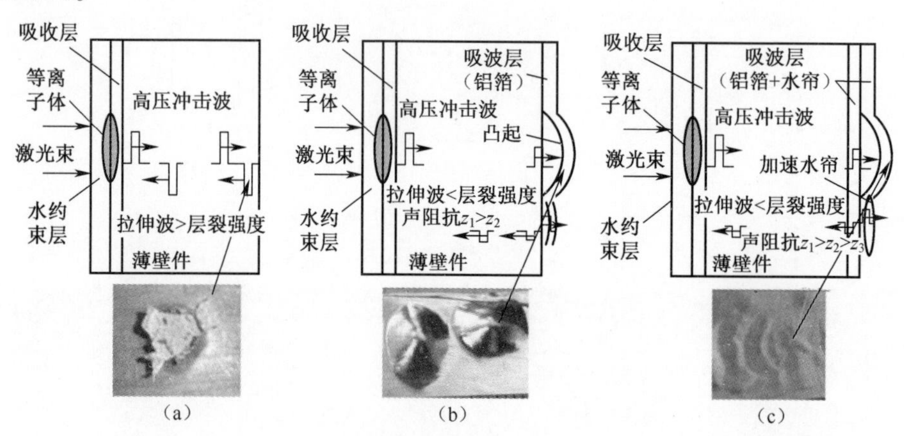

图 6-36　不同吸波层下叶片内部冲击波的传播和反射示意图

(a) 无吸波层；(b) 铝箔吸波层；(c) 铝箔+水帘吸波层。

当叶片背面无吸波层时，冲击波传播和反射如图 6-36(a) 所示，高压冲击波在钛合金叶片自由面的反射条件为钛合金和空气，计算获得其界面反射系数 $R=-1$，高压冲击波全部转换为反射拉力波，拉力波强度大于叶片的层裂强度，钛合金叶片发生层裂现象。

当钛合金叶片背面仅黏合铝箔吸波层时，冲击波传播和反射如图 6-36(b) 所示，冲击波界面反射条件为钛合金和铝箔、铝箔和空气，冲击波在钛合金和铝箔界面处反射系数 $R=-0.09$，透射系数 $T=0.91$，91%冲击波压力传入铝箔内，钛合金叶片内部反射波强度较小，避免钛合金叶片发生层裂现象。因为冲击波在铝箔和空气界面处反射系数 $R=-1$，所以铝箔内反射波强度为冲击波强度的 91%，当铝箔内强反射拉力波到达钛合金和铝箔界面处时，因拉力波强度大于铝箔与钛合金背面的黏合强度，引起铝箔发生鼓起现象。

当钛合金叶片背面黏合单层铝箔和提供均匀去离子水帘吸波层时，冲击波传播和反射如图 6-36(c) 所示，冲击波在界面处反射条件为钛合金和铝箔、铝箔和水，冲击波在钛合金和铝箔界面处反射系数 $R=-0.09$，透射系数 $T=0.91$，91%冲击波压力传入铝箔内，钛合金内部的反射波强度较小，避免钛合金叶片发生层裂现象。冲击波在铝箔和水界面处反射系数 $R=-0.82$，透射系数 $T=0.18$，透射波强度被流动的去离子水带走，但铝箔内部反射波强度为冲击波强度的 $0.91\times0.82=0.75$，可降低或消除铝箔鼓起现象。

2. 大曲率面结构件的防层裂应用

在上述工艺基础研究和应用研究基础上，对激光冲击强化金属材料的防层裂方法进一步推广。针对工业应用中的大曲率薄壁结构，采用激光冲击强化处理进行疲劳延寿，面对结构件背面或正面大曲率，激光冲击强化可能引起结构件内部层裂现象，因此，采用条状矩形光斑对大曲率薄壁结构进行激光冲击强化，如图6-37～图6-39所示，并在大曲率薄壁结构件自由面添加铝箔和水帘吸波层，如图6-40所示，从而可有效地避免大曲率薄壁结构内部层裂现象，应用对象为焊接结构，如图6-41所示。

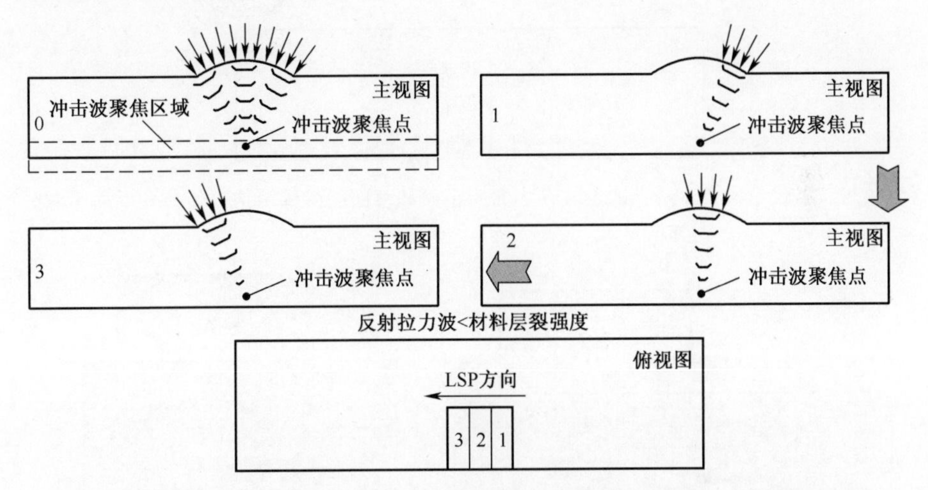

图6-37　条状矩形光斑激光冲击强化大曲率正面薄壁结构内冲击波传播示意图

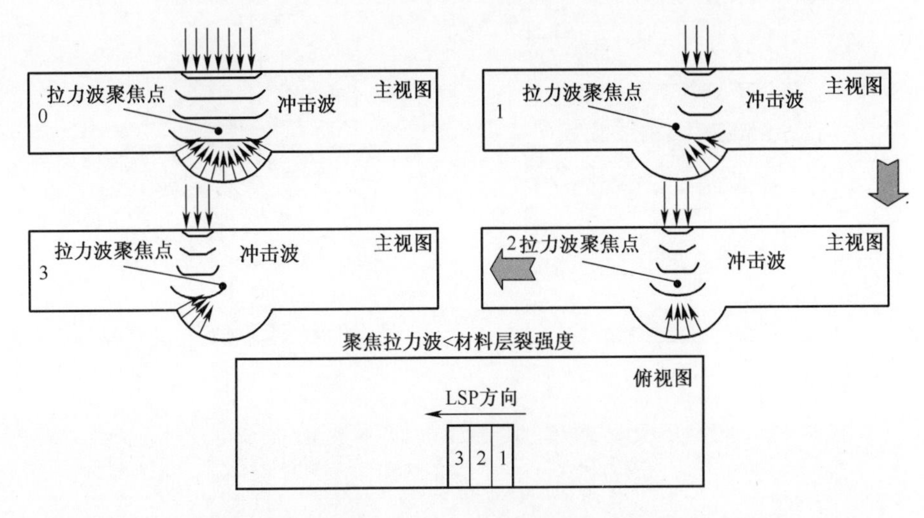

图6-38　条状矩形光斑诱导冲击波在大曲率背面薄壁结构内传播和反射示意图

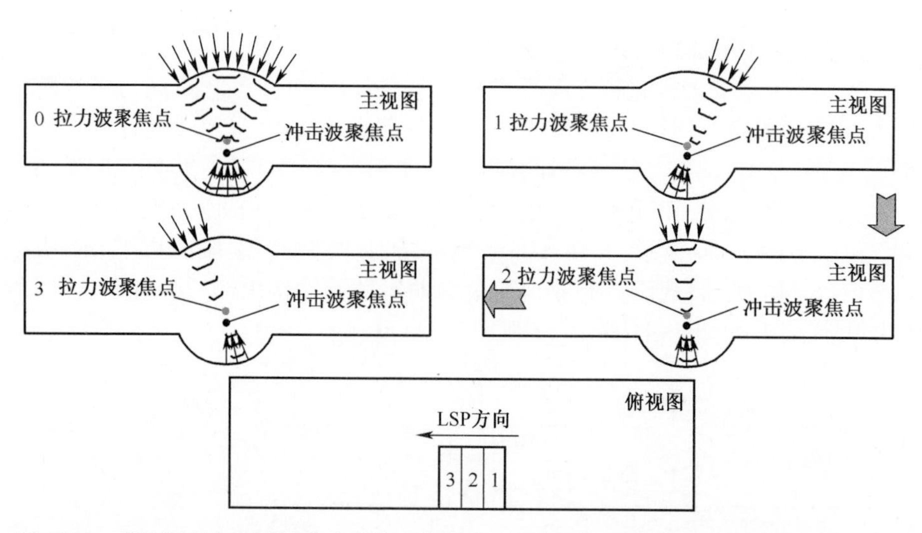

图 6-39　条状矩形光斑诱导冲击波在大曲率正面和背面的薄壁结构内传播和反射示意图

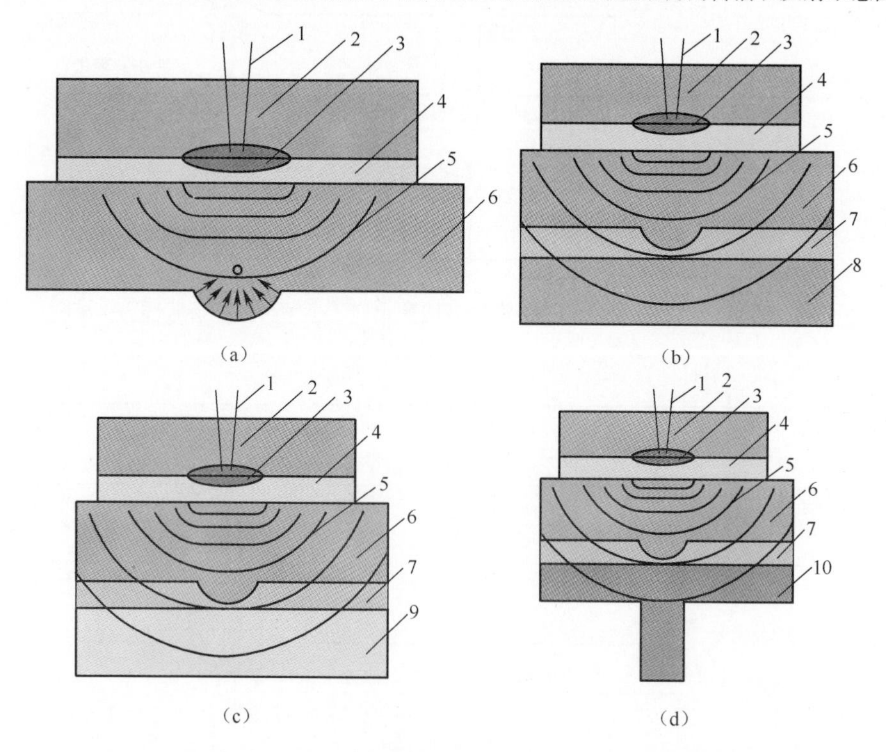

图 6-40　冲击波在大曲率背面薄壁结构和多层吸波层内传播和反射示意图

(a) 无吸波层;(b) 喷涂材料和流体多层吸波层;(c) 喷涂材料和金属箔Ⅱ多层吸波层;

(d) 喷涂材料和固定支撑多层吸波层。

1—激光;2—约束层;3—爆炸等离子体;4—吸收层;5—冲击波;6—金属靶材;

7—喷涂材料吸波层;8—流体吸波层;9—金属箔吸波层;10—固定支撑吸波层。

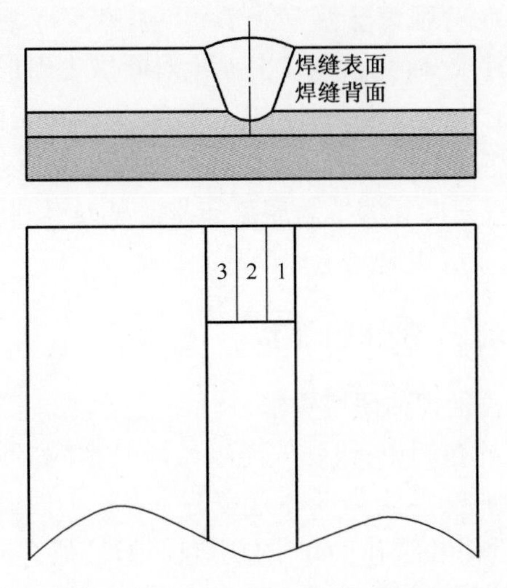

图 6-41　条状矩形光斑激光冲击强化多层吸波层焊缝

6.4　叶片的强化效果评估

飞机在起飞和着陆过程中,高速气流扰动引起的高频振动载荷和离心力的耦合载荷以及强气流吸入的异物,导致叶片常发生疲劳失效,如叶片前缘的FOD疲劳损伤和一弯节线区域的高周振动疲劳裂纹等[180-181],严重影响了发动机的寿命和可靠性[182-183]。激光冲击强化技术可诱导叶片表层塑性应变强化效应,从而改善叶片疲劳寿命。

随着激光冲击强化工艺技术的完善和成熟,国内外相关单位已实现叶片激光冲击强化工业应用。美国MIC公司和LSPT公司采用激光冲击强化技术对叶片实现疲劳延寿处理。国内空军工程大学实现钛合金叶片激光冲击强化处理[184]。中国航空制造技术研究院[160]采用方形光斑和吸波层对叶片进行激光冲击强化,有效地提高了叶片的疲劳寿命,并对整体叶盘进行了激光冲击强化处理,强化后整体叶盘的疲劳寿命满足设计要求。为了更好地实现激光冲击强化叶片工业应用,亟需开展激光冲击强化叶片的强化效果评估研究。

在第3章研究基础上,本章采用吸波层方法对叶片进行激光冲击强化,有效地防止叶片内部层裂。在第4章研究基础上,采用优化工艺参数,开展局部激光冲击强化叶片的塑性应变强化效应研究,并采用第2章的试验方法和试验装置进行分析。本章设计了截面形状近似叶片前缘和FOD的缺口模拟件,并模拟了叶片实际载荷工况。首先研究激光冲击强化缺口模拟件的残余应力分布、微观组织特征、三点弯曲疲劳强度和疲劳断口形貌，获得了激光冲击强化叶缘抗FOD疲劳延寿机理；其次，研究激光冲击强化对叶缘表面形貌、表面粗糙度和弯曲变形的影响，获得了叶缘弯曲变形机理；最后，测试和表征了激光冲击强化叶背和叶盆的表层残余应力分布、微观组织和高周振动疲劳寿命，获得了激光冲击强化TC17钛合金压气机叶片的抗高周振动疲劳延寿机理。本章研究结果为激光冲击强化叶片的工业应用奠定了理论基础。

6.4.1 叶缘抗FOD疲劳性能评估

1. 抗FOD疲劳性能评估研究需求

发动机叶片在工作过程中，被强气流吸入的异物(如沙石)撞击后，叶片前缘易产生FOD疲劳损伤，急剧降低叶片疲劳寿命。为改善叶片前缘抗FOD疲劳性能，需设计截面近似叶缘和FOD的缺口模拟件，研究激光冲击强化缺口模拟件的残余应力分布、晶粒细化和抗FOD疲劳延寿机理，为激光冲击强化叶片抗FOD疲劳延寿工业应用奠定基础。

1）试验材料和试样

试验材料为β-TC17钛合金，其基体微观组织为α+β型双相网篮组织，如图6-22所示，热处理条件为800℃/4h固溶强化、630℃/8h时效处理，化学成分和力学性能见表6-3。设计截面形状近似叶片前缘和FOD的U形缺口模拟件，U形缺口模拟件被设计成三点弯曲试样，模拟叶片实际工况，如图6-42所示。从β-TC17锻件上，沿*T-L*方向慢走丝线切割和数控铣床加工12根缺口模拟件(三点弯曲试样)，8根为未强化试样，4根为强化试样，试样尺寸如图6-43所示。

2）激光冲击强化试验

采用中国航空制造技术研究院的激光冲击强化系统，对三点弯曲试样的缺口尖端进行双面单次激光冲击强化，强化工艺参数与叶片激光冲击强化参数一致，如图6-44所示。激光工艺参数：激光能量为30J，光斑尺寸为4mm×4mm。缺口模拟件表面粘贴0.12mm厚铝箔介质，喷嘴给模拟件强化区提供1~2mm厚的去离子水帘。缺口模拟件背面黏合吸波层(铝箔和水帘)。

3）测试方法和疲劳试验

采用加拿大Proto LXRD(X射线衍射)设备对激光冲击强化前后缺口模拟件的缺口尖端进行残余应力测试。采用Cu-Kα靶辐射、α{213}晶面和衍射角度(2θ) 142°，沿方形光斑中心且模拟件长度方向进行缺口模拟件表面x方向和y方向残余应力测试分析，测试点间距2mm，如图6-44所示。

采用TEM透射电镜(FEI Tecnai G2 F20)分析激光冲击强化TC17钛合金

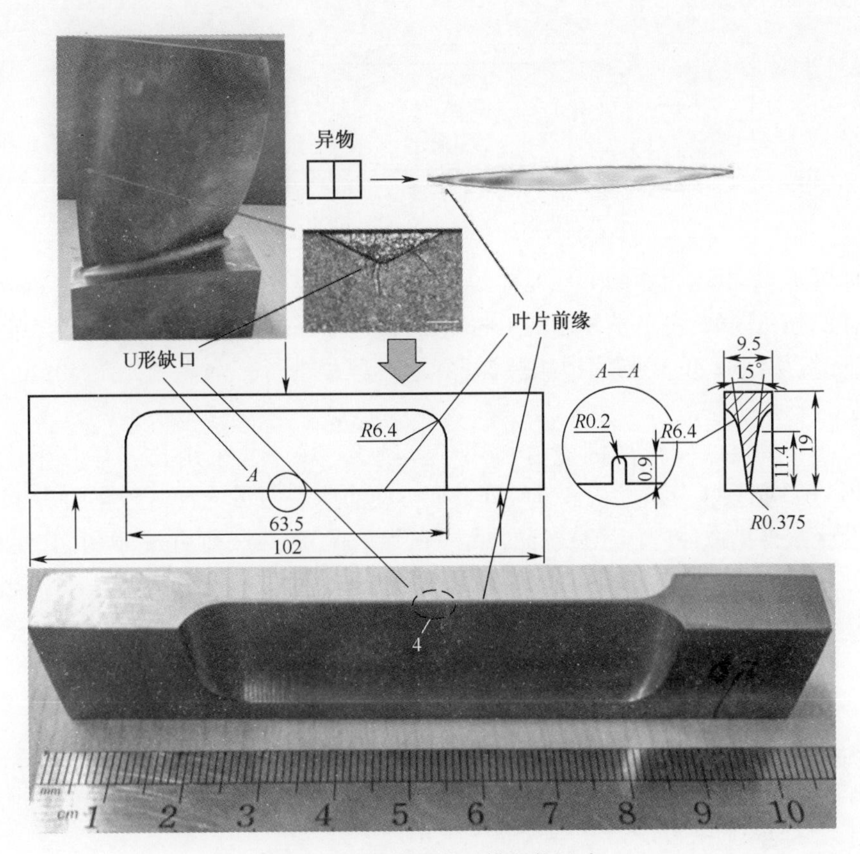

图 6-42　叶片和缺口模拟件尺寸

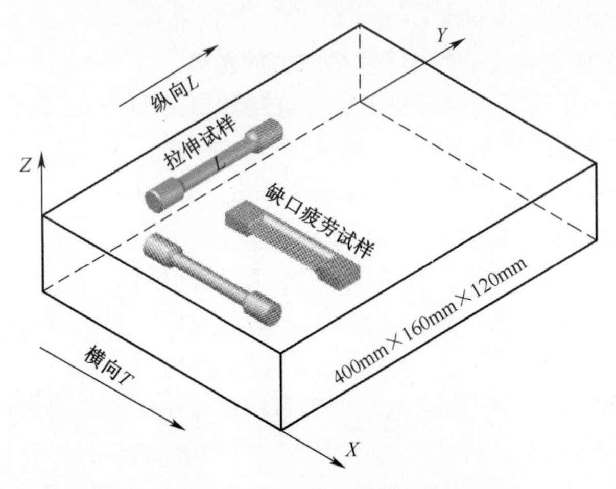

图 6-43　β-TC17 锻件的缺口模拟件取向

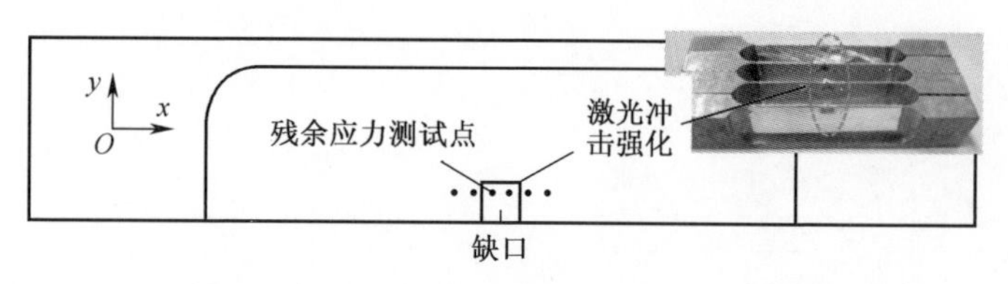

图 6-44　激光冲击强化缺口模拟件示意图

的微观组织,电压为 200kV。TEM 试样准备步骤:①从激光冲击强化三点弯曲试样的强化区域,慢走丝线切割 10mm×10mm×0.4mm 薄片,从强化试样表面至内部,线切割 0.4mm 厚的影响层深度;②对薄片进行打磨和抛光至 50μm 厚;③后进行离子减薄。

为获得缺口模拟件的疲劳极限/循环次数 10^7 次,采用长春仟邦生产的 QBG-100 高频疲劳试验机和逐级降低疲劳应力水平对激光冲击强化前后 TC17 钛合金缺口模拟件进行三点弯曲拉-拉疲劳试验,疲劳载荷由式(6-11)计算,正弦动态疲劳载荷由电磁驱动共振器产生,频率为 72Hz,应力比 $R=0.1$。当循环次数为 10^7 次或试样断裂时,疲劳试验终止。采用 SEM 扫描电镜(Zeiss Supra 55)分析缺口模拟件的早期疲劳裂纹扩展断口形貌。

疲劳载荷 F 计算式为

$$F=\frac{4\sigma W_z}{L} \tag{6-11}$$

式中　σ——疲劳应力;

W_z——中性轴 z 的抗弯截面系数;

L——跨距,$L=83$mm。

2. 双面激光冲击强化对叶缘残余应力的影响

激光冲击强化诱导金属材料表层严重塑性变形和残余压应力,从而改善金属材料的疲劳强度。图 6-45(a)所示为激光冲击强化诱导 TC17 钛合金三点弯曲试样的残余应力示意图。当激光冲击强化时,强化区域材料受压并向四周延展,强化区域材料产生弹性应变 ε_{e1} 和塑性应变 ε_{p1},强化区域周围材料产生延展弹性应变 ε_{e2}。当激光冲击强化结束后,强化区域材料的弹性应变 ε_{e1} 和强化区域周围材料的弹性应变 ε_{e2} 都发生回弹,但强化区域周围材料的弹性应变 ε_{e2} 大于强化区域材料的弹性应变 ε_{e1},因此,强化区域材料受周围材料弹性回弹的挤压而产生残余压应力-σ。强化区域周围材料受强化区域材料塑性应变 ε_{p1} 的延展而产生残余拉应力+σ。因此,三点弯曲试样的截面残余应力分布为激光冲击强化区域材料为残余压应力,周围材料为残余拉应力。沿试样截面 x 方向,随着离缺口尖端距离的增加,周围材料应力状态由压应力逐渐转为拉应力。图 6-47(b)

所示为激光冲击强化诱导 TC17 钛合金三点弯曲试样的表面残余应力分布。由图 6-47(b)可知,未强化区域由机加工引入残余压应力最小值为-318MPa(影响层深度约为几微米),激光冲击强化区域表面 x 方向的残余压应力最大值为-403MPa(影响层深度约为 1mm),且双面强化将产生穿透性残余压应力。

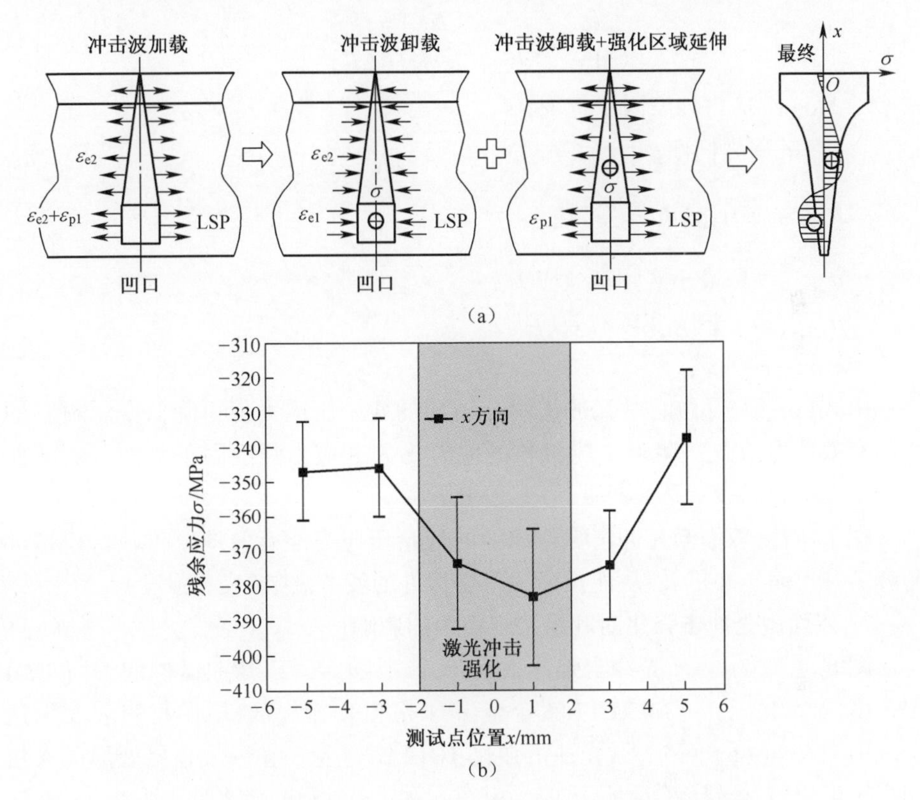

图 6-45 双面激光冲击强化 TC17 钛合金三点弯曲试样的残余应力

(a) 残余应力示意图;(b) 表面残余应力分布。

激光冲击强化诱导的残余压应力改善了金属材料表层的疲劳极限[103]。相应地,有[185]

$$\Delta K_{th} = \Delta\sigma y\left[\pi(h + a_0)\right]^{0.5} \tag{6-12}$$

式中 $\Delta\sigma$——疲劳极限;

ΔK_{th}——应力强度因子阈值;

y——形状因子;

h——表面裂纹槽深度;

a_0——疲劳裂纹长度。

由式(6-12) 可知,激光冲击强化改善金属材料的疲劳极限 $\Delta\sigma$,相应地,提高了金属材料的应力强度因子阈值 ΔK_{th},导致金属材料疲劳裂纹形成和扩展更加困难。激光冲击强化诱导的残余压应力 σ_2(负值) 降低了疲劳循环的实际有效应力 $\sigma_{eff}=\sigma+\sigma_2$($\sigma$ 为外加疲劳应力),降低了应力比 R。相应地有[186]

$$\frac{da}{dN}=\frac{C\ (\Delta K)^m}{[(1-R)K-\Delta K]} \tag{6-13}$$

式中 ΔK——应力强度因子范围;

K——断裂韧性;

R——应力比,$R=\frac{\sigma_{effmin}}{\sigma_{effmax}}$;

σ_{effmin}——最小实际有效应力;

σ_{effmax}——最大实际有效应力;

C,m——常数。

由式(6-13) 可知,激光冲击强化诱导的残余压应力值可降低金属材料的实际有效应力值 σ_{eff},降低金属材料的应力比 R 和应力强度因子范围 ΔK,从而降低金属材料的疲劳裂纹扩展速率 da/dN。

综上所述,双面激光冲击强化诱导的残余压应力能有效地改善缺口模拟件的疲劳裂纹萌生和扩展,从而提高缺口模拟件的疲劳极限(疲劳强度) 。

3. 双面激光冲击强化对叶缘微观组织的影响

图 6-46 所示为激光冲击强化前后 TC17 钛合金三点弯曲试样的表面 TEM 图。由图 6-46(a) 可知,TC17 钛合金由 α 相和 β 相组成,原始材料表面无位错。由图 6-46(b) 可知,激光冲击强化 TC17 钛合金 β 相内或边界处形成大量的高密度位错、位错缠结和位错墙。由图 6-46(c) 可知,激光冲击强化 TC17 钛合金 α 相内形成大量交叉的孪晶。由图 6-46(d) 可知,激光冲击强化 TC17 钛合金 β 相内形成位错胞,任意方向的衍射环表明原始晶粒细化为纳米晶。TC17 钛合金纳米晶的演变规则与 TC6 和 TC11 钛合金纳米晶的演变规则相似[103, 105]。图 6-47 所示为高功率密度激光冲击强化 TC17 钛合金的冲击波和微观组织作用原理。当冲击波压力超过 TC17 钛合金的动态屈服强度时,TC17 钛合金内部产生位错滑移,并随着冲击波压力增加,位错发生累积、相互作用和缠结。当冲击波压力超过纳米晶阈值时,高密度位错发生湮灭和重排,形成纳米晶。晶粒细化分散相同体积的变形,增加晶粒边界抗力,降低应力集中[113],改善疲劳裂纹萌生和扩展[187]。同时,晶粒细化使疲劳裂纹更易进入相邻晶粒,改变 FCG 方向,消耗更多能量,有效地降低 FCG 速率[188],提高疲劳强度。

（a）　　　　　　　　　　　　（b）

（c）　　　　　　　　　　　　（d）

图 6-46　激光冲击强化前后 TC17 三点弯曲试样的表面 TEM 图
(a) 未强化;(b)~(d) 强化。

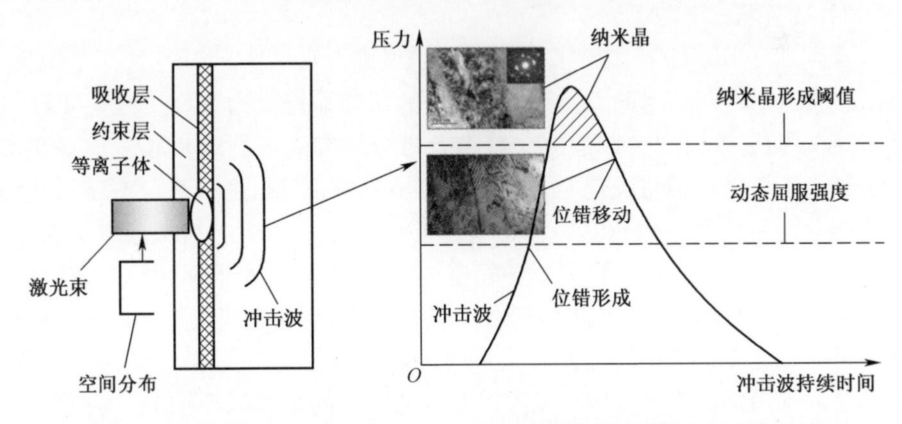

图 6-47　高功率密度激光冲击强化 TC17 钛合金的冲击波和微观组织作用原理

4. 双面激光冲击强化对叶缘抗 FOD 疲劳强度的影响及疲劳延寿机理

1）疲劳强度

图 6-48 所示为激光冲击强化前后 TC17 钛合金缺口模拟件的疲劳强度(疲劳极限)。图 6-48 显示,疲劳寿命 10^7 次时,未强化缺口模拟件的疲劳强度为

180MPa。与未强化缺口模拟件相比,双面单次激光冲击强化 TC17 钛合金缺口模拟件的疲劳强度为 280MPa,提高了 55.6%。由 5.4.2 小节和 5.4.3 小节可知,双面单次激光冲击强化诱导 TC17 钛合金表面高幅残余压应力和纳米晶,提高了 TC17 钛合金缺口模拟件的应力强度因子阈值,降低了应力比和应力集中,且改变 FCG 方向,从而有效地改善缺口模拟件的疲劳强度。因此,TC17 钛合金缺口模拟件的疲劳强化机理为高幅残余压应力和纳米晶。

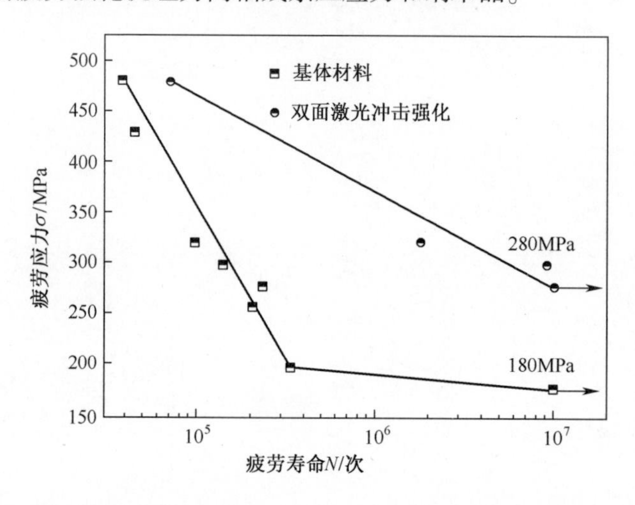

图 6-48　激光冲击强化前后 TC17 钛合金缺口模拟件的疲劳强度

2）疲劳断口形貌

高周期疲劳条件下,疲劳最大应力处于低应力水平,疲劳寿命主要受短裂纹 FCG 的影响[189-190],因此,对短裂纹 FCG 的研究显得更为重要。图 6-49 所示为 FCG 早期形貌,靠近 FCI 区域。疲劳条带分析有助于决定 FCG 方向,同时定量分析疲劳条带间距将决定 FCG 细节。图 6-49(a) 和图 6-49(c) 显示,激光冲击强化前后模拟件的 FCG 方向都垂直于疲劳载荷方向,且疲劳断口形成大量的疲劳条带。与未强化缺口模拟件相比,双面单次激光冲击强化缺口模拟件的疲劳条带更密且间距更小。未强化缺口模拟件的疲劳条带间距为 961.4nm/循环,激光冲击强化缺口模拟件的疲劳条带间距降低为 366.5nm/循环。疲劳条带间距与裂纹前沿的应力强度因子相关以及疲劳条带间距可以评估 FCG 速率[191]。因此,与未强化缺口模拟件相比,双面单次激光冲击强化缺口模拟件的疲劳裂纹前沿的应力强度因子变小,FCG 速率降低,与 5.4.2 小节对应。同时,与未强化缺口模拟件相比,双面单次激光冲击强化缺口模拟件的疲劳断口的 α 片层内产生许多二次裂纹,且裂纹向材料内部扩展,消耗更多能量,如图 6-49(b) 和图 6-49(d) 所示,原因为晶粒细化易使疲劳裂纹进入相邻的晶粒内。因此,可以得出,双面单次激光冲击强化延缓了缺口模拟件的 FCG 速率,提高了其疲劳强度,与 5.4.3 小节对应。

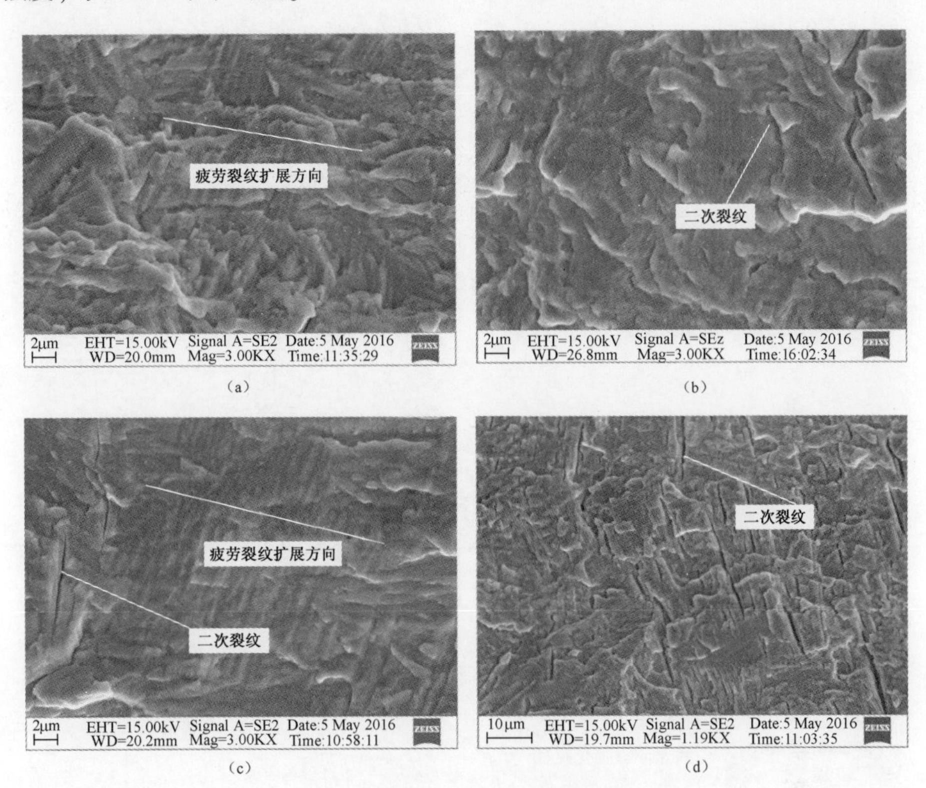

(a) (b)
(c) (d)

图 6-49 FCG 早期形貌

(a)、(b) 未强化试样;(c)、(d) 强化试样。

6.4.2 叶缘抗弯曲变形性能

1. 抗弯曲变形性能研究需求

激光冲击强化叶片边缘时,表面粗糙度发生变化和叶缘产生宏观弯曲变形,影响叶型和气动性能,无法满足叶片强化工艺需要:叶缘表面粗糙度 Ra0.4μm,型面精度 0.07mm,因此,亟需调控激光冲击强化叶缘弯曲变形量,研究激光冲击强化叶缘的表面粗糙度和弯曲变形机理。

1) 激光冲击强化试验

采用中国航空制造技术研究院的激光冲击强化系统,对 TC17 钛合金叶片一弯节线区域进行激光冲击强化处理,如图 6-50(a) 所示,工艺参数见表 6-5。TC17 钛合金叶片的基体微观组织如图 6-22 所示,化学成分和力学性能见表 6-3。

激光冲击强化系统包括：① Nd：YAG 激光器，激光器波长为 1064nm，脉宽为 15ns；②光束转换装置，将圆形光斑装换为方形光斑，包含聚焦镜和光束整形镜[81]；③6 轴机械手；④去离子水帘和污水容器。激光冲击强化 TC17 钛合金叶片示意图如图 6-50(b) 和图 6-50(c) 所示。线 1 和一弯节线处的距离为 10mm，线 3 为叶根。沿着弦向对叶背和叶盆分别进行激光冲击强化，线 1 和线 2 间距为 3.6mm，相邻光斑移动间距为 3.6mm。激光冲击强化叶背时，叶盆表面添加吸波层（铝箔和水帘），同样地，激光冲击强化叶盆时，叶背表面添加吸波层（铝箔和水帘）。TC17 钛合金压气机叶片的进气边最小厚度值约为 0.5mm，排气边最小厚度值约为 0.4mm，叶片截面轮廓从进气边至排气边非线性变化，叶片最大厚度值约为 2mm。

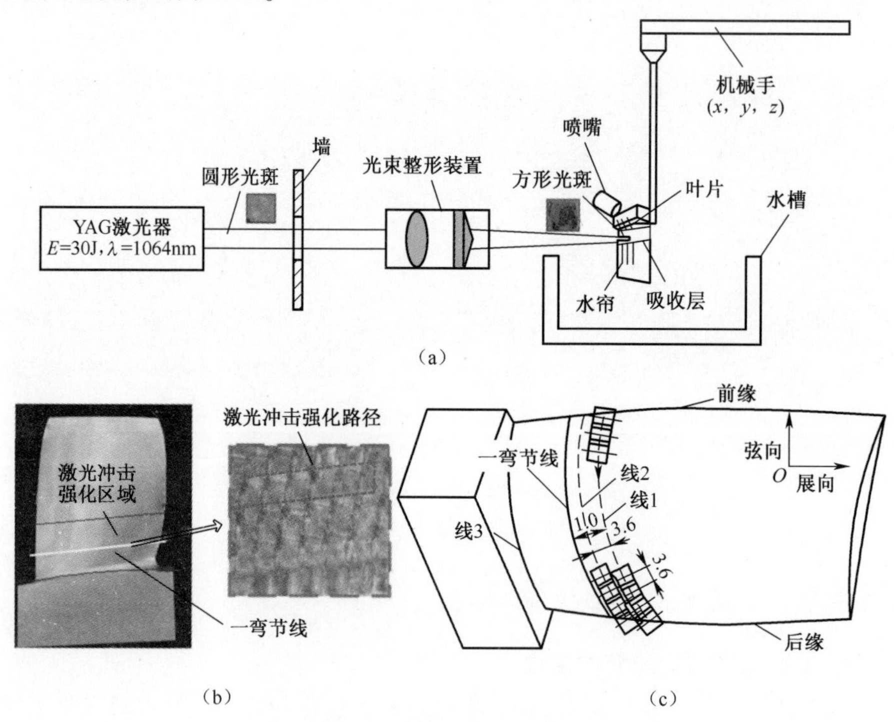

图 6-50　激光冲击强化试验

(a) 激光冲击强化系统；(b) 激光冲击强化 TC17 钛合金叶片实物；(c) 激光冲击强化 TC17 钛合金叶片示意图。

表 6-5　激光冲击强化试验参数

激光能量 /J	脉宽 /ns	脉冲频率 /Hz	光斑尺寸 /mm^2	扫描速度 /(mm/s)	约束层(水帘)厚度 /mm	吸收层(3M 铝箔)厚度 /mm
30	15	1	4×4	3.6	1~2	0.12

2）测试方法

采用三维白光干涉表面形貌仪 ZYGO Nex View 和表面形貌测量系统 Talysurf PGI 1230，对激光冲击强化前后叶片表面形貌和粗糙度进行测试，表面形貌测试区域为 6mm×6mm，表面粗糙度测量长度为 20mm，算术平均值 Ra 作为叶片表面粗糙度。采用海克斯康 Explorer 系列三坐标测量机对激光冲击强化前后叶片边缘的塑性变形量进行测试。

采用加拿大 ProtoLXRD（X 射线衍射）设备和电化学腐蚀去除法对激光冲击强化叶片一弯节线处进行残余应力测试。采用 Cu-Kα 靶辐射、α{213}晶面和衍射角度（2θ）142°，对激光冲击强化 TC17 钛合金压气机叶片的叶背和叶盆的深度方向残余应力进行测试分析。

采用 DC-4000 电子振动台对叶片进行一阶高周振动疲劳试验，疲劳应力为 480MPa，应力比 $R=0.1$，室温，共振，如图 6-51 所示。采用激光位移传感器检测叶片尖端幅振动值，应变片用于检测振动过程中叶片应变量。振动疲劳试验过程中，一旦叶片产生疲劳裂纹，叶片共振频率发生变化，当共振频率降低至 1% 时，振动疲劳试验停止。采用 SEM 扫描电镜（Zeiss Supra 55）分析激光冲击强化前后叶片的疲劳断口形貌。

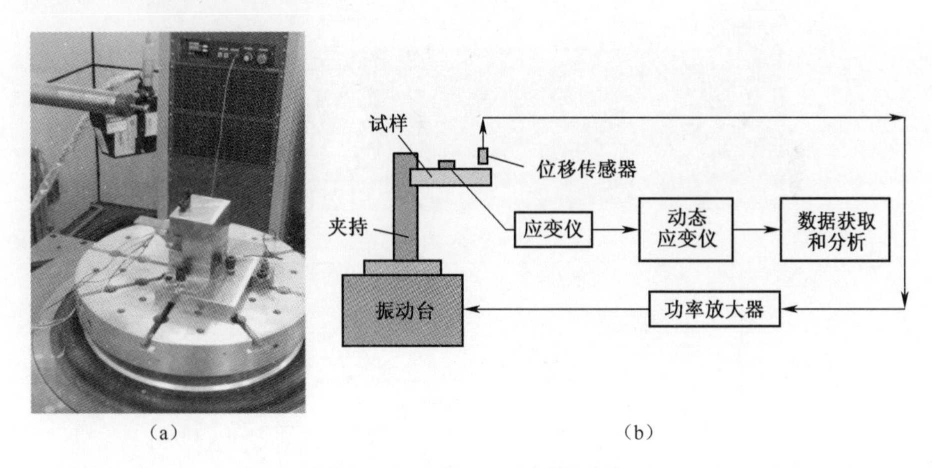

图 6-51　DC-4000 电子振动台

（a）实物；（b）示意图。

2. 双面激光冲击强化对叶缘表面形貌和表面粗糙度的影响

图 6-52 所示为单光斑激光冲击强化叶片的表面凹坑形貌。由图 6-54 可知，微凹坑显示方形轮廓，x 方向和 y 方向的最大凹坑深度 H 分别为 4.59μm 和 4.87μm。定义离轮廓上限 0.1H 处为测试凹坑大小的基准线。基准线与轮廓交叉点的两点间距被定义为激光冲击凹坑大小，如图 6-52（b）和图 6-52（c）所

示。因此,激光冲击强化诱导 TC17 钛合金表面凹坑的 x 方向和 y 方向的凹坑大小分别为 3. 97mm 和 3. 93mm。根据表面凹坑大小和相邻光斑 10%搭接率工艺要求,设置激光冲击强化 TC17 钛合金 x 方向和 y 方向的光斑移动间距都为 3. 6mm。表 6-6 所列为激光冲击强化前后叶片的表面粗糙度。由表 6-6 可知,激光冲击强化前后,叶背和叶盆的表面粗糙度值变化不明显。叶背和叶盆的原始表面粗糙度值分别为 Ra0. 28 ~ 0. 36μm 和 Ra0. 30 ~ 0. 39μm。而激光冲击强化后,叶背和叶盆的表面粗糙度值分别为 Ra0. 32 ~ 0. 38μm 和 Ra0. 25 ~ 0. 40μm。因此,可以得出以下结论:激光冲击强化前后,TC17 钛合金压气机叶片表面粗糙度值都小于 Ra0. 4μm,满足叶片强化工艺要求。

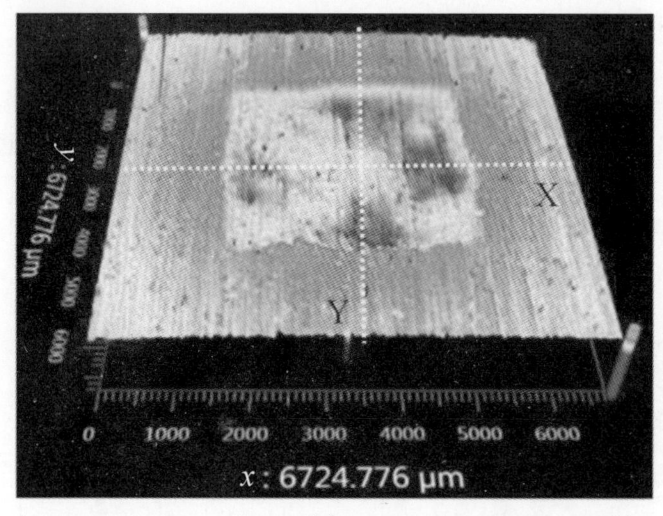

(a)

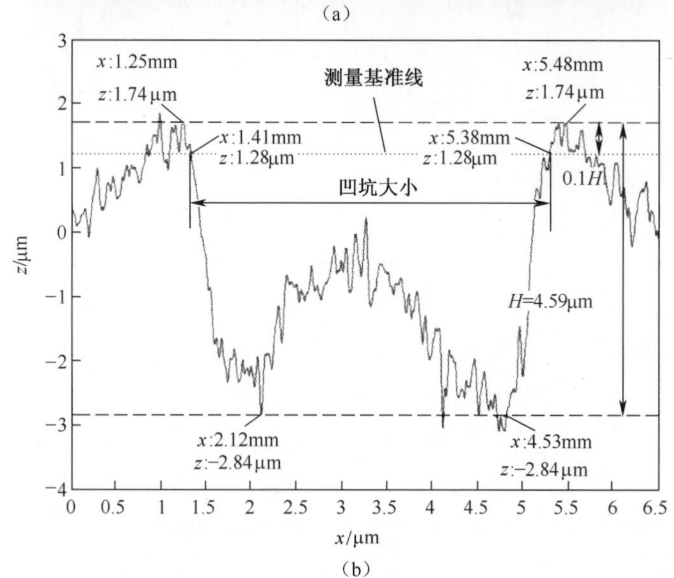

(b)

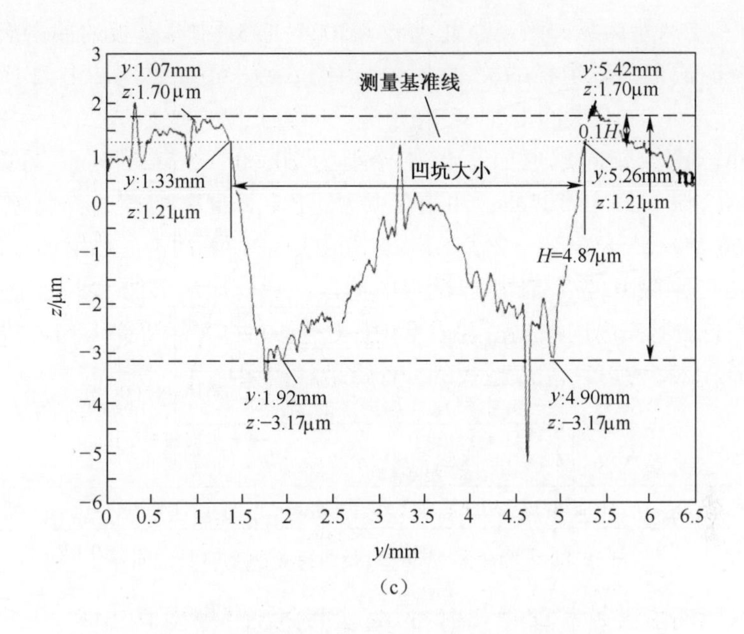

(c)

图 6-52　单光斑激光冲击强化叶片的表面凹坑形貌

(a) 三维表面形貌;(b) x 方向轮廓;(c) y 方向轮廓。

表 6-6　激光冲击强化前后叶片的表面粗糙度

状态	叶背的表面粗糙度 Ra/μm	叶盆的表面粗糙度 Ra/μm
基体材料	0. 28~0. 36	0. 30~0. 39
激光冲击强化	0. 32~0. 38	0. 25~0. 40

3. 双面激光冲击强化对叶缘弯曲变形的影响及其机理

激光冲击强化诱导叶片进气边和排气边产生局部弯曲变形[192]。测试激光冲击强化叶片边缘的局部弯曲变形量,从而达到控制叶片边缘的弯曲变形和满足叶片气动性能需求。图 6-53 所示为激光冲击强化叶片边缘的局部弯曲变形测量系统。x 轴正方向为进气边至排气边方向,y 轴正方向为受压面至吸力面方向。当叶片边缘局部弯曲变形方向为 y 轴正方向时,塑性变形值为正值;相反,塑性变形值为负值。激光冲击强化叶片边缘的局部弯曲变形量见表 6-7。由表 6-7 可知,激光冲击强化叶片边缘产生两类弯曲变形,即凸弯曲变形和凹弯曲变形。进气边和排气边的最大弯曲变形量分别为-0. 11mm 和 0. 203mm。激光冲击强化诱导进气边和排气边表层残余压应力能够有效地改善叶片的抗 FOD 疲劳性能[193-194]。

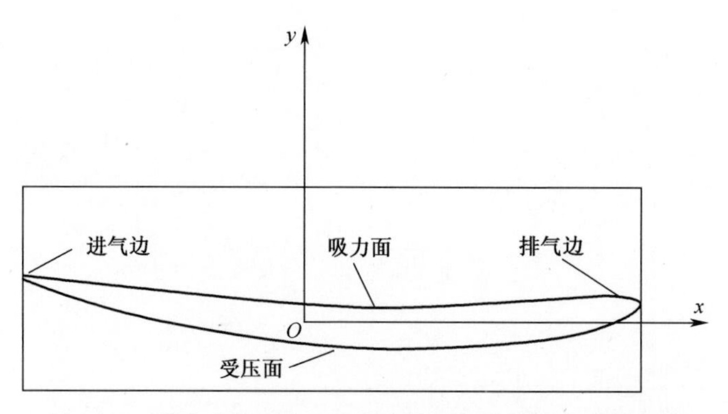

图 6-53　激光冲击强化叶片边缘的局部弯曲变形测量系统

表 6-7　激光冲击强化叶片边缘的局部弯曲变形量

截面	前缘/进气边的局部弯曲变形量/mm	后缘/排气边的局部弯曲变形量/mm
1	-0. 041	0. 03
2	-0. 064	0. 085
3	-0. 105	0. 129
4	-0. 11	0. 203

激光冲击强化叶片一弯节线区域(包括叶片边缘) 后,叶片边缘产生局部弯曲变形的原因:① 叶片边缘的截面抗弯刚性小于叶根和叶片中心的截面抗弯刚性;②单面激光冲击强化后,凹弯曲变形的形成机理为穿透性残余压应力诱导的冲击弯曲机理和正弯矩[195],激光冲击强化诱导叶片边缘深度方向的应力梯度机理和负弯矩,使得叶片排气边产生凸弯曲变形;③单面激光冲击强化诱导残余压应力层和弯矩使得金属材料产生延伸变形。当激光冲击强化叶片受压面产生的延伸变形 A 大于激光冲击强化叶片吸力面产生的延伸变形 B 时,双面激光冲击强化叶片边缘产生局部凸弯曲变形。当激光冲击强化叶片受压面产生的延伸变形 A 小于激光冲击强化叶片吸力面产生的延伸变形 B 时,双面激光冲击强化叶片边缘产生局部凹弯曲变形。当激光冲击强化叶片受压面产生的延伸变形 A 等于激光冲击强化叶片吸力面产生的延伸变形 B 时,双面激光冲击强化叶片边缘产生局部平板弯曲变形,如图 6-54 所示。

6.4.3　叶片抗振动疲劳性能

1. 抗振动疲劳性能研究需求

叶片在承受高频振动和离心力等耦合载荷下,叶片一弯节线区域承受很大的拉应力,叶片容易提前发生振动疲劳失效。为改善叶片抗振动疲劳性能,需对

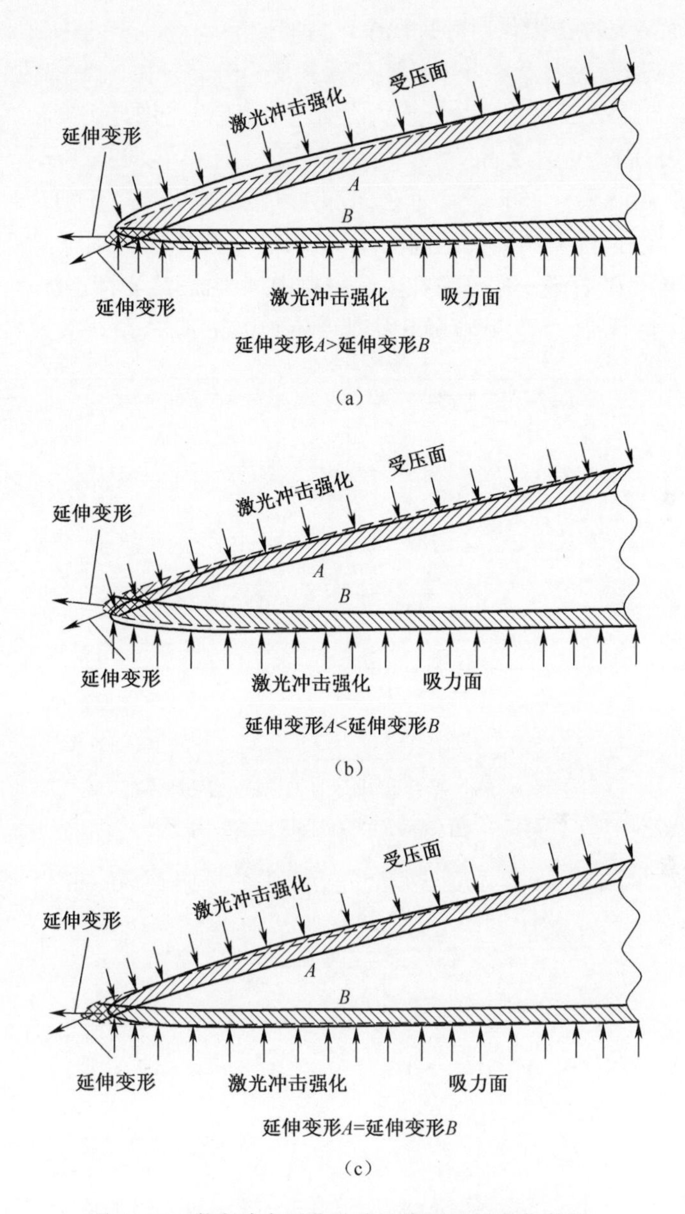

图 6-54　激光冲击强化叶片边缘的局部弯曲变形

(a) 凸弯曲变形;(b) 凹弯曲变形;(c) 平板弯曲变形。

叶片一弯节线区域进行残余应力重新分布,引入残余压应力,因此,采用激光冲击强化改性技术。激光冲击强化改性技术不仅可以诱导叶片一弯节线区域高幅和深残余压应力,而且可以诱导叶片表层晶粒细化,两种力学效应综合作用,达到改善叶片抗振动疲劳性能。

2. 双面激光冲击强化对叶片残余应力的影响

图 6-55 所示为叶背和叶盆的表层残余应力分布。由图 6-55 可知,激光冲击强化诱导叶片表面高幅残余压应力,原因为激光冲击波压力峰值在叶片表面,并且叶片表面产生纳米晶[111]。叶背表面弦向和展向残余压应力分别为-360MPa和-388MPa。叶盆表面弦向和展向残余压应力分别为-457MPa 和-449MPa。此外,随着离表面距离的增加,表层残余压应力逐渐降低,并转变为拉应力,原因为随着激光冲击波在金属材料内部传播,激光冲击波动能被消耗和转换为塑性变形能[112]。叶背和叶盆都产生约 1mm 厚残余压应力层。

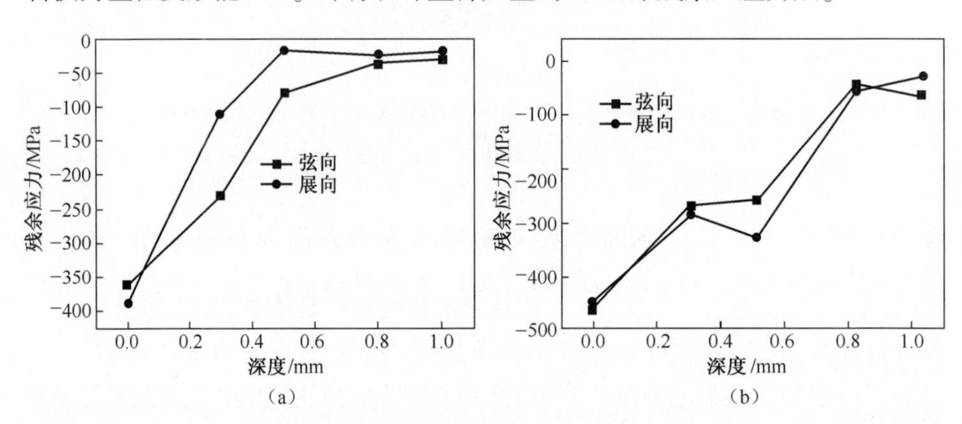

图 6-55　叶背和叶盆的表层残余应力分布

(a) 叶背;(b) 叶盆。

高周振动疲劳的疲劳强度与残余应力水平的经典 Goodman[196] 数学模型为

$$\sigma_{\mathrm{p}}^{\mathrm{m}} = \sigma_{\mathrm{p}}^{0} - \left(\frac{\sigma_{\mathrm{p}}^{0}}{\sigma_{\mathrm{b}}}\right)\sigma_{\mathrm{m}} = \sigma_{\mathrm{p}}^{0} - m\sigma_{\mathrm{m}} \tag{6-14}$$

$$\sigma_{p}^{\mathrm{r+m}} = \sigma_{\mathrm{p}}^{0} - m(\sigma_{\mathrm{m}} + \sigma_{\mathrm{r}}) \tag{6-15}$$

$$\Delta\sigma_{\mathrm{p}}^{\mathrm{r}} = \sigma_{\mathrm{p}}^{\mathrm{r+m}} - \sigma_{\mathrm{p}}^{m} = - m\sigma_{\mathrm{r}} \tag{6-16}$$

式中　σ_{m} ——平均应力;

σ_{b} ——抗拉强度;

$\sigma_{\mathrm{p}}^{\mathrm{m}}$ ——材料的疲劳极限;

σ_{r} ——激光冲击强化诱导金属材料表层残余应力;

$\sigma_{\mathrm{p}}^{\mathrm{r+m}}$ ——激光冲击强化金属材料的疲劳极限;

$\Delta\sigma_{\mathrm{p}}^{\mathrm{r}}$ ——激光冲击强化金属材料引入的疲劳极限变量;

m——残余应力影响因子, $m = \sigma_{\mathrm{p}}^{0}/\sigma_{\mathrm{b}}$。

从断裂力学角度分析,通过应力强度因子叠加法,得到金属材料表面有效应

力强度因子 K_{eff} 和有效应力比 R_{eff}，即

$$K_{eff} = K_w + K_{rs} \tag{6-17}$$

$$\Delta K_{eff} = \Delta K_{eff\,max} - K_{eff\,min} \tag{6-18}$$

$$R_{eff} = \frac{K_{eff\,min}}{K_{eff\,max}} \tag{6-19}$$

式中 K_w——外加载荷引起的应力强度因子；

K_{rs}——激光冲击强化诱导的残余压应力引起的应力强度因子。

循环疲劳过程中，式(6-17) 中 K_w 分别为 K_{max} 和 K_{min}。

由式(6-14)~式(6-16) 可知，激光冲击强化诱导的残余压应力为负值，即 σ_r 为负数，因此，激光冲击强化诱导的残余压应力使得金属材料的疲劳极限得到提高。再者，残余压应力层有益于部件疲劳性能改善[197]。由式(6-17)~式(6-19) 可知，激光冲击强化诱导金属材料表层残余压应力值为负值，即 K_{rs} 为负值，此时，ΔK_{eff} 分为以下两种情况。

(1) 残余压应力绝对值小于外力引起的残余应力绝对值。残余压应力与正的外力相抵消后，裂纹尖端的有效最小应力强度因子降低且大于零，此时，有效应力比 R_{eff} 降低。

(2) 残余压应力绝对值大于外力引起的残余应力绝对值。残余压应力与正的外力相抵消后，裂纹尖端的有效最小应力强度因子小于零，残余压应力不会引起裂纹的扩展，所以取裂纹尖端的有效最小应力强度因子为零，此时，有效应力强度因子幅值 ΔK_{eff} 与无残余压应力场时的应力强度因子幅值相同，R_{eff} 为零。

综上所述，激光冲击强化诱导的残余压应力能够使部件实际应力比 R 减小或疲劳裂纹尖端应力强度因子幅值 ΔK 下降，从而使得疲劳裂纹扩展速率降低。因此，激光冲击强化诱导的残余压应力可以提高 TC17 钛合金压气机叶片的疲劳强度，降低疲劳裂纹扩展速率，从而改善其疲劳性能。

3. 双面激光冲击强化对叶片微观组织的影响

图 6-56 所示为激光冲击强化前后 TC17 钛合金叶片表层 TEM 图。图 6-56(a)所示为基体材料表层-15μm 处 TEM 图。由图 6-56(a) 可知，TC17 钛合金是双相钛合金，由网篮组织的 α 相和 β 相组成，相界明显，并且相界处堆积了少量位错。激光冲击强化后，TC17 钛合金表层-15μm 处 α 相内形成了交叉的变形孪晶，如图 6-56(b) 所示。大量位错线和位错缠结在表层-15μm 处的 β 相内形成，如图 6-56(b) 和图 6-56(c) 所示，与激光冲击强化诱导金属材料严重塑性变形量相一致。基于选区电子衍射图，激光冲击强化 TC17 钛合金表面形成了纳米晶，如图 6-56(d)所示。由图 6-56(d) 可知，衍射环是任意方向且连

续的,这表明通过位错滑移和变形孪晶,原始晶粒细化为纳米晶[120,180]。Altenberger 和 Nie 等报道了相似的结果。纳米晶形成归因于高角度晶界形成和微晶粒强取向差出现。激光冲击强化 TC17 钛合金的晶粒细化演变机理与激光冲击强化双相钛合金(α 相和 β 相)的晶粒细化演变机理相似[103,105]。

激光冲击强化诱导 TC17 钛合金强化层的晶格缺陷(位错、孪晶和纳米晶)在疲劳性能改善中起到重要作用,主要原因[103]为:① 由式(5-14),疲劳强度增量与位错密度的平方根成正比,激光冲击强化诱导疲劳试样表层高位错密度,如图 6-56(b) 和图 6-56(c)所示,从而改善激光冲击强化疲劳试样的疲劳强度;②激光冲击强化诱导疲劳试样表面纳米晶,纳米晶使得疲劳试样表面产生更多的晶界。振动疲劳试验过程中,更多晶界改善疲劳试样的滑移变形抗力,延缓疲劳裂纹萌生和降低疲劳裂纹扩展速率。

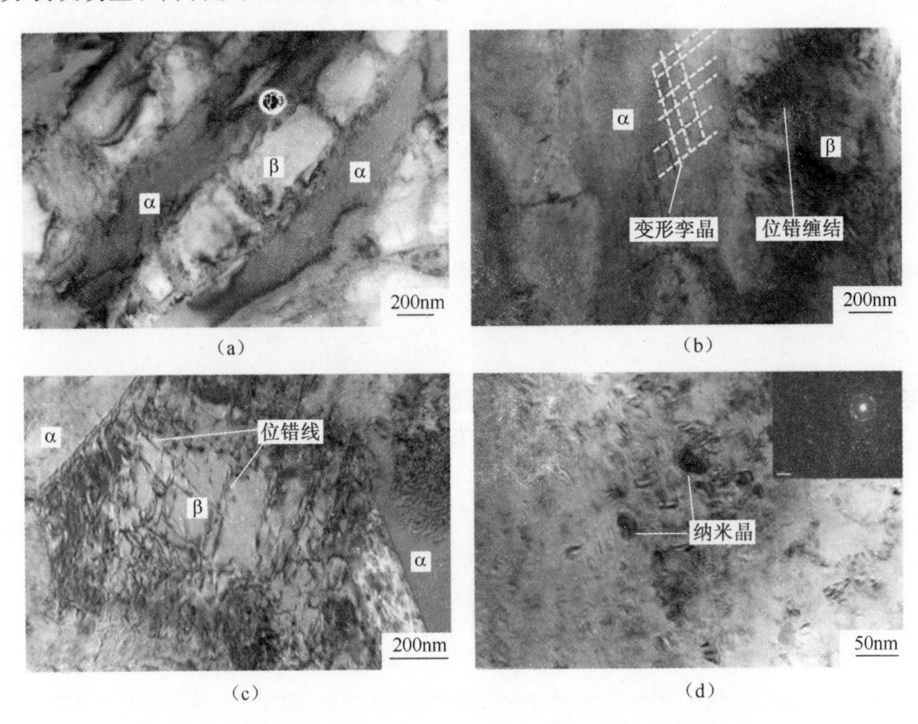

图 6-56 激光冲击强化前后 TC17 钛合金叶片表层 TEM 图

(a) 基体材料表层-15μm;(b) 、(c) 激光冲击强化表层-15μm;(d) 激光冲击强化表面。

4. 双面激光冲击强化对叶片抗振动疲劳寿命的影响及疲劳延寿机理

1) 高周振动疲劳寿命

激光冲击强化前后 TC17 钛合金压气机叶片的高周振动疲劳寿命,如图 6-57 所示。由图图 6-57 可知,激光冲击强化叶片的疲劳寿命明显高于基体叶片的疲劳寿命。3 个基体叶片的疲劳寿命为(1.7~3.9)$\times10^5$循环,其他两个基体叶片的疲劳寿命分别为 1.1$\times10^7$循环和 2.76$\times10^6$循环。然而,5 个激光冲击强化叶片的疲劳寿命超过 2$\times10^7$循环。其他两个激光冲击强化叶片的疲劳寿命分别为 1.2$\times10^7$循环和 1.26$\times10^7$循环。Nie 等[105]报道了相似的研究结果。激光冲击强化改善 TC17 钛合金叶片的高周疲劳寿命原因:①激光冲击强化诱导表层高幅和深的残余压应力抵消部分工作拉应力,增加微裂纹的闭合力,降低疲劳裂纹扩展因子[198],改善叶片的疲劳强度;②激光冲击强化诱导叶片表面纳米晶抑制疲劳滑移条带的产生,阻碍疲劳裂纹萌生。再者,激光冲击强化诱导的表层高位错密度和变形孪晶,增加叶片塑性变形流动困难,降低疲劳裂纹扩展。总之,激光冲击强化能够有效地改善 TC17 钛合金压气机叶片的高周振动疲劳寿命。

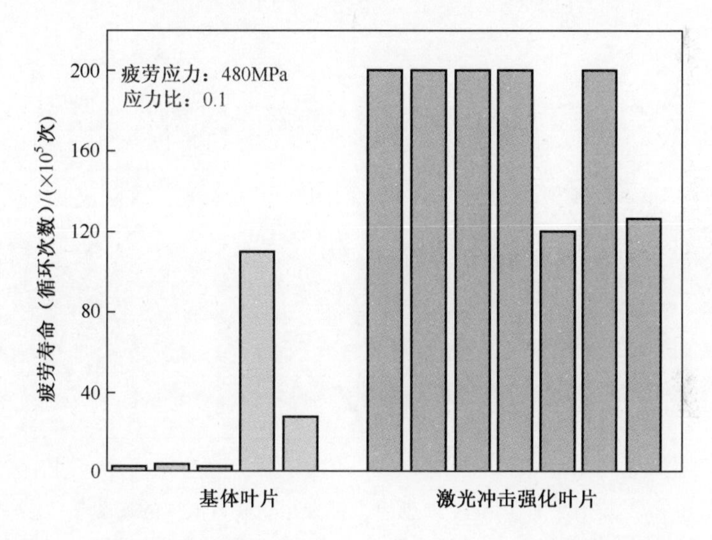

图 6-57 激光冲击强化前后 TC17 钛合金压气机叶片的高周振动疲劳寿命

2) 疲劳断口形貌

由于 TC17 钛合金压气机叶片的疲劳断口尺寸较大,难以采用 SEM 电镜进行叶片疲劳断口形貌分析,因此,根据技术标准(HB 5277—84),设计标准振动疲劳试样,标准振动疲劳试样的激光冲击强化工艺参数与压气机叶片的激光冲击强化工艺参数相同[103]。图 6-58 所示为激光冲击强化 TC17 钛合金标准振动疲劳试样的疲劳断口形貌。由图 6-58(a) 可知,疲劳裂纹萌生位置离激光冲击强化表面一定距离,并且观察到放射状断口形貌,原因为激光冲击强化诱导 TC17 钛合金表层残余压应力和纳米晶的强化效应。再者,疲劳裂纹扩展路径上观察到二次裂纹,如图 6-58(b)所示。疲劳断口出现大量二次裂纹归因于残余压应力、位错和纳米晶的阻碍效应。此外,二次裂纹与更低屈服强度和更高断裂韧性有关,因此,二次裂纹的出现表明疲劳裂纹扩展速率降低[163]。随着疲劳裂纹继续扩展,疲劳断口形貌相继出现平坦区和瞬断区,平坦区形成了疲劳辉纹条带,如图 6-58(c) 所示,这表明平坦区具有低疲劳裂纹扩展速率。瞬断区形成了大且深的韧窝,如图 6-58(d) 所示,这表明疲劳裂纹进一步有效扩展。总之,在高周振动疲劳过程中,激光冲击强化诱导 TC17 钛合金表层的残余压应力和细化晶粒对延缓疲劳裂纹萌生和降低疲劳裂纹扩展起到积极作用。

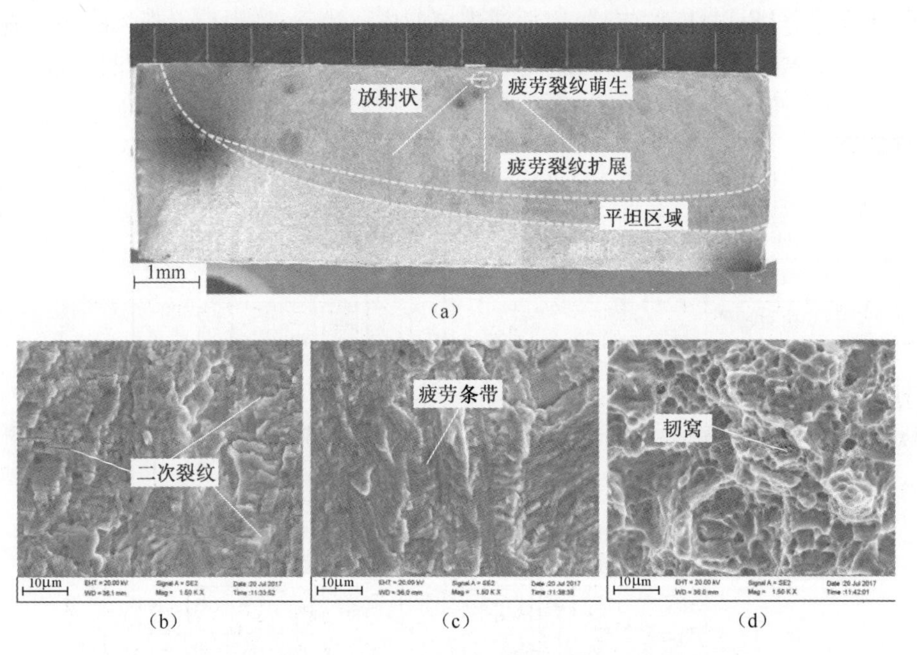

图 6-58　激光冲击强化 TC17 钛合金标准振动疲劳试样的疲劳断口形貌

(a) 宏观疲劳断口;(b) FCG 区域的放大图;(c) 平坦区域的放大图;(d) 瞬断区域的放大图。

6.5　整体叶盘的激光冲击强化

整体叶盘结构是提高发动机性能、简化结构、减重、提高可靠性的重要措施。经激光冲击强化的叶片其抗异物破坏能力和疲劳性能大幅度提升,甚至已强化叶片边缘缺口小于 3mm 时,其使用寿命仍与完好的未强化叶片相当。由于单体叶片性能的提升,减少了因单个叶片损坏而报废整个叶盘的概率。在役未强化的整体叶盘叶片出现微小裂纹后,可对其进行激光冲击强化再制造,疲劳强度仍满足设计要求。与单体叶片相比,整体叶盘的激光冲击强化需要考虑叶片之间的干涉和可达性问题,并需要开发快速涂层技术和在线质量监测技术[199]。自2003年起,美国空军已经将激光冲击强化技术应用于航空发动机的整体叶盘,到2009年,F-22战斗机上75%的整体叶盘都经过了激光冲击强化。

图6-59所示为激光冲击强化整体叶盘[200],由图可知,采用双光束双面强化技术激光冲击强化整体叶盘,两路激光与材料表面法线夹角不同。为了保证两路激光能量、功率密度的匹配,还需要对一路或者两路激光进行调节。激光冲击强化整体叶盘的叶片主要分为进排气边缘的强化、叶尖的强化、叶根的强化等几个部位,不同部位的强化会导致激光入射角度的变化和两路激光的平衡等。当激光入射角度变化时,由于作用在零件表面的光斑面积也随即变化,为保证能量密度的均匀,需要随时对激光脉冲能量或作用面积进行补偿。另外,整体叶盘对机械手的承载大大提高,从而增加了运动系统和光路系统的复杂程度。

因此整体叶盘需要解决的三大难题:一是大倾角激光入射;二是反射光防护;三是运动设计。

图6-59 激光冲击强化整体叶盘

2001—2002年,美国F-22系统项目办公室开始启动激光冲击强化F119发动机上的四级整体叶盘的攻关计划。空军制造技术董事会(Air Force Manufacturing Technology Directorate)为F119发动机整体叶盘生产线提供了特定的激光冲击强化技术,该技术包括自动涂层,保证工艺参数稳定的控制和监测以及保证激光束在叶片上正确定位的图像处理。该项目两个基本目标是,将F119发动机整体叶盘激光冲击强化的时间从目前的40h缩短到8h,将运行成本降至1/4。

美国在整体叶盘实施激光冲击强化的2003年前后形成了大量专利,包括防止变形的双面冲击强化技术、大倾角激光冲击强化技术、质量控制技术、自动涂层技术等,甚至在是否实施双面激光冲击强化方面都有不同的观点,有的认为双面激光强化可以减少变形,有的则认为双面激光强化容易导致层裂[201-203]。在进行大量试验研究后,认为图 6-59 的双面激光冲击强化技术无法在我国发动机整体叶盘上采用,而是对整体叶盘强化分边单次强化,强化后叶片型面变形可满足设计要求。

目前我国整体叶盘叶片强化的主要难题有以下几个方面[160]。

1. 工艺复杂(大倾角入射和水面反射系数增大)

在对整体叶盘的叶片边缘实施激光冲击强化时,由于叶片与叶片之间的空间干涉,进排气边缘有一面刚好为开放面,激光基本能够垂直入射,很容易实施激光冲击强化;另一面为隐蔽面,很难进行强化。对于将激光倾斜一定角度即达到的情况,可以采用大倾角激光入射的方法进行激光冲击强化,如叶尖部位激光稍加倾斜就能实施强化。但当激光入射角度变化时,由于作用在零件表面的光斑面积也随之变化,为了保证能量密度的均匀,需要随时对激光脉冲能量或作用面积进行补偿。

目前,美国整体叶盘激光冲击强化采用的是大倾角激光入射的方法,但倾斜角度一般不能大于 60°(激光与待强化区域法线方向的夹角)。因为随着倾斜角度的增加,作为约束层的水面对激光的反射系数增加,虽然采用偏振激光可以减少大倾角入射的激光在水面的反射,但随着投影面积的增加,型面对角度偏差的容忍度降低(如激光以法线方向入射时,允许角度偏差 18°)。我国发动机整体叶盘的复杂程度已超过图 6-61 所示的美国发动机整体叶盘,叶片隐蔽面直线可达激光的倾斜角度大于 60°,必须在叶片与叶片的间隙中进行激光的反射。在某级整体叶盘中,叶片与叶片的间隙只有 20mm 多。在如此狭小的空间进行激光反射,并且反射面与待强化的区域很近,很容易导致镜片反射膜层的损伤。目前,隐蔽面的激光冲击强化已成为强化整体叶盘时制约加工效率最主要的因素。

2. 钛合金材料激光冲击强化所需功率密度高

钛合金材料激光冲击强化功率密度需要在 $6GW/cm^2$ 以上[23],TC17 钛合金甚至需要达到 $8GW/cm^2$,接近水的击穿阈值。为了保证作为约束介质的水不被强脉冲激光击穿,钛合金激光冲击强化必须采用低电导率的去离子水,去离子水的电阻率需要在 8MΩ · mm 以上。

由于整体叶盘隐蔽面激光冲击强化采用的反射镜离加工区域很近,功率密度达到 $2GW/cm^2$ 以上,加上水的飞溅、高温高压等离子体所带金属粉尘的沉积,更加剧了该反射镜的损伤。

3. 表面型面要求高

整体叶盘对进、排气边缘加工质量的要求很高,特别是进气边缘直接影响发动机的气流效果,因此叶片边缘要求表面粗糙度要达到 0.4μm,型面精度 0.07mm,并且需要严格的圆弧头。要使图 6-14 所示的叶缘刀口位置 2mm 区域整个截面均获得残余压应力,就必须产生较大的塑性变形,在整体叶盘不到 1mm 厚度的边缘产生塑性变形获得残余压应力的同时又不产生较大变形十分困难,因此需要严格控制激光光斑能量分布和光斑之间的搭接。

整体叶盘在激光冲击强化前需要完成大量的试件、叶片、模拟整体叶盘结构的激光冲击强化试验,优化工艺参数,确认激光冲击强化能够明显改善叶片疲劳性能。同时,要确保叶片的固有频率、型面尺寸、叶尖部位轮廓度、表面粗糙度以满足设计要求,强化过程不会产生热损伤。在满足这些条件后,才能实施整体叶盘的激光冲击强化。目前,国内只有中国航空制造技术研究院和空军工程大学开展了相关研究工作,但是强化效率较低。随着相关设备和工艺的继续完善和成熟,激光冲击强化发动机整体叶盘批量生产能力有望取得突破。

6.5.1 大倾角激光冲击强化

激光冲击强化为激光加工中唯一要求激光穿过透明约束层后到达加工工件进行加工的表面强化技术,目前常用的约束层为水。由于光波通过不同折射率的界面要产生反射,反射系数与光的偏振状态、激光与界面法线的夹角有关系。在强化位置无遮挡条件下一般采用激光垂直入射方式,不考虑激光 3%左右反射损失,也不造成反射损伤。但是对于某些复杂结构由于空间干涉激光只能倾斜入射,激光冲击强化一般采用的圆偏振光在大倾角激光冲击强化时会产生较大的反射,不仅导致激光能量降低,而且反射光会导致附近加工表面或透镜的损伤。

为了提高激光冲击强化能量利用率,降低反射光对附近加工表面或透镜损伤,中国航空制造技术研究院提出一种激光冲击强化方法及装置(专利公布号:CN104357648A)[204],它采用转化模块(偏振分光镜 2 和旋光器 5)将激光器输出的圆偏振光 1 转化为与约束层入射面平行的线偏振光 3 垂直的线偏振光 4,线偏振光 4 经过旋光器 5 后也转化约表层入射面平行的线偏振光,根据线偏振激光在两界面反射特性,采用控制模块将工件 6 与线偏振光入射方向夹角设置为 30°~45°(光入射方向与工件法线夹角为布儒斯特角 53.1°),如图 6-60 所示。实现零反射或反射系数很小的激光冲击强化,有效解决激光冲击强化过程中不能采用大倾角激光冲击强化的问题。

6.5.2 激光倾斜入射能量补偿方法

激光冲击强化等加工过程中,当激光倾斜入射到材料表面时,激光光斑在作

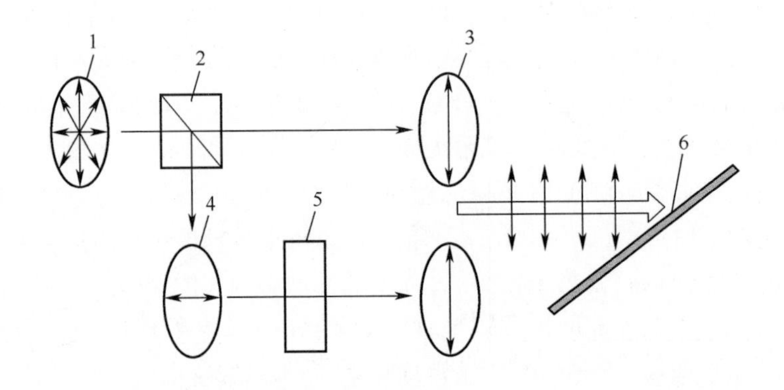

图 6-60　圆偏振光转换为线偏振光示意图

1—圆偏振光;2—偏振分光镜;3、4—线偏振光;5—旋光器;6—工件。

用面上的投影被拉长。假设作用面为平面,如图 6-61 所示,激光倾斜入射方向 1 与激光作用面 2 的法线 3 夹角为 θ,则激光光斑面积与垂直照射相比会增大 $1/\cos\theta$。当激光冲击强化复杂曲面结构时,激光入射角度可能随时发生变化,要保持激光作用区域的功率密度稳定或光斑形状稳定,需要采用能量补偿方案。目前,激光倾斜入射的激光冲击强化要保持功率密度稳定采用的方法一般是增加激光脉冲能量或者缩小激光光斑大小等方法。但是,采用双面强化时,不仅需要双面的功率密度匹配,还需要形状的匹配以及有一种适用的功率密度补偿方法。

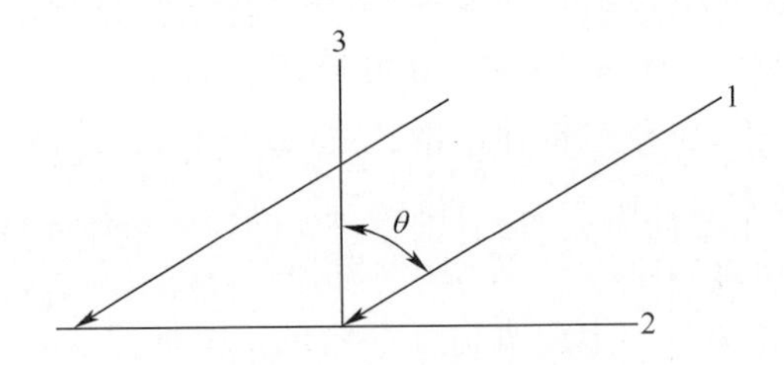

图 6-61　激光倾斜入射光斑面积变化示意图

中国航空制造技术研究院提出一种利用柱面镜进行激光倾斜入射的能量补偿方法(专利公布号:CN102489875A)[205],它利用单个柱面镜 4 或双柱面镜组合 5 的方式,对激光 1 作用延伸方向进行压缩,使倾斜入射零件表面 2 上作用区域等同于垂直入射(法线方向 3)作用区域,实现能量补偿,如图 6-62 所示。该技术的优点为不改变激光光斑形状,比常规补偿方法更灵活,使激光冲击强化工艺得到技术上的提升和进步,扩大了适用性。

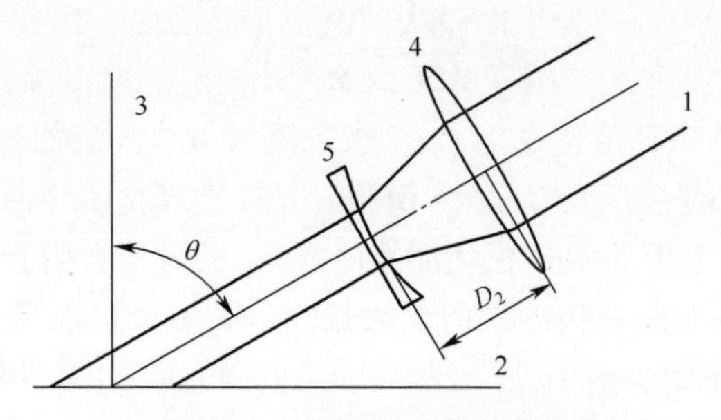

图 6-62　功率密度补偿方法原理

6.6　大面积激光冲击强化壁板的塑性成形

激光喷丸成形是从激光冲击强化工艺衍生出来的一种金属材料塑性加工方法[195, 206-207]，它是一种集激光冲击强化和塑性成形于一体的特种加工技术，具有无需成形模具和柔性加工，对零件大小、外形适应性强，零件强化延寿等优点。与喷丸成形技术相比，激光喷丸成形技术可以在不明显降低表面粗糙度情况下使零件成形极限大幅提高。为了飞机整体壁板外形设计提供更大空间与新的选择，为进一步提升飞机气动性及燃油经济性提供可能，已被美国 MIC 公司成功应用于波音 747-8 飞机机翼壁板的成形中。

变截面机翼壁板横跨薄壁板（厚度小于 4.5mm）、中厚壁板（厚度为 4.5~25mm）和厚壁板（厚度为 25~100mm），并且机翼壁板曲面复杂，壁板成形曲率半径与激光能量和冲击次数密切相关。为了实现激光喷丸成形机翼壁板的工程应用，亟需开展激光喷丸成形薄壁板的弯曲变形方式研究、激光喷丸成形中厚壁板的凸弯曲变形工艺参数上限值研究、激光喷丸成形中厚壁板的凸弯曲变形规律及力学性能研究。

在第 3~5 章研究基础上，采用第 2 章的试验方法和试验装置，本章进一步扩展大面积激光冲击强化在壁板上的应用研究，实现带筋壁板的塑性成形。首先开展不同工艺参数对纵向激光喷丸成形 Al2024-T351 薄壁板弯曲变形的影响及弯曲变形方式研究；其次，测试和表征了纵向激光喷丸成形 Al2024-T351 中厚壁板的表面形貌、曲率半径、弧高值和塑性应变，获得了纵向激光喷丸成形 Al2024-T351 中厚壁板的激光能量和冲击次数的上限值及判断依据；最后，研究纵向激光喷丸成形 Al2024-T351 中厚壁板成形曲率半径的影响因素及影响规律，获得了成形曲率半径的主要影响因素、不同预应力纵向激光喷丸成形 Al2024-T351 中厚壁板的弯曲变形机理及对力学性能的影响规律。研究结果为激光喷丸成形机翼壁板精密成形奠定工艺基础。

6.6.1 薄壁板的弯曲变形方式

1. 弯曲变形方式研究需求

机翼壁板最小厚度约为 2mm,大面积激光冲击强化诱导薄壁板产生不同类型弯曲变形。为了满足机翼壁板气动性能要求,亟需开展激光喷丸成形薄壁板不同弯曲变形方式的研究和弯曲变形方式工艺参数过渡值的研究。本小节研究不同工艺参数(不同约束条件、不同板厚和不同激光能量)对纵向激光喷丸成形 Al2024-T351 薄壁板弯曲变形的影响、不同弯曲变形工艺参数过渡值及表面形貌,为薄壁板塑性成形奠定工艺基础。

1) 激光喷丸成形原理及成形轨迹

局部激光冲击强化利用激光冲击波的力学效应,改善金属材料的力学性能。激光喷丸成形利用大面积激光冲击强化的力学效应,使金属材料产生宏观弯曲变形和力学性能改善,达到金属材料精密成形和高疲劳寿命的目的。激光喷丸成形原理为强激光冲击波诱导金属材料深度方向应力梯度、累积弯矩和冲击弯矩,使金属材料产生弯曲变形,如图 6-63 所示,凸弯曲变形和凹弯曲变形两种方式依赖于金属材料深度方向残余压应力层/板厚的比率[81,119,208]。

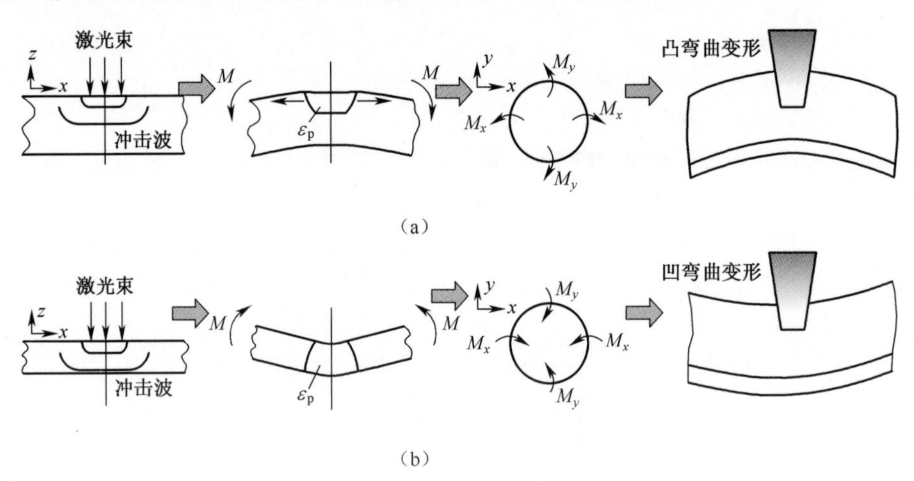

图 6-63 激光喷丸成形原理
(a) 凸弯曲变形;(b) 凹弯曲变形。

图 6-64 所示为激光喷丸成形壁板示意图。由图 6-64(a) 可知,壁板长度方向为轧制方向时,壁板长度方向为展向(纵向),壁板宽度方向为弦向(横向),成形轨迹垂直于轧制方向,即为纵向激光喷丸成形。由图 6-64(b) 可知,壁板长度方向垂直于轧制方向时,壁板长度方向为弦向(横向),壁板宽度方向为展

向(纵向),成形轨迹平行于轧制方向,即为横向激光喷丸成形。

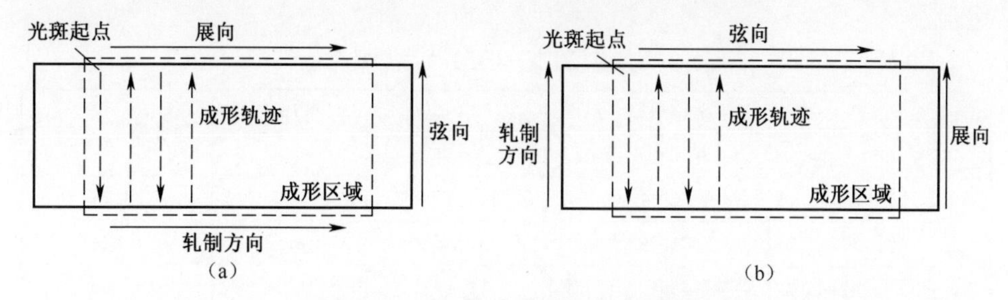

图 6-64 激光喷丸成形壁板示意图

(a) 纵向激光喷丸成形(展向成形曲率半径);(b) 横向激光喷丸成形(弦向成形曲率半径)。

2) 试验材料和激光喷丸成形试验

选用的试验材料为 Al2024-T351 薄壁板,尺寸为 76mm×19mm(长×宽),厚度分别为 3mm、2mm 和 1mm,薄壁板长度方向与轧制方向一致。Al2024-T351 的基体微观组织如图 6-65 所示。从大板件上分别线切割加工 3 根横向(垂直轧制方向)圆柱拉伸试样和 3 根纵向(轧制方向)圆柱拉伸试样,通过拉伸疲劳试验获得 Al2024-T351 的力学性能见表 6-8,试样直径为 ϕ12.5mm,测试长度为 62.5mm。

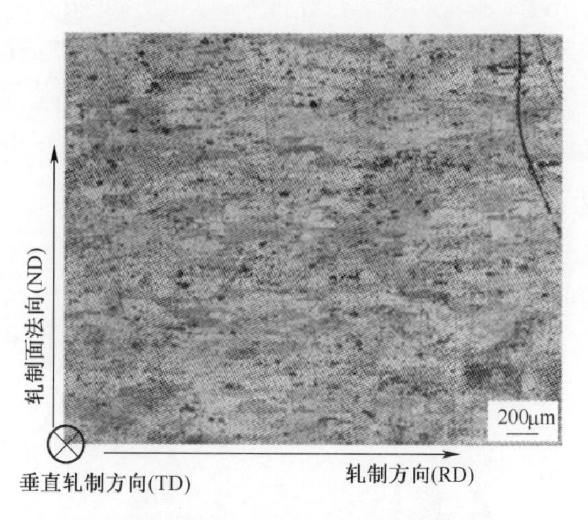

图 6-65 Al2024-T351 的基体微观组织

采用中国航空制造技术研究院的激光冲击强化系统(光斑尺寸 4mm×4mm),对 Al2024-T351 薄壁板进行纵向激光喷丸成形,如图 6-64(a) 和图 6-66 所示。成形区域关于薄壁件长度方向中心线对称,成形区域为 40mm×19mm,成形路径为从上至下从左至右。激光工艺参数:x 方向和 y 方向的光斑移动速度都为 3.4mm/s,激光能量为 15~30J,脉冲频率为 1Hz。采用光束整形装置将圆形光斑转换为方形光斑,约束层为1~2mm厚去离子水帘,吸收层为约0.12mm厚铝箔。

表6-8 Al2024-T351的力学性能

拉伸载荷方向	抗拉强度 R_m/MPa	屈服强度 $R_{p0.2}$/MPa	延伸率 A/%	弹性模量 E/GPa
纵向 L	456.11	370.57	21.7	73.29
横向 T	475.79	332.36	18.59	66.23
横向和纵向差异率/%	4.31	11.5	16.73	10.66

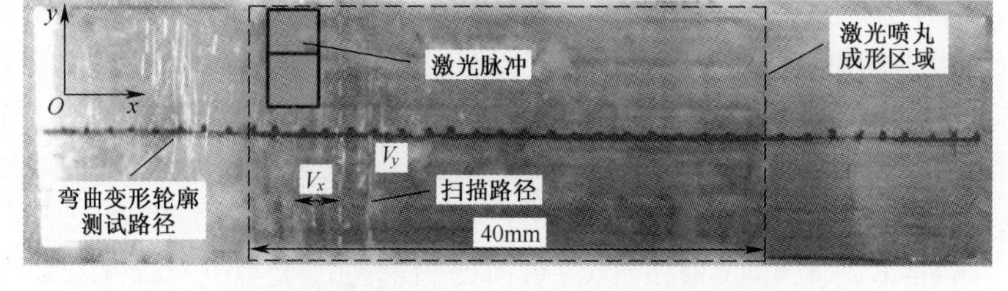

图6-66 纵向激光喷丸成形Al2024-T351薄壁板的示意图

3）测试分析

采用Almen试片弧高仪对薄壁板进行弧高测量,Almen试片弧高仪如图6-67所示,弧高仪型号为TSL-3A,测量区域为31.75mm×15.87mm(长×宽)。基于光学平台,沿薄壁板中心线对薄壁板展向弯曲变形进行测量,(图6-66)测量仪器为百分表和支撑架。光学平台由电子水平仪调整,如图6-68所示,其调整参数为轴杆300mm,1div=0.02mm/m。

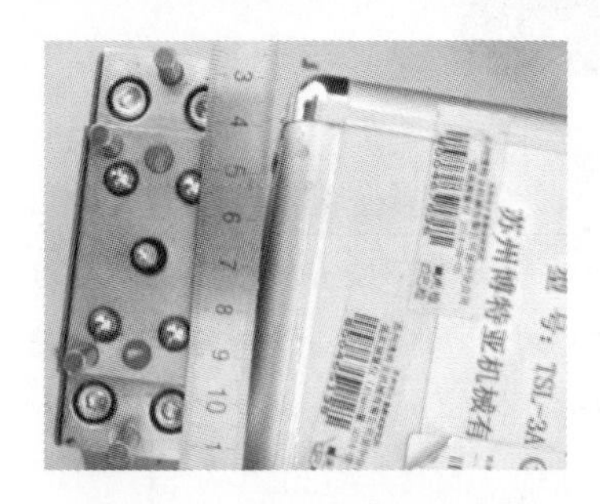

图6-67 Almen试片弧高仪

图6-68 电子水平仪

2. 不同工艺参数对弯曲变形的影响

1）不同约束条件

图6-69所示为不同约束条件下纵向激光喷丸成形薄壁板(1mm厚)的展向弧高值。由图6-69(a)可知,与背面存在垫块的薄壁板相比,纵向激光喷丸

成形背面无垫块薄壁板的展向弧高值更大，原因为背面无垫块薄壁板的塑性变形无约束限制。纵向激光喷丸成形薄壁板的展向弧高值分别为 0.075mm/15J 激光能量和垫块、-0.816mm/20J 激光能量和无垫块、-0.064mm/25J 激光能量和垫块。由图 6-69(b) 可知，纵向激光喷丸成形 1mm 厚薄壁板两类弯曲变形方式即凸弯曲变形（展向弧高值为正值）和凹弯曲变形（展向弧高值为负值）。纵向激光喷丸成形背面存在垫块薄壁板（1mm 厚）两类弯曲变形的激光能量过渡值为 25J，纵向激光喷丸成形诱导背面无垫块薄壁板（1mm 厚）两类弯曲变形的激光能量过渡值小于 20J。

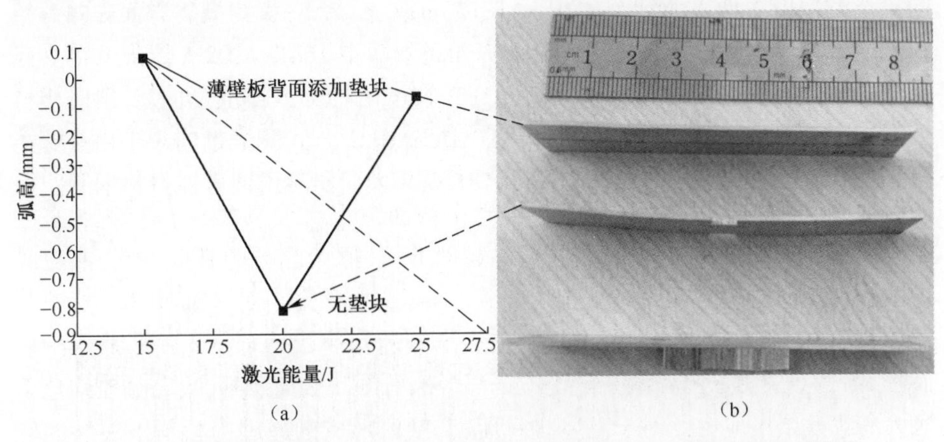

图 6-69　不同约束条件下纵向激光喷丸成形薄壁板（1mm 厚）的展向弧高值

（a）激光能量-展向弧高值关系曲线；（b）薄壁板弯曲变形实物。

2）不同板厚

图 6-70 所示为纵向激光喷丸成形背面无垫块薄壁板的展向弧高值。由图 6-70(a) 可知，当激光能量为 20J 时，纵向激光喷丸成形薄壁板的展向弧高值分别为-0.816mm/1mm 厚、0.138mm/2mm 厚和 0.206mm/3mm 厚，表明激光喷丸成形薄壁板平板变形的板厚过渡值约为 1~2mm，原因为随着薄壁板厚度的降低，激光喷丸成形薄壁板塑性变形层深度与薄壁板厚度的比率增加。由图 6-70(b) 可知，纵向激光喷丸成形 2mm 厚薄壁板的展向弧高值小于 3mm 厚薄壁板的展向弧高值，原因为随着板厚的增加，激光喷丸成形薄壁板塑性变形层深度与板厚比率降低。当激光能量为 25J 时，纵向激光喷丸成形薄壁板的展向弧高值分别为 0.13mm/2mm 厚和 0.221mm/3mm 厚。当激光能量为 30J 时，纵向激光喷丸成形薄壁板的展向弧高值分别为 0.136mm/2mm 厚和 0.239mm/3mm 厚。基于上述试验数据，当激光能量为 20J、25J 和 30J 时，纵向激光喷丸成形薄壁板平板塑性变形的板厚过渡值为 1~2mm。

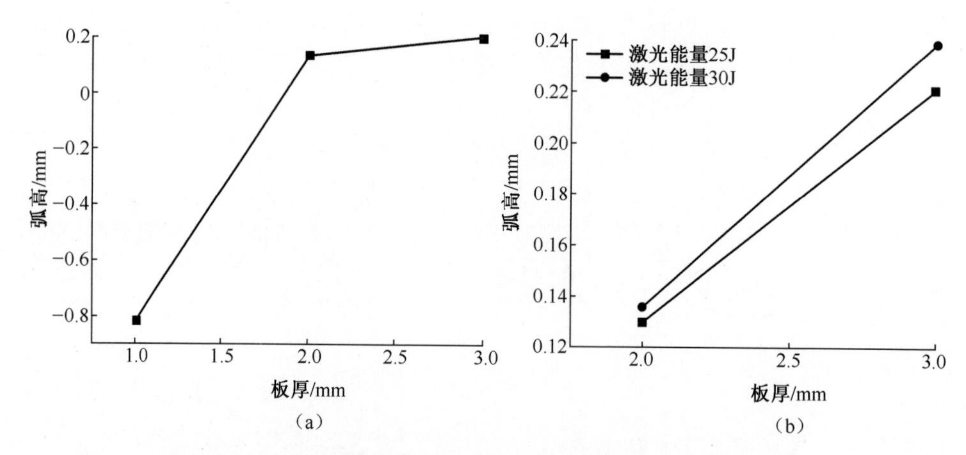

图 6-70　纵向激光喷丸成形背面无垫块薄壁板的展向弧高值
(a) 激光能量 20J;(b) 激光能量 25J 和 30J。

试片尺寸和激光冲击路径如图 6-71 所示,仅对试片一面进行冲击。激光光斑沿试片宽度方向行进,完成一排冲击后偏移行进路径进行下一排冲击,每排内的光斑间距和每排之间的间距均为 d,逐点逐排形成位于试片中部的 19mm×50mm 强化表面。激光功率密度 I 选择 7GW/cm^2 和 4GW/cm^2,覆盖率 C 选择 66%、128%、240%和 357%。图 6-72 所示为激光冲击后发生弯曲变形的 2024 铝合金试片(激光功率密度为 7GW/cm^2、覆盖率为 240%)。

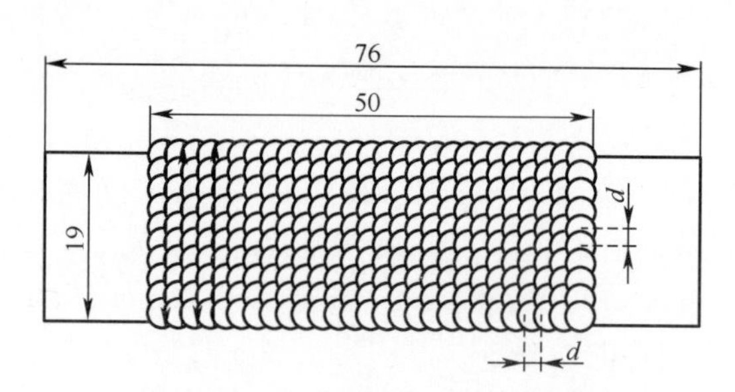

图 6-71　试片尺寸和激光冲击路径(单位:mm)

图 6-73(a)所示为不同激光冲击条件下弧高值随试片厚度 T 的变化曲线[209],试片向激光束一侧凸起称为凸面弯曲(正弧高值);反之为凹面弯曲(负弧高值)。随着试片厚度增加,弧高值先增大(或由负值变为正值)后逐渐减小,在试片厚度 4~5mm 附近出现最大弧高值。仅在激光功率密度为 7GW/cm^2 条件下 2mm 厚度试片产生凹面弯曲(其他试片均为凸面弯曲),且覆盖率越大凹面弯曲程度也越大;试片厚度为 3mm 时,激光功率密度与弧高值负相关,而覆盖率与弧高值正相关;试片厚度不小于 4mm 时,激光功率密度和覆盖率均与弧

图 6-72　激光冲击后的 2024 铝合金试片

高值正相关,但随着试片厚度的增大,其对弧高值的影响减小。试片厚度($T\geqslant 5$mm)与相应的曲率半径 R 的关系见图 6-73(b),其拟合曲线方程为一元二次方程,即确定冲击条件时,曲率半径与试片厚度的平方成正比例关系,随着试片厚度的增大,覆盖率对曲率半径的影响也增大。

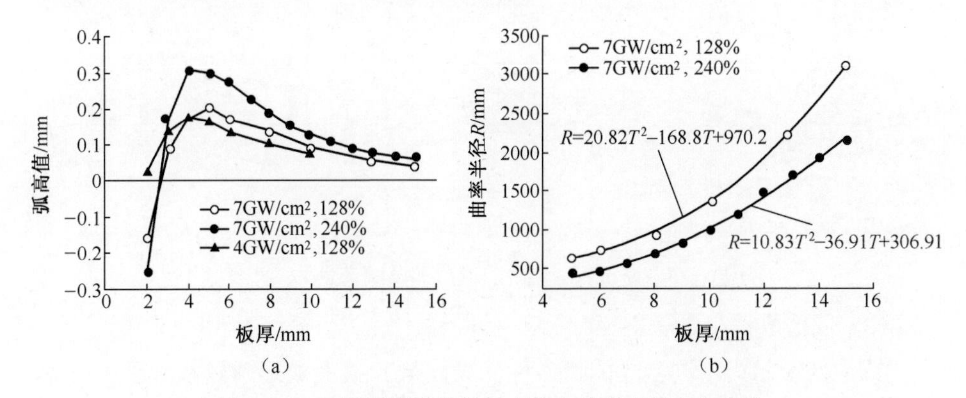

图 6-73　不同厚度试片的弧高值和曲率半径变化曲线

激光诱导冲击波形成塑性凹坑的过程中,该塑性凹坑附近材料向周围膨胀延展,发生拉伸塑性应变[210],从而产生驱动试片弯曲的弯矩[211]。x 方向的弯曲程度主要取决于 x 方向的拉伸塑性应变,其弯矩 M_x 和塑性应变 ε_x 的对应关系为

$$M_x = E\int \varepsilon_x \left(\frac{z-h}{2}\right) \mathrm{d}x\mathrm{d}z \tag{6-20}$$

式中　z——塑性应变 ε_x 与试片受冲击表面的距离;

h——试片厚度;

z——试片的中性面,$z=h/2$。

激光诱导产生的冲击波沿深度方向在铝合金试片内部传播并不断衰减，因此位置越深的塑性应变 ε_x 越小，对弯矩的贡献也越小。从式(6-20)可以看出，中性面之上的塑性应变 ε_x 产生驱动凸面弯曲的弯矩，其累积形成的弯矩 M_1(M_1 <0)；中性面之下的塑性应变 ε_x 产生驱动凹面弯曲的弯矩，其累积形成的弯矩 M_2(M_2>0)。图 6-74(a) 所示试片厚度足够薄，激光冲击引入的塑性应变贯穿试片，由于下表面竖直方向缺乏约束，塑性变形区整体向下偏离[212]，导致 $|M_1|<|M_2|$，发生凹面弯曲变形。图 6-74(b) 所示试片厚度适中，激光冲击引入的塑性应变层超过中性面，但中性面之上的塑性应变及其分布范围更大，因此 $|M_1|>|M_2|$，仍发生凸面弯曲变形，但随着激光功率密度和覆盖率发生变化，试片弯曲程度可能增大也可能减小，$|M_1+M_2|$ 的大小决定了弯曲程度；图 6-74(c) 所示试片厚度足够大，激光冲击引入的塑性应变层未超过中性面，此时激光功率密度和覆盖率越大，塑性影响层越深，$|M_1|$ 越大，凸面弯曲程度越大。因此，在确定的冲击条件下，试板厚度的塑性影响层深度恰好为试板厚度的 1/2，该深度可使试板产生最大弯曲变形。

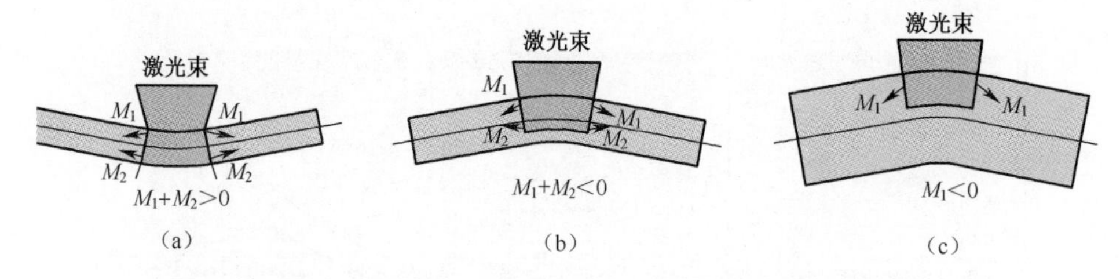

图 6-74　冲击表层塑性应变分布及其产生的弯矩

3）不同激光能量

图 6-75 所示为不同激光能量条件下纵向激光喷丸成形薄壁板的展向弧高值。由图 6-75(a) 可知，随着激光能量的增加，纵向激光喷丸成形 3mm 厚薄壁板的展向弧高值也逐渐增加，原因为高能激光束诱导薄壁板更深和幅值更大的残余压应力层。纵向激光喷丸成形 3mm 厚薄壁板的展向弧高值(L_c=40mm) 分别为 0.25mm/20J、0.29mm/25J 和 0.31mm/30J。曲率半径 R 的计算式[213]为

$$R = \frac{L_{\mathrm{c}}^2}{8h_{\mathrm{a}}} \tag{6-21}$$

式中　R——曲率半径；

L_{c}——跨距；

h_{a}——弧高值。

纵向激光喷丸成形3mm厚薄壁板的冲击区域的展向曲率半径分别约为800mm/20J、690mm/25J和645mm/30J。由图6-75(b)可知,随着激光能量的增加,纵向激光喷丸成形2mm厚薄壁板的展向弧高值(L_c=31.75mm)产生较小变化,原因为激光能量已达到饱和值,即残余压应力层深度已等于板厚。纵向激光喷丸成形2mm厚薄壁板的展向弧高值分别为0.138mm/20J、0.13mm/25J和0.136mm/30J。

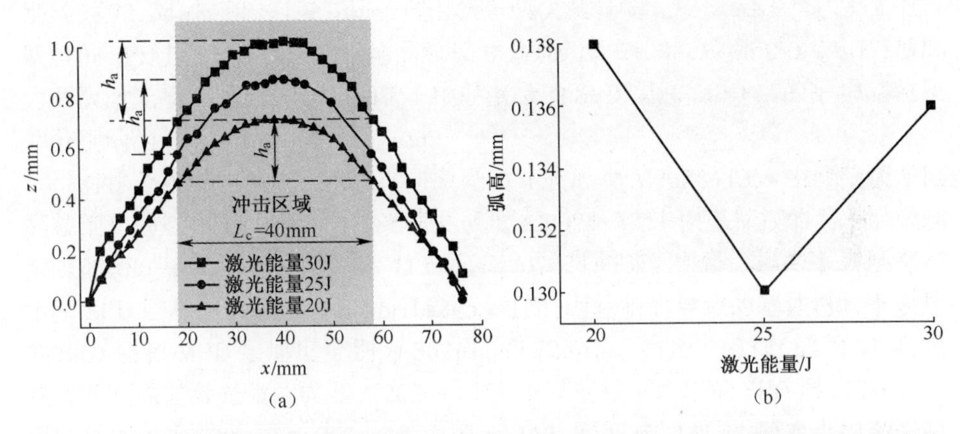

图6-75 不同激光能量条件下纵向激光喷丸成形薄壁板的展向弯曲变形轮廓和展向弧高值
(a) 3mm厚薄壁板的展向弯曲变形轮廓;(b) 2mm厚薄壁板的展向弧高值。

3. 不同弯曲变形方式及表面形貌

1) 弯曲变形方式

图6-76所示为纵向激光喷丸成形薄壁板的展向弯曲变形方式。由图6-76可知,纵向激光喷丸成形薄壁板的展向弯曲变形方式为凸弯曲变形、平板弯曲变形、凹弯曲变形和深拉变形。相关文献已报道相似结果[81,119,195,206-208]。当激光能量较小或壁板较厚时,激光冲击波在壁板内部快速衰减,激光冲击波未能穿透整个壁板。因此,壁板厚度方向形成应力梯度分布,应力梯度诱导壁板负弯矩$M<0$,使得壁板产生凸弯曲变形。随着激光能量的增加或壁板厚度的减少,激光冲击波在壁板内部传播越深,壁板厚度方向的应力梯度越显著,凸弯曲变形量越大。当激光能量较大或壁板较薄时,激光冲击波穿透整个壁板厚度且冲击波没有明显衰减,壁板厚度方向形成一个向下运动的惯性矩,惯性矩产生一个正弯矩$M>0$,使得壁板产生凹弯曲变形。随着激光能量增加或壁板厚度降低,向下运动的惯性矩就增大,凹弯曲变形量增大。激光喷丸成形壁板诱导的应力梯度机制和冲击弯曲机制会产生耦合作用,当凸弯曲变形量达到一个最大值时,增加激光能量或减少壁板厚度,冲击弯曲机制的作用开始加强并削弱应力梯度机制的作

用,导致凸弯曲变形量开始降低。当冲击弯曲机制的作用进一步加强时,壁板会产生由凸弯曲变形转变为凹弯曲变形。当应力梯度机制和冲击弯曲机制的作用相当时,壁板会产生平板弯曲变形。当壁板太薄时,出现激光喷丸成形诱导壁板深拉现象。

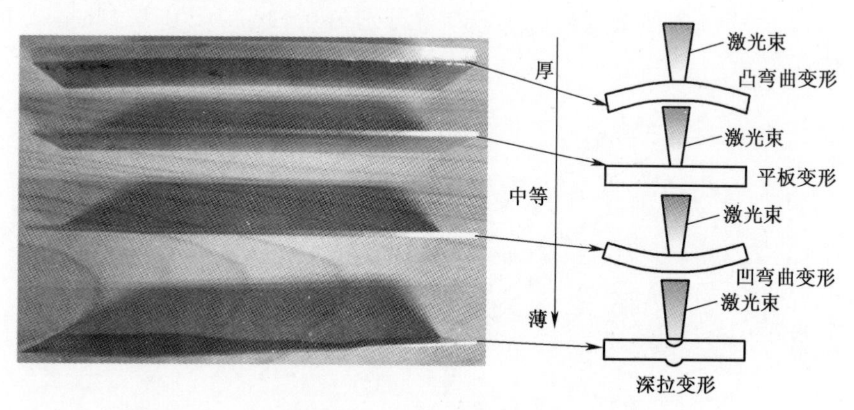

图 6-76　纵向激光喷丸成形薄壁板的展向弯曲变形方式

2）表面形貌

图 6-77 所示为纵向激光喷丸成形 Al2024-T351 薄壁板的表面形貌。由图 6-77(a)~(c) 可知,当薄壁板背面无垫块时,纵向激光喷丸成形薄壁板背面铝箔产生了凸起现象,并且凸起高度随着薄壁板厚度的降低而增大。当薄壁板背面存在垫块时,纵向激光喷丸成形薄壁板背面铝箔无凸起现象,原因为薄壁板和铝箔界面的反射波较小(冲击波已传入垫块),或者,薄壁板背面铝箔凸起受到垫块的限制[58]。由图 6-77(d) 可知,纵向激光喷丸成形薄壁板表面铝箔无凸起现象,表明薄壁板内部反射波幅值较小,原因为激光喷丸成形薄壁板时,薄壁板背面添加了铝箔吸波层,用于吸收激光冲击波和避免反射波传入薄壁板内部。综上所述,激光喷丸成形薄壁板时,薄壁板背面需要添加铝箔吸波层,从而有效避免薄壁板内部反射波幅值和提高薄壁板强化效果。

图 6-78 所示为覆盖率分别为 66%、128%、240%、357%的冲击区三维表面形貌,不同覆盖率的冲击区表面差异较大[209]。覆盖率公式为

$$C = S\frac{N}{A} \tag{6-22}$$

式中　A——受冲击总面积;

S——单光斑面积;

N——光斑总数量,处于冲击区域外的光斑部分不计入覆盖率。

覆盖率为 66%的冲击表面离散分布着圆形塑性凹坑,由于激光束能量分布

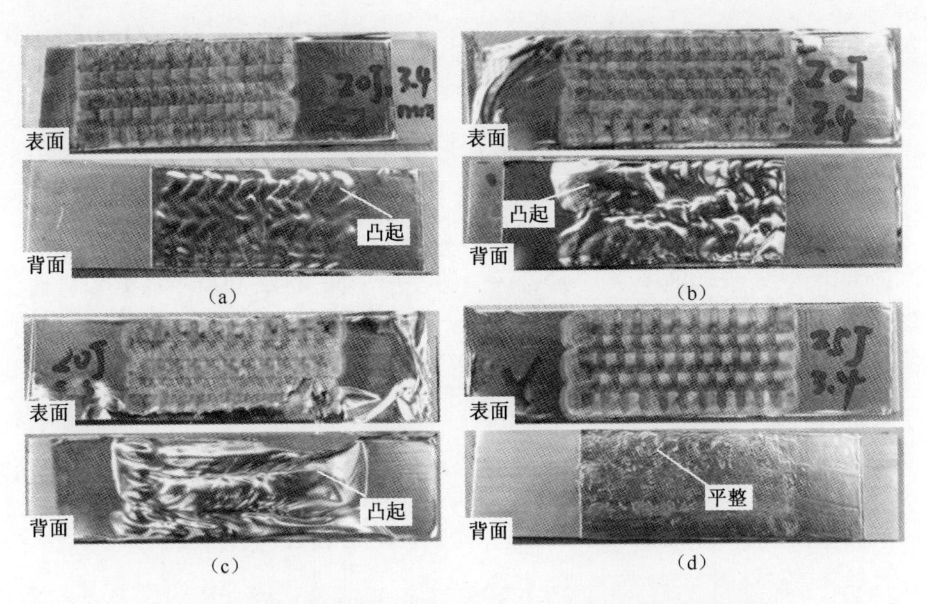

图 6-77　纵向激光喷丸成形 Al2024-T351 薄壁板的表面形貌

(a) 3mm 厚薄壁板、20J 激光能量和薄壁板背面无垫块;(b) 2mm 厚薄壁板、20J 激光能量和薄壁板背面无垫块;(c) 1mm 厚薄壁板、20J 激光能量和薄壁板背面无垫块;(d) 1mm 厚薄壁板、25J 激光能量和薄壁板背面加垫块。

不均匀,塑性凹坑呈锅底形由底部向边缘平滑过渡,凹坑最大深度为 20~25μm;增加覆盖率,塑性凹坑开始相互搭接,单一完整的塑性凹坑消失;覆盖率为 240%的冲击表面出现圆形凸起,这一凸起由其周围多个锅底形塑性凹坑搭接过程中相互挤压造成的。当覆盖率达到 357%时,各区域受到多次冲击而形成相对平整的强化表面。

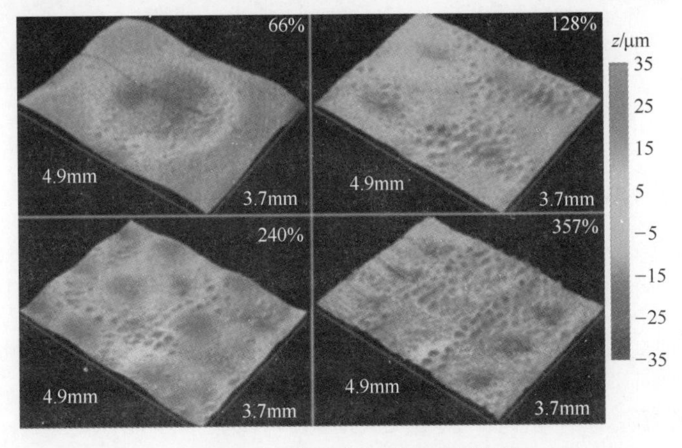

图 6-78　激光冲击表面三维形貌

6.6.2 中厚壁板的凸弯曲变形工艺参数上限值

1. 工艺参数上限值研究需求

激光能量和冲击次数为激光喷丸成形中厚壁板成形曲率半径的主要影响因素,通过建立激光能量-中厚壁板表面形貌-弯曲变形量间关系,获得中厚壁板弯曲变形的激光能量上限值,为进一步改善成形曲率半径奠定基础。通过建立激光冲击次数-成形曲率半径-弧高值-塑性应变间关系,获得中厚壁板弯曲变形的饱和值,作为后续激光喷丸成形中厚壁板优化工艺参数的依据。通过激光能量和激光冲击次数上限值研究,为获得激光喷丸成形壁板的成形极限奠定基础。本小节开展不同激光能量(15~30J)纵向激光喷丸成形 Al2024-T351 铝合金中厚壁板的表面形貌和弯曲变形研究,不同冲击次数(1 次、2 次、4 次、8 次、16 次和 32 次)纵向激光喷丸成形 Al2024-T351 中厚壁板的成形曲率半径、弧高值和塑性应变研究,研究结果为激光喷丸成形壁板奠定工艺基础。

1)试验试样和激光喷丸成形试验

选用的试验材料为 Al2024-T351 中厚壁板(图 6-79),其基体微观组织见图 6-65,力学性能见表 6-8,中厚壁板尺寸为 160mm×40mm(长×宽),厚度 t 分别为 5mm、8mm、11mm 和 12mm,中厚壁板长度方向与轧制方向一致。

图 6-79　Al2024-T351 中厚壁板实物

采用中国航空制造技术研究院的激光冲击强化系统(光斑尺寸 4mm×4mm),对 Al2024-T351 中厚壁板进行纵向激光喷丸成形,如图 6-64(a)和图 6-80所示,冲击区域 L_1 关于中厚壁板长度方向中心线对称,成形轨迹从上到下、从左到右,激光工艺参数:方形光斑尺寸为 4mm×4mm,频率 2Hz,x 方向和 y 方向的光斑移动速度为 3.4mm/s。约束层为 1~2mm 厚去离子水帘,吸收层约 0.12mm 厚铝箔。两类纵向激光喷丸成形试验:①开展不同激光能量(15J、20J、25J、30J)纵向激光喷丸成形 Al2024-T351 中厚壁板的表面形貌和展向弯曲变形研究，板厚为 5mm、8mm 和 11mm；②开展不同冲击次数（1 次、2 次、4 次、8 次、16 次和 32 次）纵向激光喷丸成形 Al2024-T351 中厚壁板的弧高值、曲率半径和塑性应变研究，中厚壁板厚度统一为 12mm，冲击区域统一为 $L_1 = 90$mm，激光能量为 25J。

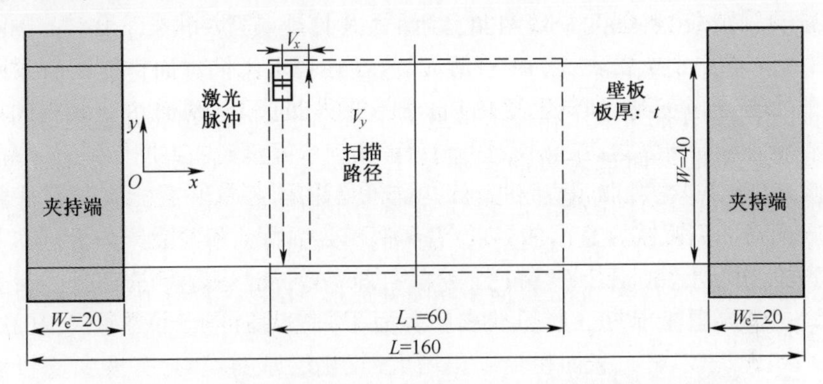

图 6-80　纵向激光喷丸成形 Al2024-T351 中厚壁板的示意图

2）测试分析

采用三维白光干涉表面形貌仪 ZYGO Nex View，对不同激光能量纵向激光喷丸成形 Al2024-T351 中厚壁板的表面三维形貌和表面轮廓进行分析。基于光学平台，沿中心线对中厚壁板进行展向弯曲变形测量，测量仪器为百分表和支撑架。光学平台由电子水平仪调整，如图 6-67 所示，其调整参数为轴杆 300mm，1div = 0.02mm/m。采用超景深显微镜 VHX-5000，测试分析不同冲击次数下纵向激光喷丸成形 Al2024-T351 中厚壁板的塑性变形层深度和塑性应变。采用弧高仪，如图 6-81 所示，对 Al2024-T351 中厚壁板进行弧高值测量（测量长度为 $L_c = 60$mm）。

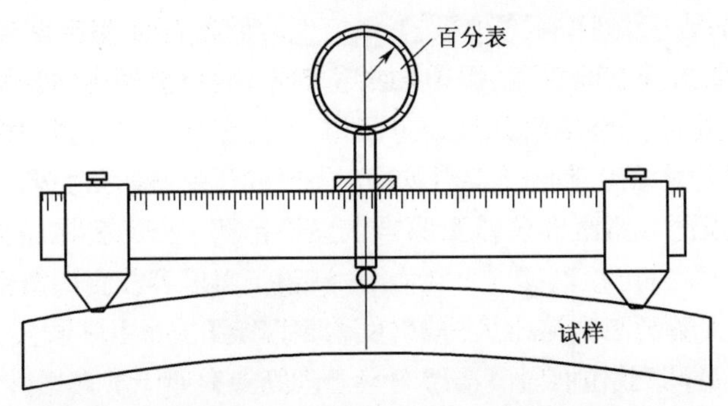

图 6-81　测量 Al2024-T351 中厚壁板弧高值的弧高仪

2. 基于表面形貌特征和弯曲变形量的激光能量上限值

本小节研究不同激光能量下纵向激光喷丸成形 Al2024-T351 中厚壁板的展

向弯曲变形，如图 6-82 所示。由图 6-82(a) 可知，对于 5mm 厚 Al2024-T351 中厚壁板，在相同冲击区域 $L_1=60$mm 情况下，30J 激光能量纵向激光喷丸成形 Al2024-T351 中厚壁板的展向最大弯曲变形量为 2.03mm，小于 15J 激光能量纵向激光喷丸成形 Al2024-T351 中厚壁板的展向最大弯曲变形量 2.23mm。由图 6-82(b) 可知，对于 8mm 厚 Al2024-T351 中厚壁板，激光能量 30J 和冲击区域 $L_1=90$mm 纵向激光喷丸成形 Al2024-T351 中厚壁板的展向最大弯曲变形量 1.64mm 小于激光能量 25J 和冲击区域 $L_1=60$mm 纵向激光喷丸成形 Al2024-T351 中厚壁板的展向最大弯曲变形量 1.89mm。由图 6-82(c) 可知，对于 11mm 厚 Al2024-T351 中厚壁板，激光能量 30J 和冲击区域 $L_1=120$mm 纵向激光喷丸成形 Al2024-T351 中厚壁板的展向最大弯曲变形量 0.85mm 小于激光能量 25J 和冲击区域 $L_1=90$mm 纵向激光喷丸成形 Al2024-T351 中厚壁板的展向最大弯曲变形量 1.03mm。

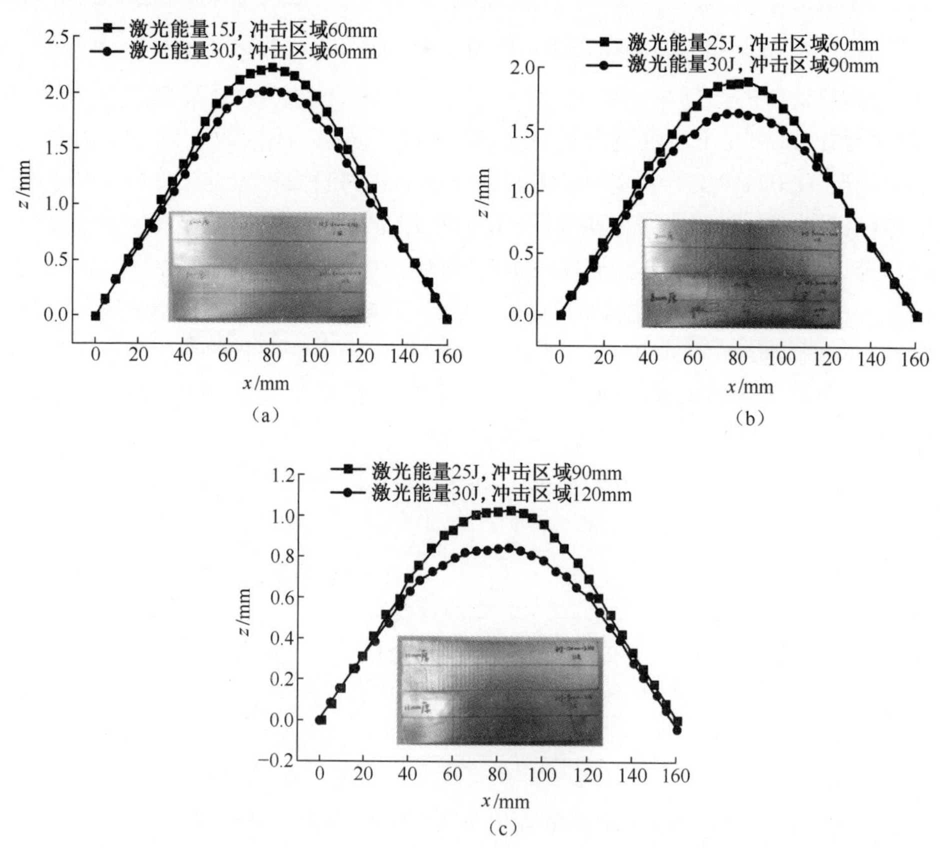

图 6-82　不同激光能量纵向激光喷丸成形 Al2024-T351 中厚壁板的展向弯曲变形
(a) 5mm 厚；(b) 8mm 厚；(c) 11mm 厚。

综上所述,图 6-82 所示的试验结果表明,当激光能量为 25J 时,纵向激光喷丸成形 Al2024-T351 中厚壁板的展向弯曲变形量达到最大值。与激光能量为 25J 相比,激光能量为 30J 时,纵向激光喷丸成形 Al2024-T351 中厚壁板的展向弯曲变形量反而降低。甚至激光能量为 15J 时,纵向激光喷丸成形 Al2024-T351 中厚壁板的展向弯曲变形量大于激光能量 30J 纵向激光喷丸成形 Al2024-T351 中厚壁板的展向弯曲变形量。因此,纵向激光喷丸成形 Al2024-T351 中厚壁板的展向弯曲变形的激光能量最大值为 25J,即激光功率密度为 10.4GW/cm^2。

为探索激光能量大小对纵向激光喷丸成形 Al2024-T351 中厚壁板的展向弯曲变形量的影响机理,本节对不同激光能量纵向激光喷丸成形 Al2024-T351 中厚壁板的表面三维形貌进行分析,如图 6-83 所示。由图 6-83(b)、(d)、(f)可知,当激光能量为 15J、20J 和 25J 时,纵向激光喷丸成形 Al2024-T351 中厚壁板的搭接区域凹坑深度大于非搭接区域凹坑深度。而当激光能量为 30J 时,纵向激光喷丸成形 Al2024-T351 中厚壁板的搭接凹坑深度小于非搭接区域凹坑深度,即搭接区域产生凸起现象,如图 6-83(g) 所示。这表明,与激光能量为 15J、20J 和 25J 相比,激光能量为 30J 的纵向激光喷丸成形 Al2024-T351 中厚壁板的相邻光斑诱导表层微塑性变形降低,从而降低纵向激光喷丸成形 Al2024-T351 中厚壁板的宏观展向弯曲变形。

为了进一步定量分析激光能量大小对纵向激光喷丸成形 Al2024-T351 中厚壁板的搭接区域表面轮廓的影响,本小节对不同激光能量纵向激光喷丸成形 Al2024-T351 中厚壁板的表面轮廓进行详细测量,如图 6-84 所示。由图 6-84 可知,激光能量为 15J、20J、25J 和 30J 时,单光斑激光喷丸 Al2024-T351 中厚壁板的表面凹坑深度分别为 15.4μm、22.8μm、28.6μm 和 35μm。当激光能量为 15J、20J 和 25J 时,激光喷丸成形 Al2024-T351 中厚壁板的搭接区域表面凹坑深度大于非搭接区域表面凹坑深度(单光斑凹坑深度),其中,激光能量为 25J 时,搭接区域表面凹坑深度为 44.5μm,大于非搭接区域表面凹坑深度 28.6μm(单光斑凹坑深度)。当激光能量为 30J 时,搭接区域表面凹坑深度与未喷丸区域表面近似,并且相邻光斑表面凹坑深度为 22.6μm,小于前光斑表面凹坑深度为 35μm。由此可知,当激光能量为 30J 时,前光斑诱导凹坑深度较深,导致相邻光斑的大部分激光冲击波能量被消耗于前光斑凹坑边缘塑性变形,仅部分激光冲击波能量作用于表层累积塑性变形,从而大幅度降低了基于表层累积塑性变形的激光喷丸成形 Al2024-T351 中厚壁板的宏观弯曲变形量。因此,针对 Al2024-T351 中厚壁板而言,为更好地实现激光喷丸成形,激光能量最大值为 25J,即最大激光功率密度为 10.4GW/cm^2。

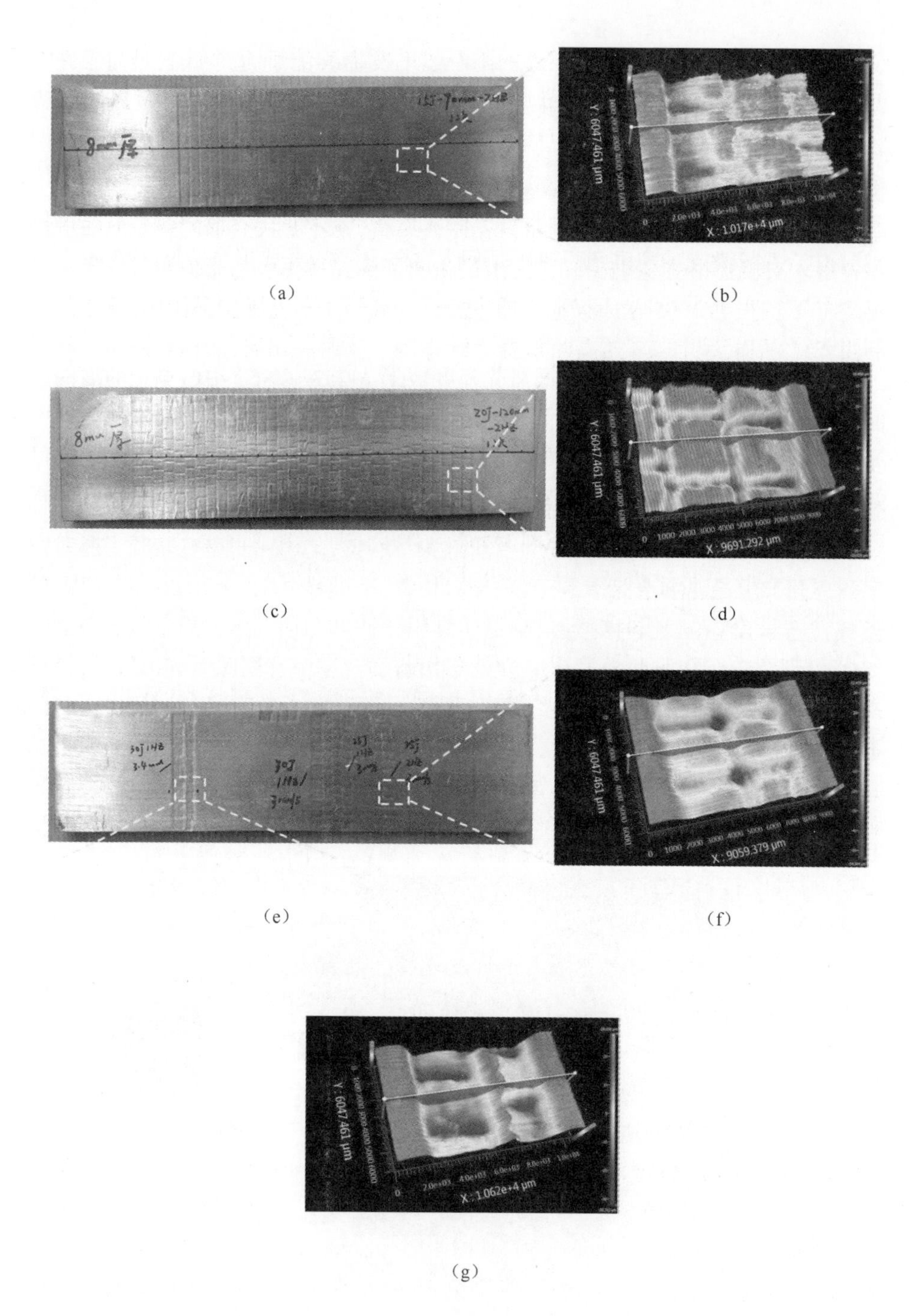

图 6-83 不同激光能量纵向激光喷丸成形 Al2024-T351 中厚壁板的表面三维形貌
(a)~(b) 激光能量 15J;(c)~(d) 激光能量 20J;(e)~(f) 激光能量 25J;(g) 激光能量 30J。

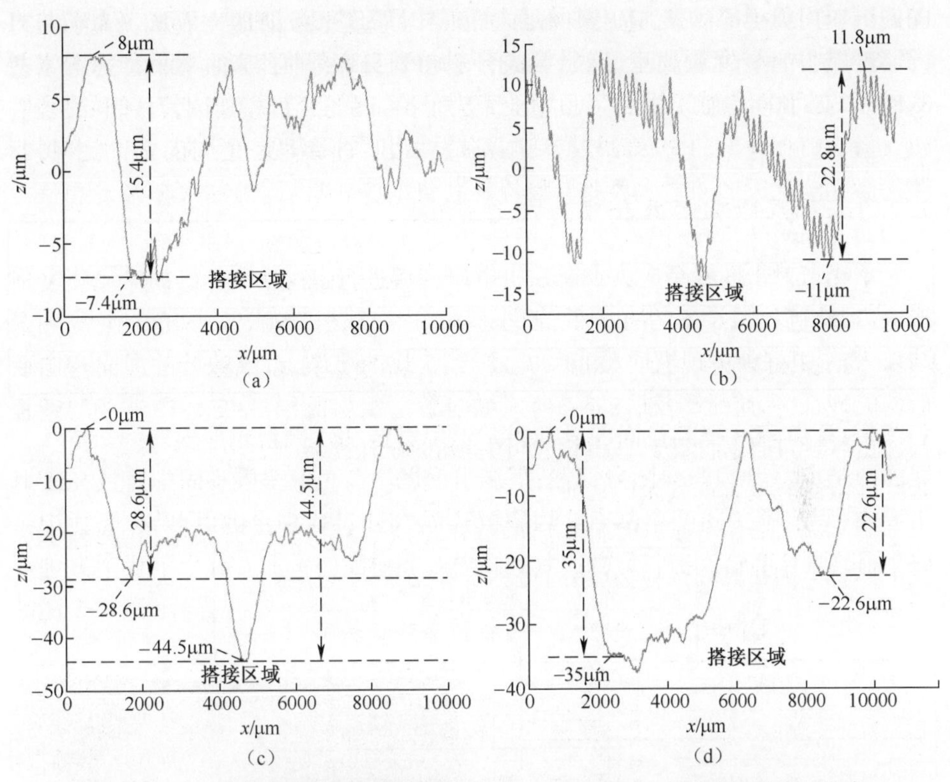

图 6-84　不同激光能量纵向激光喷丸成形 Al2024-T351 中厚壁板的表面轮廓
(a)激光能量 15J;(b)激光能量 20J;(c)激光能量 25J;(d)激光能量 30J。

Al2024-T351 中厚壁板的表面吸收层和约束层等材料参数都有可能影响激光喷丸成形弯曲变形效果,所以采用激光能量作为激光喷丸成形 Al2024-T351 中厚壁板的弯曲变形最大值的判断依据似乎不太准确。激光喷丸成形以诱导金属材料宏观塑性成形为目标,并且激光喷丸成形由单光斑诱导金属材料表层累积塑性变形所致,因此,采用单光斑诱导 Al2024-T351 中厚壁板的表面凹坑深度作为激光喷丸成形 Al2024-T351 中厚壁板的弯曲变形最大值的判断依据。由图 6-84 可知,激光能量为 25J 时,单光斑诱导 Al2024-T351 中厚壁板的表面凹坑深度为 28. 6μm;激光能量为 30J 时,单光斑诱导 Al2024-T351 中厚壁板的表面凹坑深度为 35μm。因此,针对 Al2024-T351 中厚壁板而言,单光斑诱导表面凹坑深度达到约 28. 6μm 时,激光喷丸成形 Al2024-T351 中厚壁板的弯曲变形达到最大值。

3. 基于曲率半径、弧高值和塑性应变的冲击次数上限值

激光喷丸成形由多个光斑搭接诱导累积塑性变形所致,因其具有高幅值和深残余压应力层等优点，适用于小曲率半径大厚度壁板的塑性成形。为了获得大厚度壁板的小曲率半径，需要对激光喷丸成形壁板的成形曲率半径进行工艺基础研究，冲击次数是激光喷丸成形壁板的小曲率半径的主要因素。因此，亟需建立激光喷丸成形冲击次数与壁板弧高值和成形曲率半径之间的定性关系，并获得激光喷丸成形冲击次数的上限值。到目前为止，国内外尚未公开发表这方面的研究成果。

本小节对 12mm 厚 Al2024-T351 中厚壁板进行多次冲击的纵向激光喷丸成形，成形轨迹如图 6-64(a)所示，冲击区域统一为 $L_1=90$mm，激光能量统一为 25J。为了更好地体现纵向激光喷丸成形 Al2024-T351 中厚壁板的展向弯曲变形的显现性，采用弧高仪(图 6-81)对纵向激光喷丸成形 Al2024-T351 中厚壁板的冲击区域进行展向弧高值测试，如图 6-85 所示。

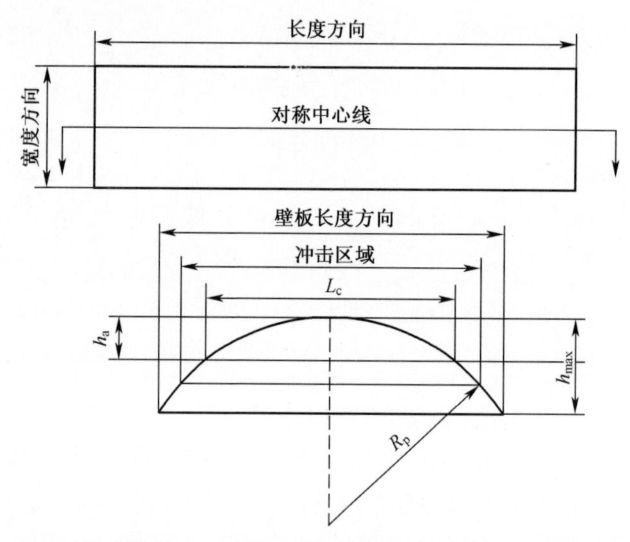

图 6-85　纵向激光喷丸成形 Al2024-T351 中厚壁板的冲击区域的展向弧高值测试示意图

图 6-86 所示为多次冲击次数下纵向激光喷丸成形 Al2024-T351 中厚壁板的展向弯曲变形轮廓。由图 6-86 可知，随着冲击次数的增加，纵向激光喷丸成形 Al2024-T351 中厚壁板的展向最大弯曲变形量逐步增加。1 次冲击、2 次冲击、4 次冲击、8 次冲击、16 次冲击和 32 次冲击纵向激光喷丸成形 Al2024-T351 中厚壁板的展向最大弯曲变形量分别为 1. 07mm、1. 61mm、2. 87mm、4. 34mm、6. 39mm 和 8. 38mm。

1）展向弯曲变形

图 6-87 所示为纵向激光喷丸成形 Al2024-T351 中厚壁板的冲击次数与冲

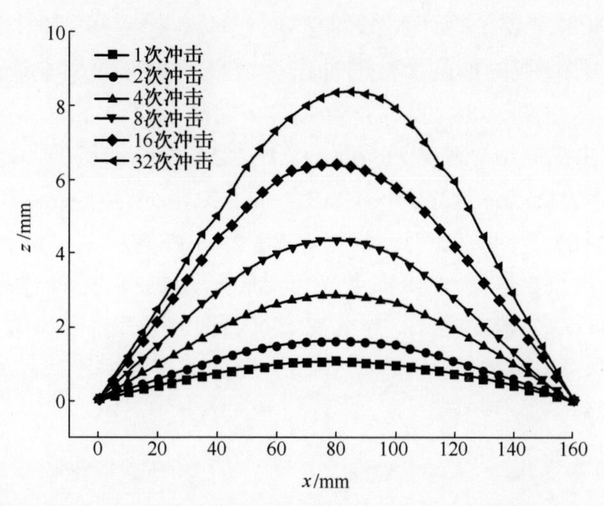

图 6-86　多次冲击次数下纵向激光喷丸成形 Al2024-T351 中厚壁板的展向弯曲变形轮廓

击区域展向弧高值的关系曲线，弧高值测量间距为 $L_c = 60$mm。由图 6-87 可知，1 次冲击、2 次冲击、4 次冲击、8 次冲击、16 次冲击和 32 次冲击纵向激光喷丸成形 Al2024-T351 中厚壁板的冲击区域展向弧高值分别为 0.2mm、0.34mm、0.55mm、0.85mm、1.24mm 和 1.62mm，展向弧高值的增加率分别为 70%、61.8%、54.5%、45.9%和 30.6%。这表明随着冲击次数增加 2 倍，纵向激光喷丸成形 Al2024-T351 中厚壁板的冲击区域展向弧高值增加率不小于 10%，即没有达到饱和值。因此，展向弧高值可能无法用于界定激光喷丸成形冲击次数的上限值。

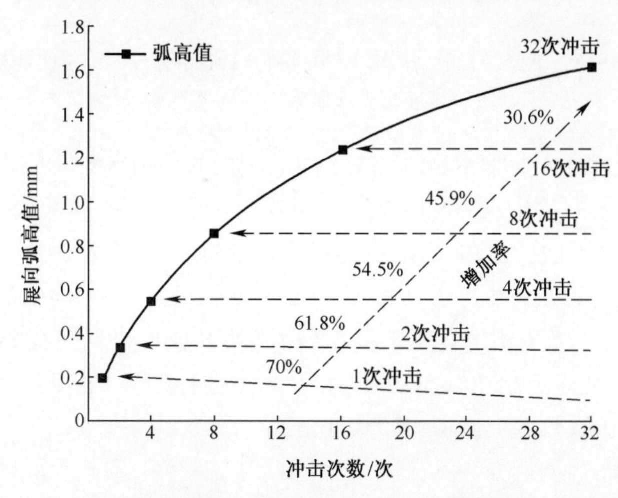

图 6-87　纵向激光喷丸成形 Al2024-T351 中厚壁板的冲击次数与冲击区域展向弧高值的关系曲线

为了更好地实现激光喷丸成形的显现性，本节建立了纵向激光喷丸成形Al2024-T351中厚壁板的冲击次数与冲击区域展向成形曲率半径的关系曲线，如图6-88所示。由图6-88可知，1次冲击、2次冲击、4次冲击、8次冲击、16次冲击和32次冲击纵向激光喷丸成形Al2024-T351中厚壁板的冲击区域展向成形曲率半径分别为2250mm、1323.5mm、818.2mm、529.4mm、362.9mm和277.8mm，展向成形曲率半径的降低率分别为41.2%、38.2%、35.3%、31.5%和23.4%。这表明，随着冲击次数2倍增加，纵向激光喷丸成形Al2024-T351中厚壁板的冲击区域展向成形曲率半径降低率没有小于10%，即没有达到饱和值。因此，冲击区域成形曲率半径也可能无法用于界定激光喷丸成形冲击次数的上限值。

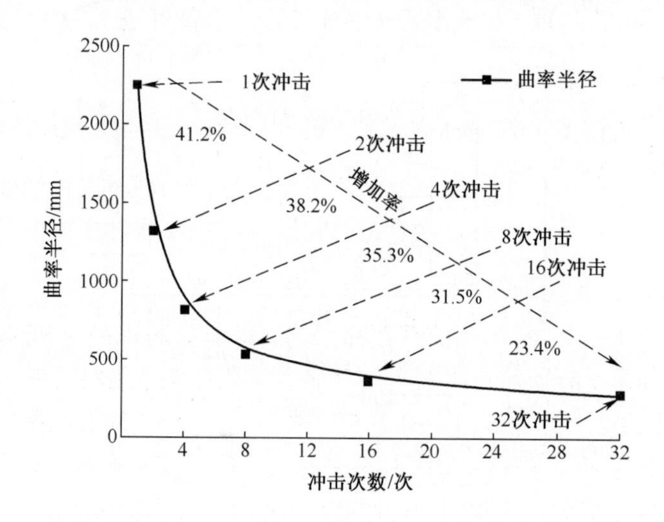

图6-88 纵向激光喷丸成形Al2024-T351中厚壁板的冲击次数与冲击区域展向成形曲率半径的关系曲线

对纵向激光喷丸成形Al2024-T351中厚壁板的冲击次数与展向塑性应变的关系曲线进行分析，如图6-89所示。由图6-89可知，1次冲击、2次冲击、4次冲击、8次冲击、16次冲击和32次冲击纵向激光喷丸成形Al2024-T351中厚壁板的展向塑性应变分别约为0.15%、0.31%、0.53%、0.83%、1.4%和1.95%。因为机翼壁板展向长度达几十米，为了保证激光喷丸成形机翼壁板的后续可装配性，展向塑性应变应控制在0.5%左右。因此，纵向激光喷丸成形Al2024-T351中厚壁板的冲击次数的上限值为4次冲击。

2）弦向弯曲变形

图6-90所示为纵向激光喷丸成形Al2024-T351中厚壁板的冲击次数与冲击区域弦向弧高值的关系曲线，弧高值测量间距为$L_c=40$mm。由图6-90可知，

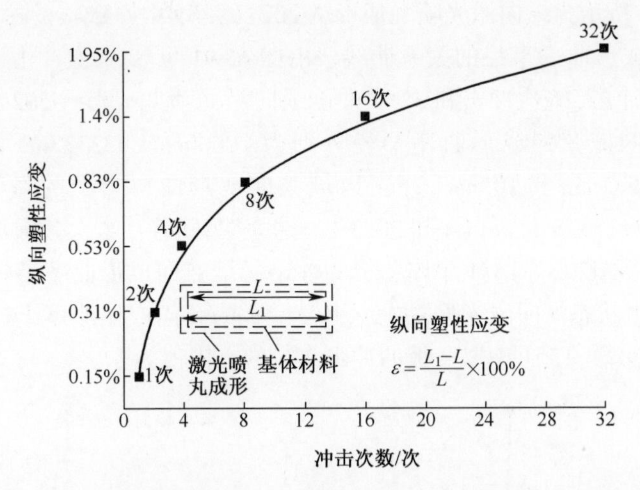

图 6-89　纵向激光喷丸成形 Al2024-T351 中厚壁板的冲击次数与展向塑性应变的关系曲线(冲击区域长度为 78.8mm)

1 次冲击、2 次冲击、4 次冲击、8 次冲击、16 次冲击和 32 次冲击纵向激光喷丸成形 Al2024-T351 中厚壁板的冲击区域弦向弧高值分别为 0.01mm、0.06mm、0.18mm、0.39mm、0.93mm 和 1.87mm。本小节选用 Al2024-T351 中厚壁板的长宽比率为 4∶1,主要用于减少弦向弯曲变形,8 次冲击次数诱导的弦向弧高值为 0.39mm,该值比较大,而 4 次冲击次数诱导的弦向弧高值为 0.18mm,该值为临界值。因此,纵向激光喷丸成形 Al2024-T351 中厚壁板的冲击次数的上限值为 4 次。

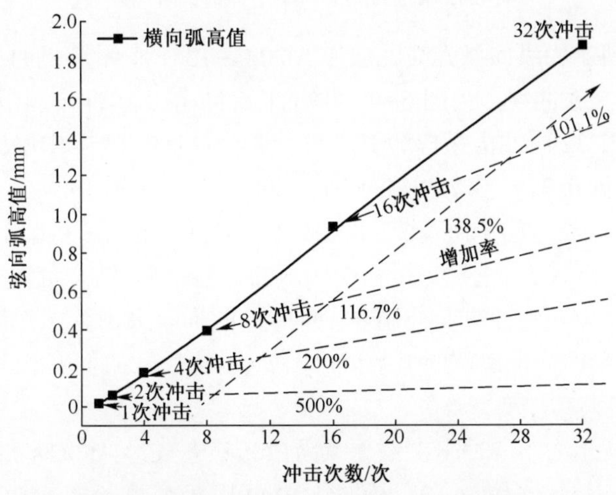

图 6-90　纵向激光喷丸成形 Al2024-T351 中厚壁板的冲击次数与冲击区域弦向弧高值的关系曲线(L_c=40mm)

图 6-91 所示为纵向激光喷丸成形 Al2024-T351 中厚壁板的冲击次数与冲击区域弦向成形曲率半径的关系曲线。由图 6-91 可知,1 次冲击、2 次冲击、4 次冲击、8 次冲击、16 次冲击和 32 次冲击纵向激光喷丸成形 Al2024-T351 中厚壁板的冲击区域弦向成形曲率半径分别为 20000mm、3333.3mm、1111.1mm、512.8mm、215.1mm 和 107mm,冲击区域弦向成形曲率半径的降低率分别为 83.3%、66.7%、53.8%、58.1%和 50.3%。这表明,随着冲击次数增加 2 倍,纵向激光喷丸成形 Al2024-T351 中厚壁板的冲击区域弦向成形曲率半径快速降低。为了提高自由状态纵向激光喷丸成形中厚壁板的弦向成形曲率半径,纵向激光喷丸成形 Al2024-T351 中厚壁板的冲击次数的上限值为 4 次。

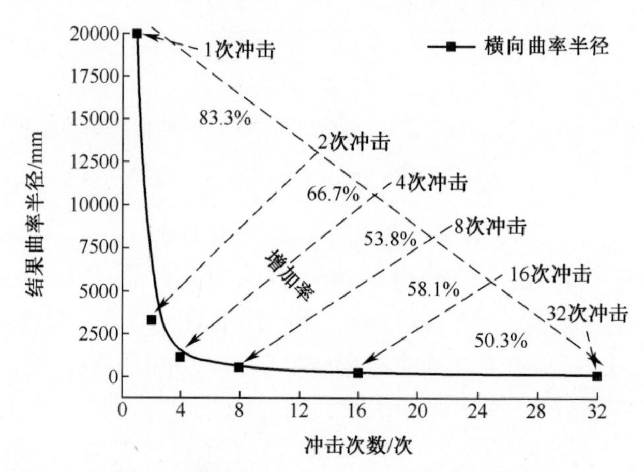

图 6-91 纵向激光喷丸成形 Al2024-T351 中厚壁板的冲击次数与冲击区域弦向成形曲率半径的关系曲线

图 6-92 所示为纵向激光喷丸成形 Al2024-T351 中厚壁板的冲击次数与弦向塑性应变的关系曲线。由图 6-92 可知,1 次冲击、2 次冲击、4 次冲击、8 次冲击、16 次冲击和 32 次冲击纵向激光喷丸成形 Al2024-T351 中厚壁板的弦向塑性应变分别约为 0.32%、0.78%、1.58%、2.98%、5.93%和 10.02%。因为机翼壁板弦向长度达几米,为了保证激光喷丸成形机翼壁板的后续可装配性,弦向塑性应变应控制在 1%左右。根据图 6-92 所示的试验结果,结合机翼壁板弦向塑性应变调控需求(弦向塑性应变控制在 1%左右),可以采用弦向塑性应变界定纵向激光喷丸成形的冲击次数的上限值。因此,冲击次数的上限值为 4 次。

3) 板厚方向塑性变形

图 6-93 所示为不同冲击次数下纵向激光喷丸成形 Al2024-T351 中厚壁板的边缘影响层深度。由图 6-93 可知,1 次冲击、2 次冲击、4 次冲击、8 次冲击、16 次冲击和 32 次冲击纵向激光喷丸成形 Al2024-T351 中厚壁板的边缘影响层

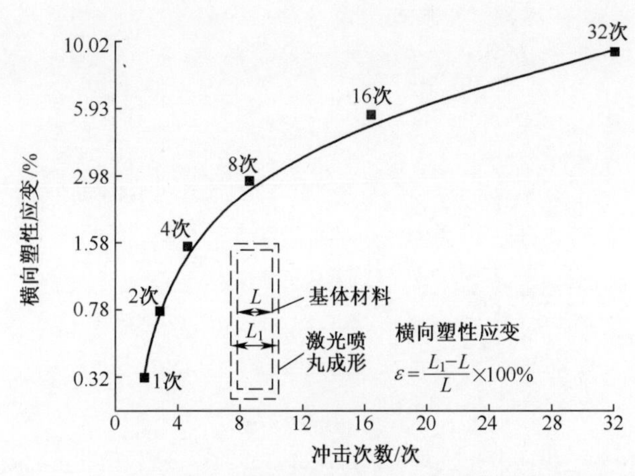

图 6-92　纵向激光喷丸成形 Al2024-T351 中厚壁板的冲击次数与弦向塑性应变的关系曲线

深度分别约为 1.7mm、4.94mm、5mm、6.41mm、7.75mm 和 8.53mm。由此可知，随着冲击次数增加 2 倍，纵向激光喷丸成形 Al2024-T351 中厚壁板的边缘影响层深度快速增加，并且 8 次冲击激光喷丸成形 Al2024-T351 中厚壁板的边缘影响层深度为 6.41mm，超过板厚的 1/2（板厚 12mm）。

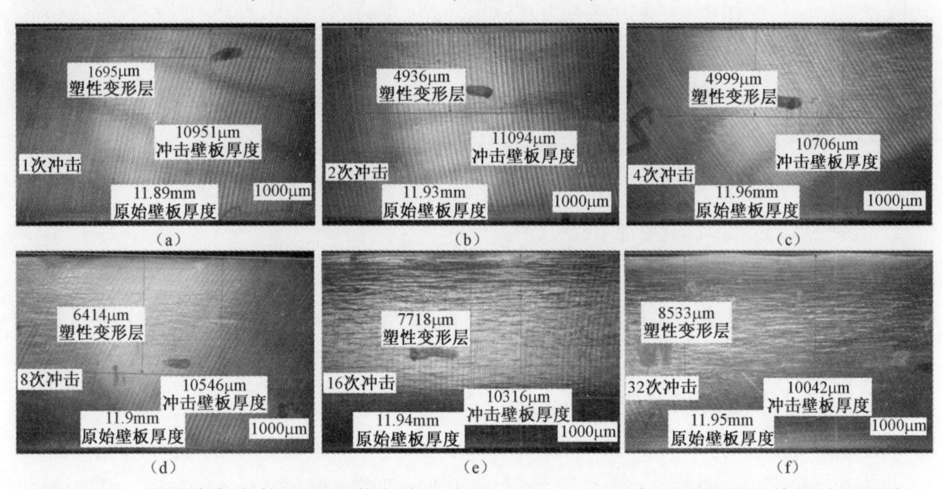

图 6-93　不同冲击次数下纵向激光喷丸成形 Al2024-T351 中厚壁板的边缘影响层深度
(a)1 次冲击；(b)2 次冲击；(c)4 次冲击；(d)8 次冲击；(e)16 次冲击；(f)32 次冲击。

图 6-94 所示为纵向激光喷丸成形 Al2024-T351 中厚壁板的冲击次数与板厚方向塑性应变的关系曲线。由图 6-94 可知，1 次冲击、2 次冲击、4 次冲击、8 次冲击、16 次冲击和 32 次冲击纵向激光喷丸成形 Al2024-T351 中厚壁板的板厚方向塑性应变分别约为 4.7%、7%、10.5%、11.3%、13.6%和 16%。

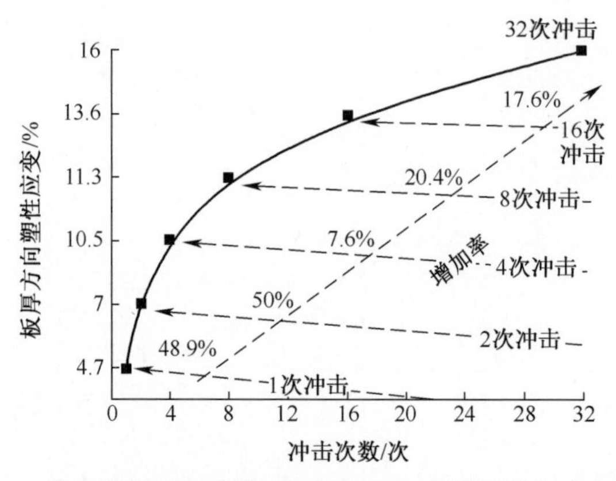

图 6-94 纵向激光喷丸成形 Al2024-T351 中厚壁板的冲击次数与板厚方向塑性应变的关系曲线

6.6.3 中厚壁板的凸弯曲变形规律及力学性能

1. 凸弯曲变形规律及力学性能研究需求

为满足变截面壁板的小曲率半径(3~8m)塑性成形要求:首先,开展激光喷丸成形带筋壁板和中厚壁板的成形性研究,获得激光喷丸成形中厚壁板的成形能力,为激光喷丸成形带筋奠定工艺基础;其次,开展不同工艺参数纵向激光喷丸成形 Al2024-T351 中厚壁板的弯曲变形规律研究,包括不同激光工艺参数、不同成形轨迹和不同材料参数,为激光喷丸成形壁板优化工艺参数奠定工艺基础;最后,开展纵向激光喷丸成形 Al2024-T351 中厚壁板的力学性能研究,为实现激光喷丸成形壁板高疲劳寿命奠定工艺基础。

1) 试验试样和激光喷丸成形试验

选用的试验材料为 Al2024-T351 中厚壁板(长度方向为轧制方向),其基体微观组织如图 6-65 所示,力学性能见表 6-8,两类试样尺寸:①自由状态纵向激光喷丸成形所用中厚壁板尺寸为 160mm×40mm(长×宽),厚度 t 分别为 5mm、8mm 和 11mm,成形轨迹如图 6-64(a)所示;②不同预应力纵向激光喷丸成形所用中厚壁板尺寸为 320mm×102mm×24mm(长×宽×厚),成形轨迹如图 6-95 所示。纵向激光喷丸成形的工艺参数:方形光斑尺寸为 4mm×4mm,频率 2Hz,x 方向和 y 方向的光斑移动间距都为 3.4mm。采用光束整形装置将激光器输出的平顶圆形光斑转换为辐射在中厚壁板表面的平顶方形光斑[81]。采用正交试验设计,研究自由状态纵向激光喷丸成形 Al2024-T351 中厚壁板的展向成形规律。采用测试分析方法,研究预应力纵向激光喷丸成形 Al2024-T351 中厚壁板的力学性能。预应力激光喷丸成形装置由 YAG 激光器、光束整形装置、预弯装置和工业机械手组成,如图6-96所示,其中预弯装置由动态加载装置和支撑加载装置组成,中厚壁板两侧由支撑加载装置支撑,跨距为 $L_1=280\text{mm}$,动态加载装置对中厚壁板长度方向中心处实施弹性预应力加载,预应力弯曲变形量为 ω。

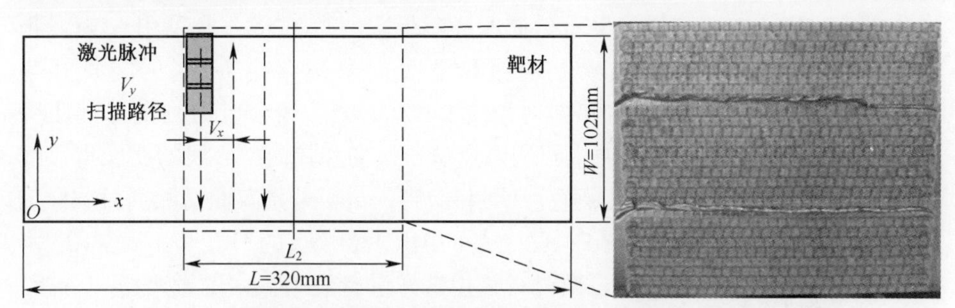

图 6-95　不同预应力纵向激光喷丸成形 Al2024-T351 中厚壁板的示意图

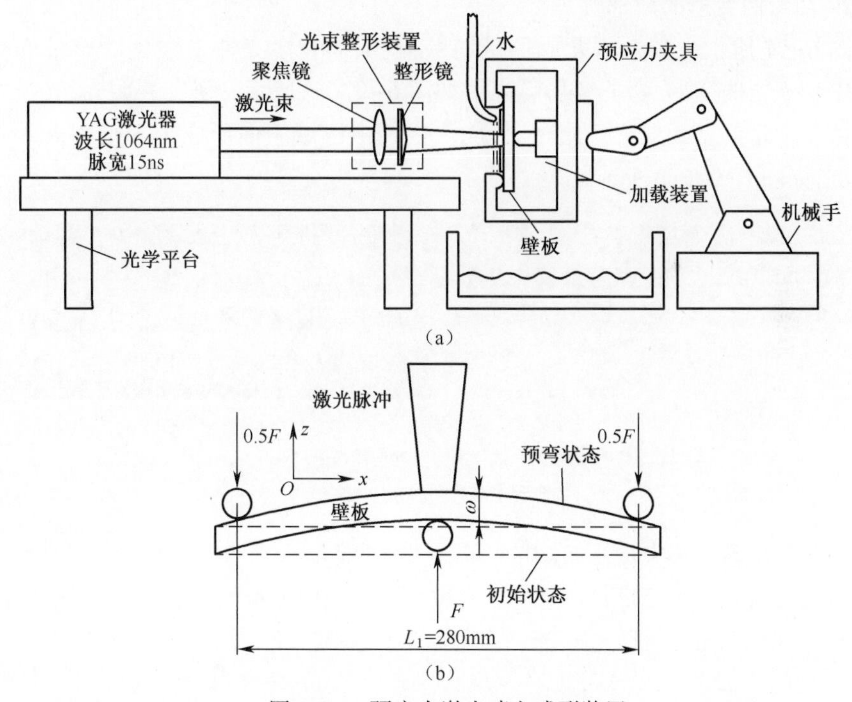

图 6-96　预应力激光喷丸成形装置

(a)预应力纵向激光喷丸成形装置;(b)弹性预应力加载示意图。

2）测试分析

基于光学平台,沿中心线对纵向激光喷丸成形 Al2024-T351 中厚壁板的展向弯曲变形进行测量,测量仪器为百分表和支撑架。光学平台由电子水平仪调整,如图 6-68 所示,其调整参数为轴杆 300mm,1div = 0. 02mm/m。采用弧高仪(图 6-83)对冲击区域进行展向弧高值测量。采用三维白光干涉表面形貌仪 ZYGONex View,对激光喷丸成形 Al2024-T351 中厚壁板的表面三维形貌进行分析。采用表面形貌测量系统 Talysurf PGI 1230,测试分析不同预应力激光喷丸成形 Al2024-T351 中厚壁板的表面粗糙度,测试线长度为 20mm。采用 X 射线衍射仪,测试中厚壁板冲击区域上表面和下表面的残余应力,X 射线直径为 ϕ2mm,Cr-Kα 靶,{311}晶面和衍射角度 2θ 为 139°。残余应力测试点间距为 20mm,而且上表面和下表面的中间测试点位于展向和弦向中心线的交叉点。线切割冲击区域金相试样,然后镶嵌、打磨和抛光。最后采用专业腐蚀剂对试样进行表面腐蚀,腐蚀液为 95%的 H_2O、2. 5%的 HNO_3、1. 5%的 HCl 和 1%的 HF,室温腐蚀 5s。采用 ZEISS 光学显微镜对金相试样进行整个截面的微观组织分析,采用 Nano Measurer 1. 2 软件计算晶粒大小。

2. 凸弯曲变形的成形性

图 6-97 所示为激光喷丸成形带筋壁板,大面积激光冲击强化诱导带筋壁板产生宏观弯曲变形,弯曲变形弧高值如图 6-97(a)所示。研究表明,激光喷丸成形可实现带筋壁板成形。同时,带筋壁板冲击区域表面形成了大量的方形光斑凹坑,如图 6-97(b)所示。

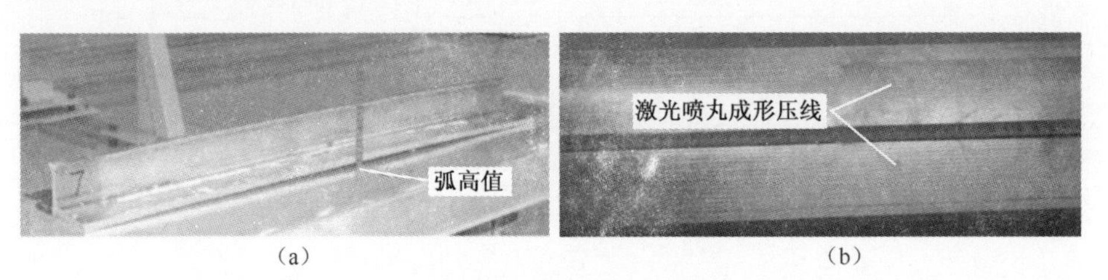

图 6-97　激光喷丸成形带筋壁板

(a)弯曲变形弧高值;(b)表面形貌。

为了获得激光喷丸成形 Al2024-T351 中厚壁板的成形能力,开展不同预应力纵向激光喷丸成形 Al2024-T351 中厚壁板,如图 6-98 所示。激光喷丸成形工艺参数:1 次冲击、频率 2Hz、激光能量 20J、冲击区域为 240mm×102mm。由图 6-98 可知,预应力纵向激光喷丸成形中厚壁板的成形能力已达到机翼壁板塑性成形需求。

图 6-99 所示为激光喷丸成形壁板深度方向残余应力分布示意图。大面积激光冲击强化诱导壁板产生宏观弯曲变形,如图 6-99(a)所示,宏观弯曲变形机理为激光冲击强化诱导壁板表层产生高幅和深残余压应力层,如图 6-99(b)所示,使得壁板产生大于固有约束的弯矩 M,导致壁板产生弯曲变形以及壁板深度

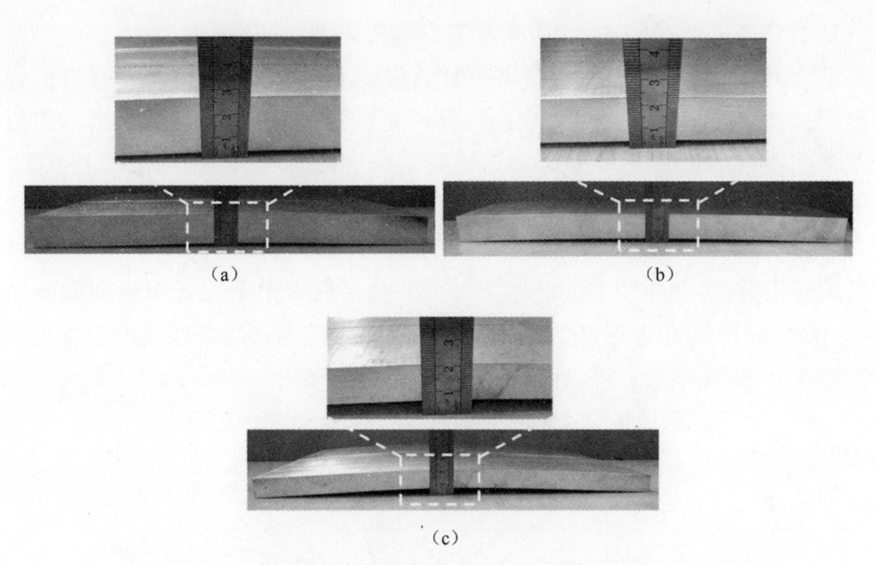

图 6-98　不同预应力纵向激光喷丸成形 Al2024-T351 中厚壁板
(a)厚 24mm,曲率半径 3.3m,预应力 269.23MPa;(b)厚 20mm,曲率半径 2.8m,246.8MPa;
(c)厚 15mm,曲率半径 1.6m,336.54MPa。

方向形成弯曲应力,如图 6-99(c)所示。弯曲变形诱导壁板产生的弯曲应力与激光冲击强化诱导壁板产生的残余压应力,两者结合,形成了激光喷丸成形壁板深度方向的残余应力,如图 6-99(d)所示。

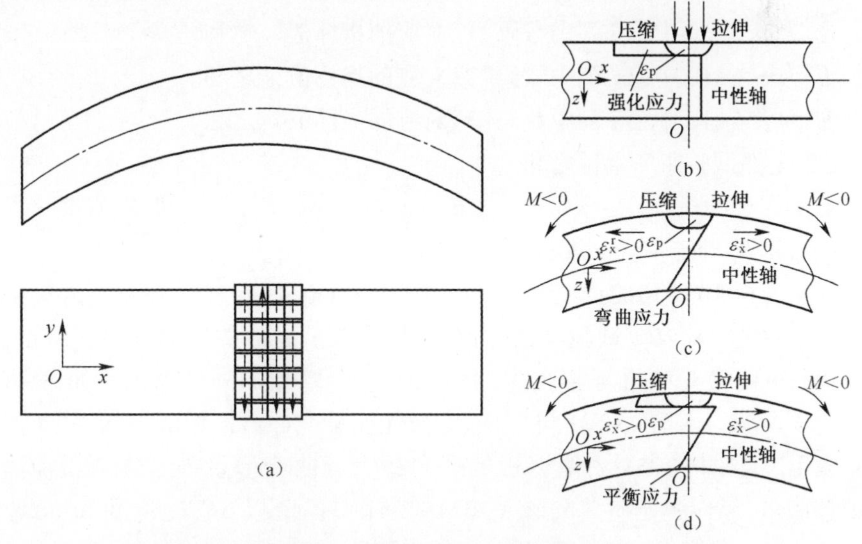

图 6-99　激光喷丸成形壁板深度方向残余应力分布示意图
(a)激光喷丸成形壁板;(b)弯曲变形前;(c)弯曲变形;(d)弯曲变形后。

3. 影响曲率半径的主、次因素及其影响规律

正交试验设计以概率论与数理统计为理论基础,通过对试验方案进行合理安排,使试验数据有合适的数学模型,减轻随机误差影响,提高试验结果的精度与可靠度,同时降低试验次数。本节以降低纵向激光喷丸成形 Al2024-T351 中厚壁板的冲击区域成形曲率半径为试验目的,采用正交试验设计,研究自由状态纵向激光喷丸成形 Al2024-T351 中厚壁板的冲击区域成形曲率半径,影响因子包括激光能量、板厚和冲击区域 3 个因子。为了获得单个因子对纵向激光喷丸成形 Al2024-T351 中厚壁板的冲击区域成形曲率半径的影响规律,选取主要的 3 个水平,即 3 因子 3 水平,如表 6-9 所列。

表 6-9 纵向激光喷丸成形试验因子和水平

水平 \ 因子	板厚 A/mm	激光能量 B/J	冲击区域(L_1)尺寸 C/mm^2
1	11	15	120×40
2	8	25	90×40
3	5	20	60×40

表 6-10 所列为纵向激光喷丸成形 Al2024-T351 中厚壁板的正交试验设计和试验结果,纵向激光喷丸成形 Al2024-T351 中厚壁板的试验件如图 6-100 所示。

表 6-10 中参数定义如下。

I_i为表 6-10 中第 i 列中数码"1"对应的指标值 y_i之和。

II_i为表 6-10 中第 i 列中数码"2"对应的指标值 y_i之和。

III_i为表 6-10 中第 i 列中数码"3"对应的指标值 y_i之和。

T 为全部试验曲率半径之和。

R_i 为因子的极差,$R_i = \max(\mathrm{I}_i, \mathrm{II}_i, \mathrm{III}_i) - \min(\mathrm{I}_i, \mathrm{II}_i, \mathrm{III}_i)$,通过计算获得 R_A、R_B和 R_C确定主次顺序。

按照表 6-10 所列的正交试验设计方案对 Al2024-T351 中厚壁板进行自由状态纵向激光喷丸成形试验,然后沿对称线测试试验件的展向弯曲变形轮廓。自由状态纵向激光喷丸成形 Al2024-T351 中厚壁板的展向弯曲变形轮廓如图 6-101 所示。由图 6-101 可知,随着激光能量或冲击区域的增加,纵向激光喷丸成形 Al2024-T351 中厚壁板的展向最大弯曲变形量 h_{max} 逐渐增加。对 5mm 厚板料,纵向激光喷丸成形 Al2024-T351 中厚壁板 No. 7、No. 9 和 No. 8 的展向最大弯曲变形量 h_{max}分别约为 2. 23mm、2. 98mm 和 3. 24mm。对 8mm 厚板料,纵向激光喷丸成形 Al2024-T351 中厚壁板 No. 4、No. 6 和 No. 5 的展向最大

弯曲变形量 h_{max} 分别约为 1. 55mm、1. 89mm 和 2. 15mm。对 11mm 厚板料，纵向激光喷丸成形 Al2024-T351 中厚壁板 No. 1、No. 3 和 No. 2 的展向最大弯曲变形量 h_{max} 分别约为 0. 74mm、0. 93mm 和 1. 03mm。

表 6-10　纵向激光喷丸成形 Al2024-T351 中厚壁板的正交试验设计和试验结果

因子		板厚/mm	激光能量/J	冲击区域尺寸/mm^2	指标值 y_i（展向成形曲率半径 R）/m
壁板编号	No. 1	11	15	120×40	2. 8
	No. 2	11	25	90×40	2. 0
	No. 3	11	20	60×40	2. 3
	No. 4	8	15	90×40	1. 4
	No. 5	8	25	60×40	0. 98
	No. 6	8	20	120×40	1. 2
	No. 7	5	15	60×40	0. 82
	No. 8	5	25	120×40	0. 74
	No. 9	5	20	90×40	0. 78
$Ⅰ_i$		7. 1	5. 02	4. 74	
$Ⅱ_i$		3. 58	3. 72	4. 18	
$Ⅲ_i$		2. 34	4. 28	4. 1	
R_i		4. 76	1. 3	0. 64	
T		13. 02			

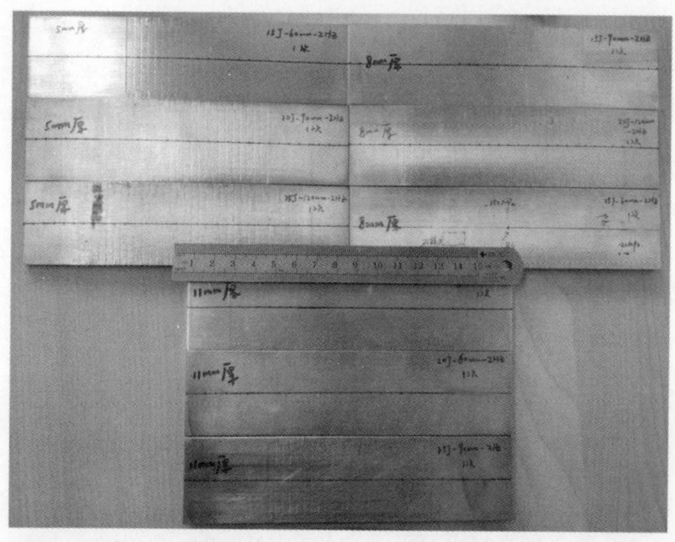

图 6-100　纵向激光喷丸成形 Al2024-T351 中厚壁板的试验件

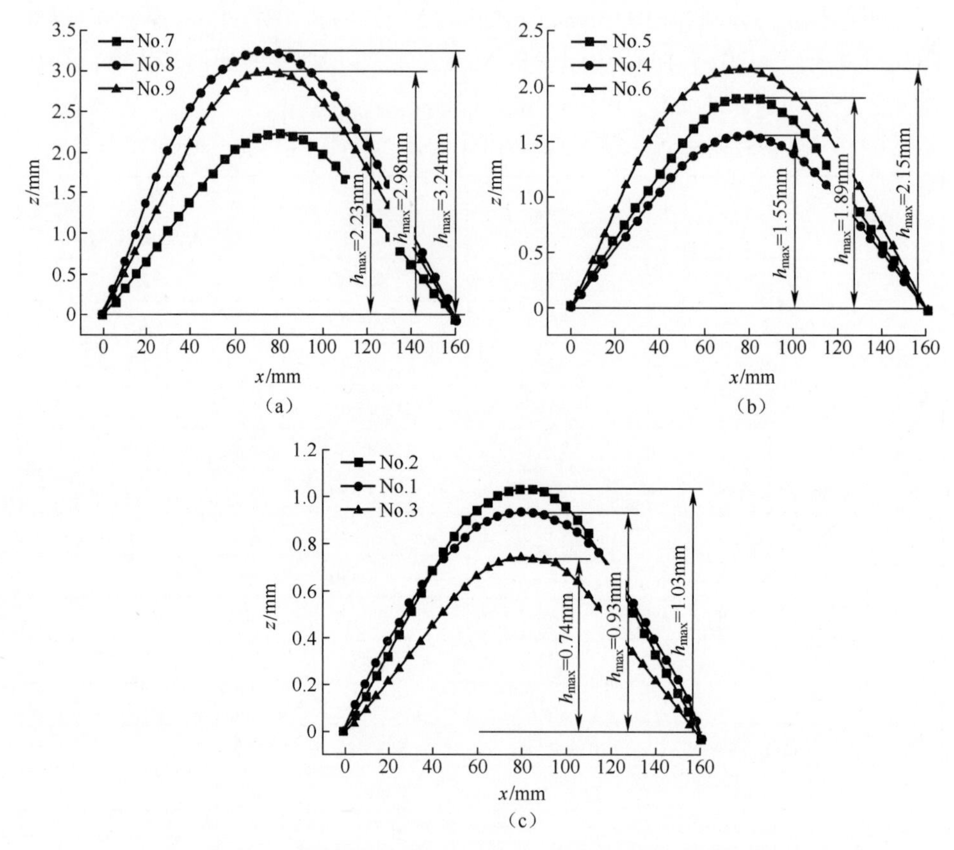

图 6-101　自由状态纵向激光喷丸成形 Al2024-T351 中厚壁板的展向弯曲变形轮廓
(a)厚 5mm;(b)厚 8mm;(c)厚 11mm。

为更好地体现纵向激光喷丸成形 Al2024-T351 中厚壁板的展向弯曲变形的显现性,采用冲击区域的展向成形曲率半径表示冲击区域的展向弯曲变形。因此,采用弧高仪对纵向激光喷丸成形 Al2024-T351 中厚壁板的冲击区域的展向弧高值进行测试,测试间距为 $L_c = 60$mm。由式(6-21)可计算冲击区域的曲率半径。对冲击区域的展向成形曲率半径进行计算,从而获得不同工艺参数纵向激光喷丸成形 Al2024-T351 中厚壁板的冲击区域的展向成形曲率半径。纵向激光喷丸成形 Al2024-T351 中厚壁板的冲击区域的展向弧高值,如表 6-11 所列。由表 6-11 可知,对 5mm 厚板料,纵向激光喷丸成形 Al2024-T351 中厚壁板 No. 7、No. 9 和 No. 8 的冲击区域的展向弧高值分别约为 0. 55mm、0. 58mm 和 0. 61mm。对 8mm 厚板料,纵向激光喷丸成形 Al2024-T351 中厚壁板 No. 4、No. 6 和 No. 5 的冲击区域的展向弧高值分别约为 0. 33mm、0. 38mm 和 0. 46mm。对 11mm 厚板料,纵向激光喷丸成形 Al2024-T351 中厚壁板 No. 1、No. 3 和 No. 2

的冲击区域的展向弧高值分别约为 0.16mm、0.2mm 和 0.23mm。对 5mm 厚板料，纵向激光喷丸成形 Al2024-T351 中厚壁板 No. 7、No. 9 和 No. 8 的冲击区域的展向成形曲率半径分别约为 0.82m、0.78m 和 0.74m。对 8mm 厚板料，纵向激光喷丸成形 Al2024-T351 中厚壁板 No. 4、No. 6 和 No. 5 的冲击区域的展向成形曲率半径分别约为 1.4m、1.2m 和 0.98m。对 11mm 厚板料，纵向激光喷丸成形 Al2024-T351 中厚壁板 No. 1、No. 3 和 No. 2 的冲击区域的展向成形曲率半径分别约为 2.8m、2.3m 和 2.0m。

表 6-11 纵向激光喷丸成形 Al2024-T351 中厚壁板的冲击区域的展向弧高值和展向成形曲率半径

壁板编号	展向弧高值/mm	成形曲率半径 R/m
No. 1	0.16	2.8
No. 2	0.23	2.0
No. 3	0.20	2.3
No. 4	0.33	1.4
No. 5	0.46	0.98
No. 6	0.38	1.2
No. 7	0.55	0.82
No. 8	0.61	0.74
No. 9	0.58	0.78

将表 6-11 中纵向激光喷丸成形 Al2024-T351 中厚壁板的冲击区域的展向成形曲率半径填入表 6-10 中。由 6-10 可知，$R_C<R_B<R_A$，即对于降低纵向激光喷丸成形 Al2024-T351 中厚壁板的冲击区域的展向成形曲率半径而言，冲击区域为主要因素，激光能量为次要因素，板厚为再次因素。

纵向激光喷丸成形 Al2024-T351 中厚壁板的各因子对冲击区域的展向成形曲率半径的影响规律如图 6-102 所示。由图 6-102 可知，冲击区域对纵向激光喷丸成形 Al2024-T351 中厚壁板的冲击区域的展向成形曲率半径的影响最为明显，激光能量的影响为其次，板厚的影响为最小。由图 6-102(a)可知，随着板厚的增加，纵向激光喷丸成形 Al2024-T351 中厚壁板的冲击区域的展向成形曲率半径逐步增大，即两者成正比例关系。由图 6-102(b)可知，随着激光能量的增加，纵向激光喷丸成形 Al2024-T351 中厚壁板的冲击区域的展向成形曲率半径逐步减小，即两者成反比例关系。由图 6-102(c)可知，随着冲击区域增加，纵向激光喷丸成形 Al2024-T351 中厚壁板的冲击区域的展向成形曲率半径逐步增大，即两者成正比例关系。

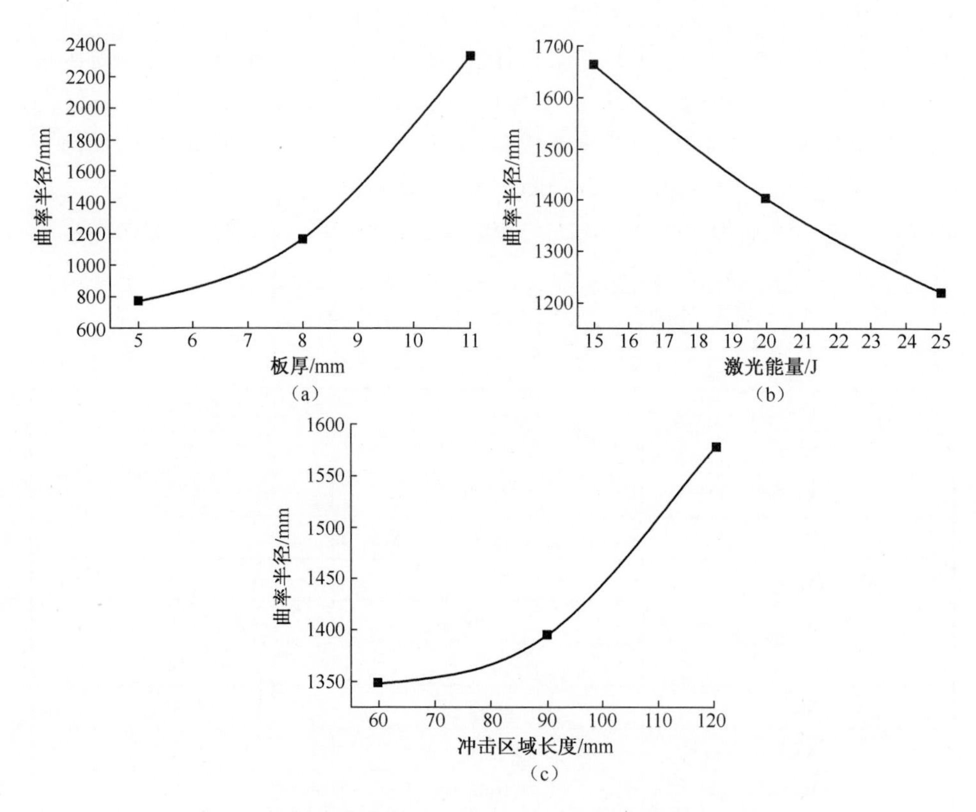

图 6-102　纵向激光喷丸成形 Al2024-T351 中厚壁板的各因子对冲击区域的展向成形曲率半径的影响规律

(a)板厚;(b)激光能量;(c)冲击区域。

4. 不同预应力弯曲变形机理及其对力学性能的影响规律

为提高激光喷丸成形壁板的成形极限,降低成形曲率半径,采用弹性预应力方法,对壁板进行预应力激光喷丸成形。首先,研究不同弹性预应力纵向激光喷丸成形中厚壁板的弯曲变形机理;其次,对比研究自由状态和预应力状态纵向激光喷丸成形对中厚壁板表面完整性的影响及其对力学性能的影响,研究结果为激光喷丸成形机翼壁板奠定工艺基础。

图 6-103 所示为曲率半径 R 与弧高 h_a 的关系示意图。板料表面线应变 ε 的计算式为

$$\varepsilon = \frac{t}{2R} \times 100\% \tag{6-23}$$

预弯矩 M 的计算式[214-215]为

$$M = \frac{EI}{R} = \frac{EWt^3}{12R} \tag{6-24}$$

预弯厚板的表面拉应力 σ 计算式为

$$\sigma = \frac{Mt}{2I} \tag{6-25}$$

式中 t——板厚；

E——弹性模量；

I——惯性矩；

W——板宽。

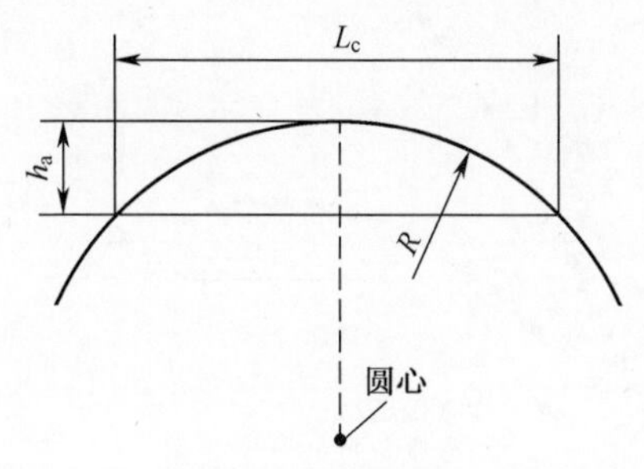

图 6-103　曲率半径与弧高的关系示意图

1）不同预应力弯曲变形机理

本小节对 Al2024-T351 中厚壁板进行弹性预应力纵向激光喷丸成形，研究预应力对提高纵向激光喷丸成形壁板的展向成形能力的机理。中厚壁板尺寸为 320mm×102mm×24mm（长×宽×厚）。展向弹性预弯弧高 $\omega = 2\text{mm}$，等同于 $h_a = 2\text{mm}$，预应力加载跨距 $L_1 = 280\text{mm}$，等同于 $L_c = 280\text{mm}$。由式（6-21）和式（6-23）~式（6-25）可得，预应力加载 Al2024-T351 中厚壁板的展向表面线应变 ε、预弯矩 M 和表面残余拉应力 σ，结果如表 6-12 所列。预应力加载 Al2024-T351 中厚壁板的表面残余拉应力约为 179.5MPa，小于 Al2024-T351 中厚壁板的屈服强度，这表明预应力加载属于弹性加载范围。

表 6-12　展向预弯加载与展向结果曲率半径的关系

预弯展向弧高 h_a /mm	预弯矩 M /N · mm	表面残余应力 σ /MPa	预弯展向塑性应变 ε/%	预弯展向曲率半径 R /mm	冲击区域的展向结果弧高/mm	冲击区域的展向结果曲率半径/m
0	0	0	0	∞	0.15	8.3
2	1757524.1	179.5	0.24%	4900	0.33	3.8

图 6-104 所示为预应力纵向激光喷丸成形 Al2024-T351 中厚壁板的展向弯曲变形轮廓。由图 6-104 可知,两种初始状态纵向激光喷丸成形诱导 Al2024-T351 中厚壁板产生凸弯曲变形,归因于激光喷丸成形诱导 Al2024-T351 中厚壁板的残余压应力层小于板厚[195]。预应力纵向激光喷丸成形 Al2024-T351 中厚壁板的展向最大弧高值 2.46mm 大于自由状态纵向激光喷丸成形 Al2024-T351 中厚壁板的展向最大弧高值 1.18mm,是因为预应力激光喷丸成形诱导的更大预弯矩 M。

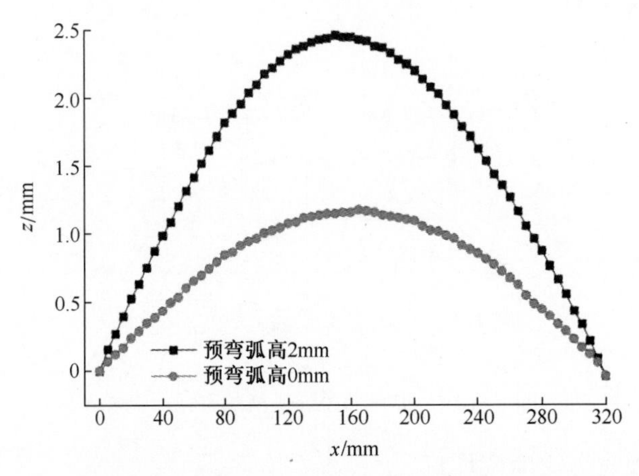

图 6-104　预应力纵向激光喷丸成形 Al2024-T351 中厚壁板的展向弯曲变形轮廓

采用弧高仪测试两种初始状态下纵向激光喷丸成形 Al2024-T351 中厚壁板的冲击区域的展向弧高值(L_c = 100mm)和展向成形曲率半径,评估预应力对纵向激光喷丸成形 Al2024-T351 中厚壁板展向弯曲变形的影响。纵向激光喷丸成形 Al2024-T351 中厚壁板的冲击区域的展向结果弧高值和展向结果曲率半径如表 6-12 所列。由表 6-12 可知,预应力纵向激光喷丸成形和激光喷丸成形 Al2024-T351 中厚壁板的冲击区域的展向结果弧高值分别为 0.33mm 和 0.15mm,以及展向结果曲率半径分别为 3.8m 和 8.3m。结果表明,弹性预应力加载可显著降低纵向激光喷丸成形 Al2024-T351 中厚壁板的冲击区域的成形曲率半径,改善激光喷丸成形 Al2024-T351 中厚壁板的成形能力。

双向成形为考虑激光喷丸成形板料的横向塑性成形对纵向塑性成形的影响。基于板料弯矩的激光喷丸成形板料的成形理论式,可用于研究预应力激光喷丸成形板料的成形机理。激光喷丸成形板料的曲率半径 R 的计算式[216]为

$$R = \frac{E\,(t-\delta)^3}{12(1-\nu)}\frac{1}{M'} \tag{6-26}$$

根据板料两个方向的纯弯计算式和图 6-105 所示的预弯板料的弯曲变形

示意图,预应力激光喷丸成形板料的预弯方向的曲率半径 R_x 的计算式为

$$R_x = \frac{E\,(t-\delta_\varepsilon)^3}{12}\frac{1}{M'_y - \nu M'_x} \tag{6-27}$$

$$\frac{R_x}{R} = \frac{1-\nu}{1-\nu\dfrac{M'_x}{M'_y}}\frac{M'}{M'_y}\left(\frac{t-\delta_\varepsilon}{t-\delta}\right)^3 \tag{6-28}$$

式中 δ——压应力层深度;

ν——泊松比;

M'——单元周长的板料弯矩;

δ_ε——预应力激光喷丸成形板料的压应力层深度;

M'_y——预弯方向的弯矩;

M'_x——垂直预弯方向的弯矩。

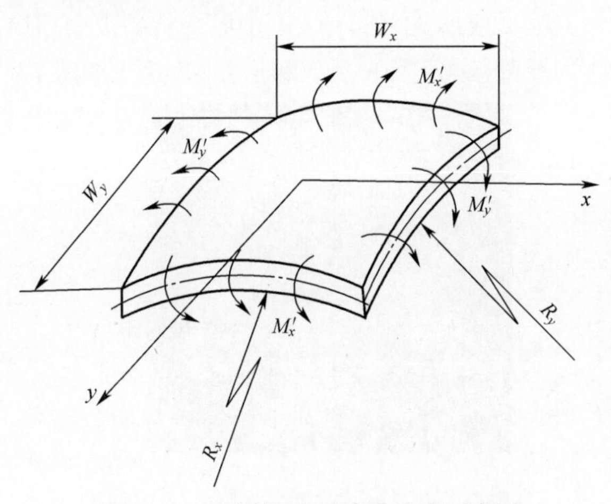

图 6-105 预弯板料的弯曲变形示意图

由式(6-26)~式(6-28)可知,与自由状态纵向激光喷丸成形相比,预应力纵向激光喷丸成形 Al2024-T351 中厚壁板可获得更小展向结果曲率半径的关键因素为残余压应力层深度和结果弯矩。因此,预应力纵向激光喷丸成形Al2024-T351 中厚壁板的小曲率半径的形成机理:①弹性预应力诱导 Al2024-T351 中厚壁板的表面残余拉应力有益于预应力激光喷丸成形 Al2024-T351 中厚壁板表层材料的延伸,从而增加残余压应力层深度和幅值($\delta < \delta_\varepsilon$);②展向弹性预应力加载使得 Al2024-T351 中厚壁板展向的表面残余拉应力幅值比弦向的表面残余拉应力幅值大 $1/\mu$ 倍。因此,预应力纵向激光喷丸成形 Al2024-T351 中厚壁板的展向残余压应力幅值大于弦向的残余压应力幅值。于是,展向弯矩 M'_y 大于弦

向弯矩 M'_x($M'_x<M'_y$)。此外,预应力纵向激光喷丸成形 Al2024-T351 中厚壁板的展向弯矩 M'_y大于自由状态纵向激光喷丸成形 Al2024-T351 中厚壁板的展向弯矩 M'($M'<M'_y$)。因此,由式(6-27)可得,预应力纵向激光喷丸成形 Al2024-T351 中厚壁板的展向成形曲率半径 R_x 小于自由状态纵向激光喷丸成形 Al2024-T351 中厚壁板的展向成形曲率半径 R($R_x<R$)。

2) 表面粗糙度

图 6-106 所示为单光斑激光喷丸成形 Al2024-T351 中厚壁板的表面形貌。由图 6-106(b)、(c)可知,单光斑激光喷丸成形 Al2024-T351 中厚壁板形成表面方形凹坑,凹坑 x 方向和 y 方向的最大深度 H 分别为 53μm 和 49μm。定义距离凹坑上限值 0.1H 处为测量基准线,测量基准线和凹坑轮廓线交点的间距为单光斑激光喷丸成形 Al2024-T351 的表面方形凹坑尺寸。因此,单光斑激光喷丸成形 Al2024-T351 中厚壁板的表面 x 方向和 y 方向的方形光斑凹坑尺寸都为 4.6mm。为了降低大面积激光喷丸成形 Al2024-T351 中厚壁板的表面粗糙度值,激光喷丸成形 Al2024-T351 中厚壁板的表面 x 方向和 y 方向的移动间距都为 3.4mm。

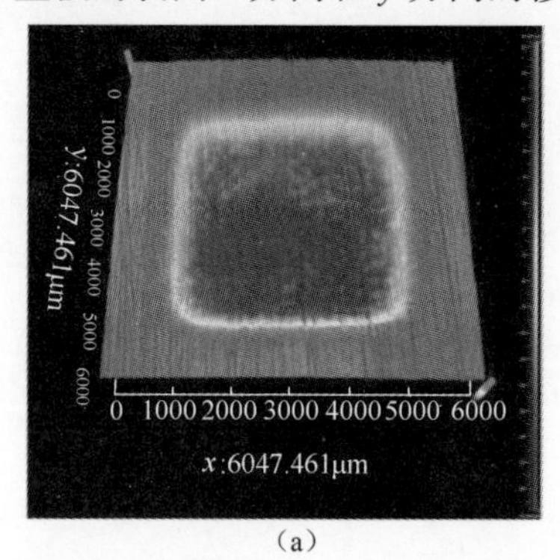

(a)

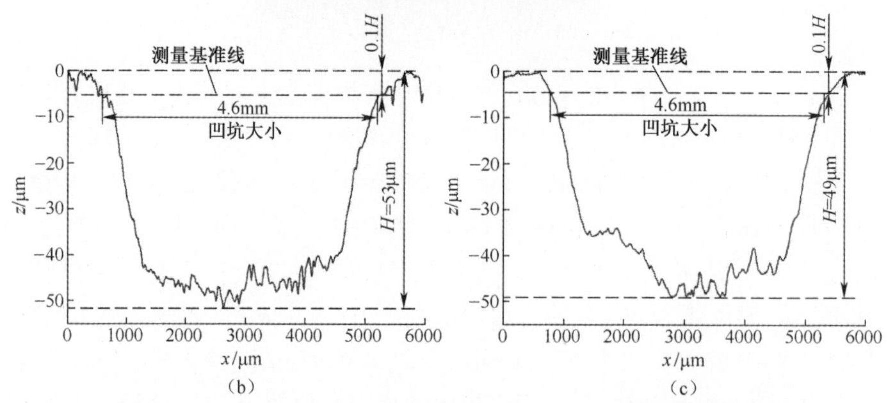

(b) (c)

图 6-106 单光斑激光喷丸成形 Al2024-T351 中厚壁板的表面形貌

(a)三维表面形貌;(b)x 方向轮廓线;(c)y 方向轮廓线。

图 6-107 所示为两种初始状态纵向激光喷丸成形 Al2024-T351 中厚壁板的表面峰谷高度。由图 6-107 可知,与基体材料相比,自由状态纵向激光喷丸成形 Al2024-T351 中厚壁板的峰谷高度较高,预应力纵向激光喷丸成形 Al2024-T351 中厚壁板的峰谷高度与自由状态纵向激光喷丸成形 Al2024-T351 中厚壁板的峰谷高度相近,原因为纵向激光喷丸成形诱导 Al2024-T351 中厚壁板表面较高的凹坑深度。基体材料的表面峰谷高度约为-1.25~0.75μm,如图 6-107(a)所示。自由状态纵向激光喷丸成形 Al2024-T351 中厚壁板的表面峰谷高度为-3.5~4μm,如图 6-107(b)所示。预应力纵向激光喷丸成形 Al2024-T351 中厚壁板的表面峰谷高度为-4.5~5.5μm,如图 6-107(c)所示。两种初始状态纵向激光喷丸成形 Al2024-T351 中厚壁板的表面粗糙度值如表 6-13 所列。与基体材料相比,纵向激光喷丸成形 Al2024-T351 中厚壁板的表面粗糙度值明显增加,主要是由于纵向激光喷丸成形诱导 Al2024-T351 中厚壁板表层严重的塑性变形。基体材料的表面粗糙度值为 *Ra*0.187μm 和 *Rz*1.21μm,自由状态纵向激光

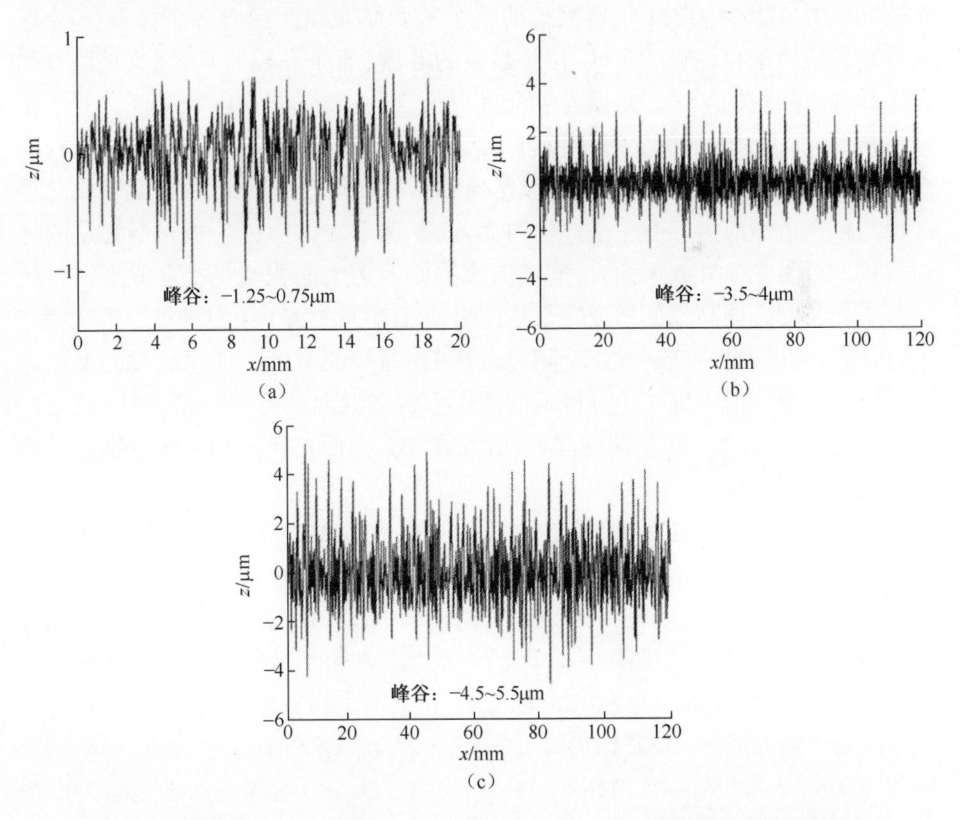

图 6-107 两种初始状态纵向激光喷丸成形 Al2024-T351 中厚壁板的表面峰谷高度
(a)基体材料;(b)自由状态纵向激光喷丸成形;(c)预应力纵向激光喷丸成形。

表 6-13 两种初始状态纵向激光喷丸成形 Al2024-T351 中厚壁板的表面粗糙度值

条件状态	Ra/μm	Rz/μm
基体材料	0. 187	1. 21
激光喷丸成形区域	0. 416	2. 43
预应力激光喷丸成形区域	0. 558	3. 11

喷丸成形 Al2024-T351 中厚壁板的表面粗糙度值为 Ra0. 416μm 和 Rz2. 43μm，预应力纵向激光喷丸成形 Al2024-T351 中厚壁板的表面粗糙度值为 Ra0. 558μm 和 Rz3. 11μm。

3）截面微观组织

为获得不同预应力状态纵向激光喷丸成形对 Al2024-T351 中厚壁板截面微观组织的影响，对 Al2024-T351 中厚壁板的整个截面微观组织进行分析，如图 6-108~图 6-110 所示。由图 6-108~图 6-110 可知，不同预应力状态纵向激光喷丸成形 Al2024-T351 中厚壁板的整个截面微观组织包含 5 个区域，5 个区域分别标记为细化晶粒的Ⅰ区、拉长晶粒的Ⅱ区、原始晶粒的Ⅲ区、拉长晶粒的Ⅳ区和细化晶粒的Ⅴ区。对激光喷丸成形而言，主要关心Ⅰ区和Ⅴ区。对于基体材料而言，Ⅰ区形成的原因为板料上表层的轧制所致。对激光喷丸成形材料而言，Ⅰ区形成的原因为激光冲击波诱导的晶粒细化效应所致，表明晶粒细化Ⅰ区为高幅残余压应力。对于基体材料而言，Ⅴ区形成的原因为板料下表层的轧制所致。对激光喷丸成形而言，Ⅴ区形成的原因为大面积激光喷丸成形诱导的负弯矩和深度方向高幅的梯度残余压应力使 Al2024-T351 中厚壁板产生弯曲变形，从而对Ⅴ区产生挤压塑性变形和形成细化晶粒的Ⅴ区。细化晶粒的Ⅴ区为残余压应力层。为了进一步分析不同预应力状态纵向激光喷丸成形对 Al2024-T351 中厚壁板的Ⅰ区和Ⅴ区的晶粒细化的影响，下面对Ⅰ区和Ⅴ区分别进行详细的微观组织分析。

对比分析不同预应力状态纵向激光喷丸成形对 Al2024-T351 中厚壁板的Ⅰ区晶粒细化的影响。图 6-111 所示为两次纵向激光喷丸成形 Al2024-T351 中厚壁板的上表层微观组织，上表层微观组织产生了严重塑性变形层（SPD）和轻微塑性变形层（MPD）。由图 6-111（a）可知，因为轧制导致的基体材料的 SPD 层和 MPD 层厚度分别约为 820μm 和 888μm。由图 6-111（b）可知，自由状态两次纵向激光喷丸成形 Al2024-T351 中厚壁板的上表层 SPD 层和 MPD 层深度分别约为 946μm 和 959μm。由图 6-111（c）可知，预应力两次纵向激光喷丸成形 Al2024-T351 中厚壁板的上表层 SPD 层和 MPD 层深度分别约为 1171μm 和 1286μm。与基体材料相比，两次纵向激光喷丸成形 Al2024-T351 中厚壁板的 SPD

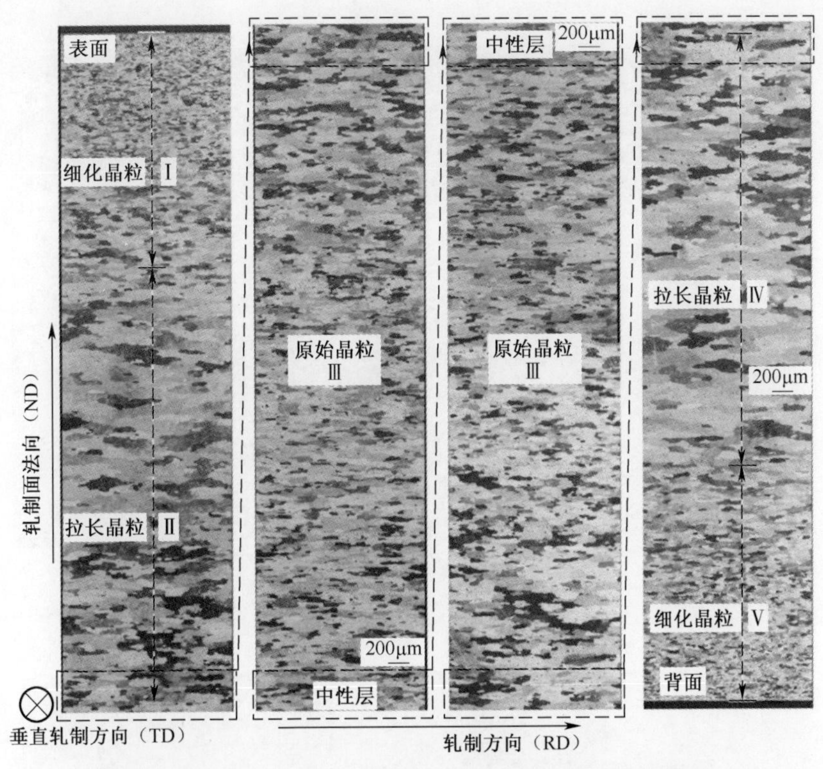

图 6-108　基体 Al2024-T351 中厚壁板的整个截面微观组织

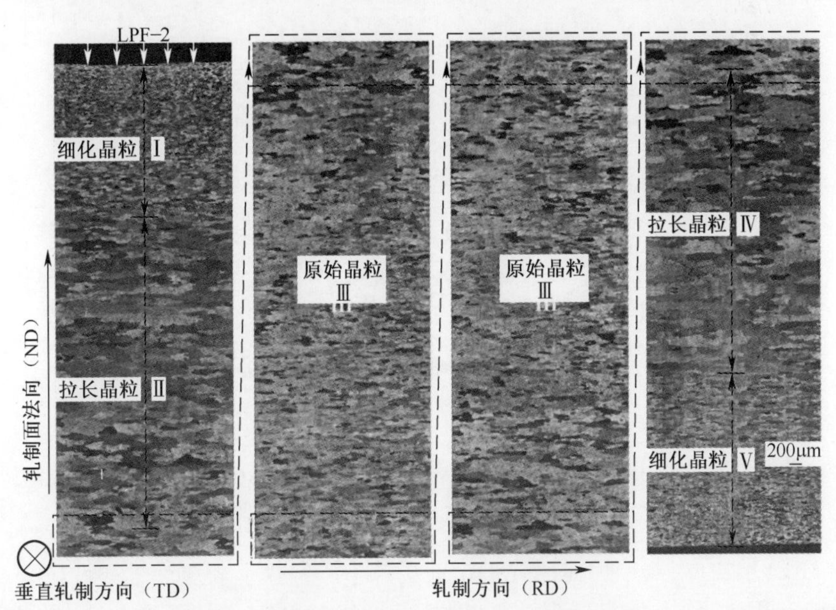

图 6-109　自由状态两次纵向激光喷丸成形 Al2024-T351 中厚壁板的整个截面微观组织

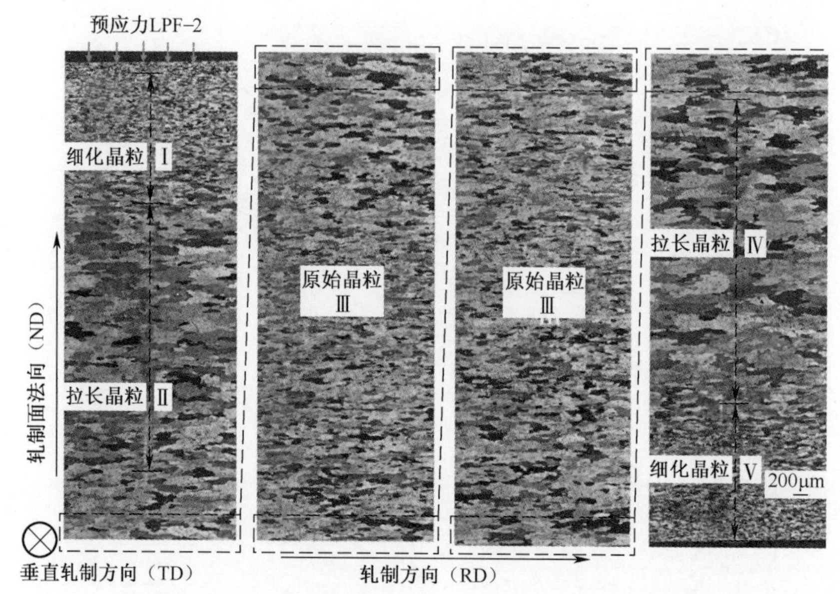

图 6-110　预应力两次纵向激光喷丸成形 Al2024-T351 中厚壁板的整个截面微观组织

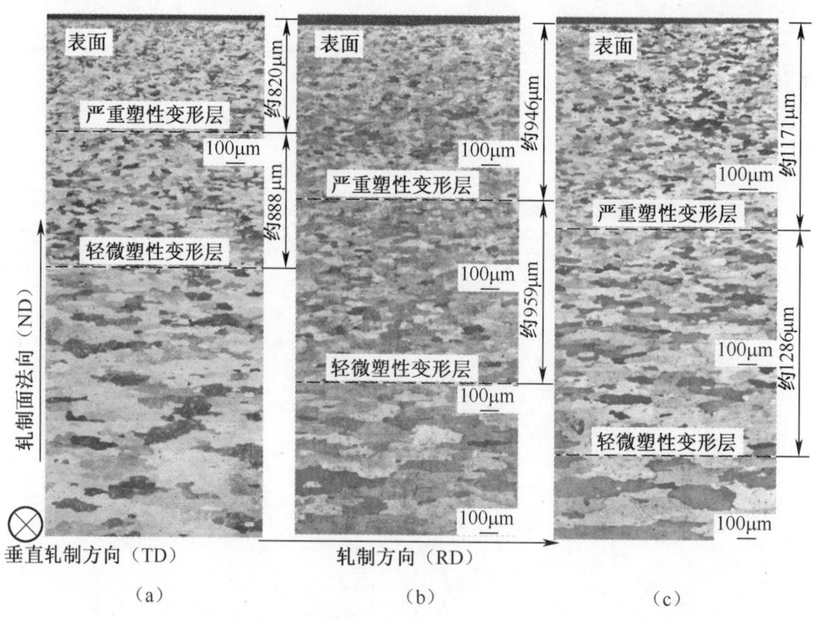

图 6-111　两次纵向激光喷丸成形 Al2024-T351 中厚壁板的上表层微观组织

(a)基体材料;(b)自由状态激光喷丸成形;(c)预应力激光喷丸成形。

层和 MPD 层更厚,其原因是激光冲击波诱导中厚壁板上表层严重塑性应变。与自由状态相比,预应力纵向激光喷丸成形 Al2024-T351 中厚壁板的 SPD 层和

MPD 层更厚,其原因是弹性预应力加载提高了激光喷丸成形 Al2024-T351 中厚壁板上表层的塑性应变,并随着离上表面越远,塑性应变逐步降低,晶粒尺寸逐步增加。相似的研究结果已有报道[217]。另外,与基体材料相比,两次纵向激光喷丸成形 Al2024-T351 中厚壁板的 SPD 层和 MPD 层的平均晶粒尺寸更小。与自由状态相比,预应力纵向激光喷丸成形 Al2024-T351 中厚壁板的 SPD 层和 MPD 层的平均晶粒尺寸更小。基体材料的 SPD 层和 MPD 层的平均晶粒尺寸分别约为 72.34μm 和 131.23μm。自由状态两次激光喷丸成形 Al2024-T351 中厚壁板的 SPD 层和 MPD 层的平均晶粒尺寸分别约为 71.88μm 和 130.22μm,预应力两次激光喷丸成形 Al2024-T351 中厚壁板的 SPD 层和 MPD 层的平均晶粒尺寸分别约为 51.35μm 和 116.67μm。

对比分析不同预应力状态纵向激光喷丸成形对 Al2024-T351 中厚壁板Ⅴ区晶粒细化的影响。两次纵向激光喷丸成形 Al2024-T351 中厚壁板的下表层微观组织如图 6-112 所示。由图 6-112 可知,Al2024-T351 中厚壁板的下表层都产生了 SPD 层和 MPD 层。由图 6-112(a)可知,因轧制而导致的基体材料下表层的 SPD 层和 MPD 层厚度分别为 362μm 和 725μm。由图 6-112(b)可知,自由状态两次纵向激光喷丸成形 Al2024-T351 中厚壁板下表层的 SPD 层和 MPD 层厚度分别约为 720μm 和 750μm。由图 6-112(c)可知,预应力两次纵向激光喷丸成形 Al2024-T351 中厚壁板下表层的 SPD 层和 MPD 层厚度分别约为 920μm 和 920μm。与基体材料相比,两次纵向激光喷丸成形 Al2024-T351 中厚壁板下表层 SPD 层和 MPD 层更厚,其原因是激光喷丸成形诱导 Al2024-T351 中厚壁板下表层产生挤压塑性变形。与自由状态相比,预应力纵向激光喷丸成形 Al2024-T351 中厚壁板的下表层 SPD 层和 MPD 层更厚,其原因是弹性预应力加载提高了激光喷丸成形 Al2024-T351 中厚壁板下表层的挤压塑性应变,并随着离下表面越远,塑性应变逐步降低,晶粒尺寸逐渐增大。与基体材料相比,两次纵向激光喷丸成形 Al2024-T351 中厚壁板下表层 SPD 层和 MPD 层的晶粒尺寸更小。与自由状态相比,预应力纵向激光喷丸成形 Al2024-T351 中厚壁板下表层 SPD 层和 MPD 层的晶粒尺寸更小。基体材料下表层 SPD 层和 MPD 层的晶粒尺寸分别约为 57.33μm 和 110.68μm,自由状态两次纵向激光喷丸成形 Al2024-T351 中厚壁板下表层 SPD 层和 MPD 层的晶粒尺寸分别约为 58.69μm 和 111.12μm,预应力两次纵向激光喷丸成形 Al2024-T351 中厚壁板下表层 SPD 层和 MPD 层的晶粒尺寸分别约为 51.08μm 和 102.08μm。

基于整个截面微观组织分析、上表层微观组织分析和下表层微观组织分析,可以得出两次纵向激光喷丸成形 Al2024-T351 中厚壁板产生凸弯曲变形,并且 Al2024-T351 中厚壁板的上表层和下表层都产生了塑性变形层,如图 6-113 所

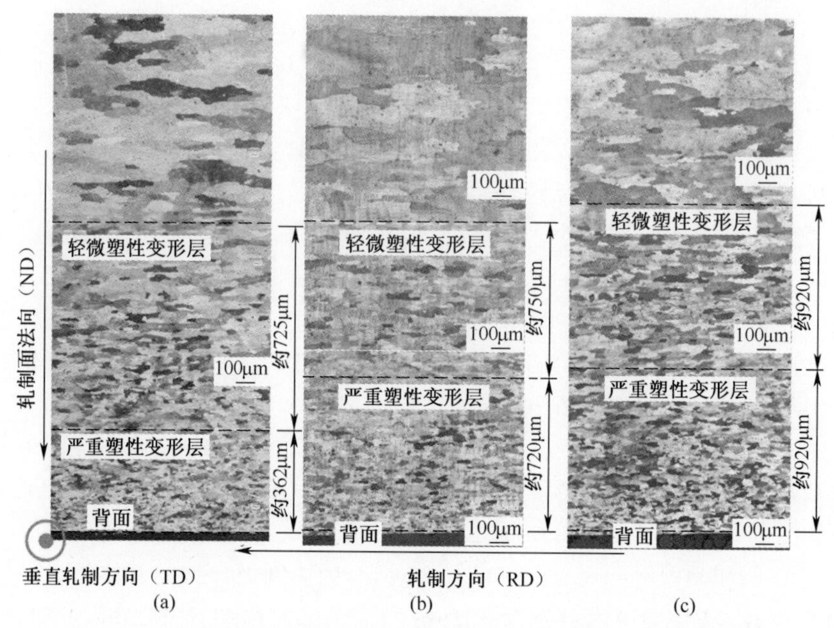

图 6-112　两次纵向激光喷丸成形 Al2024-T351 中厚壁板的下表层微观组织
(a)基体材料;(b)自由状态激光喷丸成形;(c)预应力激光喷丸成形。

示。因此,激光喷丸成形能够诱导 Al2024-T351 中厚壁板上表层和下表层的晶粒细化层,从而有助于 Al2024-T351 中厚壁板的疲劳性能改善。

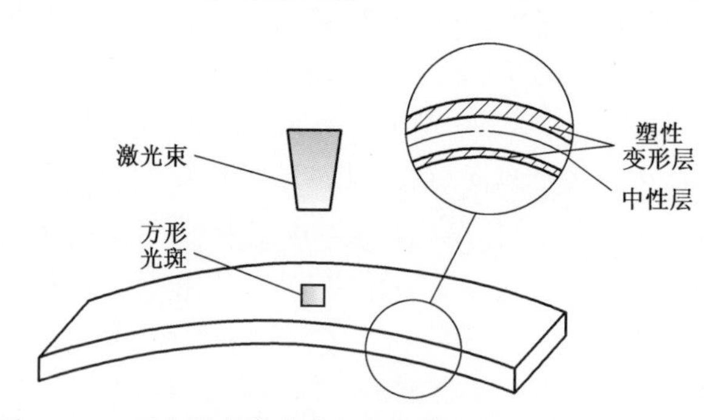

图 6-113　两次纵向激光喷丸成形诱导 Al2024-T351 中厚壁板凸弯曲变形的塑性变形层分布

4）残余应力

两次纵向激光喷丸成形 Al2024-T351 中厚壁板的表面残余应力分布,如图 6-114 所示。试样尺寸为 320mm×102mm×25mm(长×宽×高),冲击区域曲率半径为 9000mm。由图 6-114 可知,两次纵向激光喷丸成形 Al2024-T351 中厚壁板的上表面和下表面都产生高幅残余压应力。激光喷丸成形 Al2024-T351 中厚壁板的上表面高幅残余压应力归因于激光冲击波诱导中厚壁板上表层的高密度位错、晶粒细化和纳米晶[218]。另外,上表面中心处的 x 方向和 y 方向的残余压应力值大于上表面两侧的 x 方向和 y 方向的残余压应力值,归因于上表面中心处产生了更大的塑性应变,如图 6-114(a)所示。两次纵向激光喷丸成形 Al2024-T351 中厚壁板上表面的 x 方向残余压应力分别约为-266.4MPa/左侧、-335.3MPa/中心和-279.5MPa/右侧,上表面的 y 方向残余压应力分别约为-238.2MPa/左侧、-319.4MPa/中心和-308.2MPa/右侧。

两次纵向激光喷丸成形诱导 Al2024-T351 中厚壁板的下表面残余压应力归因于大面积激光冲击强化诱导 Al2024-T351 中厚壁板负弯矩 M_1,从而使中厚壁板产生弯曲变形,于是中厚壁板下表面产生挤压塑性变形。由式(6-23)可知,两次纵向激光喷丸成形诱导 Al2024-T351 中厚壁板下表面挤压塑性应变 ε 为 0.139%。另外,Al2024-T351 壁板的弹性模量 $E=66.23$GPa,因此,中厚壁板下表面残余压应力理论值约为-92MPa。由图 6-114(b)可知,下表面 y 方向的残余压应力分别约为-96.8MPa/左侧、-62.7MPa/中心和-79MPa/右侧,下表面 x 方向的残余压应力分别约为-46.9MPa/左侧、-61.8MPa/中心和-82.4MPa/右侧。因此,两次纵向激光喷丸成形 Al2024-T351 中厚壁板下表面残余压应力理论值与试验值相近。

基于上述试验结果可以得出,纵向激光喷丸成形 Al2024-T351 中厚壁板的上表面和下表面都产生残余压应力。众所周知,疲劳裂纹萌生于材料表面,并且残余压应力能够有效地阻止疲劳裂纹萌生和扩展[219]。因此,纵向激光喷丸成形 Al2024-T351 中厚壁板的上表面和下表面的残余压应力可有效改善 Al2024-T351 中厚壁板的抗疲劳性能。

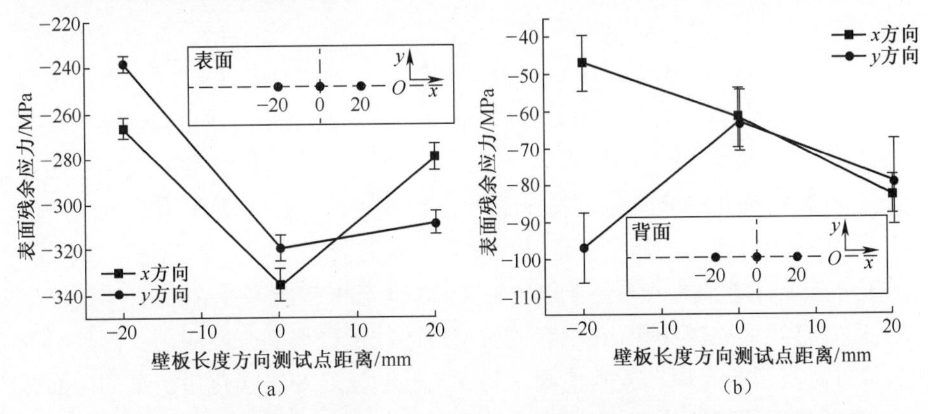

图 6-114　两次纵向激光喷丸成形 Al2024-T351 中厚壁板的表面残余应力分布

(a)上表面;(b)下表面。

第7章 激光冲击强化结构件的质量控制技术

对叶片进行激光冲击强化处理的主要目的是提高叶片的疲劳强度,从而延长使用寿命。因此,对LSP质量最直接的检测手段是进行高频疲劳试验(High Cycle Fatigue,HCF)得到叶片经LSP处理后的疲劳寿命作为质量判断依据。但是该试验是破坏性的,非常昂贵、费时。HCF测试是随机抽样技术并且是粗糙的统计质量测量,无法实现在线质量检测。另外,航空发动机叶片的制造成本非常高,某些特殊叶片单片成本就要数十万元,LSP通常是作为最后一道工艺进行强化,为了检验叶片的LSP质量而对叶片进行破坏性的HCF试验,这在实际生产中不可能推广应用。

在实际生产中,LSP处理后的叶片不可能进行破坏性疲劳试验,欲使激光冲击强化技术得到应用及推广,必须具备激光冲击强化质量的无损检验手段。目前,质量检测技术的相对落后严重阻碍了激光冲击强化处理这一新技术的推广和使用。因此,对于激光冲击强化处理零件的质量检测技术的探索和研究十分有必要和有意义。

7.1 激光冲击强化质量检测技术国内外研究现状

美国LSP技术公司等从1997年开始在航空发动机叶片上应用激光冲击强化技术后,经过十多年工程技术的发展,形成一整套激光冲击强化的快速涂层技术、质量控制技术、在线检测技术等[220]。在工艺稳定并取得大量的实际使用数据后,激光冲击强化的质量保证技术成为近年发展的重点。为了不影响生产的连续性,实时无损评估的质量保证技术是最有效的方案。

国外LSP工艺发展至今已有近30年,20世纪末就已开始在航空工业推广应用,现在已经形成产业化,其配套的质量检测技术也得到开发应用。国外早期的测量方法是用激光探针或其他测量装置来检测激光冲击强化后留下的表面凹坑体积,并根据此凹坑体积(即金属表面塑性变形量)计算出金属表面残余压应力，从而作为工件质量检验的依据。也有人研究利用 X 射线，直接对金属内部的应力分布进行探测来检测工件质量[8]，这一方法已被美国试验与材料学会试验验证过。还有一类方法是利用声音、等离子、工件振动等质量特征信号检测装置，采集每次激光冲击时产生的各种特征信号，并将数据送到计算机中，与预先得到的各特征信号和处理质量的关系函数（此函数做实验得出）进行比较作为检测标准[221]。

国内激光冲击强化工艺的发展迅速，但由于起步时间晚，检测技术相对落后，除了直接或间接的测量残余应力等传统手段外，目前发表的质量检测方法是靠直观判别，通过对工件表面粗糙度与微凹坑进行直观地观察与分析，来判别激光冲击强化效果的好坏，从而达到无损检验的目的。直观判别法的检测方法只是凭借经验来进行直观判断，效率低且完全没有精度保证。由此可见，国内在该领域的研究基本处于空白状态。下面就国内外现有 LSP 质量检测方法作一简单介绍。

1. X 射线衍射测残余应力判别

工件经 LSP 处理后的表面残余压应力直接影响到工件的疲劳寿命，此方法利用成熟的残余应力测量技术——X 射线衍射法直接测量工件被处理区域的残余应力，从而完成质量检测的任务。

X 射线衍射法依据 X 射线衍射原理，即布拉格定律。布拉格定律把宏观上可以准确测定的衍射角同材料中的晶面间距建立确定的关系。材料中的应力所对应的弹性应变必然表征为晶面间距的相对变化。当材料中有应力 σ 存在时，其晶面间距 d 必然随晶面与应力相对取向的不同而有所变化，按照布拉格定律，衍射角 2θ 也会相应改变。因此，有可能通过测量衍射角 2θ 随晶面取向不同而发生的变化求得应力 σ。

2. 凹坑容积判别

工件经激光冲击强化后，由于冲击波的作用，工件会产生塑性形变，在表面形成一个个微凹坑。在一般情况下，微凹坑仅是几微米至二十多微米数值的深度。微凹坑的深度是塑性变形的结果，反映了残余压应力的大小及表面硬度的高低。微凹坑的形貌反映了残余压应力与硬度的分布情况。所以，激光冲击强化的质量可用微凹坑的容积这个指标表示。

美国 GE 公司利用冲击后产生凹坑的容积大小来判断激光冲击强化质量。在该方法中，利用激光干涉仪或激光位移传感器扫描冲击处理前后的工件表面，即可计算得出凹坑的容积。系统首先做一些标定试验，即在激光冲击脉冲参数、工件材料参数等工艺条件确定时，测得凹坑容积大小，并对这些冲击处理后的工件做疲劳试验。如此得到在这些加工参数条件下的“凹坑容积-工件寿命”经验曲线,并得出检测标准(按照所需的额定工件寿命,在曲线图上寻找对应的凹坑容积值,这个值就是该加工参数条件下以凹坑容积为检测指标时的激光冲击强化处理质量检测标准)。在实际工件加工中,用检测得到的容积值对比检测标准值,即可作出质量是否合格的判别。

3. 直观判别

南京大学声学所发表过一种检测方法,是通过对工件表面粗糙度与微凹坑进行直观地观察与分析来判别激光冲击强化效果的好坏,从而达到无损检验的目的[222]。

该方法根据对大量的激光冲击试件进行分析的结果,可将激光冲击区的表面质量分成A、B、C、D 4个等级,以下是各级的表面特征和性能。

A级:光斑均匀,冲击区表面粗糙度不大于未冲击区表面粗糙度,形成一层十分致密的光亮圈,微凹。此等级的工件疲劳寿命最高可延长8倍。

B级:光斑较均匀,表面粗糙度稍增大,气化层厚度均匀,有极少量气化斑点。此等级的工件疲劳寿命一般能提高50%。

C级:离散点状、蜂窝状、大斑块状气化,气化区不均匀,出现以孔为中心向外呈射线状的沟槽。C级已不能反映出激光冲击对材料疲劳寿命的贡献,疲劳寿命增益与表面质量下降所造成的损失几乎相等。

D级:气化强烈,发生熔化,晶粒粗大,形成气化凹坑,表面粗糙,有射线状沟槽。D级已完全不能反映激光冲击对材料疲劳寿命的贡献,疲劳寿命的增益已不足以补偿表面质量下降所造成的损失,材料的疲劳寿命增益降为负。

4. 声压大小判别

在激光冲击强化过程中,每一次激光冲击由于强冲击波产生弹、塑性波,而激光冲击时发出的声压峰值大小与激光脉冲引发的冲击波能量大小是有一定关系的,冲击波的能量大小直接影响到工件加工质量和表面残余压应力。因此,激光冲击强化时发出的瞬时声压可以表征激光冲击强化的效果,可以使用超声声压传感器等装置获取声压信号。

该方法也要做试验进行标定,得到“声压峰值—工件寿命”经验曲线图,或做试验得到激光冲击时的声音能量参数与残余应力、表面粗糙度等直接质量参数的关系曲线,并得出检测标准。在实际加工时,声信号检测传感系统拾取声发射信号并进行处理,得到当前冲击波引发的声音能量参数,将此值与检测标准值进行比较即可做出质量判别。

5. 固有频率判别

本书前面论述到,在激光冲击强化过程中,每一次激光冲击都会在工件表面变形留下凹坑,并使表面出现残余压应力,这会影响工件的固有频率。也就是说,每一次的激光冲击都会使工件的固有频率发生改变,而这个改变是与工件表面残余压应力相关的。如图 7-1 所示,该图为美国专利中得到的叶片振动响应频谱图,该专利采用频谱分析方法得到叶片受冲击后的频谱曲线,并辨识其典型峰值为叶片某阶固有频率。从图中可以看到,叶片受冲击前后固有频率发生了变化。因此,可以检测工件在激光冲击强化处理时的固有频率改变值,以此作为检测指标进行激光冲击强化处理的质量判断。

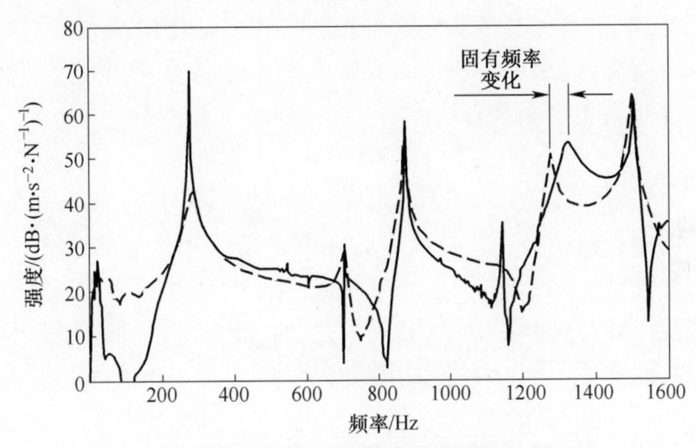

图 7-1 叶片冲击前、后某阶固有频率发生改变

与方法 2 和方法 4 类似,本方法在也必须做标定试验得到在特定加工参数条件下的“固有频率改变值—疲劳寿命”经验曲线图,或做试验得到激光冲击时的声音能量参数与残余应力、表面变形等直接质量参数的关系曲线。如此可得出检测标准(按照所需的疲劳寿命、残余应力或表面粗糙度,在各曲线图上寻找对应的某一阶固有频率改变值,这个值就是该加工参数条件下以该阶固有频率改变值为检测指标时的激光冲击强化处理质量检测标准)。在实际加工时,振动传感系统拾取激光冲击时叶片的振动信号,分析得到叶片固有频率,与前一次冲击时的固有频率值相减,得到固有频率改变值。以此值作为质量检测指标与检测标准,则可以完成激光冲击强化叶片的质量检测。

6. 等离子光谱判别

激光冲击时会在冲击点形成一个瞬时等离子区,在产生冲击波的同时会形成光发射,等离子光辐射的光谱特征与每次冲击的冲击质量相关。美国 GE 公司在 2001 年使用光谱分析仪分析测量 LSP 过程中每次冲击时等离子体的瞬时光谱光强度,并以此参数作为 LSP 工艺的质量表征参数。建立该参数与高周疲劳寿命的经验曲线后,比较每次冲击检测得到的等离子辐射光谱特征参数与经验曲线上的标称值,即可做出 LSP 处理质量是否合格的判断。

7.2 激光冲击强化发动机叶片的固有频率测试

上面提到的各种检测方法都有不完善的地方,尤其是国内目前对激光冲击强化的质量检测研究力度不够,直观判别法只是凭借经验来进行直观判断,效率低且没有精度保证。为了解决激光冲击强化工艺的快速发展和检测技术相对落后的矛盾,中国航空制造技术研究院与北京航空航天大学 2006 年进行了航空科学基金的联合研究,提出一种基于固有频率测试的高效、实时、无损的发动机叶片激光冲击强化质量检测新方法[223]。

7.2.1 测试系统

目前国内测量航空发动机叶片固有频率采用的主要是共振法,该方法的精度往往受到部件精度的影响,实际精度较低。此外,共振法需要逐步改变激振力的频率才能找出叶片的共振频率,费时较长,对于叶片激光冲击强化时固有频率的在线测量难以实现。因此本书采用脉冲激励,通过对叶片响应信号进行频谱分析,辨识出叶片的固有频率。而且由于激光冲击强化处理时会产生巨大的瞬间冲击力,这就相当于对叶片产生一个脉冲瞬态激励,因此采用这种激振方式来测量还能省去激振装置的设计和考虑。激光冲击叶片产生的振动信号被涡流位移传感器及传声器采集后经变送器到达 USB 数据采集卡,将数据传输到计算机,计算机对数据进行处理,整体结构如图 7-2 所示。

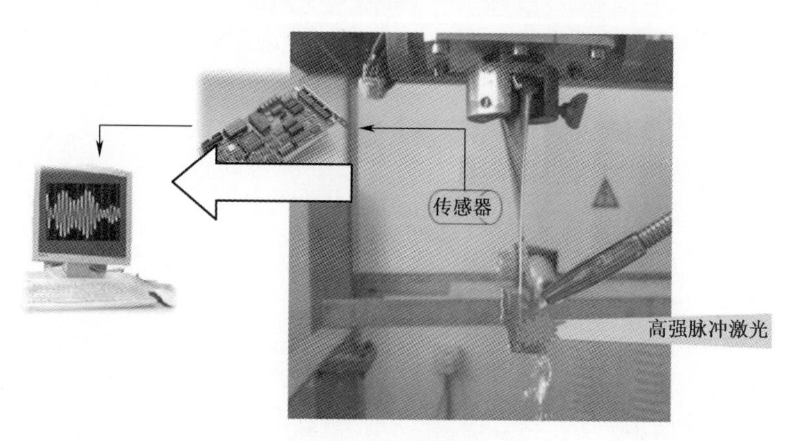

图 7-2 测试系统组成

叶片激光冲击试验在中国航空制造技术研究院调 Q 钕玻璃激光器上进行,试验对象为黎阳航空发动机公司提供的 1Cr11Ni2W2MoV 不锈钢压气机叶片。

1Cr11Ni2W2MoV 是在低碳 12Cr 钢中加入大量的 W、Mo、V 等缩小奥氏体相区的铁素体形成元素。该钢种具有良好的综合力学性能,室温强度、持久强度较高,并有良好的韧性和抗氧化性能。在航空工业中已广泛用于制造 600℃以下的发动机叶片、盘、轴等重要零部件,叶片材料性能参数见表 7-1。

表 7-1　叶片材料性能参数

密度 $\rho/(\mathrm{kg/m^3})$	7800
弹性模量 E/GPa	198
泊松比 ν	0.3
Hugoniot 弹性极限 HEL/GPa	2.62

本试验首先通过监测 LSP 过程中压气机叶片的固有频率和声功率,得到叶片 LSP 过程中固有频率和声功率的变化规律;然后检测处理后叶片冲击点的残余应力,分析叶片残余应力与 LSP 固有频率以及声功率间的关系;最后推导出经验式作为叶片 LSP 质量检测标准。检测叶片实物及冲击点分布分别如图 7-3 和图 7-4 所示。

图 7-3　不锈钢压气机叶片

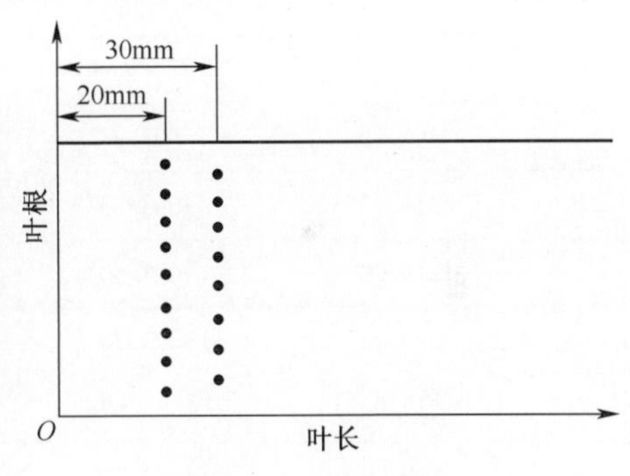

图 7-4　测点分布

试验采用单光斑冲击模式,即各个光斑不互相覆盖,试验过程如下:①将待冲击叶片表面用酒精擦拭干净,给需要冲击的部位贴上铝箔;②安装好叶片及传感器;③调整激光功率及光斑大小、位置;④将水泵打开放水,开始对试件表面进行冲击处理,每次冲击后记录能量计读数。首先将略大于工件的铝箔胶带粘贴于试件表面,检查铝箔与试件之间无气泡后将试件置于工作台,预先调整工作台位置,使激光光斑直径为 5mm(实际光斑形状为椭圆形光斑,长轴和短轴差距不大,近似圆形,故取长轴和短轴的平均值,称为光斑直径),每次冲击后记录能量计读数。

叶片在 LSP 加工时有流水覆盖在其表面,冲击位置不同时,其表面水流状态不同，这会对叶片振动造成影响，从而影响测量精度。通过对不同流水状态下的叶片敲击响应试验发现，流水影响下的叶片二阶固有频率辨识随机误差在0.04Hz以内，而系统对叶片一阶固有频率的辨识随机误差与音叉标定结果一致，也是0.02Hz。

7.2.2 叶片固有频率和残余应力变化

单光斑冲击区残余应力在北京机电研究所进行，检测设备为MSF-2M X射线应力测试仪，该设备的X射线光斑为4mm×4mm，和冲击区的大小相当，测量结果为整个区域的平均值。由于冲击激光光斑为椭圆形，导致叶片激光冲击后产生的残余应力在长短轴方向上不一致。第一组检测第2~7号冲击点的叶片长、宽两个方向残余应力，并得知在叶片长度方向残余应力值较大；第二组检测所有冲击点宽度方向残余应力。

第一组试验中分析叶片冲击后的位移响应信号得到固有频率，并选择其中几个典型点测量其残余应力，最后得到试验结果见表7-2。

表7-2 固有频率测量结果

序号	一阶固有频率/Hz	二阶固有频率/Hz	长度方向残余应力/MPa	宽度方向残余应力/MPa
1	218.76	1093.25		
2	218.93	1093.33	-118	-280
3	219.00	1093.50	-208	-331
4	219.02	1093.78	-311	-418
5	218.96	1093.89	-185	-392
6	219.10	1093.97	-314	-370
7	219.11	1094.03	+22	-146
8	219.18	1094.24		

7.2.3 叶片激光冲击次数与固有频率的关系

观察上述试验数据，列出一阶、二阶固有频率与叶片激光冲击次数的关系曲线，如图7-5和图7-6所示。

由图7-5和图7-6可知，叶片的一阶、二阶固有频率均随着叶片冲击次数增多而增大，且二阶频率对冲击的响应更加敏感，相关性更好。利用线性回归分析方法，推导出叶片固有频率与冲击次数间的一元线性回归方程如下。

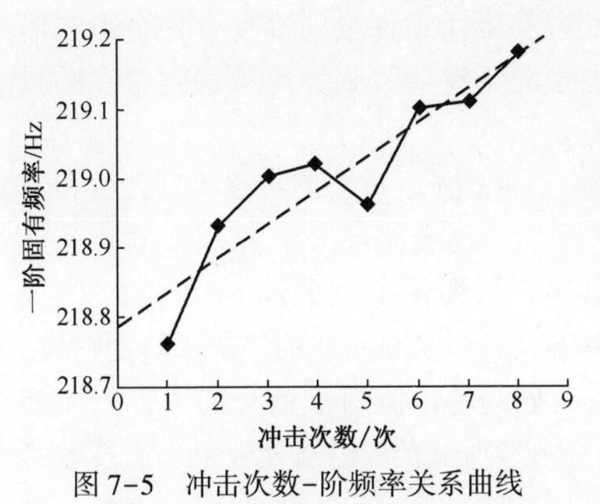

图 7-5　冲击次数-阶频率关系曲线

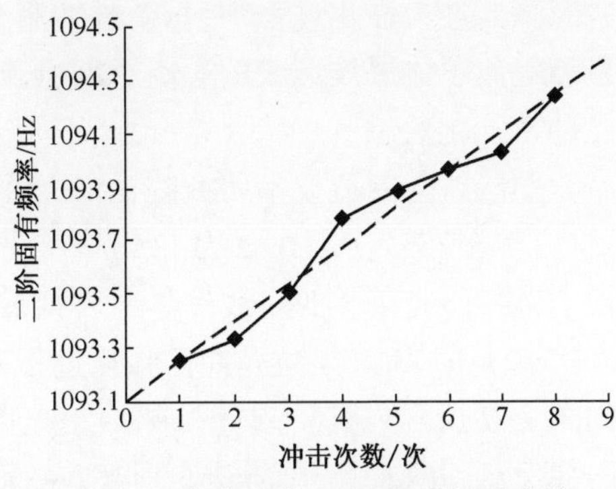

图 7-6　冲击次数-二阶频率关系曲线

一阶固有频率经验曲线为

$$f_1 = 0.0486n + 218.79 \tag{7-1}$$

相关系数 $r_1=0.9142$。

二阶固有频率经验曲线为

$$f_2 = 0.1423n + 1093.1 \tag{7-2}$$

相关系数 $r_2=0.9849$。

式(7-1)和式(7-2)的相关系数都比较接近于1,也就是说,叶片固有频率尤其是二阶固有频率与激光冲击次数呈显著的线性关系。将方程式(7-1)和式(7-2)以虚线形式分别显示在图7-5和图7-6中,作为固有频率随冲击次数变化的经验曲线,可以看到二阶固有频率的测量值与该经验曲线相当吻合。因此,式(7-2)能很好地用于预测和控制叶片LSP工艺过程,即如果LSP过程中某次冲击时,叶片实测二阶固有频率值偏离该经验曲线过多,则可以判定该点加工质量不合格。

7.3　声波信号和等离子体羽表征激光冲击强化效果

激光冲击强化效果的在线检测对于激光冲击强化的工程应用至关重要,目前国内科研单位采用的主要有压电薄膜法和X射线衍射法。压电薄膜法是在工件背面放置PVDF压电薄膜,将工件内冲击波力信号转换成电信号,通过对电信号的分析来反映这次激光冲击强化的质量,其最大缺点在于压电薄膜法设备使用寿命短,在实际生产应用中经济性差。另外,在相同的加工参数下,测量结果受工件的材料及厚度的影响。X射线衍射法是一种离线测量方法,其测量的残余应力本身存在误差,是一种损坏性的方法,并且对测量的材料有限制。

激光冲击强化过程中,每个脉冲激光束和金属工件之间都会有一个声波信号和等离子体爆炸形成的等离子羽,通过检测声波信号和等离子羽图像判断激光冲击强化效果。

中国航空制造技术研究院提出一种激光冲击强化效果的在线检测方法和装置(专利公布号:CN103207178A)[224],它采用声压传感器 8 和声耦合器 9 采集每个脉冲激光束 3 的声波信号并转换成电信号,图像采集平台 14 探测头Ⅰ 12 和探测头Ⅱ 13 采集激光冲击强化过程中吸收层 5 表面形成的等离子体羽图像,如图 7-7 所示。实时测量强脉冲激光束诱导的冲击波声波信号和等离子体羽图像信息,并与标准信号进行对比,从而共同判别激光冲击强化效果。该技术的优点是能够实时、快速、准确地判别激光冲击强化金属工件的质量。

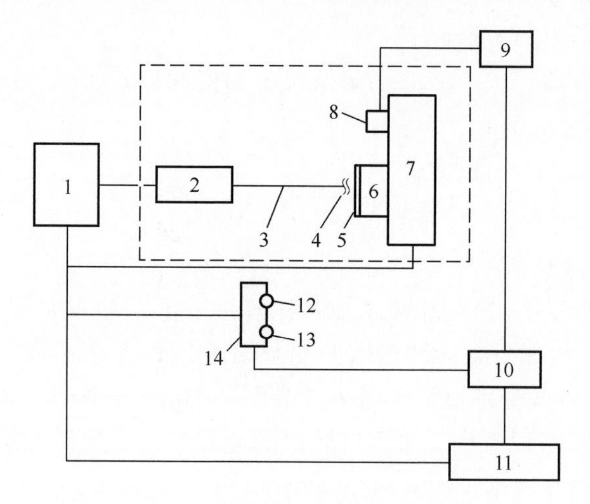

图 7-7　激光冲击强化效果的在线检测装置

1—控制器;2—激光器;3—激光束;4—约束层(水);5—吸收层;6—工件;7—工件固定台;8—声压传感器;9—声耦合器;10—声信号分析;11—控制器;12—探测头Ⅰ;13—探测头Ⅱ;14—图像采集平台。

第 8 章 激光冲击强化焊缝结构件的强化工艺及效果评估

8.1 激光冲击强化焊件的国内外研究现状

激光冲击强化早期的研究主要是针对铝合金焊接接头进行,但是一直没有实质性的应用。随着搅拌摩擦焊的应用研究,美国开展了针对铝合金搅拌摩擦焊接接头的激光冲击强化工艺研究,主要是为了降低焊接结构表面的残余拉应力和解决组织软化问题,以改善其疲劳和耐腐蚀性能。

随着核工业的广泛发展,针对原子反应堆压力容器和管道焊缝的维修问题,日本东芝公司进行了激光冲击强化工艺研究,并开发了一套独特的激光冲击强化设备和工艺[11],如图 8-1 所示。由于核反应堆的空间限制,不能按照常规冲击处理方式布置吸收层,该公司采用的是无吸收层的激光冲击强化技术,并采用光纤传导激光的方式,直接在作为约束介质的水中冲击。2011 年前,日本东芝公司每年需要对 6~10 个核反应堆进行激光冲击强化。2011 年,日本大地震后,福岛第一核电站损毁极为严重,大量放射性物质泄漏到外部。2013 年,这座世界上最大的核电站被永久废弃,日本东芝公司丧失了最大的国内市场,但欧州国家、美国、韩国等开始重视激光冲击强化在核工业上的应用前景。

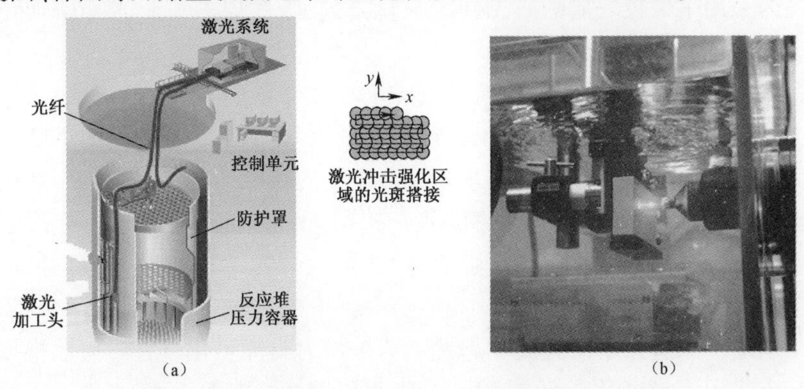

图 8-1 日本东芝公司能源中心核工业激光冲击应用

(a)焊缝的冲击处理示意图;(b)水下冲击试验装置。

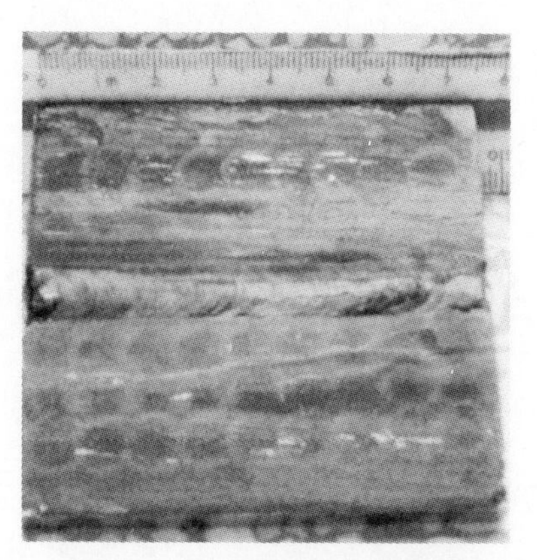

图 8-2 完成焊接的不锈钢板

在国内,开展激光冲击强化技术应用研究的单位主要有中国航空制造技术研究院、空军工程大学、江苏大学等。中国航空制造技术研究院与南京工业大学合作开展了激光冲击强化焊缝抗应力腐蚀裂纹的研究[225]。采用的试验材料为76mm(长)×72mm(宽)×5mm(厚)的1Cr18Ni9Ti不锈钢块,沿长度方向在试块中间进行TIG焊接(图8-2)。以黑漆为吸收层、流水为约束层,采用光斑搭接方式对整个焊缝及热影响区进行激光冲击强化。研究表明,激光冲击强化后焊缝区表现为压应力。为了揭示其机理,中国航空制造技术研究院对激光冲击强化后焊缝的显微组织进行了分析。研究表明,激光冲击强化提高了焊缝及热影响区的位错密度,从而使焊缝区残余应力得到改善。

针对核工业钢结构材料的激光冲击强化,日本采用的是无吸收层的激光冲击强化方式,激光冲击强化依靠焊缝结构自身吸收激光能量在水中产生高温高压的等离子体,并产生激光冲击波,激光冲击强化后焊缝有明显的烧蚀疏松组织。国内采用了带吸收层的激光冲击强化方式,吸收层进行激光冲击强化避免焊缝表面烧蚀和疏松现象。

目前,国际上激光冲击强化技术已成功应用于航空、核电等领域,国内的中国航空制造技术研究院、苏州热工研究院合作开展了激光冲击强化不锈钢结构抗应力腐蚀裂纹的研究。与日本东芝公司早期的核电站在维修过程中才引入激光冲击强化不同,我国的核电站建设处于初期,也是建设的高峰期,在研制之初即考虑激光冲击强化的应用非常必要,而开放式焊接结构的激光冲击强化实施难度会大大降低。

中国航空制造技术研究院在焊接结构抗应力腐蚀强化过程中可以根据不同结构特点采用大光斑激光冲击强化、有吸收层激光冲击强化、小光斑无吸收涂层冲击处理以及与其他强化方式相结合的方式,在提高表面强化效率、强化质量和降低运行成本的同时,也为后期的维护保养储备了相关技术。可以相信通过立足于国内开发,辅以适当的国际合作,我国在激光冲击强化核反应堆焊接结构提高抗应力腐蚀性能方面必将取得突破性进展,为我国清洁能源的发展做出巨大贡献。

另外,随着航空制造技术的发展,在我国新型飞机和发动机结构上也越来越多地采用了焊接技术。因此,在航空焊接结构研制中,激光冲击强化不仅具有广泛的应用前景,而且能改善接头的性能。

8.2 GH30 氩弧焊焊件的抗拉强度和疲劳寿命

在许多焊接结构中,焊缝及热影响区因再结晶或回火软化后力学性能一般比母材差,属薄弱环节,常常通过焊后热处理或应变硬化得以强化。焊后热处理的方法在整个焊接结构中常常是不可能的,提高焊缝热影响区强度很好的替代方法便是应变硬化,如对焊缝进行滚压或爆炸冲击,而这些工艺在一些复杂结构中并不实用或不理想,超声波冲击处理和激光冲击强化是目前很有发展前途的焊后处理工艺[226-227],它们通过应变硬化可大大提高焊缝组织的强度和疲劳性能。本节对 1.66mm 厚的 GH30 板材焊缝组织进行了激光冲击强化的探索性试验,研究激光冲击强化焊缝显微硬度、残余应力分布、抗拉强度和疲劳寿命以及疲劳断口分析[228-229]。

8.2.1 显微硬度和残余应力

1. 试验方法

焊接试件的对接接头采用填丝氩弧焊,丝材在母材上截取,材料焊接成 200mm×300mm 的长方形板块后,对长 300mm 的焊缝进行外观检查,要求无焊接裂纹和明显的焊接变形,再作 X 射线无损检测,选取 X 射线没有检测到焊接裂纹和气孔的位置,按图 8-3 所示的排列方式在焊缝上截取拉-拉疲劳试件和静态拉伸试件,疲劳试件和拉伸试件的尺寸分别如图 8-4 和图 8-5 所示。

为了保证激光冲击强化和未经激光冲击强化试件的好的对比性,待冲击试件和不冲击试件在同一条焊缝上依次轮流截取。为了减小焊缝表面轮廓(凸出或凹下部位的应力集中)对疲劳试验的影响,减小试验数据的分散性,试件切好后对焊缝凸出和凹进的部位磨平抛光,并对待冲击处理的试件中间焊缝进行激光冲击强化,使用染料调 Q 钕玻璃激光设备,脉冲能量为 9~14J,脉宽 20ns,ϕ6mm 的圆形光斑单面冲击,两次叠加,以覆盖 10mm 长的焊缝。在激光冲击强化后进行静态拉伸试验,确定激光冲击强化对焊缝抗拉强度的影响。最后根据未冲击试件的抗拉强度的 0.35~0.65 倍确定疲劳试验的最大应力水平,取应力比 $R=0.1$,对疲劳试件进行对比疲劳试验(疲劳试验中所有加载载荷以试件尺寸实测值计算)。在试验中还辅助进行了焊缝表面显微硬度和表面残余应力的测试,表面残余应力的测定采用 X 射线衍射的方法,辐射面积为 4mm×4mm,为消除抛光对表面应力的影响,测试试验前用化学腐蚀的方法腐蚀掉 0.1mm 表面层。

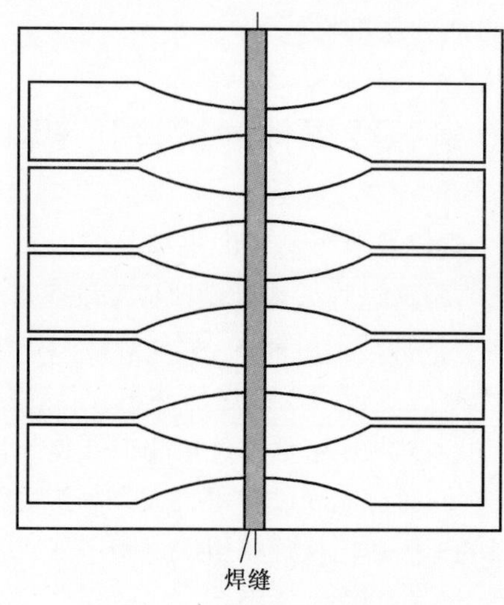

图 8-3 成组试件的截取方式

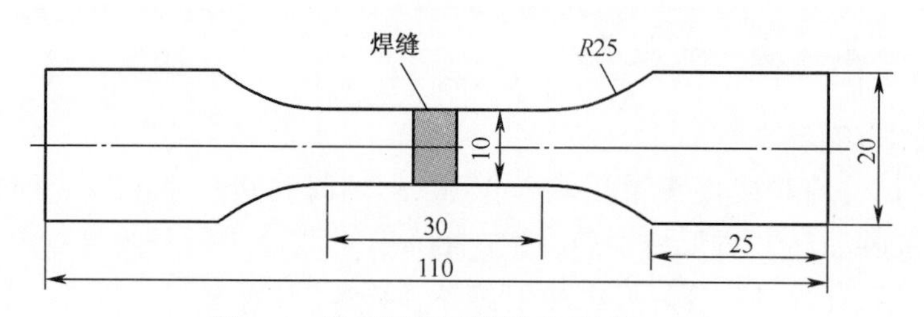

图 8-4 静态拉伸试件尺寸(单位:mm)

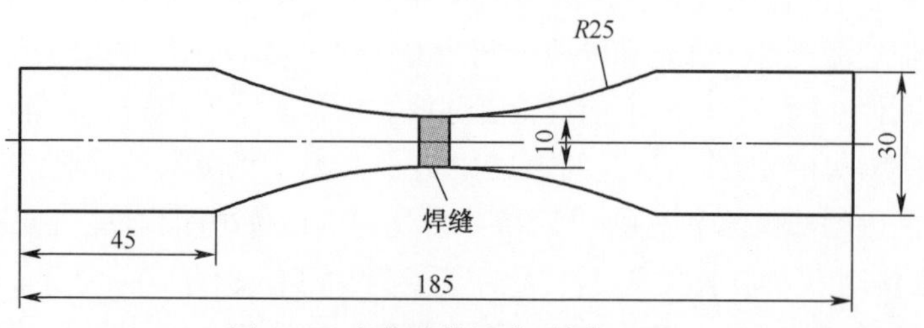

图 8-5 疲劳试件尺寸(单位:mm)

2. 显微硬度

图 8-6 所示为 GH30 氩弧焊焊接接头剖面(图示下表面为焊缝背面),焊缝宽为 7mm。GH30 板材在焊接前为单相奥氏体组织,氩弧焊后焊缝中形成明显的枝晶组织,枝晶基体为奥氏体,轴晶为碳化物。图 8-7 所示为 GH30 板材焊接接头在有/无激光冲击强化条件下的显微硬度分布,硬度是由焊缝中心往外测定的(图 8-8中 y 向)。由图 8-7 可知,GH30 板材焊缝正面和背面硬度水平相当,由于焊缝中枝晶和碳化物的影响,测定点的硬度有较大波动,平均显微硬度为 170HV,焊接热影响区的平均显微硬度约为 230HV。经激光冲击强化后,焊接区的显微硬度明显提高,在激光冲击区中心最大值达到 330HV(图 8-7),整个冲击区平均显微硬度为 280HV,比冲击前的水平提高了 65%。根据以前同一个参数下激光冲击强化 GH30 板材显微硬度随层深分布规律[230],激光冲击强化显微硬度随层深加大而下降,总的硬化层深约 0.5mm,所以激光冲击强化 GH30 板材焊接接头后,由于冲击波产生的应变硬化,焊接区的显微硬度和接头抗拉强度均有明显的提高。

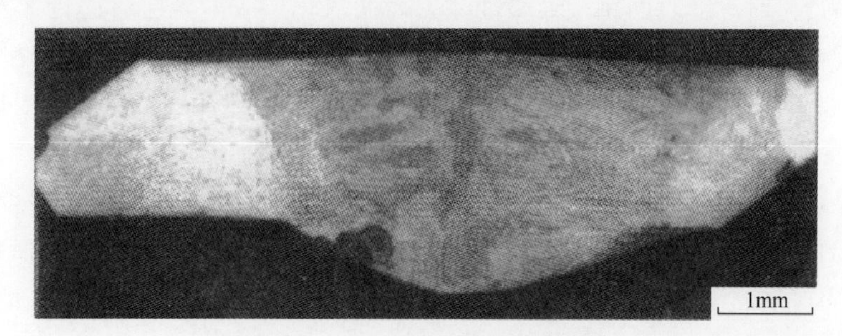

图 8-6 GH30 板材焊接接头截面

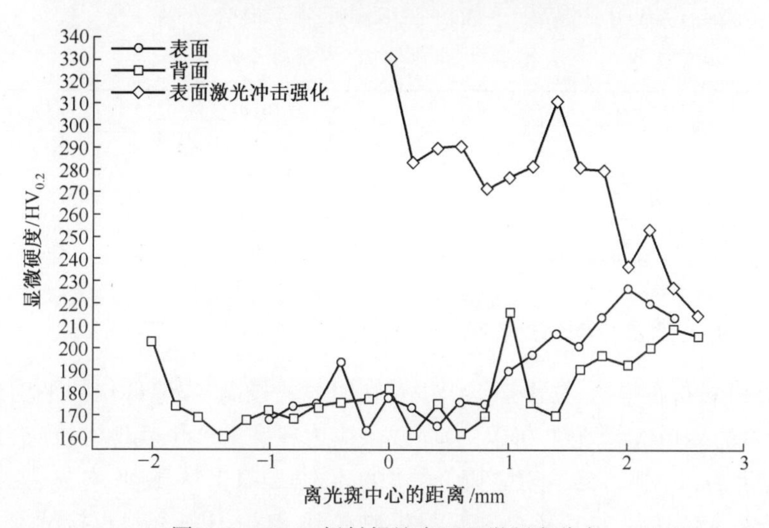

图 8-7 GH30 板材焊缝表面显微硬度分布

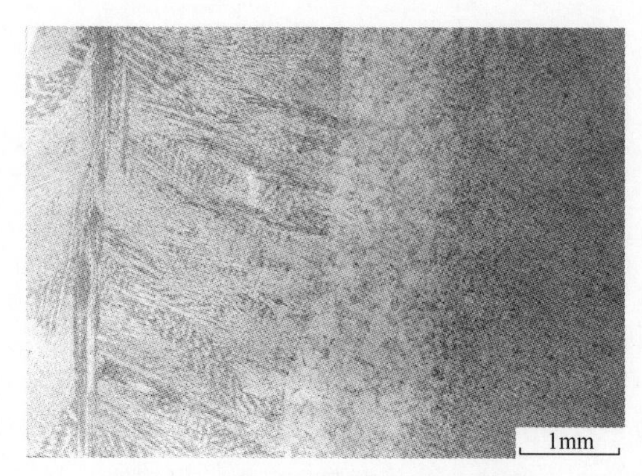

图 8-8 GH30 板材焊缝表面金相图

3. 残余应力

将有/无激光冲击强化条件下 GH30 板材焊缝试样切成小块,释放焊接结构宏观应力,再对焊缝表面用酸液腐蚀除去表面氧化层或抛光层后进行 X 射线残余应力测试,X 射线照射面积为 4mm×4mm。试验中由 X 射线衍射缝反映出 GH30 板材焊缝中有明显的枝晶组织,这与焊缝的金相结果相吻合。根据奥氏体衍射峰所测表面残余应力结果如表 8-1 所列。由表 8-1 可知,经激光冲击强化后,焊接区表面可以获得较高的残余压应力状态,特别是对 σ_y 有明显改变,而 σ_y 对垂直于焊缝方向的拉伸疲劳性能影响很大。另外,根据激光冲击强化表面残余应力区域略大于光斑(两个 ϕ6mm 的光斑搭接)的结果[230]可以看出,GH30 板材焊缝及热影响区处于激光冲击强化区域外,所以 GH30 板材焊接试件在冲击后疲劳寿命没有明显提高,下面进一步作疲劳断口分析。

表 8-1 冲击和未冲击焊缝表面残余应力的对比

状　　态	GH30 板材	
	σ_x/MPa	σ_y/MPa
未强化试样	-93.1	155.8
强化试样	-137.2	-109.8

8.2.2 抗拉强度和疲劳寿命

GH30 板材在焊接后,焊接组织中存在明显的枝晶,焊缝部位的平均显微硬度从母材的 210HV 降至 170HV,表面残余应力在磨平部位表现为拉应力,激光冲击强化后,σ_x 由 155.8MPa 降为 -109.8MPa;冲击区域平均显微硬度为 280HV,最大值达到 330HV,高出母材焊前水平。对 GH30 板材焊接试件进行静态拉伸试验,所测激光冲击强化的试件和未经激光冲击强化试件抗拉强度结果见表 8-2。

由表 8-2 可知,激光冲击强化后的试件抗拉强度明显高于未经激光冲击强化的试件,说明激光冲击强化能提高焊接接头的抗拉强度,提高幅值为 12%。

表 8-2　GH30 板材焊接试件抗拉强度

试样编号	112①	109①	110	111
抗拉强度/MPa	637.9	635.9	588.2	546.2
平均抗拉强度/MPa	636.9		567.2	
①经冲击的试件				

在静态拉伸试验后,接着进行焊接试件室温条件下的拉-拉疲劳试验,采用高频疲劳试验机,以未经激光冲击强化的焊接试件抗拉强度 0.65 倍的应力水平、94~95.5Hz 的频率进行疲劳试验,所做试验结果见表 8-3。

由表 8-3 可知,由于 GH30 板材焊接质量较好,所以焊接试件的性能较为接近,所有试件的疲劳寿命分散度不大,经激光冲击强化的试件疲劳寿命对数变异系数为 0.024。试验结果在 90%置信度下样本容量数满足要求,但存在激光冲击强化的试件与未冲击处理试件疲劳寿命交叉分布的情况。总体而言,激光冲击强化后的试件中值疲劳寿命比未冲击处理试件疲劳寿命有 58%的提高值。由于试验数据较少,强化效果有待进一步验证。

表 8-3　GH30 板材焊接试件疲劳寿命

试样编号	加载应力 σ/MPa	疲劳寿命 N/次	对数	平均疲劳寿命/次
102	368.7	202000	5.305	263633
103	368.7	453000	5.656	
106	368.7	200000	5.301	
104①	368.7	273200	5.436	415911
105①	368.7	504100	5.703	
101①	368.7	520900	5.717	
①经冲击的试件				

8.2.3　疲劳断口分析

图 8-9 所示为未经激光冲击强化的 102 号试件(疲劳寿命 N=202000 次)的疲劳断口宏貌(图 8-9(a))和疲劳条带(图 8-9(b)、(c))。由图可以看出,疲劳裂纹起源于试件中间部位的焊趾,并以扇形辐射方向向整条焊缝平稳扩展,由于疲劳裂纹扩展没有受阻,因此疲劳寿命很短。图 8-9(b)所示为疲劳源心

正上方 500μm 处的条带，条带呈块状出现，条带宽度约 0.8μm。图 8-9(c)所示为疲劳源心侧上方 500μm 处的条带和压痕，由图可以看出密集的条带和垂直方向的压痕，条带宽度约 0.4μm，压痕宽度不均匀。

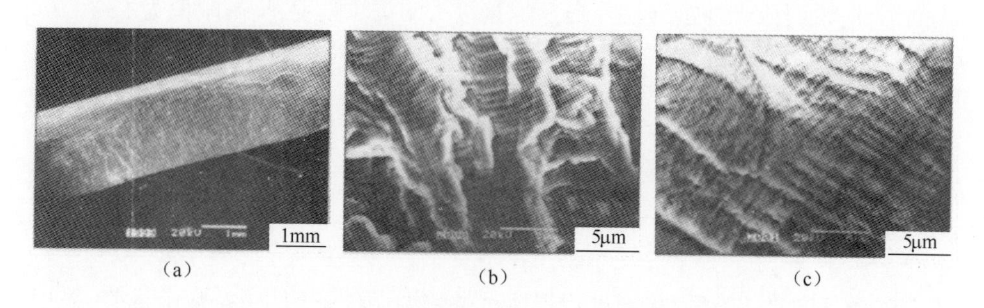

(a) (b) (c)

图 8-9 102 号试件的疲劳断口和疲劳条带

(a)宏观疲劳断口；(b)、(c)疲劳辉纹。

图 8-10(a)所示为经激光冲击强化的 104 号试件(疲劳寿命 $N=273000$ 次)的疲劳断口宏观形貌。由图可以看出，104 号试件疲劳区位于图示的左下端，并存在分块的平滑疲劳扩展区，但没有明显的主疲劳源，裂纹扩展辐射方向也不明显。图 8-10(b)所示为平滑疲劳扩展区中疲劳条带，条带宽度约 1.2μm，分布十分均匀，由此可见，该区域裂纹扩展十分平稳。104 号试件无明显的主疲劳源可归因于激光冲击强化的影响，由于多个初始裂纹源在扩展一段路径后遇应变硬化组织，裂纹受阻而停止扩展。但由于该试件疲劳裂纹在一端厚度方向很快形成了穿透裂纹，应力强度因子 ΔK 急剧增加，导致疲劳裂纹沿宽度方向扩展迅速至 4.5mm 左右瞬断，激光冲击硬化的效果不能有效发挥，所以该试件疲劳寿命明显低于其他经激光冲击强化的试件。

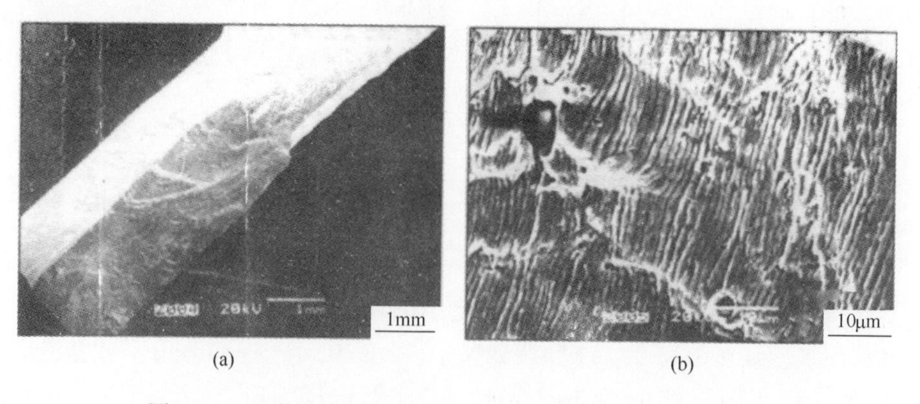

(a) (b)

图 8-10 经激光冲击强化的 104 号试件疲劳断口和疲劳条带

(a)宏观疲劳断口；(b)疲劳辉纹。

8.3 1Cr18Ni9Ti 等离子焊焊件的抗拉强度和疲劳寿命

本节对 1.2mm 厚的 1Cr18Ni9Ti 板材焊缝组织进行了激光冲击强化的探索性试验,研究激光冲击强化焊缝显微硬度、残余应力分布、抗拉强度和疲劳寿命以及疲劳断口分析[228-229]。

8.3.1 显微硬度和残余应力

1. 试验方法

焊接接头为 1Cr18Ni9Ti 等离子焊接接头,材料焊接成 200mm×300mm 的长方形板块后,对长 300mm 的焊缝进行外观检查,要求无焊接裂纹和明显的焊接变形,再作 X 射线无损检测,选取 X 射线没有检测到焊接裂纹和气孔的位置,按图 8-3 所示的排列方式在焊缝上截取拉-拉疲劳试件和静态拉伸试件,疲劳试件和拉伸试件的尺寸分别如图 8-4 和图 8-5 所示。

为了保证激光冲击强化和未经激光冲击强化试件的好的对比性,待冲击试件和不冲击的试件在同一条焊缝上依次轮流截取。为了减小焊缝表面轮廓(凸出或凹下部位的应力集中)对疲劳试验的影响,减小试验数据的分散性,试件切好后对焊缝凸出和凹进的部位磨平抛光,并对待冲击处理的试件中间焊缝进行激光冲击强化,使用染料调 Q 钕玻璃激光设备,脉冲能量 9~14J,脉宽 20ns,ϕ6mm 的圆形光斑单面冲击,两次叠加,以覆盖 10mm 长的焊缝。在激光冲击强化后,进行静态拉伸试验,确定激光冲击强化对焊缝抗拉强度的影响。最后根据未冲击试件的抗拉强度的 0.35~0.65 倍确定疲劳试验的最大应力水平,取应力比 R=0.1,对疲劳试件进行对比疲劳试验(疲劳试验中所有加载载荷以试件尺寸实测值计算)。在试验中还辅助进行了焊缝表面显微硬度和表面残余应力的测试,表面残余应力的测定采用 X 射线衍射的方法,辐射面积为 4mm×4mm,为消除抛光对表面应力的影响,测试试验前用化学腐蚀的方法腐蚀掉 0.1mm 表面层。

2. 显微硬度

图 8-11 所示为 1Cr18Ni9Ti 等离子焊焊接接头截面(图示下表面为焊缝背面),焊缝宽为 5mm 左右。

1Cr18Ni9Ti 板材焊接后焊缝中间部位的显微硬度从母材的 195HV 降为 170HV,激光冲击强化后的硬度水平略有提高,达到母材水平。这是因为 1Cr18Ni9Ti 板材在等离子焊接过程中产生相变马氏体,减弱了激光冲击强化产

图 8-11 1Cr18Ni9Ti 等离子焊接接头截面

生形变马氏体对提高显微硬度的作用，因此对抗拉强度影响不大。

3. 残余应力

将有/无激光冲击强化条件下 1Cr18Ni9Ti 板材焊缝试样切成小块，释放焊接结构宏观应力，再对焊缝表面用酸液腐蚀除去表面氧化层或抛光层后进行 X 射线残余应力测试，X 射线照射面积为 4mm×4mm。1Cr18Ni9Ti 板材焊缝中有明显的马氏体衍射峰，但仍以奥氏体衍射峰为主，根据奥氏体衍射峰所测表面残余应力结果如表 8-4 所列。由表 8-4 可知，经激光冲击强化后，焊接区表面可以获得较高的残余压应力状态，特别是对 σ_y 有明显改变，而 σ_y 对垂直于焊缝方向的拉伸疲劳性能影响很大。另外，根据激光冲击强化表面残余应力区域略大于光斑（两个 ϕ6mm 的光斑搭接）的结果[230]，可以看出激光冲击强化区域能完全覆盖 1Cr18Ni9Ti 板材焊缝及热影响区，下面进一步作疲劳断口分析。

表 8-4 冲击和未冲击焊缝表面残余应力的对比

状 态	1Cr18Ni9Ti 板材	
	σ_x/MPa	σ_y/MPa
未强化试样	134.3	-109.8
强化试样	—	-204.8

8.3.2 抗拉强度和疲劳寿命

1Cr18Ni9Ti 板材在焊接后，焊缝部位的平均显微硬度从母材的 195HV 降至 170HV，X 射线衍射表明，焊接组织中存在明显的马氏体衍射峰，主要组织仍为奥氏体，表面残余应力在磨平部位为拉应力（奥氏体相），激光冲击强化后 σ_y 变为-204.8MPa。1Cr18Ni9Ti 板材焊接试件静态拉伸试验所测激光冲击强化的试件和未经激光冲击强化试件抗拉强度结果见表 8-5。

由表 8-5 可知，激光冲击强化后的 141 号试件抗拉强度和未经激光冲击强化的 122 号试件接近，但激光冲击强化后的焊接试件平均水平仍略高于未经激光冲击强化的试件，说明激光冲击强化能提高焊接接头的强度，提高强度的幅值不大,仅为5%。这是因为不锈钢焊接过程中产生了相变马氏体,强度接近母材水平,减小了激光冲击强化产生形变马氏体对强度的影响。

表 8-5 1Cr18Ni9Ti 板材焊接试件抗拉强度

试样编号	122	123	141①	142①
抗拉强度/MPa	637.1	592.3	639.7	648.0
平均抗拉强度/MPa	614.7		643.9	

在静态拉伸试验后,接着进行疲劳试验,所做试验结果见表8-6。由表8-6可知,而未经激光冲击强化的201~204号试件疲劳寿命值分散性较小,在90%的置信度下可以满足对比样本的要求,这时激光冲击强化的试件在未断裂条件下的疲劳寿命仍明显高于对比样本。由此结果可以认为,激光冲击强化能大幅度提高1Cr18Ni9Ti板材疲劳寿命,提高值在300%以上,这是因为激光冲击强化可以消除焊缝表面残余拉应力,获得较高的残余压应力状态,这对疲劳性能十分有利。

表 8-6 1Cr18Ni9Ti 板材焊接试件疲劳寿命

试样编号	加载应力/MPa	频率/Hz	疲劳寿命 *N*/次	平均疲劳寿命/次
119	450.7	80.0	56500	
201	321.9	93.0	418700	326.6
202	321.9	90.0	256700	
203	321.9	84.0	111600	
204	321.9	90.1	948500	
120①	322.0	88.1	2319600+	
	386.3	90.0	3974300+	
	450.7	90.0	1112800+	
	515.1	88.0	86500	
121①	321.9	89.0	1024000+	
117①	321.9	87.6	2986400+	
注:"+"指未疲劳断裂,继续加载;①指经冲击的试件				

8.3.3 疲劳断口分析

图8-12所示为未经激光冲击强化的106号试件(疲劳寿命 N=200000次)的疲劳断口宏观形貌(图8-12(a))和疲劳条带(图8-12(b))。由图8-12可知,有一个疲劳裂纹起源于试件下角,辐射方向不明显,导致厚度方向整条断面

边线向另一边扩展,断口上尽管有一个直径小于$\phi 0.1$mm 的气孔,但是处于裂纹扩展后期,对路径无影响。由于多个疲劳裂纹交汇作用,断口在微观上存在脊线和韧窝,分布在不同方向脊线周围的条带(图 8-12(b))宽度和方向也有所不同。

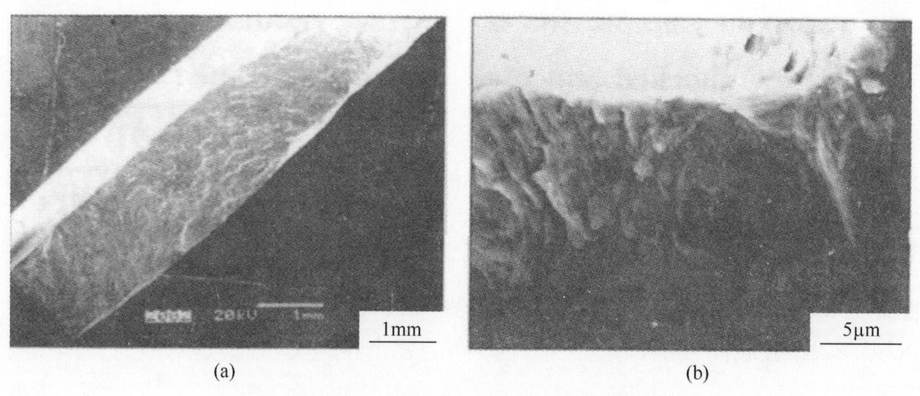

图 8-12　106 号试件的疲劳断口和疲劳条带

(a)宏观疲劳断口;(b)疲劳条带。

图 8-13 所示为经激光冲击强化的 105 号试件(疲劳寿命 $N=273000$ 次)的疲劳断口和疲劳条带。主裂纹源为角裂纹,但扩展路径不同于 104 号试件。在扩展初期即受阻,其疲劳扩展区中疲劳条带,条带宽度为 0.6~0.7μm,在平滑疲劳区中大片分布。但是疲劳条带方向各异,并有谷峰谷底形貌,说明激光冲击强化在焊缝组织中产生大量的位错[230],形成网状硬化组织阻碍了裂纹的扩展,从而延长了试件的疲劳寿命。

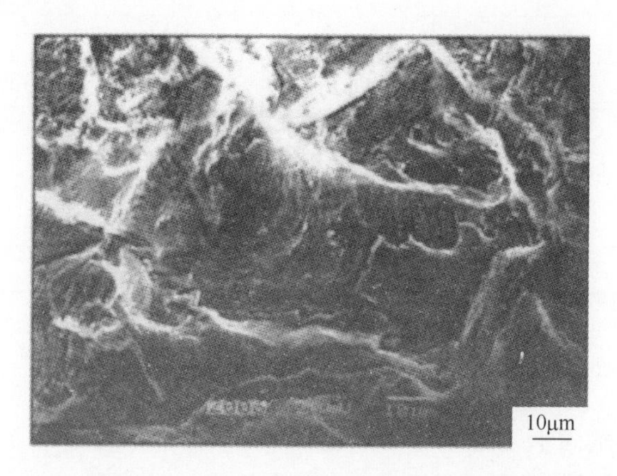

图 8-13　经激光冲击强化的 105 号试件疲劳断口和疲劳条带

8.4 多次激光冲击 TC4 钛合金 TIG 焊件的力学性能和疲劳寿命

8.4.1 显微硬度和微观组织

TC4(Ti-6Al-4V)钛合金是在航空航天领域及其他工业领域得到大量应用的一种金属材料。国内钛合金零部件焊接通常采用常规直流 TIG 焊工艺,然而常规直流 TIG 焊工艺焊接 TC4 钛合金,容易出现粗大组织等缺陷,使接头质量降低。通常采用焊后热处理工艺对钛合金 TIG 焊接接头进行处理,以提高焊接接头质量。但是对于一些大型钛合金焊接构件很难进行整体焊后热处理,而且焊后热处理工艺选择不当,会使接头组织粗化、母材性能弱化[231-232],使接头质量难以得到大幅提高。

激光冲击强化诱导金属材料表层晶粒细化和高幅残余压应力,可以改善材料力学性能。因此开展多次激光冲击强化 TC4 钛合金钨极惰性气体 TIG 焊接接头研究工作。采用优化的 LSP 处理工艺对在航空航天工业领域及其他工业领域得到大量应用的 TC4 钛合金 TIG 焊接接头进行焊后处理,不但可以避免由于焊后热处理工艺选择不当导致的接头组织粗大及母材性能弱化的问题,而且可以不受空间限制,对大型焊接构件进行焊后处理。

本节采用 LSP 技术对 TC4 钛合金 TIG 焊缝进行冲击强化处理,检测焊缝的表面硬度、微观金相组织、接头拉伸力学性能、接头疲劳寿命和疲劳断口,并将测试结果分别与未经激光冲击强化的焊缝进行对比分析,研究 LSP 工艺对 TC4 钛合金 TIG 焊缝力学性能和微观结构的影响[231-232]。这对于拓展钛合金焊接零部件在航空航天及其他工业领域的应用范围将会起到促进作用。

1. 试验材料和工艺方案

TC4 钛合金是一种中等强度的 $\alpha+\beta$ 两相型钛合金,其化学成分的质量分数如表 8-7 所列。TC4 钛合金板材焊接工件的规格为 200mm×150mm×2.5mm,采用常规直流 TIG 焊工艺进行填丝对接焊,焊丝为直径 1.0mm 的 TA1 钛合金,焊接工艺参数如表 8-8 所列。

对于焊后的 TC4 钛合金,根据《钛及钛合金电子束焊质量检验》(HB 5484—1991)的要求对焊缝进行 X 射线探伤检测,对于接头质量达到 I 级标准的焊接接头进行 LSP 处理。

激光冲击强化焊缝工艺参数:铝箔吸收层,均匀水约束层,能量 40J,脉宽 30ns,方形光斑尺寸为 3.9mm×3.9mm,光斑搭接形式如图 8-14 所示。方形光斑搭接形式用于单次激光冲击强化,圆形光斑直径为 4.5mm,光斑搭接形式如图 8-15 所示。圆形光斑用于多次激光冲击强化,垂直于焊缝的焊接方向,依次冲击 5 次,使 LSP 处理的范围覆盖焊缝、热影响区(HAZ)和部分母材的区域。为了避免铝箔吸收层破裂而失去保护作用,对于 LSP 处理二次以上的工艺,采用多次更换铝箔的方式进行处理,焊缝正面和反面的 LSP 处理方式相同。

LSP 处理完成后,选择部分试样,测试其表面硬度。并分别根据《金属材料室温拉伸试验方法》(GB/T 228—2002)与《金属轴向疲劳试验方法》(GB 3075—1982)制备拉伸试样、疲劳寿命检测试样。试样外观及尺寸如图 8-16 所示,焊缝位于试样中部。利用 Instron8801-50kN 液压伺服试验机测试接头的拉伸力学性能、疲劳寿命。同时,对未经 LSP 处理的焊接接头进行检测。

表 8-7　TC4 钛合金化学成分　　　(%质量分数)

Al	V	Fe	C	N	H	O	Ti
5.5~6.8	3.5~4.5	≤0.3	≤0.1	≤0.05	≤0.015	≤0.2	其余

表 8-8　TC4 钛合金 TIG 焊工艺参数

电流/A	电压/V	焊接速度/(mm/min)	电弧长度/mm	氩气流量/(L/min)		
				背面	保护托罩	喷嘴
165	11	200	3	1~2	15	13

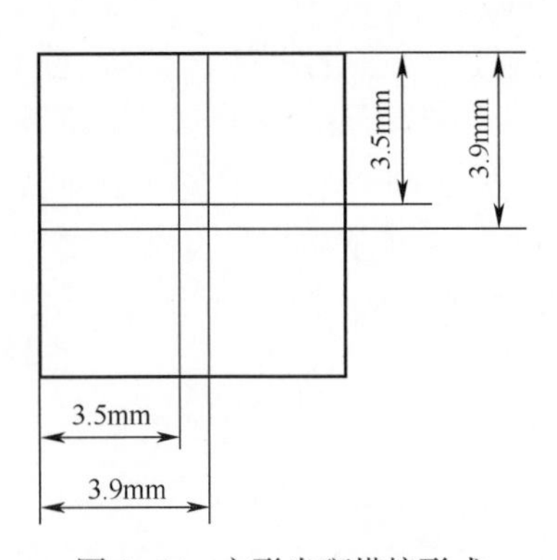

图 8-14　方形光斑搭接形式

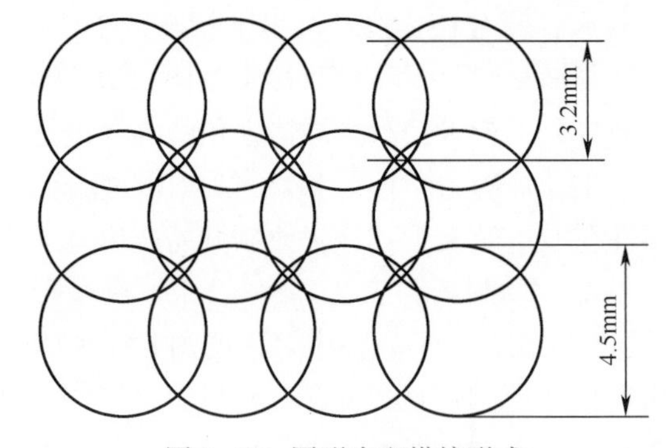

图 8-15　圆形光斑搭接形式

2. 表面显微硬度

焊缝维氏硬度测试需要保证试样表面平整度较好,采用磨制金相的工艺会破坏 LSP 处理的焊缝表面强化层,显然不能选择该工艺。焊缝背面几乎没有余高,而且表面粗糙度低、平整度较好,因此,选择焊缝背面测试其维氏硬度。测试焊缝表面维氏硬度的设备为 DHV-1000 显微硬度仪,加载后停留时间为 15s。

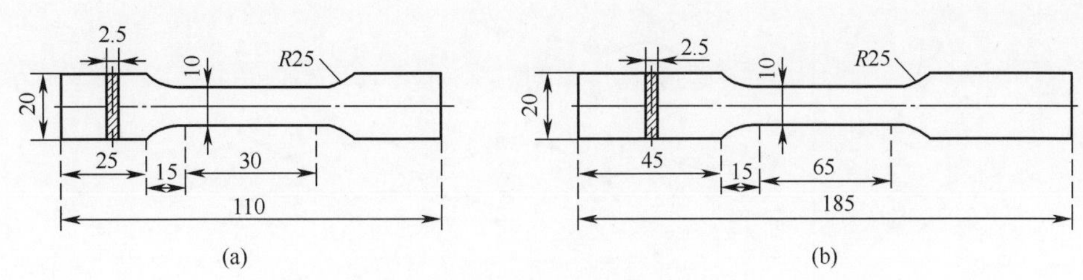

图 8-16　试样外观及尺寸(单位:mm)

(a)拉伸试样;(b)疲劳寿命检测试样。

在试样下表面,垂直于焊速方向,从焊缝中心线至母材,每隔 0.5mm 选取一个测试点,如图 8-17 所示。对方形光斑单次激光冲击强化焊缝与未经 LSP 处理的焊缝采用测试载荷 4.9N 进行维氏硬度检测,将所获得的试验数据绘制成图 8-18 所示曲线。

从图 8-18 中可以看出,在焊缝区,未经 LSP 处理的 TIG 焊缝区表面硬度高于热影响区,硬度差最大为 710MPa,这与 TC4 钛合金 TIG 焊熔池凝固结晶过程中生成的针状马氏体 α′相有关。经过 LSP 处理后,焊缝区、热影响区的表面显微硬度差别不大,硬度差最大为 200MPa,焊接接头显微硬度趋于一致。与未经 LSP 处理的焊缝相比,经过 LSP 处理后,焊缝表面的显微硬度降低,而焊缝热影响区显微硬度有所提高。

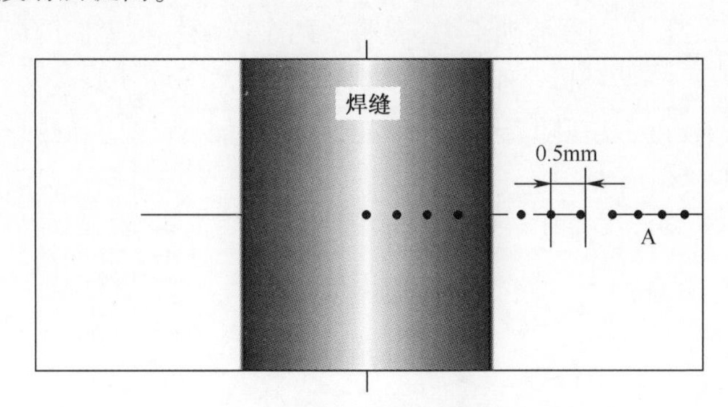

图 8-17　焊缝显微硬度测量位置

由于激光冲击波压力可以达到 GPa 量级,在冲击焊缝区时,冲击区会产生明显的塑性变形,而且冲击区会有一个瞬时急热急冷的过程,可能会诱发冲击区材料发生相变[230,233],使原来 TC4 钛合金 TIG 焊缝中大量存在的针状马氏体 α′相数量减少,导致焊缝区域表面显微硬度降低。相关文献在研究塑性变形对镁合金微观组织与性能的影响时提出[234],金属基面在挤压过程中旋转导致剪切应力集中,使晶界处出现晶格旋转,大角度晶界大量产生,在剪切应力集中区域

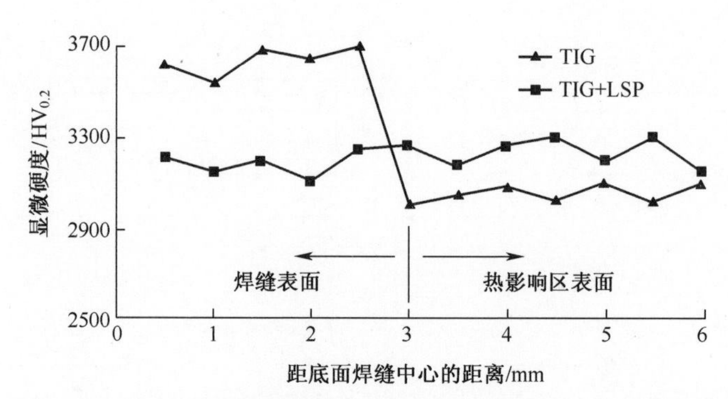

图 8-18 单次方形光斑激光冲击强化焊缝背面从焊缝中心线至基体材料横向显微硬度分布

晶粒得到显著细化。LSP 处理热影响区时,激光冲击会导致塑性变形区内细小晶粒数量增加,使得该区域表面显微硬度增大。有关 LSP 处理诱发相变的深入研究将在后续工作中展开。

圆形光斑多次激光冲击强化焊缝,采用测试载荷为 500g 的测试焊缝背面维氏硬度,试验结果如图 8-19 所示。由图 8-19 可知,与未经 LSP 处理的 TC4 钛合金 TIG 焊接接头相比,经过 1 次、2 次、4 次和 6 次 LSP 处理的焊接接头,焊缝区的材料表面显微硬度降低,热影响区材料表面的显微硬度升高,焊缝区与热影响区材料表面的显微硬度波动不大,表明这两个区域材料表面的微观硬度趋于一致。对比不同次数 LSP 处理的 TC4 钛合金 TIG 焊接接头焊缝区、热影响区材料表面的显微硬度,发现随着 LSP 处理次数的增加,焊缝区和热影响区材料表面的显微硬度逐渐增大。

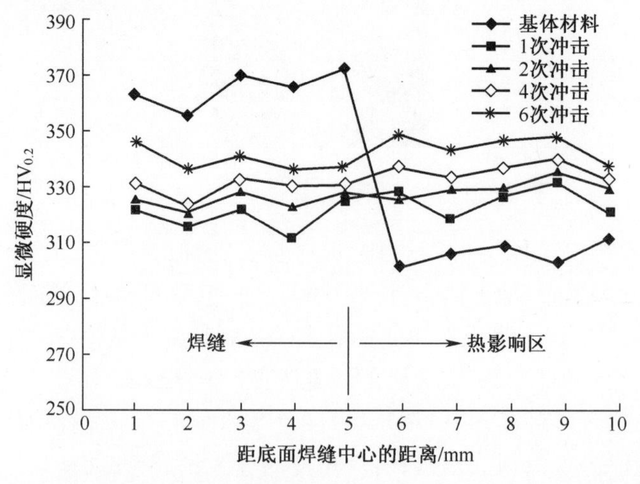

图 8-19 多次圆形光斑激光冲击强化焊缝背面从焊缝中心线至基体材料横向显微硬度分布

3. 金相微观组织

图 8-20(a)、(b)分别为未经 LSP 处理与圆形光斑 3 次 LSP 处理的焊缝横截面靠近材料表面的 SEM 显微组织。由图可以看出,未经 LSP 处理的焊缝,其微观组织为长针状 α′相及板条状 α 相贯穿整个 β 相晶粒,针状 α′相之间相互平行。Ti 马氏体 α′相存在高位错密度和孪晶[235]。针状 α′相组织的出现造成了大量的相界,使焊缝区的硬度被加强。经过 LSP 处理的焊缝,靠近材料表面几乎没有看到贯穿整个 β 相晶粒的长针状 α′相,针状 α′相数量减少。通常 α+β 型钛合金,焊缝硬度增加是由于针状马氏体 α′相大量产生引起的,α′相数量减少会使得焊缝硬度降低。在图 8-20(b)中离材料表面较远的区域,大板条和粗大针状组织得以保留,说明在所选择的 LSP 处理工艺条件下,激光冲击作用对于离材料表面较远 β 相晶粒内的大板条和粗大针状组织的影响较小。

图 8-20(c)、(d)分别为未经 LSP 处理与经过 3 次 LSP 处理的接头熔合线附近指向母材一侧,靠近材料表面的显微组织。图 8-20(c)所示为未经 LSP 处理的接头,熔合线附近靠近母材区域组织为粗大等轴 α+β 组织,并且还能较明显地看到母材的轧制方向。图 8-20(d)所示的显微组织,母材上的轧制方向几乎看不见,除了较粗大的等轴 α+β 组织外,还出现大量的细小等轴晶粒,在材料

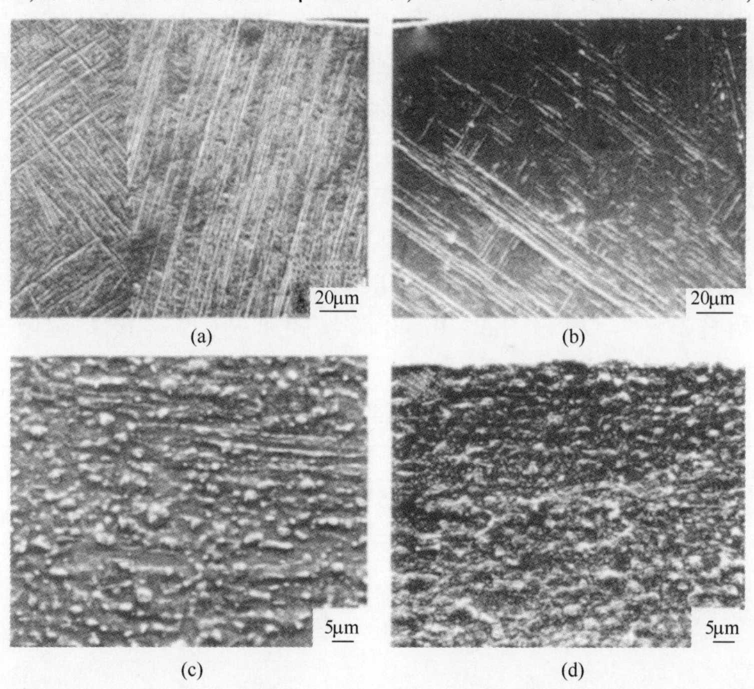

图 8-20 圆形光斑 3 次激光冲击强化和未激光冲击强化 TC4 钛合金焊接接头显微组织

表面,细小等轴晶粒弥散分布在表面附近区域,离材料表面较远的区域,细小等轴晶分布在粗大的等轴 α+β 组织之间。经过 LSP 处理的接头,材料表面出现大量细小等轴晶,有助于提高材料表面的显微硬度。

8.4.2 拉伸性能和疲劳寿命

1. 接头拉伸性能

根据国标《金属材料室温拉伸试验方法》(GB/T 228—2002),在室温 25℃、以 1mm/min 的速率进行 TC4 钛合金焊接接头拉伸性能检测。单次方形光斑和多次圆形光斑激光冲击强化焊缝,未经 LSP 处理的接头,拉伸断口出现在焊缝区。经过 LSP 处理的接头,拉伸断口均出现在离焊缝中心较远的母材区。获得的试验数据如表 8-9 所列。

从表 8-9 中可以看出,与未经 LSP 处理的 TC4 钛合金 TIG 焊接接头相比,经过不同次数 LSP 处理后,TC4 钛合金 TIG 焊接接头抗拉强度、屈服强度增加不是很明显,断后延伸率有不同程度提高。在所选择的试验条件下,与未 LSP 处理接头相比,方形光斑单次 LSP 处理的接头,其抗拉强度、屈服强度平均值分别增加了 5.6%、8.2%,断后延伸率平均值也得到大幅提高,增加了 66%。圆形光斑 2 次 LSP 处理的接头与 1 次 LSP 处理的相比,其抗拉强度和屈服强度的平均值降低很小,在 1%以下,但断后延伸率平均值降低了 27%;3 次 LSP 处理的接头与 1 次 LSP 处理的相比,其抗拉强度、屈服强度和断后延伸率的平均值分别降低 5.5%、8%和 36.5%。

经过 LSP 处理后,接头的拉伸断口出现在母材上,说明接头的抗拉强度达到甚至超过母材。这是由于 LSP 处理使焊缝、热影响区表面产生强烈的塑性变形,引起塑性变形区域内微观组织发生变化;同时 LSP 处理又使位错密度大幅提高[236],根据 Hall-Petch 关系式可知,焊接接头强度会得到提高。

表 8-9 TC4 钛合金 TIG 焊接接头 LSP 处理及未处理的拉伸性能

冲击次数/次	抗拉强度 σ_b/MPa	屈服强度 $\sigma_{p0.2}$/MPa	伸长率 δ/%
0	1017.56	901.53	6.50
	1006.24	890.06	7.02
	1010.09	903.25	6.61
1	1071.02	954.14	11.34
	1066.22	986.05	11.12
	1069.03	975.02	10.98

（续）

冲击次数/次	抗拉强度 σ_b/MPa	屈服强度 $\sigma_{p0.2}$/MPa	伸长率 δ/%
2	1060.45	952.26	7.64
	1071.10	960.56	8.68
	1063.13	970.51	8.00
3	999.24	879.54	7.04
	1015.90	904.53	7.00
	1012.35	899.06	7.21

2. 接头疲劳寿命

经过方形光斑单次 LSP 处理前后的 TC4 钛合金 TIG 焊接接头的拉伸疲劳性能如表 8-10 所列，采用的最大应力 σ_{max} = 600MPa，应力比 R = 0.1，测试频率 f = 30Hz，波形为正弦波。对于试验中断裂于母材的试验数据在表 8-10 中没有列出。从表中可以看出，采用 LSP 工艺对 TC4 钛合金 TIG 焊接接头进行焊后处理，有助于提高接头的疲劳寿命。与未经 LSP 处理的 TC4 钛合金 TIG 焊接接头相比，经过 LSP 处理的接头，其平均疲劳寿命提高了 36.3%。

国内外大量的研究表明，达到 GPa 量级的激光冲击压力，不仅使冲击区出现塑性变形，而且还会存在很高的残余压应力。

在拉伸疲劳试验过程中，对于经过 LSP 处理的焊接接头，由于表面残余压应力的存在，可以起到负平均应力的作用[237]，削弱试验过程中拉应力的影响，从而延缓疲劳裂纹的产生及扩展速度，使接头的疲劳寿命提高。

表 8-10　TC4 钛合金 TIG 焊接接头 LSP 处理及未处理接头的疲劳寿命

处理技术	试样编号	疲劳寿命 N/次
TIG	1	68373
	2	56583
	3	54348
	4	60135
TIG+LSP	1	75913
	2	83266
	3	86579
	4	80638

8.4.3 疲劳断口分析

疲劳断口形貌如图 8-21 所示。通过仔细观察对比,经过 LSP 处理与焊态的疲劳断口后,发现未经 LSP 处理接头的疲劳断口,具有明显的疲劳源,典型的宏观断口形貌如图 8-21(a)所示。裂纹从疲劳源开始,垂直于应力方向,向焊缝内部扩展,疲劳断口比较平整,表明裂纹扩展过程受阻力较小。从整个疲劳断口可以明显观察到疲劳裂纹扩展初期、中期、后期的疲劳条带。经过 LSP 处理过的接头疲劳断口如图 8-21(b)所示。整个疲劳断口很难观察到裂纹扩展初期、中期的疲劳条带,仅能找到疲劳裂纹扩展后期的疲劳条带。

(a) (b)

图 8-21 TC4 钛合金焊接接头疲劳断口全貌

图 8-22 为这两种接头疲劳裂纹扩展后期的疲劳条带,相对于经过 LSP 处理的接头,未经 LSP 处理的接头裂纹扩展后期的疲劳条带较宽,条带宽度约为 1.2μm;经过 LSP 处理的接头,接头裂纹扩展后期的疲劳条带方向性很差,而且疲劳条带较窄,如图 8-22(b)所示。由图可知,即使在裂纹扩展后期,裂纹的疲劳扩展速率也很小。这可能与采用 LSP 处理后接头内位错密度大幅提高,形成的网状组织阻碍了裂纹的扩展路径有关。

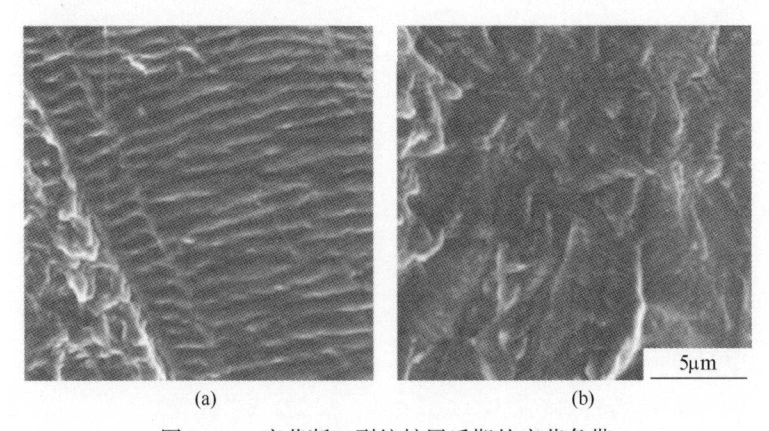

(a) (b)

图 8-22 疲劳断口裂纹扩展后期的疲劳条带

沿焊缝熔深方向，在距离表面 0.5mm 左右的区域，观察瞬断区的韧窝形貌特征，观察到的韧窝如图 8-23 所示。从图 8-23(a) 中可以看出，未经 LSP 处理的接头，疲劳瞬断区焊缝表层的韧窝为典型的剪切韧窝，粗大与细小韧窝相互交错。表明由 TC4 钛合金熔池凝固结晶过程中，由 β 相相变产生的 α 相与针状 α′相的大小不均匀。从图 8-23(b) 经过 1 次 LSP 处理的 TIG 焊接接头拉伸断口处的韧窝，由于断口出现在靠近熔合线附近的母材区，因此韧窝为大量等轴韧窝。经过 2 次和 3 次 LSP 处理的 TIG 焊接接头拉伸断口均出现了图 8-23(c)、(d) 所示的韧窝，只是经过 3 次 LSP 处理的接头，拉伸断口中存在图 8-23(d) 所示的韧窝所占比例更大些。经过 5 次和 6 次 LSP 处理的 TIC 焊接头拉伸断口如图 8-23(e)、(g) 所示，图 8-23(f)、(h) 分别为图 8-23(e)、(g) A 区局部放大图，图 8-23(f) 出现凸出韧窝，图 8-23(e) 中 B 区出现大且浅韧窝，图 8-23(h) 出现均匀的细小和凸出韧窝，图 8-23(g) 中 B 区出现大且浅韧窝，同时存在沿晶断裂的痕迹。

在 LSP 处理时，冲击区域的材料会产生强烈的塑性变形，并伴随瞬时急热急冷过程，使得冲击区材料发生相变[237]。随着冲击次数的增加，焊缝表面、热影响区表面的显微硬度增加，说明随着冲击次数的增加，由 LSP 处理产生的塑性变形诱发材料相变的效果越明显。LSP 处理使材料表面变形诱发的相变是一个急热急冷的过程，相变产生的等轴晶长大过程迅速终止。但是等轴晶向外长大的痕迹得到保留，这样拉伸断口中便出现了图 8-23(d) 所示的韧窝。至于在经过不同次数 LSP 处理的同一接头中会出现图 8-23(c)、(d) 所示的韧窝，可能由于不同的原始 β 相内 α 相和 α′相产生的塑性变形不一样，由塑性变形诱发的相变程度也不一致，从而导致同一个拉伸断口中不同区域出现的韧窝形状不同。

对于 TC4 钛合金 TIG 焊焊缝，其原始的焊缝组织为粗大 β 相包围着 α 相与针状 α′相，不同的 β 相内，α 相与针状 α′相的取向不一致，这就造成了不同取向的 α 相与针状 α′相与激光冲击作用力的方向之间存在角度差，使得在承受同等激光冲击作用力的情况下，与激光冲击作用力方向夹角大的 α 相与针状 α′相出现严重的塑性变形。又由于受到 LSP 处理时伴随的瞬时急热急冷，瞬时急热使得变形大的区域内产生新的等轴状 α+β 再结晶组织并有所长大，随后而来的急冷过程使晶粒长大停止，晶粒不会严重粗化。这样疲劳断口的瞬断区便出现了图 8-23(f)、(h) 所示的大量具有外凸特征韧窝。上述 LSP 处理过的焊缝靠近材料表面区域微观组织中 α′相数量的减少也说明了所述观点的正确性。

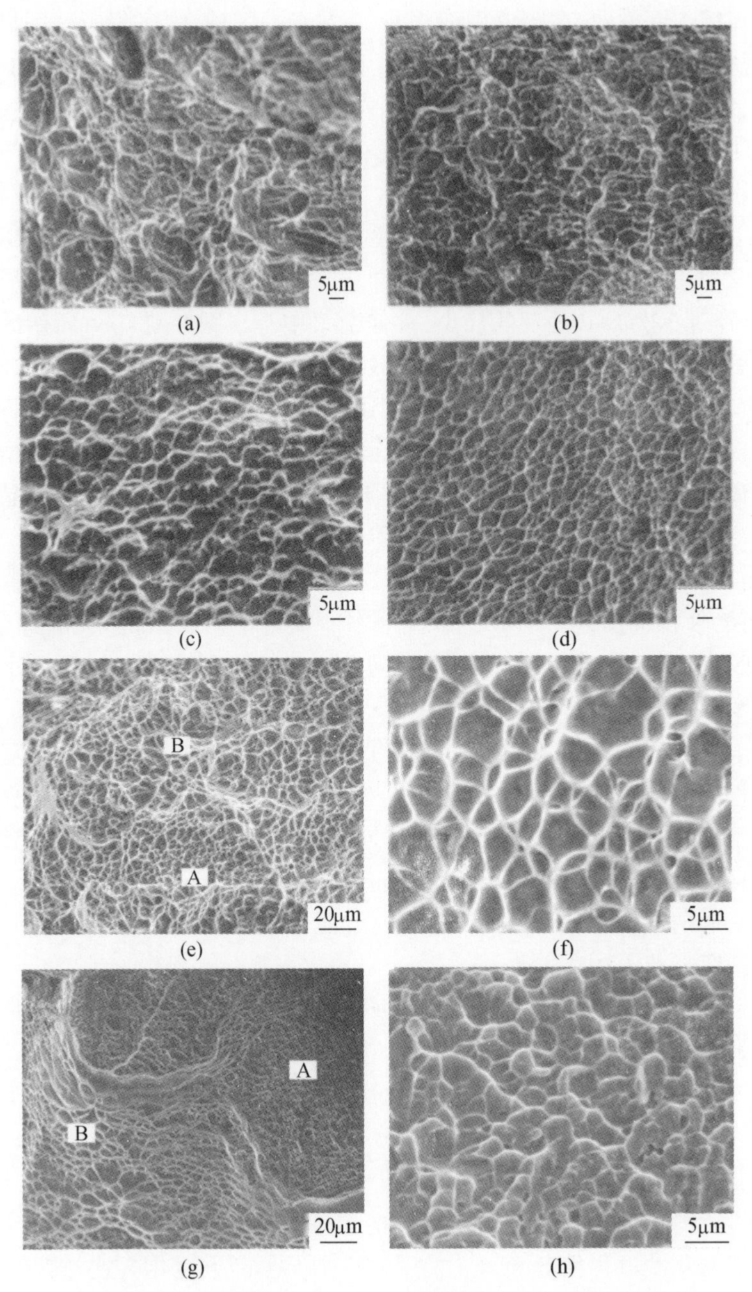

图 8-23　不同冲击次数下试样疲劳断口瞬断区韧窝

(a)未冲击强化;(b)1 次冲击强化;(c)2 次冲击强化;(d)3 次冲击强化;
(e)5 次冲击强化;(f)为图(e)A 区放大图;(g)6 次冲击强化;(h)为图(g)A 区放大图。

8.5 双面不同顺序激光冲击 TC4 钛合金激光焊薄板的力学性能和疲劳寿命

8.5.1 显微硬度和残余应力

采用激光焊对 TC4 钛合金试板进行焊接,焊接方向垂直于试板轧制方向,先对试板进行对接激光深熔焊,然后采用激光散焦焊对焊缝正面进行修饰,焊后进行真空去应力退火,退火温度为 650℃,真空度 9×10^{-2}Pa,保温 1.5h 后随炉缓冷。退火后的焊接试板经线切割制成疲劳试件,其尺寸如图 8-24 所示。疲劳试件分成 3 组,A 组不做激光喷丸处理;B 组先强化焊缝正面,再强化焊缝背面;C 组先强化焊缝背面,再强化焊缝正面。

激光喷丸试验采用 Nd:YAG 纳秒脉冲激光器,脉冲能量为 25J,脉宽为 15ns,频率为 1Hz,冲击光斑直径为 4mm。采用光斑搭接的方式,光斑之间的搭接率为 40%,可以将试件焊缝区、热影响区以及部分母材区全部覆盖。

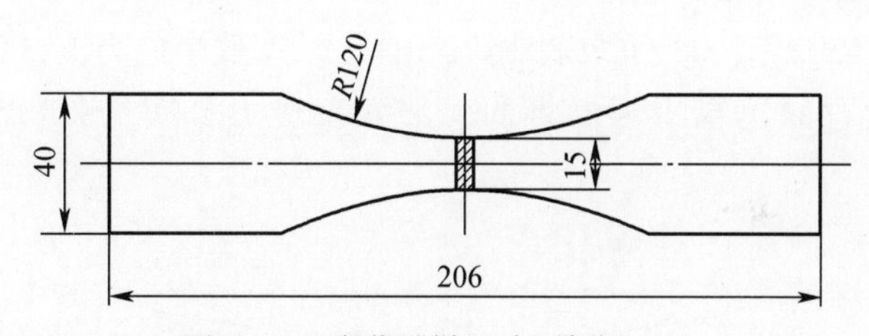

图 8-24 疲劳试样尺寸(单位:mm)

1. 焊缝背面显微硬度变化

图 8-25 所示为焊缝背面近表面的显微硬度分布[238]。由图 8-25 可知,焊缝背面存在明显的咬边缺陷,应力集中情况严重,这一区域的显微硬度的变化对于整个焊接试样力学性能改善具有重要意义。未强化试样熔合区的显微硬度明显要高于母材区,这与 TC4 钛合金在激光焊快速凝固冷却阶段生成的针状马氏体 α′相有关,随着测试点的位置由焊缝中心向母材移动,所测部位经历的焊接峰值温度和温度梯度逐渐下降,针状马氏体 α′相含量不断减少,显微硬度下降至 330HV。由于激光焊接接头的熔合区和热影响区较窄,从熔合区中心到热影响区边缘不到 1mm 的区域内显微硬度下降梯度较大,尤其是距焊缝中心 0.6~0.8mm 的焊缝咬边区域,显微硬度值开始大幅度降低,不利于抑制该处裂纹的萌生。经过两种不同冲击顺序双面激光喷丸强化后,咬边区域的显微硬度均有提升,且 C 组试样强化后热影响区的显微硬度要高于 B 组试样。焊缝表面显微

硬度的提高有利于抑制疲劳裂纹的萌生,从而提高焊接试样的疲劳寿命。

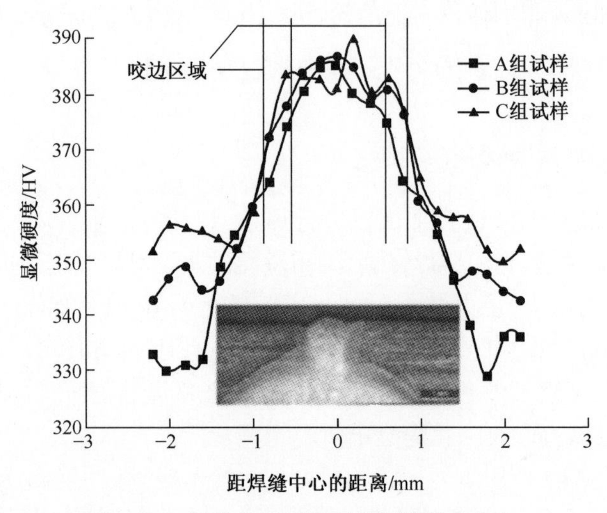

图 8-25　焊缝背面近表面的显微硬度分布

2. 焊缝背面残余应力变化

依据 EN 15305—2008 标准,采用 LXRD 大功率残余应力测试仪上测试 3 组疲劳试件焊缝背面垂直于焊缝方向上的残余应力分布,测试点位置分布如图 8-26所示。

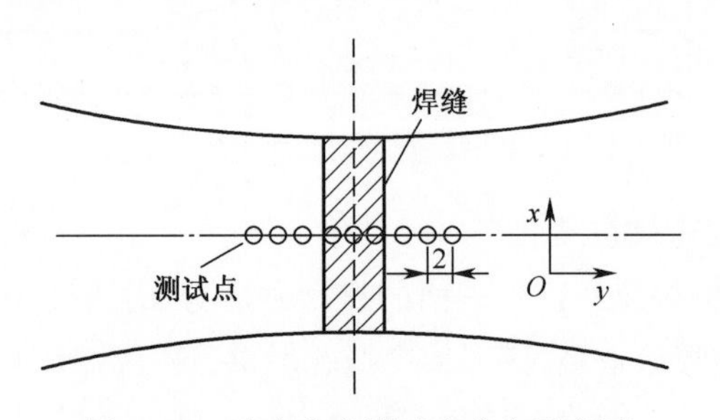

图 8-26　残余应力测试点分布示意图

图 8-27 所示为焊缝背面的残余应力分布[238]。从图中可以看出,两组双面激光喷丸试样焊缝背面的残余应力状态相对于未强化试样都有了质的变化,由残余拉应力状态转变为残余压应力状态。强化后残余压应力峰值都位于焊缝咬边附近,B 组试样和 C 组试样焊缝背面的残余压应力分布存在明显的差异,C 组试样焊缝周围残余压应力幅值整体要高于 B 组试样,在焊缝咬边处达到峰值,为-564. 37MPa,B 组试样焊缝的残余压应力峰值为-317. 86MPa,C 组试样的残余压应力峰值是 B 组试样的 1. 8 倍,其焊缝背面的强化效果更为显著。

由于疲劳裂纹主要在焊缝背面咬边的应力集中部位萌生,咬边处高幅值的残余压应力可以平衡循环载荷的最大拉应力。残余压应力一方面削弱了最大拉应力的影响,减小裂纹尖端应力强度因子 ΔK_{max},从而降低裂纹扩展速率,另一方面改变了循环应力比 R 值,当最小拉应力转变为最大压应力时,R 值由正数变为负数,根据应力比 R 对疲劳裂纹扩展阈值 ΔK_{th} 影响的经验式[239]为

$$\Delta K_{th} = (1 - R)^{\gamma} \Delta K_{th0} \tag{8-1}$$

式中 ΔK_{th0}——应力比 R 为 0 时裂纹扩展阈值;

γ——试验测得的常数,其值在 0~1 之间变化。

R 值符号的改变引起疲劳阈值的提高,从而抑制疲劳裂纹源扩展为裂纹。

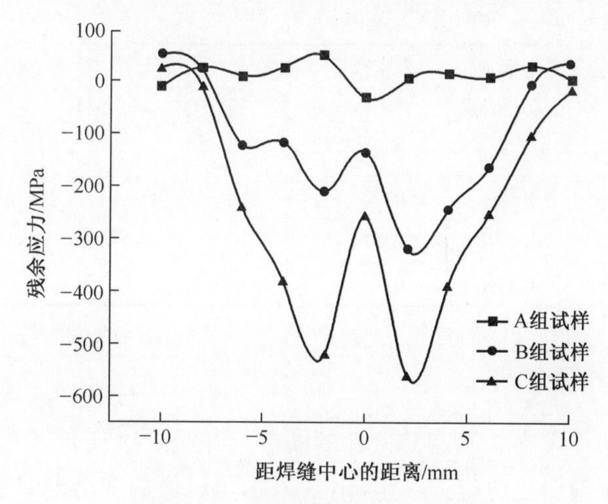

图 8-27 焊缝背面残余应力分布

8.5.2 中值疲劳寿命比较

将 3 组疲劳试样在 MTS810 试验机上进行拉-拉疲劳试验,试验温度为室温,最大载荷为 520MPa,应力比 $R=0.1$。为了对比不同处理状态下试板的疲劳寿命,每组疲劳试样在相同的最大载荷 520MPa 下进行疲劳试验,统计每组试样的疲劳循环次数,分别进行成组对比分析。首先将 B 组试样和 A 组进行对比,取显著度 α 为 5%和 10%。对两组试样疲劳寿命的母体标准差进行 F 检验,以确定两组试样疲劳寿命的分散性是否存在显著差异。再对两组试样疲劳寿命的平均值进行 t 检验,以确定两组试样疲劳寿命平均值是否存在条件误差。然后选取置信度 $\gamma=95\%$,对比两组试样的中值寿命[240],计算结果见表 1[238]。其中方差 S^2 代表每组试样疲劳寿命的分散性,F 值为两组试样疲劳寿命的方差比统计量,用于表征疲劳寿命的标准差。t 值为两组试样疲劳寿命的平均值统计量,

用于表征疲劳寿命平均值的差异性。

从表 8-11 中可以看到,A 组和 B 组的 F 值均小于 F_{α},说明 A 组和 B 组试件疲劳寿命分散性没有显著差异。且 A 组和 B 组的 t 值均大于 t_{α},说明 A 组和 B 组试样疲劳寿命平均值之间的差异是显著的。取置信度 95%进行区间估计,在最大载荷 520MPa 下,B 组试样中值疲劳寿命是 A 组中值疲劳寿命的 1.68~4.17 倍。同样对比 C 组和 A 组试样可得 C 组试样中值疲劳寿命是 A 组中值疲劳寿命的 3.61~9.56 倍。以上疲劳试验结果表明,经过双面激光喷丸后,TC4 激光焊接试样的中值疲劳寿命得到显著提升,且 C 组冲击顺序相对于 B 组对试样中值疲劳寿命的提升更为显著。

表 8-11 不同处理状态疲劳试样的疲劳寿命检验表

最大载荷/MPa	组	数量	对数均值寿命	方差 S^2	$F=S^2$(大)/S^2(小)	F_{α}		t	t_{α}	
						$\alpha=5\%$	$\alpha=10\%$		$\alpha=5\%$	$\alpha=10\%$
520	B	9	4.6995	0.0939	2.52	4.43	3.44	3.89	2.12	1.75
	A	9	4.2296	0.0372						
520	C	9	4.6672	0.0522	1.4	4.43	3.44	7.72	2.12	1.75
	A	9	4.2296	0.0372						

8.5.3 疲劳断口分析

在扫描电镜下观察 3 组疲劳试样的断口,如图 8-28 所示[238]。3 组试样疲劳裂纹均萌生于焊缝咬边应力集中部位,未强化试样的疲劳断口有多处明显的疲劳源,疲劳源沿焊缝表面扩展覆盖了整个焊缝咬边区域,主裂纹的位置位于试样的边缘处,由于边缘处存在棱角,应力集中情况最为严重,疲劳裂纹最先在这里萌生。而经过激光喷丸后的疲劳断口裂纹源均只在试样边缘的咬边处萌生,其他部位的裂纹萌生受到抑制。从残余应力测试试验中可以看到,激光喷丸后焊缝背面形成一定厚度的强化层,引入了残余压应力,在拉-拉疲劳试验中残余压应力对外加拉伸载荷起到负平均应力的作用,提高裂纹萌生的阈值,从而使疲劳裂纹沿表面的扩展受到抑制。对比 B 组试样和 C 组试样,可以看到 C 组试样的疲劳裂纹沿表面扩展的距离更短,表明 C 组试样强化后,对疲劳裂纹沿焊缝表面扩展的抑制效果更强[241]。

图 8-29 所示为图 8-28 中疲劳裂纹萌生区的局部放大图[238]。对比 3 组试样疲劳裂纹萌生区沿厚度方向扩展的路径,未强化试样的疲劳裂纹从焊缝咬边开始萌生后,垂直于拉伸载荷轴方向,沿焊缝厚度方向扩展,疲劳断口较为平整,并且裂纹萌生区疲劳台阶数量较少,辐射方向较为平直,基本与厚度方向平行。

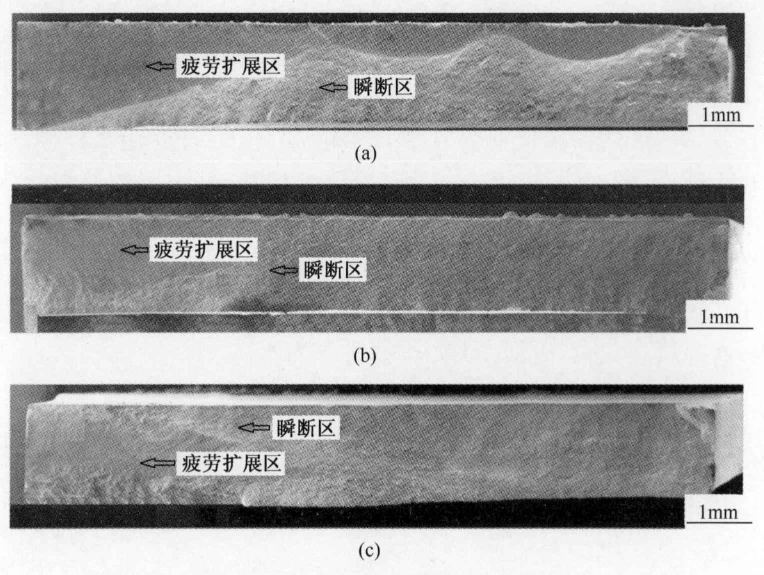

图 8-28 不同疲劳试样的断口形貌

(a)A 组试样;(b)B 组试样;(c)C 组试样。

经过激光喷丸后试样疲劳裂纹萌生区台阶数量逐渐增多,疲劳台阶辐射方向都发生了一定程度的偏转和扭曲,疲劳扩展路径变得更加曲折,并且 C 组试样相对于 B 组试样偏转的程度更为明显。这是由于激光喷丸后焊缝表面引入了高幅值的残余压应力,降低了焊缝咬边处裂纹尖端的应力强度因子,疲劳裂纹不易在焊缝表面形成线状裂纹源,而是优先在应力集中系数较大的部位点状萌生。随着残余压应力幅值的提高,线状疲劳源减少、点状疲劳源增加,疲劳沟线的辐射倾角增大,路径更为曲折。

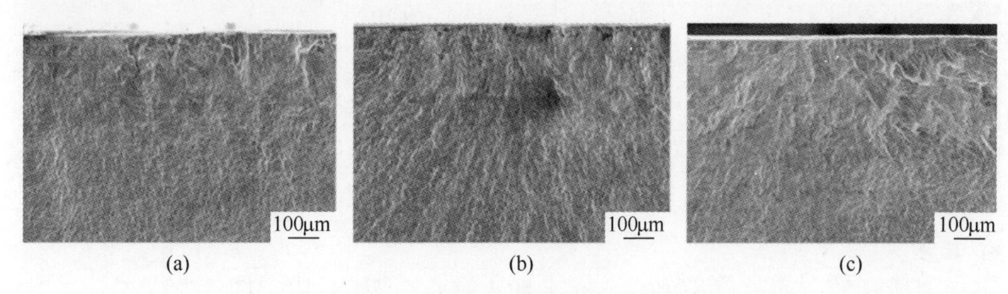

图 8-29 图 8-28 中疲劳裂纹萌生区的局部放大图

(a)图 5A 区;(b)图 5B 区;(c)图 5C 区。

图 8-30 所示为不同处理状态疲劳试样的瞬断区形貌[238],三者均表现为静载瞬时断裂特征,瞬断区分布有大量的等轴韧窝。断裂的机制为空洞聚集,呈现

韧性材料的断裂特征。首先在材料内部的第二相颗粒处形成空洞,空洞通过滑移的方式逐渐长大,并与其他空洞相互连接形成等轴韧窝。从图 8-30(a)中可以看到,未强化试样的韧窝尺寸较小,大小较为均匀。与未强化试样相比,经过激光喷丸后瞬断区的韧窝尺寸明显变大、深度更深,而且 C 组试样韧窝的尺寸要大于 B 组试样,同时大韧窝中分布有若干小韧窝,韧窝间的撕裂岭增多,如图 8-30(b)、(c)所示。由于韧窝的尺寸和深度主要受第二相质点的尺寸和分布以及金属材料本身的相对塑性影响,在相同的断裂条件下,韧窝的尺寸越大、深度越深,撕裂岭越多表明材料的塑性越好,这表明经过双面激光喷丸后瞬断区材料的塑性提高,而且 C 组试样的塑性提升更为明显。

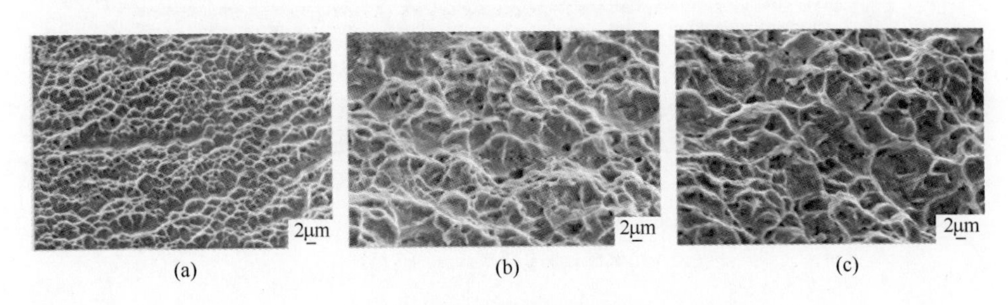

图 8-30　不同处理状态疲劳试样的瞬断区形貌

(a)A 组试样;(b)B 组试样;(c)C 组试样。

8.6　TA15 电子束焊件的力学性能和腐蚀性能

TA15 钛合金为 α 相或 α+β 相钛合金,因其具有良好的热稳定性,能够在 500℃下长期工作,广泛应用于第三代和第四代战斗机[242-243]。

电子束焊接为钛合金焊接首选工艺[244-245]。与基体材料相比,钛合金电子束焊接接头特点是,应力集中、低应力腐蚀性能以及敏感区域易导致结构失效。通常采用焊后热处理消除焊接残余应力,然而,焊缝力学性能和腐蚀性能改善效果不明显。因此,改善钛合金焊缝力学性能和腐蚀性能为研究重点。

一种新的表面改性技术——激光冲击强化,广泛应用于国外航空工业和其他工业领域。因为激光冲击强化广泛的应用前景,该技术应用于中国航空工业[246-250]。

本节主要研究激光冲击强化 TA15 电子束焊接接头表面显微硬度、腐蚀性能、25℃室温和 300℃高温下焊缝机械拉伸性能,从而优化焊缝性能[251]。

8.6.1 显微硬度

1. 试验材料和试验方法

TA15 钛合金为近 α 相钛合金[252-253],其化学成分(质量分数)为 6.3%Al、1.7%Mo、2.0%Zr、2.0%V、0.08%O、0.05%Fe、0.03%C、0.03%N、0.04%Si、0.012%H 及其他钛。TA15 钛合金试样尺寸为 400mm×300mm×3mm,电子束焊接参数见表 8-12。搭接激光冲击强化 TA15 钛合金焊缝熔合区、热影响区和部分母材区工艺参数为:*Q* 转换 Nd:YAG 激光器,波长为 1064nm,脉宽为 10ns,激光能量为 10J,光斑直径为 3mm。依据国标《金属轴向疲劳试验方法》(GB 3075—1982),拉伸试验试样尺寸如图 8-31 所示。采用 Gleeble1500 试验机检测焊缝拉伸性能。

表 8-12 电子束焊接参数

焊接电压/kV	聚焦电流/mA	电子束电流/mA	焊接速度/(m/min)
140	339	8.5	0.6

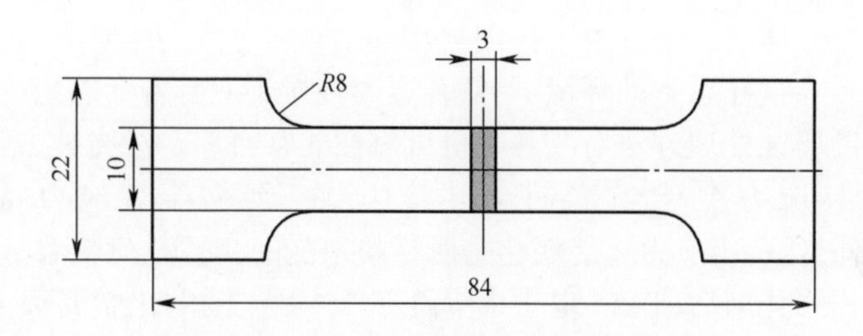

图 8-31 拉伸试验试样尺寸(单位:mm)

2. 显微硬度

DHV-1000 显微硬度测试设备测量激光冲击强化前后 TA15 焊缝表面显微硬度,如图 8-32 所示。显微硬度测量点垂直于焊缝方向均匀分布,间隔为 0.5mm。显微硬度测量载荷为 500g,加载时间为 15s。由图 8-32(a)可知,未冲击强化焊缝表面显微硬度值呈马鞍形对称分布,即最大显微硬度值在焊缝两边热影响区,最小显微硬度值在焊缝中心和母材处。母材显微硬度值为 3800MPa,热影响区显微硬度值为 4760MPa,焊缝中心显微硬度值呈波动状态。热影响区附近显微硬度值维持在约 3500MPa,但热影响区中心显微硬度值增加至 4550MPa。由图 8-32(b)可知,激光冲击强化焊缝表面显微硬度值未呈现马鞍形分布,焊缝中心和热影响区显微硬度值明显不同,基本维持在约 5000MPa,母材显微硬度增加至约 4500MPa。

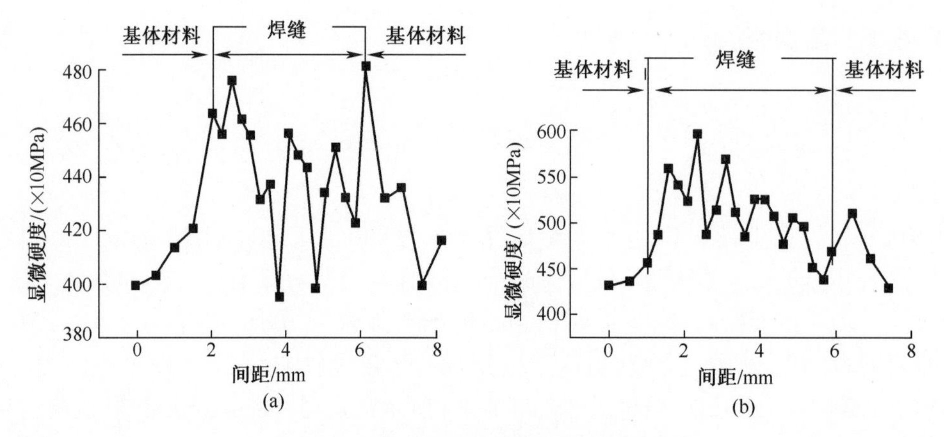

图 8-32　激光冲击强化焊缝显微硬度值

(a)未冲击强化;(b)激光冲击强化。

8.6.2　腐蚀性能

许多飞机机身、机翼、着陆传动装置及其他长期暴露在空气中的结构不可避免地遭受腐蚀介质的影响。由于长期盐雾喷射或海水腐蚀,工作环境对飞机来说非常恶劣。在这样恶劣的环境下,钛合金焊接接头疲劳寿命缩短。因此,钛合金焊接接头防腐蚀处理方法对改善飞机可靠性非常必要。激光冲击强化诱导金属表层残余压应力[237,254-255],残余压应力状态延缓金属应力腐蚀裂纹产生[256]。此外,残余压应力还能弱化金属材料承受的交替载荷影响。

激光冲击强化前后,TA15 电子束焊缝在 3%氯化钠电化学腐蚀下的腐蚀性能如图 8-33 所示。由图 8-33 可知,未冲击强化 TA15 钛合金焊缝,在阴极极化过程中,随着腐蚀电压增加,腐蚀电流变化相对比较稳定。当电压增至-104.5mV腐蚀电势时,阴极极化过程转换为阳极极化。在阳极极化过程中,随着电势增加,腐蚀电流继续增加至 560mV,该电势点后,电流变化缓慢。由于钝化现象出现,腐蚀过程转换为稳定的钝化区域。激光冲击强化 TA15 钛合金焊缝,在阴极极化过程中,随着电势的增加,电流缓慢降低。在-79.5mV 电势出现后,随着电势继续增加,腐蚀过程转换为阳极极化区域。当电势小于 546mV 时,电流大幅度增加。当电势增加至 546mV 时,随着电势继续增加,电流几乎未变化,从而表明钝化现象已经出现。

由图 8-33 可知,TA15 钛合金焊缝有较好的腐蚀性能。激光冲击强化 TA15 钛合金焊缝腐蚀性能没有明显改善。不合适的激光工艺参数如激光能量和冲击次数等可能降低 TA15 钛合金腐蚀性能。下面将进一步研究优化工艺参数激光冲击强化 TA15 获得好的腐蚀性能。

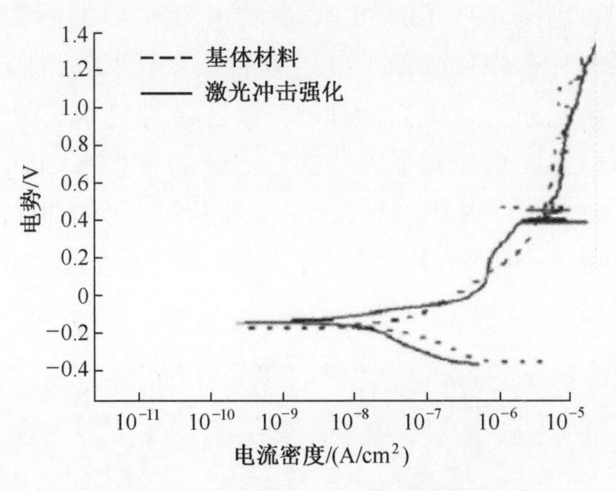

图 8-33　3%氯化钠溶液中的极化曲线

8.6.3　拉伸性能

室温和高温环境下,5 根激光冲击强化前后 TA15 钛合金焊缝进行了拉伸试验。焊缝平均拉伸性能结果见表 8-13。与未冲击强化焊缝相比,在 25℃ 和 300℃ 温度下,激光冲击强化 TA15 钛合金焊缝延伸率都提高了,但抗拉强度却没有明显区别。在 25℃ 温度下,激光冲击强化 TA15 钛合金焊缝延伸率为 23.8%,为未冲击强化焊缝延伸率的 3.5 倍。在 300℃ 温度下,激光冲击强化 TA15 钛合金焊缝延伸率比未冲击强化 TA15 钛合金焊缝延伸率大 5.6%。

表 8-13　TA15 电子束焊缝拉伸性能

试验条件		抗拉强度 σ_b /MPa	伸长率 δ/%
25℃	—	1052.09	6.8
	LSP	1066.13	23.8
300℃	—	885.59	30.5
	LSP	877.75	36.1

8.6.4　拉伸断口分析

SEM 扫描位置为距焊缝表面 200μm 处。所有 TA15 钛合金焊缝拉伸疲劳断口都是韧窝脆性断裂,如图 8-34 和图 8-35 所示。由图 8-34 可知,与未冲击强化焊缝韧窝断口相比,激光冲击强化焊缝韧窝断口明显不同。25℃ 室温下,未冲击强化 TA15 钛合金焊缝拉伸断裂位置出现在焊缝中心。随着断裂高度不同,拉伸断裂表面是粗糙的。由图 8-34(a)可知,沿着 β 相边界的断裂痕迹是明显的。激光冲击强化 TA15 钛合金焊缝断裂位置出现在近热影响区的母材处，断口相对平坦。由图 8-34(b)可知，沿着 β 相边界的断裂痕迹不能很明显地观察到，表明激光冲击强化改善 TA15 钛合金焊缝疲劳性能。

300°高温下，激光冲击强化前后 TA15 钛合金焊缝拉伸断口位置都出现在近热影响区的母材处，断口相对平坦。图 8-35(a)和图 8-35(b)显示拉伸断口表面 SEM 图。因为焊缝强度相当高，所以拉伸断口出现在母材处。试验结果表明，无论在 25℃温度下还是在 300℃温度下，激光冲击强化 TA15℃钛合金焊缝都保持好的拉伸性能。

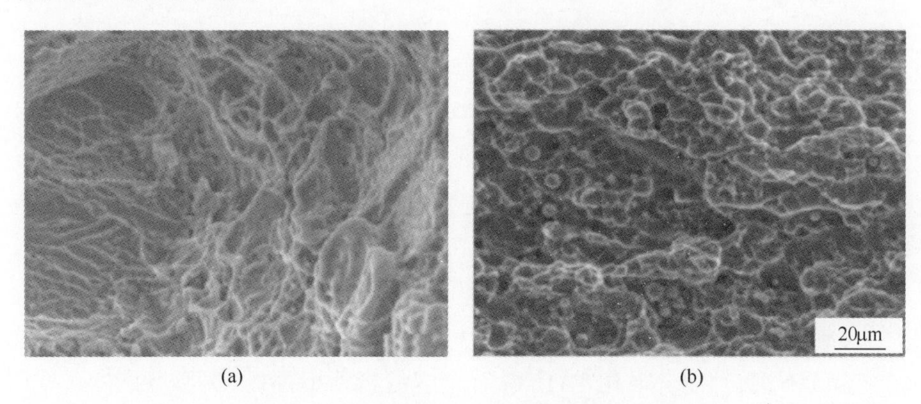

图 8-34　25℃下 TA15 电子束焊缝断口形貌

(a)未冲击强化；(b)冲击强化。

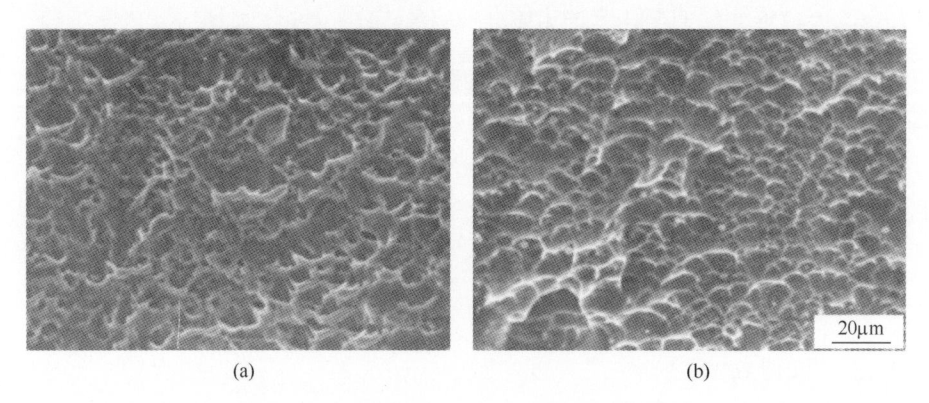

图 8-35　300℃下 TA15 电子束焊缝断口形貌

(a)未冲击强化；(b)冲击强化。

参 考 文 献

[1] Clauer A.How did we get here? a historical perspective of laser peening[R].Houston,Texas,2008.

[2] 张霄.激光冲击强化12Cr2Ni4A钢的组织细化和表面残余应力变化[D].西安:西北大学,2010.

[3] Cheng G J,Shehadeh M A.Multiscale dislocation dynamics analyses of laser shock peening in silicon single crystals[J].International Journal of Plasticity,2006,22(12):2171-2194.

[4] Sano Y,Obata M,Kubo T,et al.Retardation of crack initiation and growth in austenitic stainless steels by laser peening without protective coating [J].Materials Science & Engineering A,2006,417(1):334-340.

[5] Hatamleh O,Lyons J,Forman R.Laser and shot peening effects on fatigue crack growth in friction stir welded 7075-T7351 aluminum alloy joints [J].International Journal of Fatigue,2007,29(3):421-434.

[6] 邹世坤.激光冲击强化:新一代抗疲劳表面强化技术[N].中国航空报,2013-04-08(04).

[7] 曹子文,邹世坤,巩水利.激光冲击处理技术最新动态及发展趋势[J].航空制造技术,2010(5):40-42.

[8] 王健,邹世坤,谭永生.激光冲击处理技术在发动机上的应用[J].应用激光,2005,25(1): 32-34.

[9] 车志刚,史一宁,唐楠,等.激光诱导等离子体在材料表面强化中的应用[J].应用激光,2013,33(04):465-468.

[10] 邹世坤,曹子文,赵勇,等.Laser peening of aluminum alloy 7050 with fastener holes[J].中国光学快报(英文版),2008,6(2):116-119.

[11] Sano Y,Adachi T,Akita K,et al. Enhancement of Surface Property by Low-Energy Laser Peening without Protective Coating[J].Key Engineering Materials, 2007,345/346:1589-1592.

[12] Hatamleh O,Lyons J,Forman R.Laser peening and shot peening effects on fatigue life and surface roughness of friction stir welded 7075-T7351 aluminum [J].Fatigue & Fracture of Engineering Materials & Structures,2010,30(2):115-130.

[13] 蓝信钜.激光技术[M].武汉:华中理工大学出版社,1995.

[14] 吴鸿兴,郭大浩,周榆生,等.高功率钕玻璃激光装置和靶场系统及其LPX实验研究[J].中国科学技术大学学报,1985(1):34-40.

[15] 杨兴华,管海兵,吴鸿兴,等.高重复率钕玻璃冲击处理装置的多横模激光振荡器[J].激光与光电子学进展,2010,47(7):105-108.

[16] 任竞骁,叶艾,张红波,等.高峰值功率大能量Nd:Ce:YAG激光器的研究[J].光学与光电技术,2007,5(2):25-26.

[17] 曹三松,王明秋.高峰值功率重频脉冲固体激光器[J].激光技术,1997,21(5):266-271.

[18] 周朴,许晓军,刘泽金,等.高能激光系统的新技术与新结构[J].激光与光电子学进展,2008,45(1):37-42.

[19] 王运谦,秘国江,杜涛,等.高峰值功率大能量Nd:YAG激光器[J].激光与红外,2003,33(3):188-189.

[20] 刘学胜,王智勇,鄢歆,等.56J灯抽运高能脉冲Nd:YAG固体激光器[J].激光技术,2008,32(3):

237-239.

[21] Zou S K, Wu J F, Gong S L. Laser peening systems and the effects of laser peening on aeronautical metals sheet [J]. AASCIT Communications, 2015(3): 2375-3803.

[22] 张伟,齐铂金,许海鹰,等.激光冲击强化电源拓扑及控制[J].焊接学报,2013,34(2):97-100.

[23] 许海鹰,邹世坤,车志刚,等.激光冲击次数对 TC4 氩弧焊焊缝微结构及性能的影响[J].中国激光,2011,38(3):92-96.

[24] 邹世坤,谭永生.一种激光冲击处理工作室:中国,CN2641057Y[P].2004-09-15.

[25] Dane B C, Lao E W H, Harris F B, et al. Flexible beam delivery system for high power laser systems: USA, WO2011129921A2[P].2011-10-20.

[26] 姜银方,张永康,姚红兵,等.一种基于激光冲击波效应的板材双面精密成形方法及装置:中国,CN101249588B[P].2011-01-05.

[27] 胡永祥,余雄超,姚振强,等.一种用于大型工件激光喷丸成形的光路装置及方法:中国,CN201510197097.4[P].2015-09-23.

[28] 曹子文,邹世坤,刘方军,等.激光冲击处理 1CrllNi2W2MoV 不锈钢[J].中国激光,2008,35(2):316-320.

[29] 曹子文,邹世坤,车志刚,等.航空发动机叶片激光冲击处理过程控制研究 [J].航空发动机,2011,37(1):60-62.

[30] Perozek P M, Lawrence W L. Reducing electromagnetic feedback during laser shock peening: USA, US6917012B2[P].2005-07-12.

[31] Westley J A, Jones D, Andrews I. Laser shock peening: USA, US7137282B2[P]2006-01-09.

[32] 曹子文,邹世坤.一种激光束整形五分透镜和四分透镜:中国,CN101256287A[P].2008-09-03.

[33] Clauer A H, Toller S M, Dulaney J L. Beam path clearing for laser peening : USA, US6521860B2[P].2001-01-24.

[34] Lawrence W L, Perozek P M. Reduced mist laser shock peening: USA, US006713716B1[P].2004-12-24.

[35] 王健,邹世坤.激光冲击处理技术的应用研究 [J].应用激光,2002,22(2):223-226.

[36] Dykes S E, Clauer A H, Dulaney J L, et al. Overlay control for laser peening: USA, US006548782B2[P].2003-05-09.

[37] 巩水利,戴峰泽,张永康,等．一种激光冲击处理整体叶盘中获得稳定水膜的方法:中国,CN103205546A[P].2013-07-17.

[38] 邹世坤,车志刚,曹子文．一种用于激光加工冲击的水/光同轴装置:中国,CN102505065A [P].2012-06-20.

[39] Che Z G, Gong S L, Zou S K, et al. Investigation on the Key Techniques of Confined Medium and Coating Layer for Laser Shock Processing on Aeroengine Blade [J]. Rare Metal Materials and Engineering, 2010, 39(3): 527-530.

[40] Ilardi J M, Schwartzkopf G. Cleaning wafer substrates of metal contamination while maintaining wafer smoothness: USA, EP0690483B1[P].1996-07-15.

[41] Trantow R L, Bashyam M. Determination of Rayleigh wave critical angle: Cincinnati, US005987991A[P].1999-01-07.

[42] Trantow R L. Ultrasonic multi-transducer rotatable scanning apparatus and method of use thereof: Cincinnati, US5974889A[P].1999-09-08.

[43] 曹子文,邹世坤,张晓兵,等.水约束层在激光喷丸中的应用研究 [J].应用激光,2007,27(6):461-464.

[44] 张永康.激光冲击强化提高航空材料疲劳寿命的研究 [D].南京:南京航空航天大学,1995.

[45] Sowers B L,Birkhoff R D,Arakawa E T.Optical Absorption of Liquid Water in the Vacuum Ultraviolet [J]. Journal of Chemical Physics,1972,57(1):583-584.

[46] Kruusing A.Underwater and water-assisted laser processing:Part 1-general features, steam cleaning and shock processing[J].Optics & Lasers in Engineering,2004,41(2):329-352.

[47] Peyre P,Fabbro R,Berthe L,et al.Laser shock processing of materials, physical processes involved and examples of applications [J].Journal of Laser Applications,1996,8(3):135-141.

[48] Berthe L,Fabbro R,Peyre P,et al.Wavelength dependent of laser shock wave generation in the water-confinement regime [J].Journal of Applied Physics,1999,85(11):7552-7555.

[49] Wu B,Shin Y C.Laser pulse transmission through the water breakdown plasma in laser shock peening [J]. Applied Physics Letters,2006,88(4):41116.

[50] 曹子文,邹世坤,车志刚.铝箔防护条件下激光冲击强化产生的表面缺陷研究[J].稀有金属材料与工程,2013(S2):217-221.

[51] 任乃飞,张永康.激光冲击强化金属材料时的热传导 [J].应用激光,1997(3):105-108.

[52] Thompson S R,Ruschau J J,Nicholas T.Influence of residual stresses on high cycle fatigue strength of Ti-6Al-4V subjected to foreign object damage [J].International Journal of Fatigue,2001,23(1):405-412.

[53] Zhang W W,Yao Y L.Modelling and simulation improvement in laser shock processing [C].Proceedings of ICALEO,Michigan,2001.

[54] Wang Y,Kysar J W,Yao Y L.Analytical solution of anisotropic plastic deformation induced by micro-scale laser shock peening [J].Mechanics of Materials,2008,40(3):100-114.

[55] 张永康,周建忠,叶云霞.激光加工技术 [M].北京:化学工业出版社,2004.

[56] Fairand B P, Wilcox B A, Gallagher W J, et al. Laser shock-induced microstructural and mechanical property changes in 7075 aluminum [J].Journal of Applied Physics,1972,43(9):3893-3895.

[57] 邹世坤,吴俊峰,巩水利,等.一种激光冲击强化薄壁结构的防层裂方法及装置:中国,CN105483359B [P].2017-06-16.

[58] Che Z G,Gong S L,Cao Z W,et al.Theory Analysis and Experiment Investigation of Laser Shock Processing on Titanium Alloy Blade [J].稀有金属材料与工程,2011(S4):235-239.

[59] 张庆明,刘彦,黄风雷,等.材料的动力学行为[M].北京:国防工业出版社,2006.

[60] 邹世坤,宋巍,车志刚,等.一种外加强电场的激光冲击强化方法及装置:中国,CN103911505A[P]. 2014-07-09.

[61] Fabbro R,Fournier J,Ballard P,et al.Physical study of laser-produced plasma in confined geometry[J]. Journal of Applied Physics,1990,68(2):775-784.

[62] 周南.脉冲束辐照材料动力学[M].北京:国防工业出版社,2002.

[63] Peyre P, Chaieb I, Braham C. FEM calculation of residual stresses induced by laser shock processing in stainless steels [J].Modelling & Simulation in Materials Science & Engineering,2007,15(3):205-221.

[64] Johnson G R,Cook W H.A constitutive model and data for metals subjected to large strains, high strain rates and high temperatures [R].Hague,Netherlands,1983.

[65] 范亚夫,段祝平.Johnson-Cook 材料模型参数的实验测定[J].力学与实践,2003,25(5):40-43.

[66] 茁庄,小川,等.基于 ABAQUS 的有限元分析和应用[M].北京:清华大学出版社,2009.

[67] Cao Z W,Che Z G,Zou S K,et al.Numerical simulation of residual stress field induced by laser shock processing with square spot[J].Journal of Shanghai University,2011,6(6):553-556.

[68] 曹子文,车志刚,邹世坤.方形光斑激光冲击区的应力空洞有限元模拟[J].稀有金属材料与工程,2013,42(S2):222-225.

[69] Fabbro R,Peyre P,Berthe L,et al.Physics and applications of laser-shock processing [J].Journal of Laser Applications,1998,10(6):265-279.

[70] Peyre P,Merrien P,Lieurade H.Optimization of the Residual Stresses Induced by Laser Shock Treatment and Fatigue Life Improvement of 2 Cast Alum Alloys [R].Oxford,1993.

[71] Peyre P,Fabbro R,Merrien P,et al.Laser shock processing of aluminium alloys. Application to high cycle fatigue behaviour [J].Materials Science & Engineering A,1996,2:102-113.

[72] Masse J E,Barreau G.Laser generation of stress waves in metal [J].Surface & Coatings Technology,1995,70(95):231-234.

[73] Hu Y,Gong C,Yao Z,et al.Investigation on the non-homogeneity of residual stress field induced by laser shock peening [J].Surface & Coatings Technology,2009,203(23):3503-3508.

[74] Fan Y,Wang Y,Vukelic S,et al.Wave-solid interactions in laser-shock-induced deformation processes [J].Journal of Applied Physics,2005,98(10):104904.

[75] Braisted W,Brockman R.Finite element simulation of laser shock peening[J].International Journal of Fatigue,1999,21(7):719-724.

[76] Peyre P,Fabbro R,Berthe L,et al.Laser shock processing of materials, physical processes involved and examples of applications[J].Journal of Laser Applications,1996,8(3):135-141.

[77] Chahardehi A,Brennan F P,Steuwer A.The effect of residual stresses arising from laser shock peening on fatigue crack growth[J].Engineering Fracture Mechanics,2010,77(11):2033-2039.

[78] Webster G A,Ezeilo A N.Residual stress distributions and their influence on fatigue lifetimes[J].International Journal of Fatigue,2001,23(1):375-383.

[79] 曹子文,邹世坤,刘方军,等.激光冲击处理 1Cr11Ni2W2MoV 不锈钢[J].中国激光,2008,35(2):316-320.

[80] Zou S K,Cao Z W,Che Z G.The Surface Profile of Laser Peening with Square Spots[J].稀有金属材料与工程,2011(S4):240-242.

[81] Cao Z W,Xu H Y,Zou S K,et al.Investigation of Surface Integrity on TC17 Titanium Alloy Treated by Square-spot Laser Shock Peening[J].中国航空学报(英文版),2012,25(4):650-656.

[82] 高镇同.航空金属材料疲劳性能手册[M].北京:北京航空材料研究所,1981.

[83] 邹世坤,王健,王华明,等.激光冲击处理金属板材后的裂纹扩展速率[J].中国激光,2004,26(S1):189-191.

[84] 邹世坤,王健,王华明,等.激光冲击处理降低铝合金裂纹扩展速率的研究[J].航空制造技术,2002(9):37-39.

[85] 高镇同.疲劳性能试验设计和数据处理[M].北京:北京航空航天大学出版社,1999.

[86] 邹世坤,王健,李晓轩,等.激光冲击处理对高温合金和奥氏体不锈钢疲劳寿命的影响[J].应用激光,1999(5):259-106.

[87] 曹子文,邹世坤,但丽玲.工艺参数对马氏体不锈钢激光冲击区表面轮廓的影响[J].应用激光,2008,

28(4):278-281.

[88] 蔡兰,张永康.激光冲击抗金属疲劳断裂的激光参数优化试验研究[J].中国激光,1996(12):1117-1120.

[89] Ferrigno S J, Cowie W D, Mannava S. Laser shock peening for gas turbine engine weld repair: USA, US005846057A[P].1998-08-11.

[90] 陈瑞芳,花银群,蔡兰.激光冲击波诱发的钢材料残余应力的估算[J].中国激光,2006,33(2):278-282.

[91] 谢惠民,毕博,刘战伟,等.先进云纹测量技术及应用[J].强度与环境,2006,33(1):45-51.

[92] 张宏,唐亚新,余承业,等.激光冲击处理对紧固孔疲劳寿命的影响[J].中国激光,1996,23(12):1112-1116.

[93] Cao Z W,Gong S L,Zou S K.Surface Profiles and Residual Stresses on Laser Shocked Zone of Ti6Al4V Titanium Alloy[J].稀有金属材料与工程,2011,328(S4):190-193.

[94] 邹世坤,王健,李晓轩,等.LY12,TC4,30CrMnSiA 激光冲击处理疲劳断口分析[J].航空制造技术,1999(S1):3-7.

[95] Zou S K,Cao Z W.Laser shock processing of titanium alloy[J].中国激光,2007,34(S1):1749-1752.

[96] Zou S K,Gong S L,Guo E M.Surface profile and microstructure of laser peened Ti-6Al-4V[J].Rare Metals,2012,31(5):430-433.

[97] 车志刚,杨杰,曹子文,等.激光冲击强化 TC4 钛合金表面自纳米化研究[J].稀有金属材料与工程,2014,43(5):1056-1060.

[98] Yang C,Hodgson P D,Liu Q,et al.Geometrical effects on residual stresses in 7050-T7451 aluminum alloy rods subject to laser shock peening [J].Journal of Materials Processing Tech,2008,201(1):303-309.

[99] Berthe L,Fabbro R,Peyre P,et al.Experimental study of the transmission of breakdown, plasma generated during laser shock processing[J].The European Physical Journal-Applied Physics,1998,3(2):131-139.

[100] Liu K K,Hill M R.The effects of laser peening and shot peening on fretting fatigue in Ti-6Al-4V coupons [J].Tribol Int,2009,42(9):1250-1262.

[101] Li H M,Liu Y G,Li M Q,et al.The gradient crystalline structure and microhardness in the treated layer of TC17 via high energy shot peening [J].Applied Surface Science,2015,357:197-203.

[102] 冯宝香,杨冠军,毛小南,等.钛及钛合金喷丸强化研究进展[J].钛工业进展,2008,25(3):1-5.

[103] Nie X F,He W F,Zang S L,et al.Effect study and application to improve high cycle fatigue resistance of TC11 titanium alloy by laser shock peening with multiple iMPacts [J].Surface & Coatings Technology,2014,253(9):68-75.

[104] Spanrad S,Tong J.Characterization of foreign object damage (FOD) and early fatigue crack growth in laser shock peened Ti-6AL-4V aerofoil specimens [J].Materials Science & Engineering A,2011,528(4):2128-2136.

[105] Nie X F,He W F,Zhou L C,et al.Experiment investigation of laser shock peening on TC6 titanium alloy to improve high cycle fatigue performance [J].Materials Science & Engineering A,2014,594(1):161-167.

[106] Jiang X P,Man C S,Shepard M J,et al.Effects of shot-peening and re-shot-peening on four-point bend fatigue behavior of Ti-6Al-4V [J].Materials Science & Engineering A,2007(12):137-143.

[107] Ruschau J J,John R.Fatigue crack growth rate characteristics of Laser Shock Peened Ti-6Al-4V [J].J Eng Mater-T,1999,121(3):321-329.

[108] Hua Y Q, Bai Y C, Ye Y X, et al. Hot corrosion behavior of TC11 titanium alloy treated by laser shock processing [J]. Applied Surface Science, 2013, 283(20): 775-780.

[109] Lu J Z, Luo K Y, Dai F Z, et al. Effects of multiple laser shock processing (LSP) iMPacts on mechanical properties and wear behaviors of AISI 8620 steel [J]. Materials Science & Engineering A, 2012, 536(3): 57-63.

[110] Cellard C, Retraint D, François M, et al. Laser shock peening of Ti-17 titanium alloy: Influence of process parameters [J]. Materials Science & Engineering A, 2012, 532(1): 362-372.

[111] Ren X D, Zhou W F, Liu F F, et al. Microstructure evolution and grain refinement of Ti-6Al-4V alloy by laser shock processing [J]. Applied Surface Science, 2016, 363: 44-49.

[112] Luo K Y, Lu J Z, Wang Q W, et al. Residual stress distribution of Ti-6Al-4V alloy under different ns-LSP processing parameters [J]. Applied Surface Science, 2013, 285(19): 607-615.

[113] Lu J Z, Luo K Y, Zhang Y K, et al. Grain refinement mechanism of multiple laser shock processing iMPacts on ANSI 304 stainless steel [J]. Acta Materialia, 2010, 58(16): 5354-5362.

[114] Kim H K, Kim W J. Microstructural instability and strength of an AZ31 Mg alloy after severe plastic deformation [J]. Materials Science & Engineering A, 2004, 385(1/2): 300-308.

[115] Ren X D, Huang J J, Zhou W F, et al. Surface nano-crystallization of AZ91D magnesium alloy induced by laser shock processing [J]. Materials & Design, 2015, 86: 421-426.

[116] Bhatt R T, Choi S R, Cosgriff L M, et al. IMPact resistance of uncoated SiC/SiC composites [J]. Materials Science & Engineering A, 2008, 476(1): 20-28.

[117] Teixeira J D C, Appolaire B, Aeby-Gautier E, et al. Transformation kinetics and microstructures of Ti17 titanium alloy during continuous cooling [J]. Materials Science & Engineering A, 2007, 448(1/2): 135-145.

[118] Wang S Q, Liu J H, Lu Z X, et al. Cyclic deformation of dissimilar welded joints between Ti-6Al-4V and Ti17 alloys: Effect of strain ratio [J]. Materials Science & Engineering A, 2014, 598: 122-134.

[119] Zhou L C, Li Y H, He W F, et al. Deforming TC6 titanium alloys at ultrahigh strain rates during multiple laser shock peening [J]. Materials Science & Engineering A, 2013, 578(8): 181-186.

[120] Nie X F, He W F, Li Q P, et al. Experiment investigation on microstructure and mechanical properties of TC17 titanium alloy treated by laser shock peening with different laser fluence [J]. Journal of Laser Applications, 2013, 25(4): 1892-1898.

[121] Sun J L, Trimby P W, Si X, et al. Nano twins in ultrafine-grained Ti processed by dynamic plastic deformation [J]. Scripta Materialia, 2013, 68(7): 475-478.

[122] Liu H X, Hu Y, Wang X, et al. Grain refinement progress of pure titanium during laser shock forming (LSF) and mechanical property characterizations with nanoindentation [J]. Materials Science & Engineering A, 2013, 564: 13-21.

[123] Lu J Z, Luo K Y, Zhang Y K, et al. Grain refinement of LY2 aluminum alloy induced by ultra-high plastic strain during multiple laser shock processing iMPacts [J]. Acta Materialia, 2010, 58(11): 3984-3994.

[124] Zerilli F J, Armstrong R W. Dislocation-mechanics-based constitutive relations for material dynamics calculations [J]. Journal of Applied Physics, 1987, 61(5): 1816-1825.

[125] Liu Y G, Li H M, Li M Q. Characterization of surface layer in TC17 alloy treated by air blast shot peening [J]. Materials & Design, 2015, 65: 120-126.

[126] 曹子文,杨清,高宇.激光冲击强化 TC17 钛合金室温和高温拉伸性能研究[J].表面技术,2018(3):85-90.

[127] Clauer A H, Lahrman D F, Dulaney, et al. Articles Having Improved Residual Stress Profile Characteristics Produced by Laser Shock Peening: USA, US006752593B2[P].2004-07-05.

[128] Hammersley G, Hackel L A, Harris F. Surface prestressing to improve fatigue strength of components by laser shot peening[J]. Optics & Lasers in Engineering, 2000, 34(4):327-337.

[129] 朱维斗,李年,马宝钿,等.板料残余应力所致拉伸屈服非同步现象及其对屈服强度的影响[J].焊管,2005,28(1):16-18.

[130] 张定铨,张发荣.材料中残余应力的 X 射线衍射分析和作用[M].西安:西安交通大学出版社,1999.

[131] Zhuang W Z, Halford G R. Investigation of residual stress relaxation under cyclic load[J]. International Journal of Fatigue, 2001, 23(1):31-37.

[132] Qian Z Y, Chumbley S Karakulak T, et al. The Residual Stress Relaxation Behavior of Weldments During Cyclic; Loading [J]. Metallurgical & Materials Transactions A, 2013, 44(7):3147-3156.

[133] Nikitin I, Scholtes B, Maier H J, et al. High Temperature Fatigue Behavior and Residual Stress Stability of Laser-shock Peened and Deep Rolled Austenitic Steel AISI 304[J]. Scripta Materialiaialia, 2004, 50(10):1345-1350.

[134] Nalla R K, Altenberger I, Noster U, et al. On the influence of mechanical surface treatments-deep rolling and laser shock peening-on the fatigue behavior of Ti-6Al-4V at ambient and elevated temperatures[J]. Materials Science & Engineering A, 2003, 355(1):216-230.

[135] 车志刚,杨杰,唐楠,等.高能激光喷丸 TC21 钛合金实验研究(英文)[J].稀有金属材料与工程,2014,43(12):2962-2965.

[136] 王亚军,毛智勇,白韶军.1420 铝锂合金电子束焊接接头力学性能 [J].航空工艺技术,1998(6):12-13.

[137] 邹世坤.激光冲击处理对铆接结构疲劳性能的影响(I) [J].应用激光,2000,20(6):255-256.

[138] 邹世坤,谭永生,郭大浩,等.激光冲击处理对铝锂合金力学性能的影响 [J].中国激光,2004(3):371-373.

[139] 曹子文,巩水利,毛智勇,等.环形激光冲击强化紧固孔的装置和方法:中国,CN103484653A[P].2014-01-01.

[140] 曹子文,巩水利,邹世坤,等.一种环形激光束的能量调控装置:中国,CN103336368A[P].2013-10-02.

[141] 邹世坤,曹子文.一种孔结构的激光冲击处理方法:中国,CN100593038C[P].2010-03-03.

[142] Yang J M, Her Y C, Han N, et al. Laser shock peening on fatigue behavior of 2024-T3 Al alloy with fastener holes and stopholes [J]. Materials Science & Engineering A, 2001, 298(1):296-299.

[143] Clauer A H, Dulaney J L, Rice R C. durability of metal structures [M]. Atlanta Tech. : International Workshop on Structural Integrity of Aging Airplanes Atlanta, 1992.

[144] Liu Q, Ding K, Ye L, et al. Spallation-Like Phenomenon Induced By Laser Shock Peening Surface Treatment On 7050 Aluminum Alloy [C]. Structural Integrity and Fracture International Conference, Brisbane, 2004.

[145] 曹子文,车志刚,邹世坤,等.激光冲击强化对 7050 铝合金紧固孔疲劳性能的影响 [J].应用激光,2013(3):259-262.

[146] Pell R A, Mazeika P J, Molent L. The comparison of complex load sequences tested at several stress levels by fractographic examination [J]. Engineering Failure Analysis, 2005, 12(4): 586-603.
[147] 胡奈赛,徐可为,方刚.喷丸件的残余应力松弛与位错亚结构变化 [J].表面工程,1992(1):24-28.
[148] 李航月,胡奈赛,何家文,等.残余压应力场中裂纹扩展的闭合模型 [J].金属学报,1998,34(8):847-851.
[149] Hatamleh O, Lyons J, Forman R. Laser and shot peening effects on fatigue crack growth in friction stir welded 7075-T7351 aluminum alloy joints. Inter J Fatigue [J]. International Journal of Fatigue, 2007, 29(3): 421-434.
[150] 刘家浚.材料磨损原理及其耐磨性[M].北京:清华大学出版社,1993.
[151] 柯林斯 J A.机械设计中的材料失效分析、预测、预防[M].谈嘉祯,等译.北京:机械工业出版社,1987.
[152] 邹世坤,王健,李晓轩,等.激光处理对 LY12、TC4、30CrMnSiA 疲劳寿命影响的研究[C].全国电子束、离子束、光子束学术年会,长沙,1999.
[153] Wright G P, O'Connor J J. The influence of fretting and geometric stress concentrations on the fatigue strength of clamped joints[J]. Archive Proceedings of the Institution of Mechanical Engineers, 1972, 186: 827-835.
[154] 张宏,余承业.激光冲击处理对铝合金疲劳扩展速率影响的研究[J].航空学报,1999,20(1):63-65.
[155] 邓琦林,余承业,张永康,等.激光冲击提高航空铝合金抗疲劳断裂性能的试验研究[J].中国激光,1995,22(12):939-941.
[156] 张永康,高立,杨超君.激光冲击 TA2 板料变形的理论分析和实验研究[J].中国激光,2006,33(9):1282-1287.
[157] See D W. Affordable laser peening[Z]. New Orleans, 2003.
[158] 邹世坤.激光冲击处理在航空工业中的应用[J].航空制造技术,2006(5):36-38.
[159] 邹世坤.表面工程应用实例 [例 44]激光冲击强化在航空制造技术上的应用[J].中国表面工程,2016,29(3):2.
[160] 邹世坤,郭恩明,李斌.发动机整体叶盘的激光冲击强化技术[J].中国激光,2011,38(6):76-82.
[161] 巩水利,张永康,戴峰泽,等.一种激光冲击处理发动机叶片的组合方法及装置:中国,CN103205545A[P].2013-07-17.
[162] Zhang Y K, Lu J Z, Ren X D, et al. Effect of laser shock processing on the mechanical properties and fatigue lives of the turbojet engine blades manufactured by LY2 aluminum alloy[J]. Materials & Design, 2009, 30(5): 1697-1703.
[163] Bergant Z, Trdan U, Grum J. Effects of laser shock processing on high cycle fatigue crack growth rate and fracture toughness of aluminium alloy 6082-T651[J]. International Journal of Fatigue, 2016, 87: 444-455.
[164] Lu J Z, Qi H, Luo K Y, et al. Corrosion behaviour of AISI 304 stainless steel subjected to massive laser shock peening iMPacts with different pulse energies [J]. Corrosion Science, 2014, 80: 53-59.
[165] Luo K Y, Wang C Y, Li Y M, et al. Effects of laser shock peening and groove spacing on the wear behavior of non-smooth surface fabricated by laser surface texturing [J]. Applied Surface Science, 2014, 313: 600-606.
[166] 罗新民,马辉,张静文,等.激光冲击中的"应变屏蔽"和"约束击穿"[J].材料导报,2010,24(5):11-15.

[167] Liu Q, Yang C H, Ding K, et al. The effect of laser power density on the fatigue life of laser-shock-peened 7050 aluminium alloy [J]. Fatigue & Fracture of Engineering Materials & Structures, 2010, 30(11): 1110-1124.

[168] Jarmakani H, Maddox B, Wei C T, et al. Laser shock-induced spalling and fragmentation in vanadium[J]. Acta Materialiaialia, 2010, 58(14): 4604-4628.

[169] Kanel G I. Spall fracture: methodological aspects, mechanisms and governing factors [J]. International Journal of Fracture, 2010, 163(1/2): 173-191.

[170] De Resseguier T, Signor L, Dragon A, et al. Spallation in laser shock-loaded tin below and just above melting on release [J]. Journal of Applied Physics, 2007, 102(7): 4067.

[171] Tollier L, Fabbro R, Bartnicki E. Study of the laser-driven spallation process by the velocity interferometer system for any reflector interferometry technique. I. Laser-shock characterization [J]. Journal of Applied Physics, 1998, 83(3): 1224-1230.

[172] Cuqlelandais J P, Boustie M, Berthe L, et al. Spallation generated by femtosecond laser driven shocks in thin metallic targets [J]. Journal of Physics D: Applied Physics, 2009, 42(6): 065402.

[173] Shen X J, Shukla P, Nath S, et al. Improvement in mechanical properties of titanium alloy (Ti-6Al-7Nb) subject to multiple laser shock peening [J]. Surface & Coatings Technology, 2017, 327: 327.

[174] Lescoute E, Reséguier T D, Chevalier J M, et al. Ejection of spalled layers from laser shock-loaded metals [J]. Journal of Applied Physics, 2010, 108(9): 093510.

[175] Ge M Z, Xiang J Y. Effect of laser shock peening on microstructure and fatigue crack growth rate of AZ31B magnesium alloy [J]. Journal of Alloys and Compounds, 2016, 680: 544-552.

[176] 张建泉,陈荣华,强希文,等.激光产生的激波在靶材中的传播及层裂效应 [J].中国激光,2002,29(3):197-200.

[177] Herasymchuk O M, Kononuchenko O V, Markovsky P E, et al. Calculating the fatigue life of smooth specimens of two-phase titanium alloys subject to symmetric uniaxial cyclic load of constant amplitude [J]. International Journal of Fatigue, 2016, 83: 313-322.

[178] Boidin X, Chevrier P, Klepaczko J R, et al. Identification of damage mechanism and validation of a fracture model based on mesoscale approach in spalling of titanium alloy [J]. International Journal of Solids and Structures, 2006, 43(14): 4595-4615.

[179] Mayer A E, Khishchenko K V, Levashov P R, et al. Modeling of plasticity and fracture of metals at shock loading [J]. Journal of Applied Physics, 2013, 113(19): 771-791.

[180] Altenberger I, Nalla R K, Sano Y, et al. On the effect of deep-rolling and laser-peening on the stress-controlled low- and high-cycle fatigue behavior of Ti-6Al-4V at elevated temperatures up to 550℃ [J]. International Journal of Fatigue, 2012, 44: 292-302.

[181] Nicholas T. Critical issues in high cycle fatigue [J]. International Journal of Fatigue, 1999, 21(99): S221-S231.

[182] Luo J, Li L, Li M Q. The flow behavior and processing maps during the isothermal compression of Ti17 alloy [J]. Materials Science & Engineering A, 2014, 606: 165-174.

[183] 李东霖,何卫锋,游熙,等.激光冲击强化提高外物打伤 TC4 钛合金疲劳强度的试验研究 [J].中国激光,2016(7):116-124.

[184] 李应红,何卫锋,周留成.激光冲击复合强化机理及在航空发动机部件上的应用研究 [J].中国科

学:技术科学,2015,45(1):1-8.
[185] Pook L.Metal fatigue [M].Gloucestershire:Clarendon Press,1974.
[186] Forman R G,Kearney V E,Engle R M.Numerical Analysis of Crack Propagation in Cyclic-Loaded Structure [J].Sen-ito Kogyo,1967,49(3):459-464.
[187] Padilla H A,Boyce B L.A Review of Fatigue Behavior in Nanocrystalline Metals [J].Experimental Mechanics,2010,50(1):5-23.
[188] Qin C H,Zhang X C,Ye S,et al.Grain size effect on multi-scale fatigue crack growth mechanism of Nickel-based alloy GH4169 [J].Engineering Fracture Mechanics,2015,142:140-153.
[189] Peters J O,Lütjering G.CoMParison of the fatigue and fracture of α + β, and β, titanium alloys [J].Metallurgical and Materials Transactions A,2001,32(11):2805-2818.
[190] 郑修麟.材料疲劳理论与工程应用 [M].北京:科学出版社,2013.
[191] Zhou J Z,Huang S,Sheng J,et al.Effect of repeated iMPacts on mechanical properties and fatigue fracture morphologies of 6061-T6 aluminum subject to laser peening [J].Materials Science & Engineering A, 2012,539:360-368.
[192] Adrian T D,Michael R H.Computational design tool for surface treatment process development [C].The 2nd International Conference on Laser Peening,California,2010.
[193] Mcclung R C.A literature survey on the stability and significance of residual stresses during fatigue [J].Fatigue & Fracture of Engineering Materials & Structures,2007,30(3):173-205.
[194] Lin B,Lupton C,Spanrad S,et al.Fatigue crack growth in laser-shock-peened Ti-6Al-4V aerofoil specimens due to foreign object damage [J].International Journal of Fatigue,2014,59(3):23-33.
[195] Hu Y X,Xu X X,Yao Z Q,et al.Laser peen forming induced two way bending of thin sheet metals and its mechanisms [J].Journal of Applied Physics,2010,108(7):235-359.
[196] 聂祥樊,何卫锋,王学德,等.激光冲击强化对 TC17 钛合金微观组织和力学性能的影响 [J].稀有金属材料与工程,2014,43(7):1691-1696.
[197] Guagliano M,Vergani L.An approach for prediction of fatigue strength of shot peened components [J].Engineering Fracture Mechanics,2004,71(4):501-512.
[198] Rubio-Gonzúlez C,Ocaña J L,Gomez-Rosas G,et al.Effect of laser shock processing on fatigue crack growth and fracture toughness of 6061-T6 aluminum alloy [J].Materials Science & Engineering A,2004, 386(1/2):291-295.
[199] Sokol D W,Clauer A H,Dulaney J L,et al.Applications of Laser Peening to Titanium Alloys [C].Conference on Lasers and Electro-Optics/Quantum Electronics and Laser Science and Photonic Applications, Systems and Technologies,Baltimore,2005.
[200] Rockstroh T.Laser shock processing: aircraft engine components [Z].Houston,USA,2008.
[201] Mannava S,Cowie W D.Laser shock peened gas turbine engine intermetallic parts:USA,US6551064B1 [P].2003-04-22.
[202] Hackel L A, Halpin J M, Harris F B. Laser peening of components of thin cross-section: USA, US6657160B2[P].2003-12-02.
[203] Rockstroh T J,Barbe R O,Mannava S R.Countering laser shock peening induced airfoil twist using shot peening:USA,US7217102B2[P].2007-05-15.
[204] 邹世坤,曹子文,巩水利,等.一种激光冲击强化方法及装置:中国,CN104357648A[P].2014.

[205] 邹世坤,曹子文,车志刚.一种利用柱面镜进行激光倾斜入射的能量补偿方法:中国,CN102489875A [P].2012-06-13.

[206] Hu Y X,Zheng X W,Wang D Y,et al.Application of laser peen forming to bend fibre metal laminates by high dynamic loading [J].Journal of Materials Processing Technology,2015,226:32-39.

[207] Hu Y X,Li Z,Yu X C,et al.Effect of elastic prestress on the laser peen forming of aluminum alloy 2024-T351: Experiments and eigenstrain-based modeling [J].Journal of Materials Processing Technology, 2015,221:214-224.

[208] Sagisaka Y.Application of Femtosecond Laser Peen Forming to Sheet Metal Bending [J].Journal of Laser Micro,2012,7(2):158-163.

[209] 曹子文,邹世坤,车志刚.激光诱导冲击波加载下铝合金弯曲变形规律与表面特性研究[J].激光与光电子学进展,2015,52(12):124-128.

[210] 曹宇鹏,冯爱新,薛伟,等.激光冲击波诱导 2024 铝合金表面动态应变特性试验研究及理论分析 [J].中国激光,2014,41(9):90-95.

[211] Murakawa H,Deng D,Rashed S,et al.Prediction of Distortion Produced on Welded Structures during Assembly Using Inherent Deformation and Interface Element[J].Trans JWRI,2009,38(2): 63-69.

[212] Wang Y,Fan Y,Vukelic S,et al.Energy-Level Effects on the Deformation Mechanism in Microscale Laser Peen Forming [J].Journal of Manufacturing Processes,2007,9(1):1-12.

[213] Gariépy A,Larose S,Perron C,et al.On the effect of the orientation of sheet rolling direction in shot peen forming [J].Journal of Materials Processing Technology,2013,213(6):926-938.

[214] Miao H Y,Larose S,Perron C,et al.On the potential applications of a 3D random finite element model for the simulation of shot peening [J].Adv Eng Softw,2009,40(10):1023-1038.

[215] Miao H Y,Demers D,Larose S,et al.Experimental study of shot peening and stress peen forming [J].Journal of Materials Processing Technology,2010,210(15):2089-2102.

[216] 李国祥.喷丸成形 [M].北京:国防工业出版社,1982.

[217] Kopp R,Schulz J.Flexible Sheet Forming Technology by Double-sided Simultaneous Shot Peen Forming [J].CIRP Annals-Manufacturing Technology,2002,51(1):195-198.

[218] Zhang H,Yu C.Laser shock processing of 2024-T62 aluminum alloy [J].Materials Science & Engineering A,1998,257(2):322-327.

[219] Lu J Z,Zhang L,Feng A X,et al.Effects of laser shock processing on mechanical properties of Fe-Ni alloy [J].Materials & Design,2009,30(9):3673-3678.

[220] 邹世坤.激光冲击处理技术的最新发展[J].新技术新工艺,2005(4):44-46.

[221] Davis B M,Mcclain R D,Suh U W,et al.Real time laser shock peening quality assurance by natural frequency analysis:USA,US6629464B2[P].2003-10-07.

[222] 张永康.激光冲击强化效果的直观判别与控制方法研究[J].中国激光,1997,24(5):467-471.

[223] 邹世坤,曹子文,杨贺来.激光冲击处理发动机叶片的固有频率测试[J].中国机械工程,2010(6): 648-651.

[224] 巩水利,张永康,鲁金忠,等.一种激光冲击强化效果的在线检测方法和装置:中国,CN103207178A [P].2013-07-17.

[225] 彭薇薇.激光喷丸强化不锈钢焊接接头抗应力腐蚀研究[D].南京:南京工业大学,2006.

[226] 王东坡,霍立兴.过载对超声冲击处理焊接接头军性能的影响[J].焊接,2000(4):11-14.

[227] Clauer A H, Fairand B P, Wilcox B A. Laser shock hardening of weld zones in aluminum alloys[J]. Metallurgical Transactions A, 1977, 8(12): 1871-1876.
[228] 邹世坤,王健,王华明.激光冲击处理对焊接接头力学性能的影响II[J].焊接学报,2001,22(3): 66-68.
[229] 邹世坤,王华明.激光冲击处理对焊接接头力学性能的影响(I)[J].焊接学报,2001,22(3):79-81.
[230] 王华明,李晓轩,孙锡军,等.激光冲击处理不锈钢及镍基合金后表面力学性能的研究[J].中国激光,2000(8):756-760.
[231] 王大勇,冯吉才,许威.热处理对 Al-Li-Cu 合金 TIG 焊接头组织及力学性能的影响[J].焊接学报,2003,24(6):23-25.
[232] 刘卫红,曹春晓,李艳,等.焊后热处理工艺对 TD3 合金钨极氩弧焊接头显微结构与力学性能影响[J].材料工程,2008(1):68-72.
[233] 任旭东,张永康,周建忠,等.激光冲击处理对 Ti6A14V 力学性能的影响[J].功能材料,2006(11): 1781-1783.
[234] 杜文博,秦亚灵,严振杰,等.大塑性变形对镁合金微观组织与性能的影响[J].稀有金属材料与工程,2009,38(10):1870-1875.
[235] Du H, Hong X. The Discovery on Technology of Laser Welding of TC1 Titanium Alloy[J]. Applied Laser, 2002, 22(6): 539-542.
[236] 李伟,李应红,汪诚,等.激光冲击中应力状态和显微组织变化对金属疲劳性能影响[J].航空精密制造技术,2009,45(3):37-39.
[237] 郭大浩,吴鸿兴,王声波,等.激光冲击强化机理研究[J].中国科学 E 辑:技术科学,1999(3): 222-226.
[238] 黄潇,常明,曹子文,等.双面激光喷丸冲击顺序对 TC4 钛合金激光焊接薄板强化效果的影响[J].热加工工艺,2018(9):62-66.
[239] 钟群鹏,赵子华,断口学[M].北京:高等教育出版社,2006.
[240] 高镇同.疲劳性能测试 [M].北京:国防工业出版社,1980.
[241] 汪诚,任旭东,周鑫,等.激光冲击对 GH742 镍基合金疲劳短裂纹扩展的影响[J].金属热处理,2009,34(7):57-60.
[242] 曹京霞,方波,黄旭,等.微观组织对 TA15 钛合金力学性能的影响[J].稀有金属,2004,2(2): 362-364.
[243] Xiao-Dong H E, Zhang J X, Gong S L, et al. Finite Element Analysis of Laser Welding Residual Stress and Distortion in Welded Joints of TC4 Titanium Alloy[J]. Journal of Materials Engineering, 2005(8): 39-42.
[244] 李志远,钱乙余,张九海.先进连接方法[M].北京:机械工业出版社,2000.
[245] 陈裕川.焊接工艺评定手册[M].北京:机械工业出版社,2000.
[246] 李伟,李应红,何卫锋,等.激光冲击强化技术的发展和应用[J].激光与光电子学进展,2008,12: 15-19.
[247] 张永康.激光冲击强化产业化关键问题及应用前景[J].激光与光电子学进展,2007,3:74-77.
[248] 任旭东,张永康,周建忠,等.激光冲击工艺对钛合金疲劳寿命的影响[J].中国有色金属学报,2007, 17(9):1486-1489.
[249] See D W, Dulaney J L, Clauer A H, et al. The air force manufacturing technology laser peening initiative [J]. Surface Engineering, 2002, 18(1): 32-36.

[250] Davis B M, Mannava S R, Rockstroh T J. Performance of Gen IV LSP for Thick Section Airfoil Damage Tolerance[C]//AIAA, Palm Springs, 2004: 2062.

[251] 许海鹰,张伟,曹子文,等.激光冲击强化优化 TA15 电子束焊接接头的组织性能[J].稀有金属材料与工程,2013(S2):151-154.

[252] 刘雪松,姬书得,方洪渊.Numerical simulation and welding stress and distortion control of titanium alloy thin plate[J].Transactions of Nonferrous Metals Society of China, 2005, 15(S2): 101-104.

[253] Shikai L I, Xiong B, Hui S. Effects of cooling rate on the fracture properties of TA15 ELI alloy plates[J]. Rare Metals, 2007, 26(1): 33-38.

[254] 倪敏雄,周建忠,杨超君,等.激光冲击处理的残余应力场形成机理及影响因素分析[J].应用激光,2006,26(2):73-77.

[255] Clauer A H, Lahrman D F. Laser Shock Processing as a Surface Enhancement Process[J]. Key Engineering Materials, 2001, 197(1775): 121-144.

[256] Yang W T, Long X Q. Special Corrosion Types of Titanium Alloy Used In Civil Aircraft[J]. Total Corrosion Control, 2008(2): 4.

内 容 简 介

本书的内容主要涉及激光冲击强化技术的原理和应用，包括：激光冲击强化技术的概念与内涵、发展历史、发展现状与展望，物理模型和数值模拟方法，典型材料和结构的激光冲击强化工艺，质量控制技术和强化后的测试分析技术，等等。

本书立足于作者在激光冲击强化改善金属零部件疲劳性能等的一系列研究成果，其创新之处在于给出了已用于生产实际的激光冲击强化用激光器方案、设备方案和工艺细节，详细介绍了自主研制用于整体叶盘激光冲击强化的设备和技术，提出了工艺稳定性控制技术、质量控制技术和测试分析技术等新方法和相关技术。

本书可供从事航空、航天、装备设计、材料加工、抗疲劳制造技术的科研工作者以及大中专院校相关激光加工、表面工程专业的在校学生参考阅读。

The content of this book mainly involves the principle and applications of laser shock peening, including its concept and connotation, development history, present status and prospect, physical model and numerical simulation method, laser shock peening process of typical materials and structures, quality control technology and analysis determination techniques, and so on.

The book looks at a series of research results about fatigue performance improvement of metal parts with LSP, its innovations are lasers, equipment and technical details of industry LSP, respectively, it is introduced in detail about the independently developed equipment and technology of LSP blisk. It puts forward the control technology of process stability, quality control technology and analysis determination techniques, and other new methods and related technologies.

The book can be used for reference by scientific researchers engaged in aviation, aerospace, equipment design, material processing, anti-fatigue manufacturing technology, and college students majored in laser processing, surface engineering.